3ds Max 建模设计与制作案例技能实训教程

黄世晴　主编

清華大学出版社
北京

内容简介

本书以提升学生实际应用技能为目的，围绕案例制作，将其拓展到真实的工作环境，遵从理论到实践的原则，提升学生的综合动手能力。

本书以实操案例为单元，以知识详解为线索，从3ds Max最基本的应用讲起，全面细致地对三维模型的创建方法和渲染技巧进行了讲解。全书共10章，以案例的形式依次介绍了自定义工作界面、制作人字梯模型、制作休闲椅模型、制作军刀模型、制作沙发一角材质、创建书房场景光源、为茶室场景创建摄影机、渲染书房场景、制作玄关场景效果、制作卧室场景效果。理论知识涉及3ds Max入门知识、基础操作、基础建模技术、高级建模技术、材质与贴图、灯光技术、摄影机技术、渲染技术等，每章最后还安排了有针对性的项目练习，以供读者练手。

本书结构合理，语言通俗，图文并茂，易教易学，既适合作为高等院校相关专业的教材，又适合作为广大设计爱好者的参考用书。

图书在版编目（CIP）数据

3ds Max建模设计与制作案例技能实训教程 / 黄世晴主编．—北京：清华大学出版社，2023.6
ISBN 978-7-302-63405-8

Ⅰ.①3…　Ⅱ.①黄…　Ⅲ.①三维动画软件—教材　Ⅳ.①TP391.414

中国国家版本馆CIP数据核字（2023）第069774号

责任编辑：李玉茹
封面设计：李　坤
责任校对：周剑云
责任印制：朱雨萌

出版发行：清华大学出版社
网　　址：http://www.tup.com.cn，http://www.wqbook.com
地　　址：北京清华大学学研大厦A座　　**邮　　编：**100084
社 总 机：010-83470000　　**邮　　购：**010-62786544
投稿与读者服务：010-62776969，c-service@tup.tsinghua.edu.cn
质 量 反 馈：010-62772015，zhiliang@tup.tsinghua.edu.cn
课 件 下 载：http://www.tup.com.cn，010-62791865
印 装 者：天津鑫丰华印务有限公司
经　　销：全国新华书店
开　　本：170mm×240mm　　**印　　张：**16.5　　**字　　数：**264千字
版　　次：2023年6月第1版　　**印　　次：**2023年6月第1次印刷
定　　价：79.00元

产品编号：100659-01

前言

众所周知，3ds Max是一款三维建模、动画制作和渲染软件，搭载VRay、LRay和Mental Ray等主流渲染器即可创建出绚丽逼真的场景效果。3ds Max作为运用在CG产业的主要软件，其发展非常迅速。由于3ds Max具有渲染真实感强、易学易用、工作灵活、效率极高等众多优点，被广泛应用于广告、影视、工业设计、建筑设计、三维动画、游戏场景、工程可视化等领域，拥有非常好的前景。为了满足新形势下的教育需求，我们组织了一批富有经验的设计师和高校教师，共同策划编写了本书，以让读者能够更好地掌握建模及设计技能，更好地提升动手能力，更好地与社会相关行业接轨。

本书内容

本书以3ds Max 2020版本为写作平台，以实操案例为单元，以知识详解为线索，先后对模型的创建与渲染等内容进行了介绍，全书分为10章，各章节的主要内容如下：

章　节	作品名称	知识体系
第1章	3ds Max入门知识	主要讲解了3ds Max的发展历程和应用领域、3ds Max的工作界面、绘图环境的设置以及其他相关软件等知识
第2章	基础操作	主要讲解了图形文件的基本操作、对象的基本操作等知识
第3章	基础建模技术	主要讲解了样条线建模、几何体建模、复合对象建模、修改器建模等知识
第4章	高级建模技术	主要讲解了可编辑网格建模、NURBS建模、多边形建模等知识
第5章	材质与贴图	主要讲解了材质的构成、材质编辑器、常用材质类型、贴图的原理、坐标和贴图修改器、常用贴图类型等知识
第6章	灯光的应用	主要讲解了标准灯光、光度学灯光、VRay光源系统以及灯光阴影类型等知识
第7章	摄影机的应用	主要讲解了摄影机基础、标准摄影机和VRay摄影机等知识
第8章	场景渲染技术	主要讲解了渲染基础、VRay渲染器等知识
第9章	玄关场景效果制作	主要讲解了玄关场景效果的制作过程
第10章	卧室场景效果制作	主要讲解了卧室场景效果的制作过程

3DS MAX 2020

阅读指导

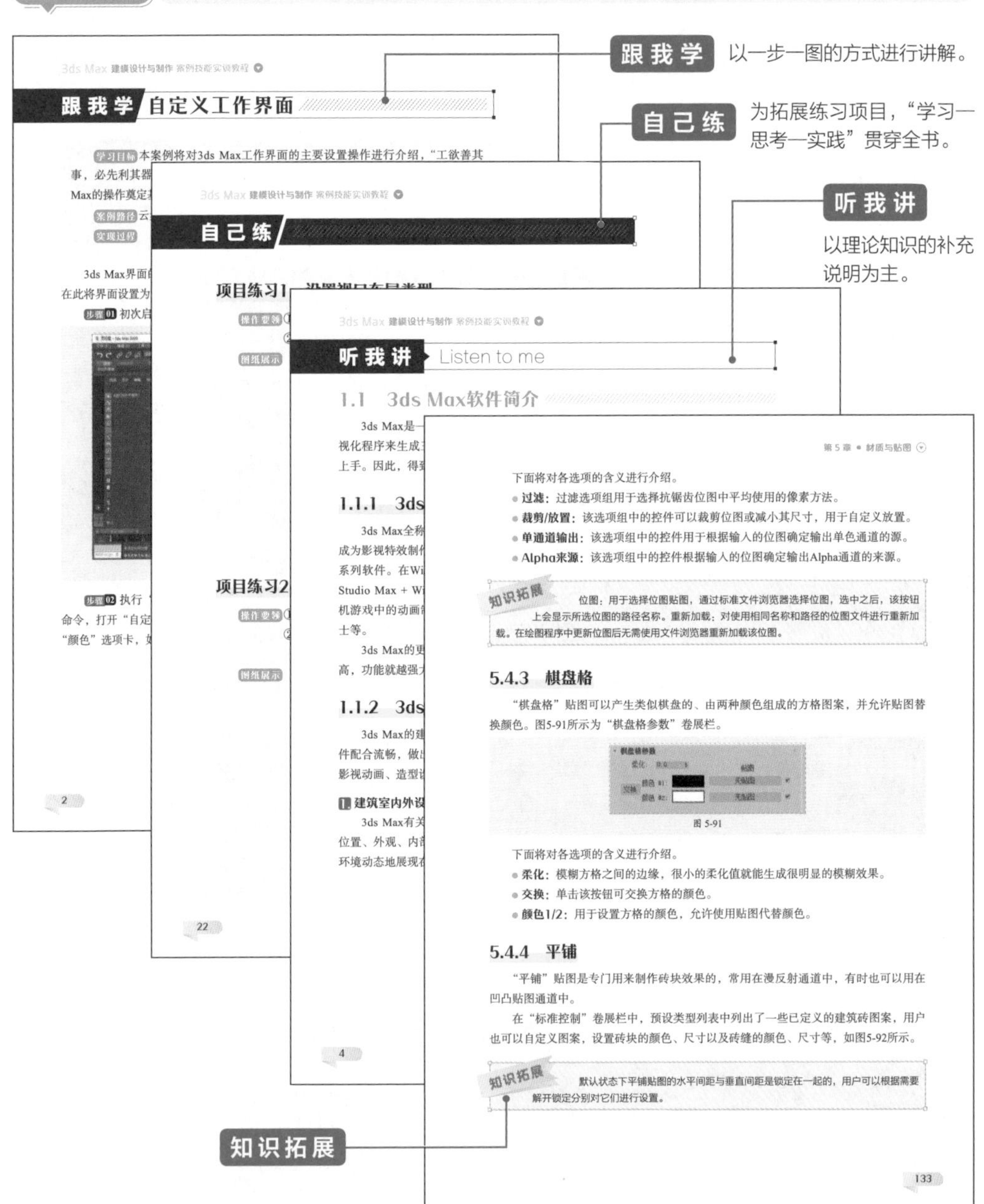
跟我学
以一步一图的方式进行讲解。
自己练
为拓展练习项目，“学习—思考—实践”贯穿全书。
听我讲
以理论知识的补充说明为主。
知识拓展
跟我学 自定义工作界面
自己练
听我讲 Listen to me
1.1 3ds Max软件简介
第5章 ● 材质与贴图
下面将对各选项的含义进行介绍。
过滤：过滤选项组用于选择抗锯齿位图中平均使用的像素方法。
裁剪/放置：该选项组中的控件可以裁剪位图或减小其尺寸，用于自定义放置。
单通道输出：该选项组中的控件用于根据输入的位图确定输出单色通道的源。
Alpha来源：该选项组中的控件根据输入的位图确定输出Alpha通道的来源。
知识拓展 位图：用于选择位图贴图，通过标准文件浏览器选择位图，选中之后，该按钮上会显示所选位图的路径名称。重新加载：对使用相同名称和路径的位图文件进行重新加载。在绘图程序中更新位图后无需使用文件浏览器重新加载该位图。
5.4.3 棋盘格
“棋盘格”贴图可以产生类似棋盘的、由两种颜色组成的方格图案，并允许贴图替换颜色。图5-91所示为“棋盘格参数”卷展栏。
图 5-91
下面将对各选项的含义进行介绍。
柔化：模糊方格之间的边缘，很小的柔化值就能生成很明显的模糊效果。
交换：单击该按钮可交换方格的颜色。
颜色1/2：用于设置方格的颜色，允许使用贴图代替颜色。
5.4.4 平铺
“平铺”贴图是专门用来制作砖块效果的，常用在漫反射通道中，有时也可以用在凹凸贴图通道中。
在“标准控制”卷展栏中，预设类型列表中列出了一些已定义的建筑砖图案，用户也可以自定义图案，设置砖块的颜色、尺寸以及砖缝的颜色、尺寸等，如图5-92所示。
知识拓展 默认状态下平铺贴图的水平间距与垂直间距是锁定在一起的，用户可以根据需要解开锁定分别对它们进行设置。
133

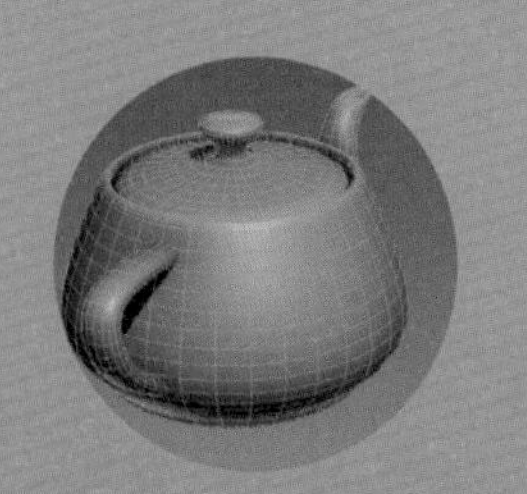   

课时安排

本书结构合理、讲解细致、特色鲜明，内容着眼于专业性和实用性，符合读者的认知规律，也更侧重于综合职业能力与职业素养的培养，集“教、学、练”于一体。本书的参考学时为64课时，其中理论学习为24学时，实训为40学时。

配套资源

- **所有“跟我学”案例的素材及最终文件。**
- **拓展练习“自己练”案例的素材及最终文件。**
- **案例操作视频，扫描书中二维码即可观看。**
- **后期剪辑软件常用快捷键速查表。**
- **全书各章PPT课件。**

本书由黄世晴（哈尔滨师范大学）编写，在写作的过程中始终坚持严谨、细致的态度，力求精益求精。由于水平所限，书中疏漏之处在所难免，希望读者朋友批评指正。

编　者

扫 码 获 取 配 套 资 源

目录

第1章

3ds Max 入门知识

跟我学

听我讲

自己练

第2章

基础操作

▶▶▶跟我学

▶▶▶听我讲

▶▶▶自己练

第3章

基础建模技术

第4章

高级建模技术

跟我学

听我讲

自己练

第5章

材质与贴图

跟我学

听我讲

第8章 场景渲染技术

第9章

玄关场景效果制作

第10章

卧室场景效果制作

3ds Max

第1章

3ds Max 入门知识

本章概述

3ds Max是当前最受欢迎的设计软件之一，广泛应用于广告、影视、工业设计、建筑设计、三维动画、三维建模、多媒体制作、游戏、辅助教学以及工程可视化等领域。本章将对3ds Max的发展历程、应用领域、绘图环境、相关联应用软件等知识进行讲解。通过对本章的学习，用户可以初步认识3ds Max并掌握其基础操作知识。

要点难点

- 3ds Max软件简介 ★☆☆
- 3ds Max的工作界面 ★★☆
- 设置绘图环境 ★★☆
- 其他相关软件 ★☆☆

跟我学 自定义工作界面

学习目标 本案例将对3ds Max工作界面的主要设置操作进行介绍，“工欲善其事，必先利其器”，熟悉界面设置操作更是必要的一个环节，可以为全面掌握3ds Max的操作奠定基础。

案例路径 云盘\实例文件\第1章 \跟我学\自定义工作界面

实现过程

3ds Max界面的默认颜色是黑灰色，用户可以根据自己的喜好自由设置界面颜色，在此将界面设置为浅灰色。具体操作步骤介绍如下。

步骤 01 初次启动3ds Max应用程序，可以看到默认的软件界面，如图1-1所示。

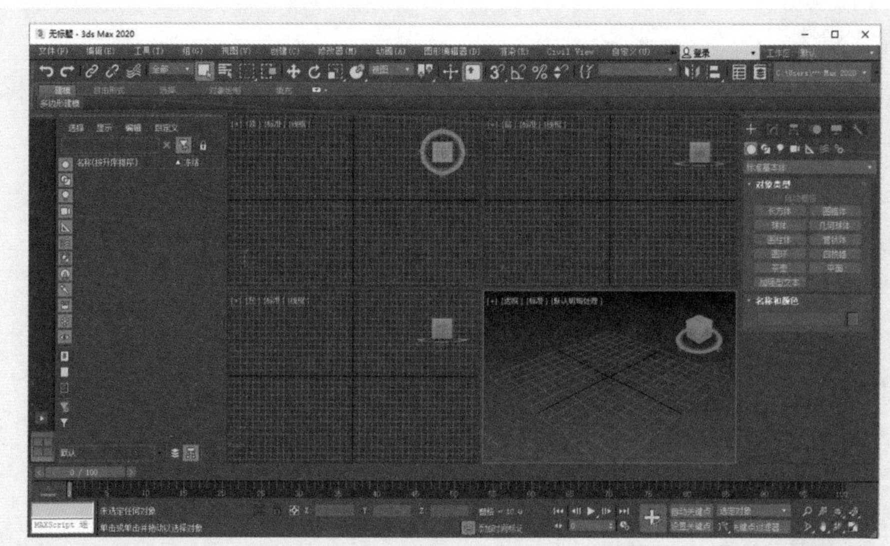

图 1-1

步骤 02 执行“自定义”|“自定义用户界面”命令，打开“自定义用户界面”对话框，并切换到“颜色”选项卡，如图1-2所示。

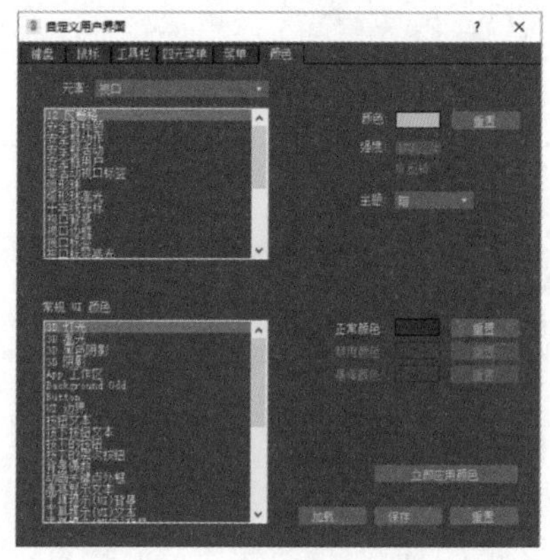

图 1-2

步骤 03 单击“加载”按钮，打开“加载颜色文件”对话框，从3ds Max的安装路径，即X:\3ds Max\fr-FR\UI文件夹下找到名为ame-light的CLRX格式文件，如图1-3所示。

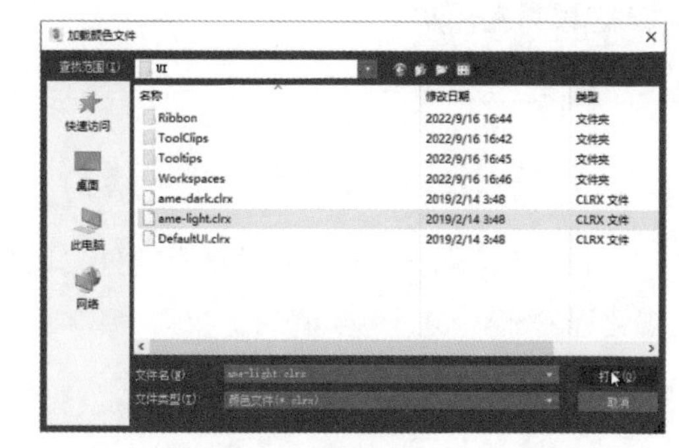

图 1-3

步骤 04 单击“打开”按钮，可看到3ds Max的工作界面变成了浅灰色，如图1-4所示。

步骤 05 在菜单栏的空白处右击，在弹出的快捷菜单中取消勾选不需要的命令项，如Ribbon、视口布局选项卡、项目等，如图1-5和图1-6所示。

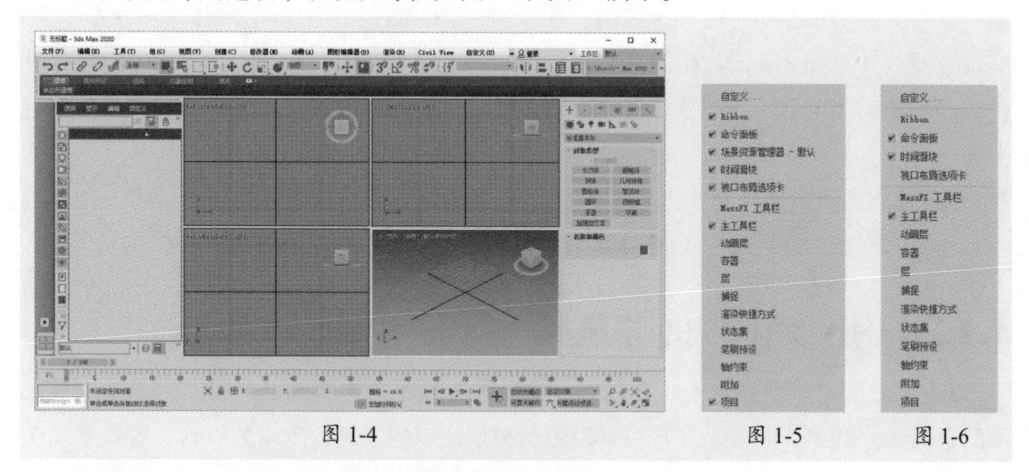

图 1-4　　图 1-5　　图 1-6

步骤 06 至此，调整好的工作界面如图1-7所示。

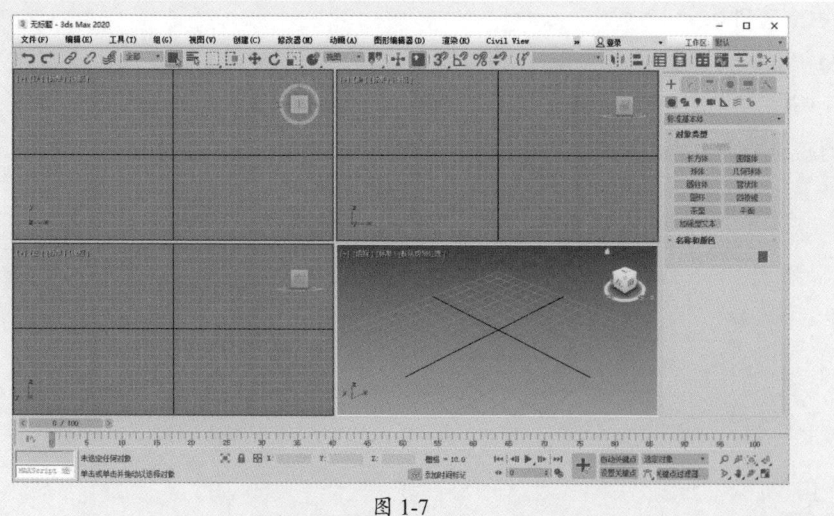

图 1-7

听我讲 Listen to me

1.1 3ds Max软件简介

3ds Max是一款优秀的设计类软件，它是利用建立在算法基础之上并高于算法的可视化程序来生成三维模型的。与其他建模软件相比，3ds Max的操作更加简单、更容易上手。因此，得到了广大用户的青睐。

1.1.1 3ds Max 的发展历程

3ds Max全称为3D Studio Max，最早用于计算机游戏中的动画制作，后来逐步发展成为影视特效制作的三维动画渲染和制作软件。其前身是基于DOS操作系统的3D Studio系列软件。在Windows NT出现以前，工业级的CG制作被SGI图形工作站所垄断。3D Studio Max + Windows NT组合的出现，瞬间降低了CG制作的门槛，首先应用在计算机游戏中的动画制作，之后进一步开始参与影视片的特效制作，如X战警II、最后的武士等。

3ds Max的更新速度超乎人们的想象，几乎每年都准时推出一个新的版本。版本越高，功能就越强大，其宗旨是使3D创作者在更短的时间内创作出更高质量的3D作品。

1.1.2 3ds Max 的应用领域

3ds Max的建模功能强大，在制作角色动画方面也具有很强的优势，与其他相关软件配合流畅，做出来的效果非常逼真，因此被广泛应用于建筑室内外设计、游戏开发、影视动画、造型设计等领域。下面将对常用的几个领域进行介绍。

1. 建筑室内外设计

3ds Max有关建筑设计的内容和表现形式呈现出多样化，主要用于表现建筑的地理位置、外观、内部装修、配套设施以及其中的人物、动物、自然现象等，可以将建筑和环境动态地展现在人们面前。图1-8所示为3ds Max制作的建筑室内效果。

图 1-8

2. 游戏开发

随着设计与娱乐行业内容交互的强烈需求，3ds Max改变了原来的静帧或动画的方式，而逐渐催生出虚拟现实这一行业。3ds Max能为游戏元素创建动画、动作，使这些游戏元素“活”起来，从而为玩家带来生机勃勃的视觉感官效果，如图1-9所示。

图 1-9

3. 影视动画

影视动画是目前媒体中所能见到的最流行的画面形式之一，随着时间的推移，3ds Max在动画电影的制作中得到广泛应用，3ds Max数字技术则扩展了电影的表现空间和表现能力，创造出人们闻所未闻、见所未见的视听奇观，如图1-10所示。

图 1-10

4. 造型设计

由于工业技术的更新换代越来越快，工业制作变得越来越复杂，因此其设计和制作若仅靠平面绘图已难以表现得清晰明了。而使用3ds Max则可以为模型赋予不同的材质，再加上强大的灯光和渲染功能，可以使对象的质感更加逼真。因此，3ds Max常被应用于工业产品效果的表现，如图1-11所示。

图 1-11

1.2 3ds Max的工作界面

3ds Max安装完成后，双击其桌面快捷方式即可启动程序，启动界面如图1-12所示。

图 1-12

3ds Max应用程序启动后，操作界面如图1-13所示。从图中可以看出，它包含标题栏、菜单栏、控制区、工具栏、视口、命令面板、状态栏/提示栏（动画面板、窗口控制板、辅助信息栏）等几个部分。

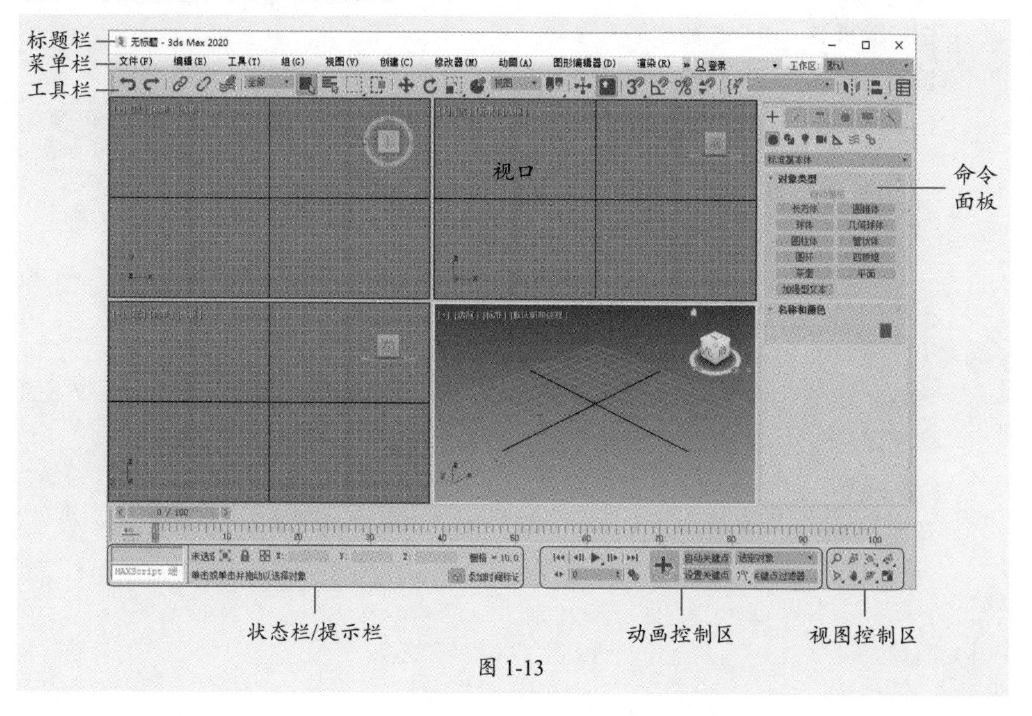

图 1-13

1.2.1 标题栏

标题栏位于工作界面的最上方，包含程序图标和最大化、最小化、还原、关闭等按钮，用于管理文件和查找信息以及控制窗口的最小化、最大化和关闭。

1.2.2 菜单栏

菜单栏位于标题栏的下方，为用户提供了几乎所有的操作命令，和Windows菜单栏相似，如图1-14所示。在3ds Max中，菜单栏中共有17个菜单项，下面将对各菜单的含义进行介绍。

文件(F) 编辑(E) 工具(T) 组(G) 视图(V) 创建(C) 修改器(M) 动画(A) 图形编辑器(D) 渲染(R) Civil View 自定义(U) 脚本(S) Interactive 内容 Arnold 帮助(H)

图 1-14

- **文件：** 包含操作文件的打开、保存、导入与导出以及摘要信息、文件属性等命令。
- **编辑：** 包含操作对象的复制、删除、选定、临时保存等命令。
- **工具：** 包括常用的各种制作工具。
- **组：** 用于将多个物体合成一个组，或分解一个组为多个物体。
- **视图：** 用于对视图进行操作，但对对象不起作用。
- **创建：** 创建物体、灯光、相机等。
- **修改器：** 包含编辑修改物体或动画的命令。
- **动画：** 用来控制动画。
- **图形编辑器：** 用于创建和编辑视图。
- **渲染：** 通过某种算法，体现场景的灯光、材质和贴图等效果。
- **Civil View：** 用于供土木工程师和交通运输基础设施规划人员使用的可视化工具。
- **自定义：** 方便用户按照自己的爱好设置工作界面。3ds Max的工具栏和菜单栏、命令面板可以放置在任意位置。
- **脚本：** 用于脚本的创建、打开、运行等操作。
- **Interactive：** 可以为用户提供创建沉浸式和虚拟现实内容的工具。
- **内容：** 选择“3ds Max资源库”选项，将打开网页链接，里面有Autodesk旗下的多种设计软件；用于启动3ds Max的资源库。
- **Arnold：** 用于Arnold渲染器的相关设置。
- **帮助：** 关于软件的帮助文件，包括在线帮助、插件信息等。

知识点拨

当打开某个菜单时，若菜单中有些命令名称旁边有“…”符号，即表示单击该命令将打开一个对话框。若菜单中的命令名称右侧有一个小三角形，即表示该命令后还有其他的命令，单击它可以弹出一个级联菜单。若菜单中命令名称的一侧显示为字母，该字母即为该命令的快捷键，有些时候需与键盘上的功能键配合使用。

1.2.3 工具栏

工具栏位于菜单栏的下方，它集合了3ds Max中比较常见的工具，如图1-15所示。

图 1-15

在此，将对工具栏中主要工具的含义进行介绍，如表1-1所示。

表 1-1

图 标	名 称	含 义
	选择并链接	用于将不同的物体进行链接
	断开当前选择链接	用于将链接的物体断开
	绑定到空间扭曲	将当前选择的粒子系统绑定到空间对象上，从而使用空间对象的参数控制粒子系统的变化
	选择对象	只能对场景中的物体进行选择，而无法对物体进行操作
	按名称选择	单击该图标，弹出操作窗口，在其中输入名称可以很容易地找到相应的物体，方便操作
	选择区域	矩形选择是一种选择类型，按住鼠标左键拖动来进行选择
	窗口/交叉	设置选择物体时的选择类型
	选择并移动	用户可以对选择的物体进行移动操作
	选择并旋转	单击该图标后，用户可以对选择的物体进行旋转操作
	选择并均匀缩放	用户可以对选择的物体进行等比例的缩放操作
	选择并放置	将对象准确地定位到另一个对象的曲面上，随时可以使用，不仅限于在创建对象时
	使用轴点中心	选择多个物体时可通过此图标来设定轴中心点坐标的类型
	选择并操纵	针对用户设置的特殊参数（如滑竿等参数）进行操纵
	捕捉开关	可以使用户在操作时进行捕捉创建或修改

（续表）

图　标	名　称	含　义
	角度捕捉切换	确定多数功能的增量旋转，设置的增量围绕指定轴旋转
	百分比捕捉切换	通过指定百分比增加对象的缩放
	微调器捕捉切换	设置3ds Max中所有微调器的每次单击所增加或减少的值
	编辑命名选择集	无模式对话框。通过该对话框可以直接从视口创建命名选择集或选择要添加到选择集的对象
	镜像	可以对选择的物体进行镜像操作，如复制、关联复制等
	对齐	方便用户对物体进行对齐操作
	切换层资源管理器	对场景中的物体可以使用此工具分类，即将物体放在不同的层中进行操作，以便用户管理
	切换功能区	Graphite建模工具
	图解视图	设置场景中元素的显示方式等
	材质编辑器	可以对物体进行材质赋予和编辑
	渲染设置	调节渲染参数
	渲染帧窗口	单击该图标后可以对渲染效果进行设置
	渲染产品	制作完毕后可以使用该图标渲染输出，以查看效果
	在线渲染	在Autodesk A360中渲染
	打开A360库	打开介绍A360在线渲染的网页

1.2.4 视口

3ds Max工作界面的最大区域被分割成4个相等的矩形区域，称为视口（Viewports）或者视图（Views）。

1. 视口的组成

视口是3ds Max的主要工作区域，每个视口的左上角都有一个标签，启动3ds Max后默认的4个视口的标签分别是Top（顶视口）、Front（前视口）、Left（左视口）和Perspective（透视视口），如图1-16所示。

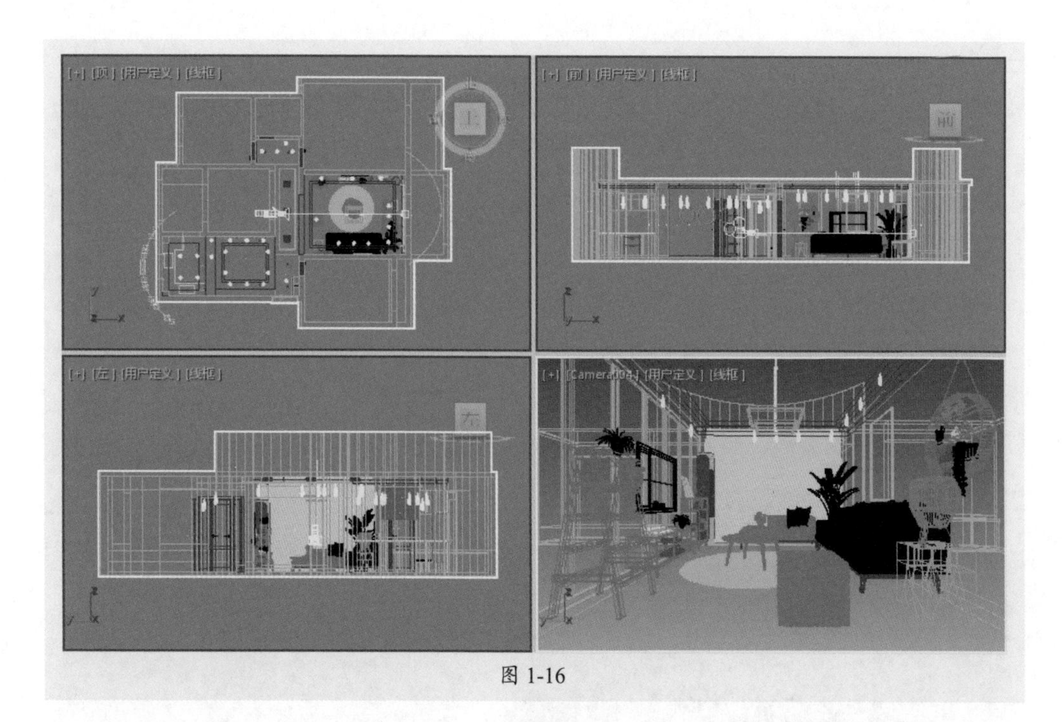

图 1-16

每个视口都包含垂直线和水平线，这些线组成了3ds Max的主栅格。主栅格包含黑色垂直线和黑色水平线，这两条线在三维空间的中心相交，交点的坐标是X=0、Y=0和Z=0。其余栅格都呈灰色显示。

顶视口、前视口和左视口显示的场景没有透视效果，这就意味着在这些视口中同一方向的栅格线总是平行的，不能相交，如图1-16中右下图所示。透视口类似于人的眼睛和摄像机观察时看到的效果，视口中的栅格线是可以相交的。

2. 视口的改变

默认情况下，3ds Max的工作界面中有4个视口，当按改变窗口的快捷键时，所对应的窗口就会相应改变。各快捷键对应的视图如表1-2所示。

表 1-2

T	顶视图	B	底视图
L	左视图	R	右视图
U	用户视图	F	前视图
K	后视图	C	摄影机视图
Shift+$	灯光视图	W	满屏视图

在每个视图左上角的那行英文上右击，将会弹出一个快捷菜单，也可以更改它的视图方式和视图显示方式等。记住：快捷键是提高操作效率的很好手段！

> **知识点拨**
> 激活视图后，视图边框呈黄色，用户可以在其中进行创建或编辑模型的操作，在视图中单击和右击都可以激活视图。需要注意的是，使用鼠标左键激活视图时，有可能会因为失误而选择物体，从而错误地执行另一个操作命令。

下面将对视口布局的设置方法进行详细介绍。

步骤 01 打开素材场景模型，可以看到当前视口分为4个部分，如图1-17所示。

步骤 02 执行“视图”|“视口配置”菜单命令，打开“视口配置”对话框，切换到“布局”选项卡，从中选择合适的布局类型，如图1-18所示。

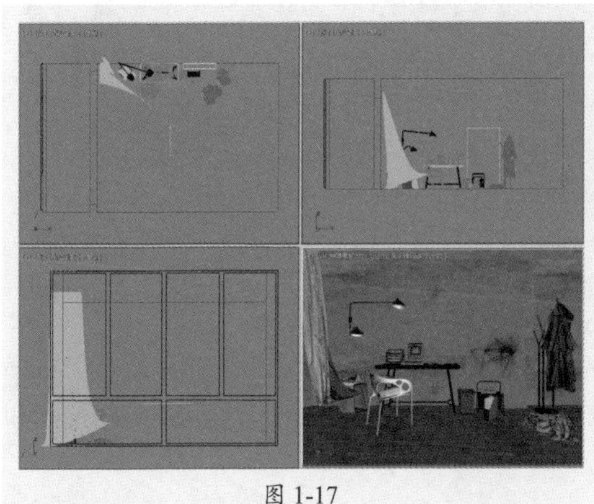

图 1-17

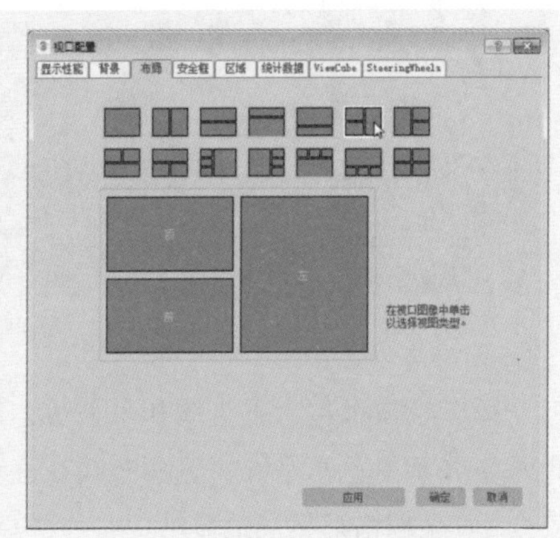

图 1-18

步骤 03 单击“确定”按钮关闭“视口配置”对话框，即可看到视口布局方式发生了变化，如图1-19所示。

步骤 04 设置各视口类型和视觉显示方式，最终视口效果如图1-20所示。

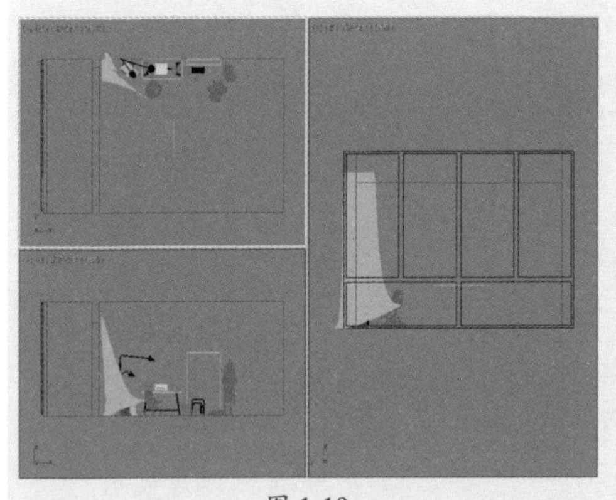

图 1-19

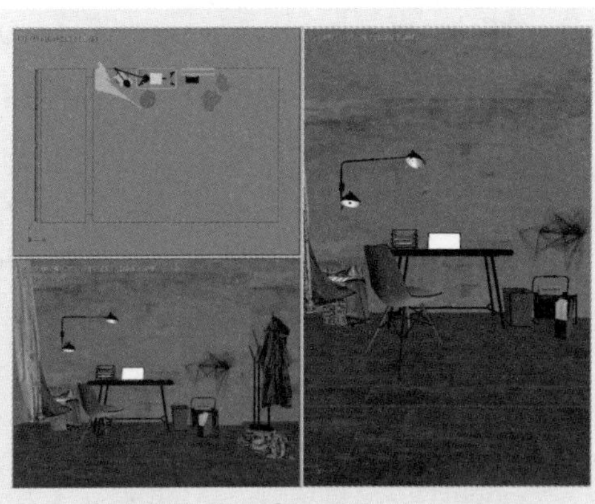

图 1-20

1.2.5 命令面板

命令面板位于工作界面的右侧，包括创建命令面板、修改命令面板、层次命令面板、运动命令面板、显示命令面板和实用程序命令面板，通过这些面板可访问绝大部分的建模和动画命令，如图1-21所示。

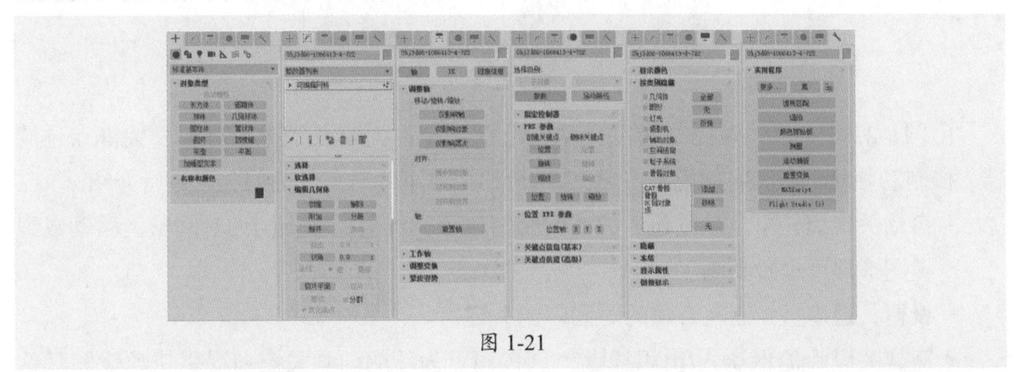

图 1-21

1. 创建命令面板

创建命令面板可用于创建对象，这是在3ds Max中构建新场景的第一步。创建命令面板将所创建的对象分为7个类别，包括几何形、图形、灯光、摄像机、辅助对象、空间扭曲、系统。

2. 修改命令面板

通过修改命令面板，可以在场景中放置一些基本对象，包括3D几何体、2D形态、灯光、摄像机、空间扭曲及辅助对象。创建对象的同时系统会为每个对象指定一组创建参数，该参数根据对象类型定义其几何和其他特性。

3. 层次命令面板

通过层次命令面板可以访问用来调整对象间链接的工具。通过将一个对象与另一个对象相链接，可以创建父子关系，应用到父对象的变换同时将传达给子对象。通过将多个对象同时链接到父对象和子对象，可以创建复杂的层次。

4. 运动命令面板

运动命令面板可用于设置各个对象的运动方式、轨迹以及高级动画。

5. 显示命令面板

通过显示命令面板可以访问场景中控制对象显示方式的工具。可以隐藏和取消隐藏、冻结和解冻对象改变其显示特性、加速视口显示及简化建模步骤。

6. 实用程序命令面板

通过实用程序命令面板可以访问各种设定3ds Max的小型程序，并可以编辑各个插件，它是3ds Max系统与用户之间对话的桥梁。

1.2.6 动画控制区

动画控制区在工作界面的底部，主要用于制作动画时进行动画记录、动画帧选择，控制动画的播放和时间等，如图1-22所示。

图 1-22

由图1-22可知，动画控制区由自动关键点、设置关键点、选定对象、关键点过滤器、控制动画显示区和时间配置按钮6大部分组成，下面对各部分的含义进行介绍。

- **自动关键点：** 单击该按钮后，时间帧将显示为红色，在不同的时间帧上移动或编辑图形即可设置动画。
- **设置关键点：** 控制在合适的时间创建关键帧。
- **新建关键点的默认入/出切线：** 该按钮可为新的动画关键帧提供快速设置默认切线类型的方法。
- **关键点过滤器：** 在"设置关键点过滤器"对话框中，可以对关键帧进行过滤，只有当某个复选框被选中后，有关该选项的参数才可以被定义为关键帧。
- **控制动画显示区：** 控制动画的显示，其中包含转到开头、关键点模式切换、上一帧、播放动画、下一帧、转到结尾、设置关键帧位置等按钮，在该区域单击各按钮，即可执行相应的操作。
- **时间配置：** 单击该按钮，即可打开"时间配置"对话框，在其中可以设置动画的时间显示类型、帧速率、播放模式、动画时间和关键点字符等。

1.2.7 状态栏和提示栏

状态栏和提示栏在动画控制区的左侧，主要提示当前选择的对象数目以及使用的命令、坐标位置和当前栅格的单位，如图1-23所示。

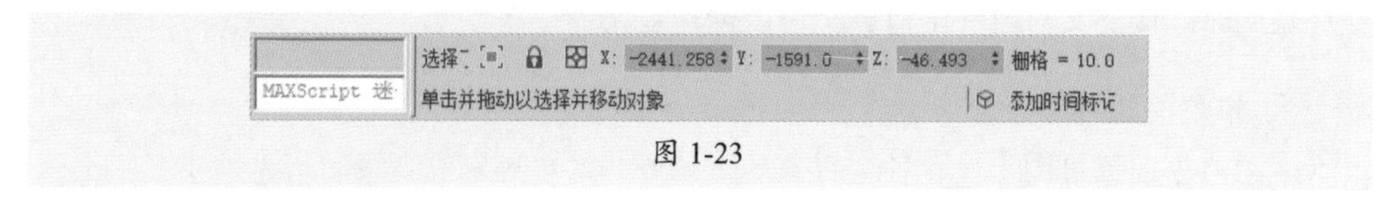

图 1-23

1.2.8 视图导航栏

视图导航栏主要控制视图的大小和方位，通过导航栏内相应的按钮，即可更改视图中对象的显示状态。视图导航栏会根据当前视图的类型进行相应的更改，如图1-24和图1-25所示。

图 1-24　　图 1-25

视图导航栏由缩放、缩放所有视图、最大化显示选定对象、所有视图最大化显示选定对象、视野、平移视图、环绕子对象、最大化视口切换等按钮组成，单击并按住按钮会展开扩展列表，从中可以选择其他按钮。

常用按钮的含义介绍如表1-3所示。

表 1-3

图　标	名　称	用　途
	缩放	当在透视图或正交视口中进行拖动时，使用“缩放”功能可调整视口放大值
	缩放所有视图	在4个视图的任意一个窗口中按住鼠标左键拖动，可以看到4个视图同时缩放
	最大化显示选定对象	在编辑时可能会有很多对象，当用户要对单个对象进行观察操作时，可以使用此按钮最大化显示
	所有视图最大化显示选定对象	选择对象后单击，可以看到4个视图同时最大化显示的效果
	缩放区域	在视图中框选局部区域，可将它放大显示
	视野	调整视口中可见场景数量和透视张量
	平移视图	沿着平行于视口的方向移动摄像机
	环绕子对象	使用视口中心作为旋转中心。如果对象靠近视口边缘，可能会旋转出视口
	最大化视口切换	可在正常大小和全屏大小之间进行切换

1.3　设置绘图环境

在创建模型之前，需要对3ds Max的“单位”“自动保存”等进行设置，从而方便用户创建模型，提高工作效率。

1.3.1 绘图单位

单位是连接3ds Max三维世界与物理世界的关键因素。在插入外部模型时，如果插入的模型单位和软件中设置的单位不同，可能会出现插入的模型显示过小的问题，所以在创建和插入模型之前都需要进行单位设置。

在“单位设置”对话框中可设置单位显示的方式，可以在通用单位和标准单位（英尺和英寸，还是公制）之间进行选择，如图1-26所示；也可以创建自定义单位，这些自定义单位可以在创建任何对象时使用。

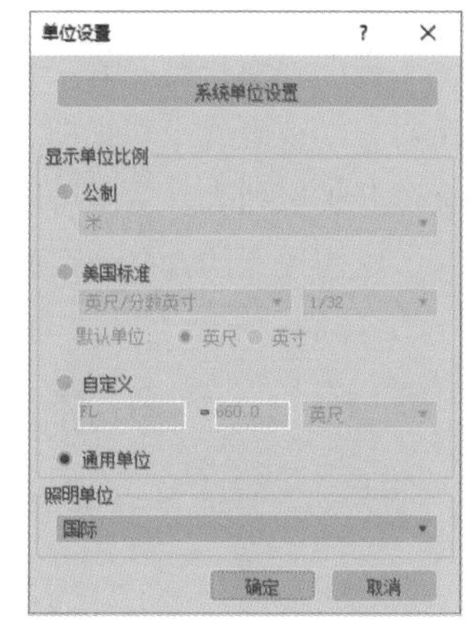

图 1-26

下面将对设置单位的操作方法进行详细介绍。

步骤 01 执行“自定义”|“单位设置”命令，打开“单位设置”对话框，如图1-27所示。

步骤 02 单击对话框上方的“系统单位设置”按钮，打开“系统单位设置”对话框，在“系统单位比例”选项组的下拉列表框中选择“毫米”选项，如图1-28所示。

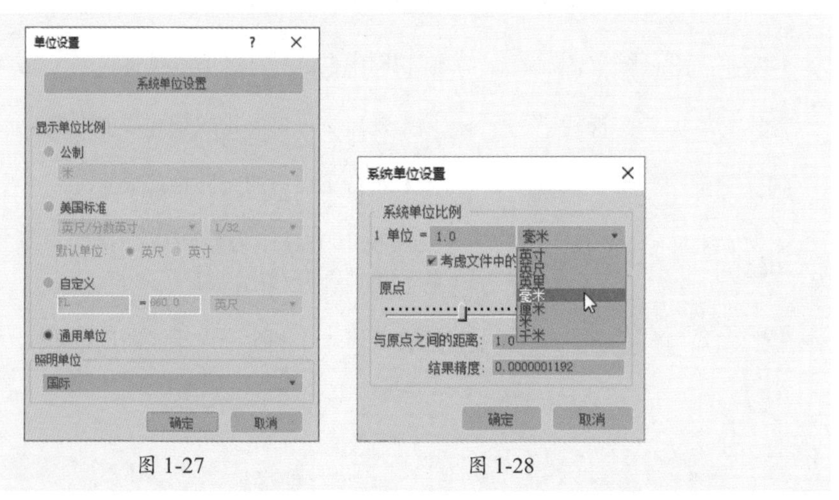

图 1-27 图 1-28

步骤 03 单击“确定”按钮关闭对话框，接着在“单位设置”对话框的“显示单位比例”选项组中选中“公制”单选按钮，激活公制单位下拉列表框，如图1-29所示。

步骤 04 单击下拉列表按钮，在弹出的下拉列表中选择“毫米”选项，如图1-30所示。设置完成后单击“确定”按钮，即可完成单位设置操作。

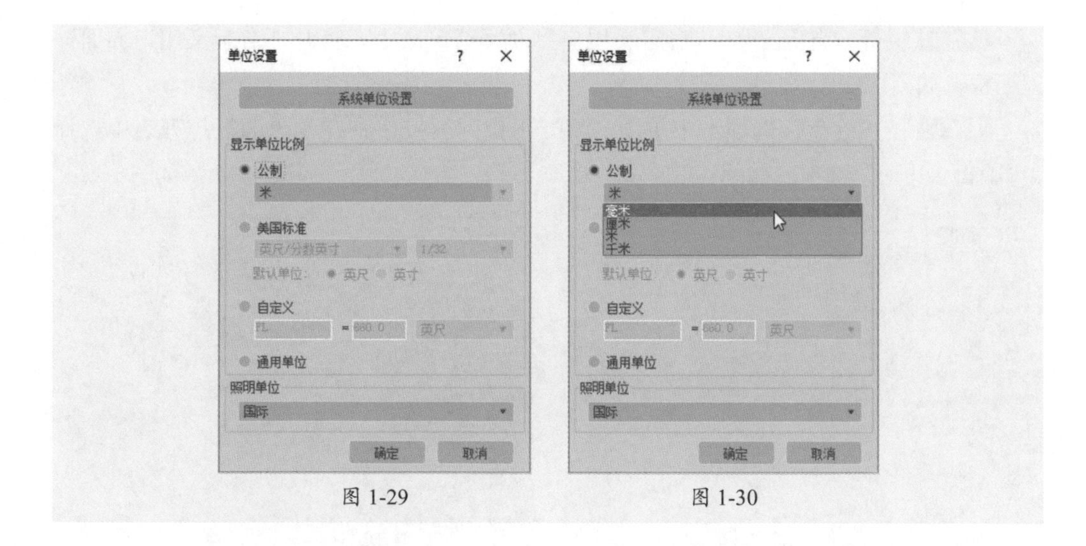

图 1-29　　　　图 1-30

1.3.2　自动保存和备份

在插入或创建的图形较大时，计算机的屏幕显示性能会变慢，为了提高计算机性能，用户可以更改备份间隔保存时间。执行“自定义”|“首选项”命令，打开“首选项设置”对话框，在“文件”选项卡中可以对自动保存功能进行设置，如图1-31所示。

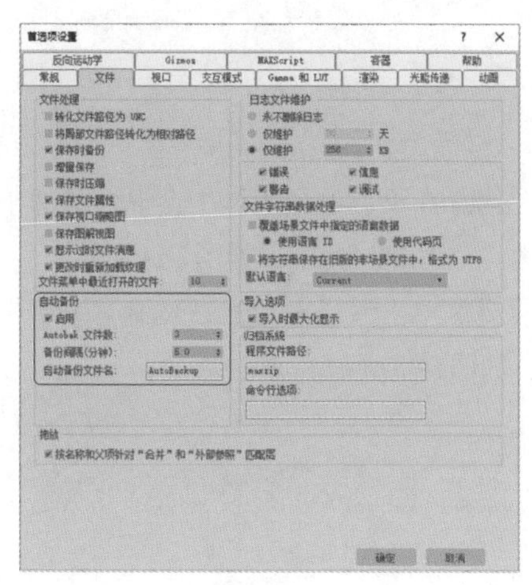

图 1-31

1.3.3　设置快捷键

利用快捷键创建模型可以大幅度提高工作效率，节省了寻找菜单命令或者工具的时间。为了避免快捷键和外部软件的冲突，用户可以自定义设置快捷键。

在“自定义用户界面”对话框中可以设置快捷键，通过以下方式可以打开“自定义用户界面”对话框。

（1）执行“自定义”|“自定义用户界面”命令。

（2）在工具栏的“键盘快捷键覆盖切换”按钮上右击，改变某一命令的快捷方式。

下面介绍设置快捷键的自定义操作。

步骤 01 执行“自定义”|“自定义用户界面”菜单命令，打开“自定义用户界面”对话框，如图1-32所示。

步骤 02 在“键盘”选项卡中单击“组”下拉列表按钮，在弹出的下拉列表中选择“可编辑多边形”选项，如图1-33所示。

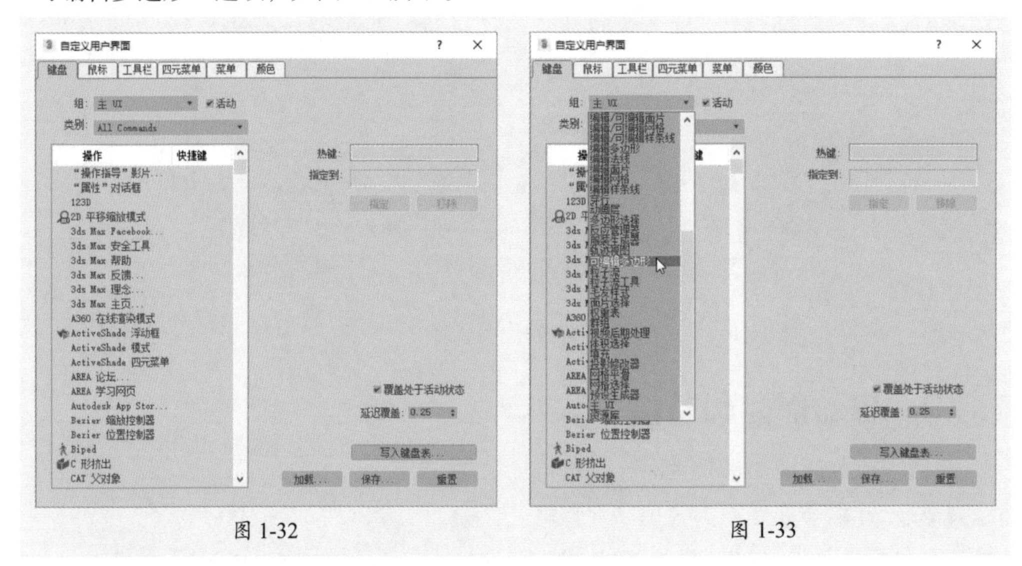

图 1-32　　图 1-33

步骤 03 在下方的列表框中会显示该组中包含的命令及其快捷键，这里选择需要设置快捷键的“附加”命令，如图1-34所示。

步骤 04 单击激活右侧的“热键”文本框，并按键盘上的Alt+F8组合键，即可设置快捷键，如图1-35所示。

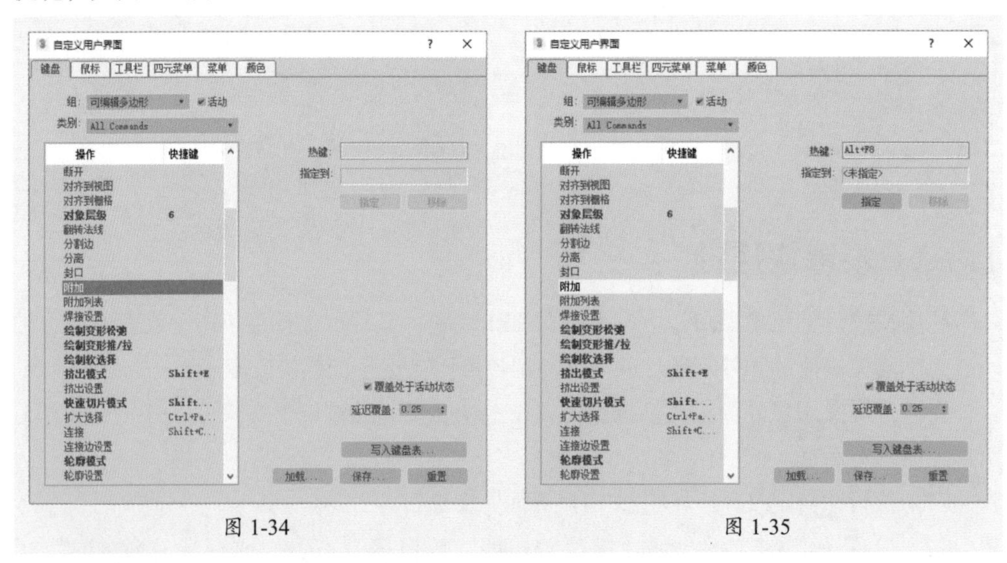

图 1-34　　图 1-35

步骤 05 单击“指定”按钮，即可为“附加”命令指定快捷键，如图1-36所示。

步骤 06 直接关闭对话框，即可完成设置快捷键的操作。

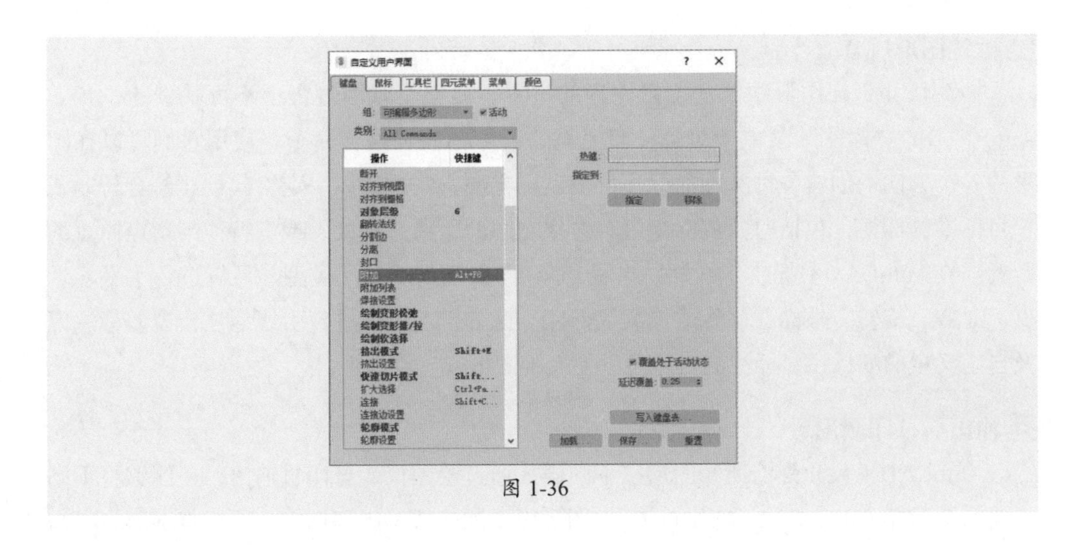

图 1-36

1.4 了解其他相关软件

在实际应用中，仅熟悉3ds Max是不行的，大多数情况下还应掌握AutoCAD、SketchUp及Photoshop等软件的操作才能把工作做得更完美。

1.4.1 辅助绘图AutoCAD

AutoCAD是Autodesk公司于1982年开发的自动计算机辅助设计软件，主要用于二维绘图。随着科学技术的发展，AutoCAD软件已经被广泛运用于各行各业，如城市规划、园林设计、航空航天、建筑设计、机械设计、工业设计、电子电气、服装设计、美工设计等。由于其功能强大和应用范围广泛，越来越多的设计单位和企业采用这一软件来提高工作效率、产品质量和改善劳动条件。

1. 绘制与编辑图形

AutoCAD的“绘图”菜单中包含丰富的绘图命令，使用它们可以绘制直线、构造线、多段线、圆形、矩形、多边形、椭圆形等基本图形，也可以将绘制的图形转换为面域，对其进行填充。如果再借助“修改”菜单中的修改命令，便可以绘制出各种各样的二维图形，如图1-37所示。

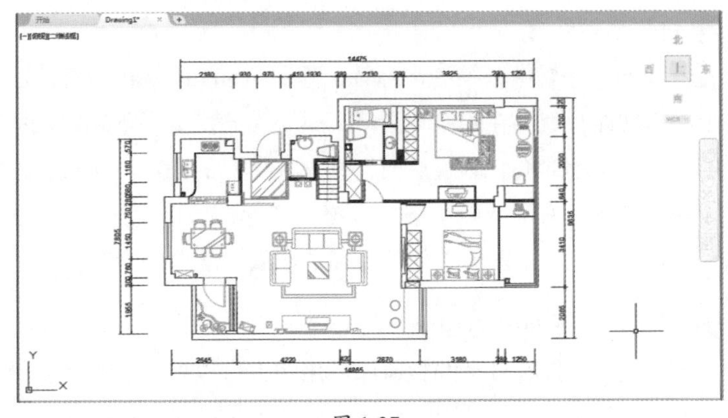

图 1-37

2. 标注图形尺寸

标注尺寸是在图形中添加测量注释的过程，是整个绘图过程中不可缺少的一步。AutoCAD的“标注”菜单中包含一套完整的尺寸标注和编辑命令，使用它们可以在图形的各个方向上创建各种类型的标注，也可以方便、快速地以一定格式创建符合行业或项目标准的标注，包括对象的测量值，对象之间的距离、角度，或者特征与指定原点的距离。在AutoCAD中提供了线性、半径和角度3种基本的标注类型，可以进行水平、垂直、对齐、旋转、坐标、基线或连续等标注。此外，还可以进行引线标注、公差标注以及自定义粗糙度标注。标注的对象可以是二维图形或三维图形。

3. 输出与打印图形

AutoCAD不仅允许将所绘图形以不同样式通过绘图仪或打印机输出，还能够将不同格式的图形导入AutoCAD或将AutoCAD图形以不同格式输出。例如，可以将图形打印在图纸上，或创建成文件以供其他应用程序使用。

1.4.2 草图大师SketchUp

草图大师SketchUp是一款令人惊奇的设计工具，它能够给建筑设计师提供边构思边表现的体验，而且可以打破建筑师设计思想表现的束缚，快速形成建筑草图，创作建筑方案。因此，有人称它为建筑创作上的一大革命。通常会将其与AutoCAD、3ds Max、VRay或者LUMIOM等软件或插件结合制作建筑方案、景观方案、室内方案等。

SketchUp之所以能够快速、全面地被室内设计、建筑设计、园林景观、城市规划等诸多设计领域的设计者接受并推崇，主要有以下几个区别于其他三维软件的特点。

1. 直观的显示效果

在使用SketchUp进行设计创作时，可以实现“所见即所得”，在设计过程中的任何阶段都可以看到直观的三维成品，并且能够快速切换不同的显示风格。摆脱了传统绘图方法繁重与枯燥的工作，还可以与客户进行更为直接、有效的交流。

2. 建模高效快捷

SketchUp提供三维的坐标轴，这一点和3ds Max的坐标轴相似，而且SketchUp有一个特殊功能，就是在绘制草图时，只要稍微留意一下跟踪线的颜色，即可准确定位图形的坐标。SketchUp “画线成面，推拉成体”的操作方法极为便捷，在软件中不需要频繁地切换视图，有了智能绘图工具（如平行、垂直、量角器等），可以直接在三维界面中轻松地绘制出二维图形，然后直接推拉成三维立体模型。

3. 材质和贴图使用便捷

SketchUp拥有自己的材质库，用户也可以根据需要赋予模型各种材质和贴图，并且能够实时显示出来，从而直观地看到效果。同时，SketchUp还可以直接用Google Map的全景照片来进行模型贴图，这样对制作类似于“数字城市”的项目来讲，是一种提高效率的方法。材质确定后，便可以方便地修改色调，并能够直观地显示修改结果，以避免重复试验过程。

4. 全面的软件支持与互转

SketchUp不但能在模型的建立上满足建筑制图高精确度的要求，还能完美结合VRay、Piranesi、Artlantis等渲染器实现多种风格的表现效果。此外，SketchUp与AutoCAD、3ds Max、Revit等常用设计软件可以十分快捷地进行文件转换互用，可满足多个设计领域的需求。

1.4.3 图像处理Photoshop

众所周知，Photoshop是图像处理领域的巨无霸，在出版印刷、广告设计、美术创意、图像编辑等领域都有极为广泛的应用，是平面、三维、建筑、影视后期等领域设计师必备的一款图像处理软件。利用Photoshop可以真实地再现现实生活中的图像，也可以创建出现实生活中并不存在的虚幻景象。利用Photoshop可以完成精确的图像编辑任务，可以对图像进行缩放、旋转或透视等操作，也可修补、修饰残缺的图像，还可以将几幅图像通过图层操作、工具应用等编辑手法，合成完整的、意义明确的设计作品。

1. 平面设计

这是Photoshop应用最为广泛的领域，无论是图书封面还是招贴、海报，这些平面印刷品通常都需要用Photoshop软件进行处理。

2. 广告摄影

广告摄影作为一种对视觉要求非常严格的工作，其最终成品往往要经过Photoshop的修改才能得到令人满意的效果。

3. 影像创意

影像创意是Photoshop的特长，通过Photoshop的处理可以将不同的对象组合在一起，使图像发生变化。

4. 视觉创意

视觉创意与设计是设计艺术的一个分支，此类设计通常没有非常明显的商业目的，但却为广大设计爱好者提供了广阔的设计空间，因此越来越多的设计爱好者开始学习Photoshop，并进行具有个人特色与风格的视觉创意。

5. 后期修饰

在制作建筑效果图包括许多三维场景时，人物与配景包括场景的颜色常常需要在Photoshop中进行添加并调整。

自己练

项目练习1：设置视口布局类型

操作要领 ①执行“视图”|“视口配置”命令，打开“视口配置”对话框。

②切换到“布局”选项卡，选择合适的视图类型，如图1-38所示。

图纸展示

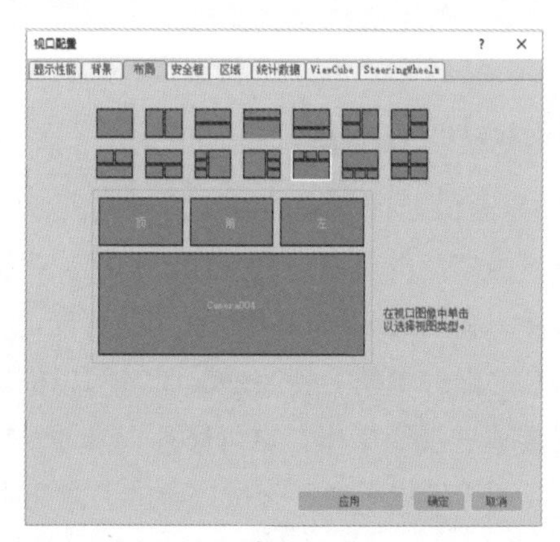

图 1-38

项目练习2：设置文件自动保存

操作要领 ①执行“自定义”|“首选项”命令，打开“首选项设置”对话框。

②切换到“文件”选项卡，在“自动备份”选项组中选中“启用”复选框，并设置Autobak文件数和备份间隔时间，如图1-39所示。

图纸展示

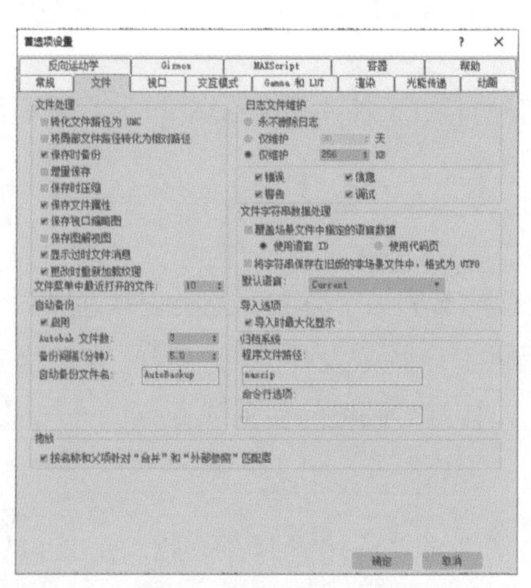

图 1-39

3ds Max

第2章 基础操作

本章概述

对于刚刚接触3ds Max的读者来说，掌握其基本操作是进一步学习3ds Max的基础。本章主要介绍绘图环境的设置、图形文件的基本操作以及图形对象的基本操作。通过本章的学习，可以掌握对场景文件及对象的基本操作。

要点难点

- 图形文件的基本操作 ★☆☆
- 图形对象的基本操作 ★★☆

跟我学 制作人字梯模型

学习目标 本案例将通过制作一个简单的人字梯模型，对3ds Max的基本操作方法进行介绍，包括视图的切换、工具的使用等。

案例路径 云盘\实例文件\第2章\跟我学\制作人字梯模型

实现过程

步骤01 单击“长方体”按钮，在透视视图中创建一个长方体，并在“参数”面板中调整尺寸，如图2-1和图2-2所示。

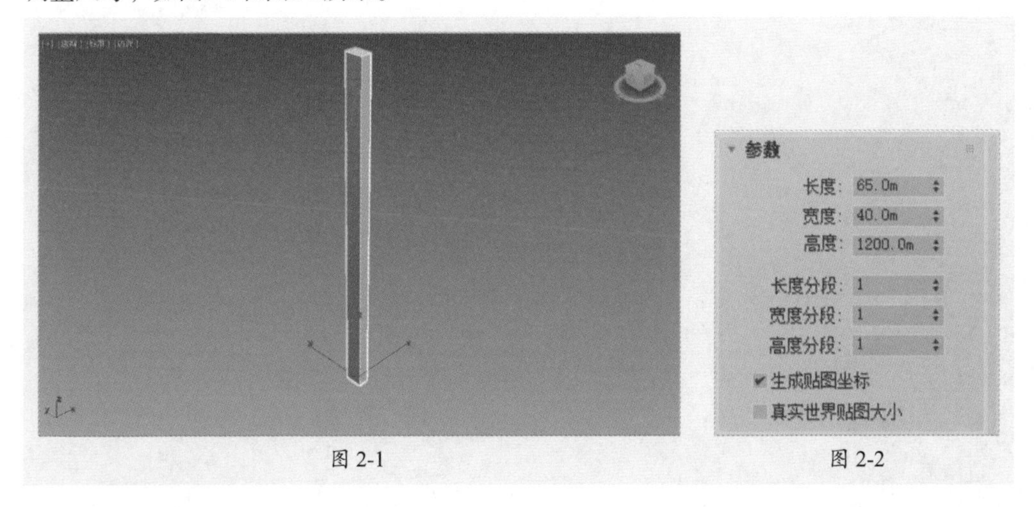

图 2-1　　图 2-2

步骤02 激活移动工具，按Ctrl+V组合键，弹出“克隆选项”对话框，选中“实例”单选按钮，如图2-3所示。单击“确定”按钮即可克隆对象。

步骤03 切换到前视图，右击移动工具，打开“移动变换输入”面板，在“偏移:屏幕”选项组的X文本框中输入500，如图2-4所示。

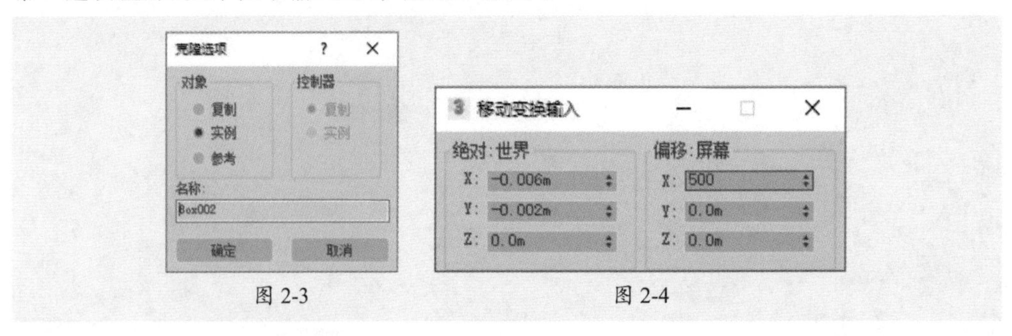

图 2-3　　图 2-4

步骤 04 按Enter键即可将复制的长方体向右移动，作为人字梯的两条立柱，如图2-5所示。

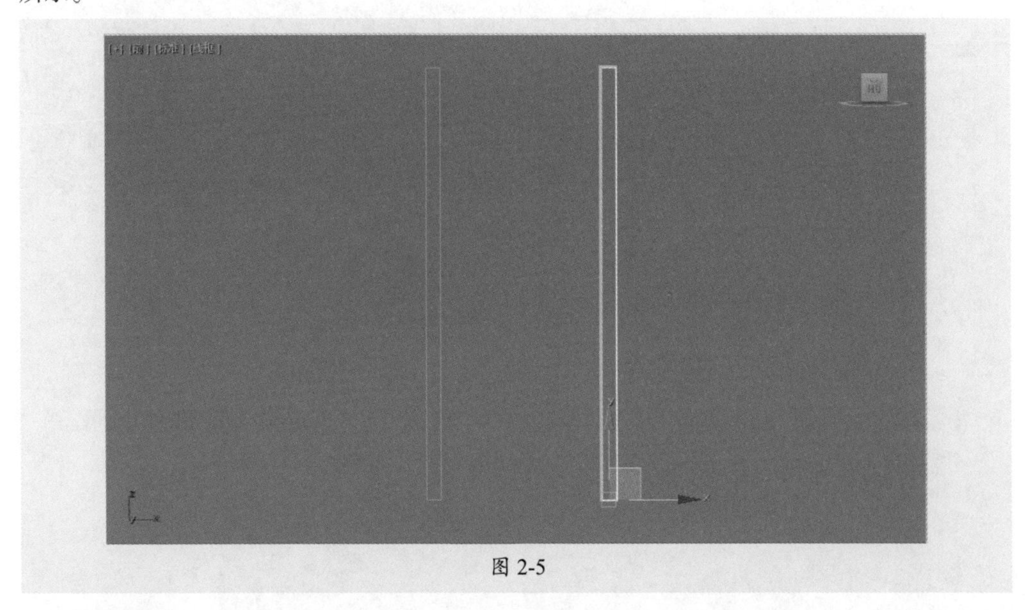

图 2-5

步骤 05 单击“长方体”按钮，在前视图创建一个长方体作为踏步，并在“参数”面板中调整尺寸，接着激活移动工具，分别在左视图和前视图中调整长方体的位置，如图2-6和图2-7所示。

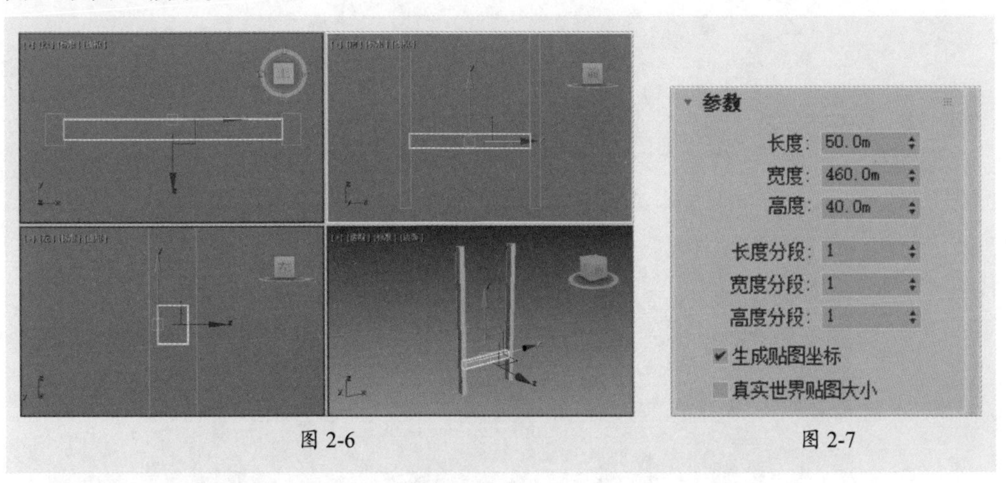

图 2-6　　图 2-7

步骤 06 切换到前视图，按住Shift键沿Y轴向上移动对象，系统会弹出“克隆选项”对话框，设置“副本数”为2，如图2-8所示。

步骤 07 单击“确定”按钮即可复制多个长方体，如图2-9所示。

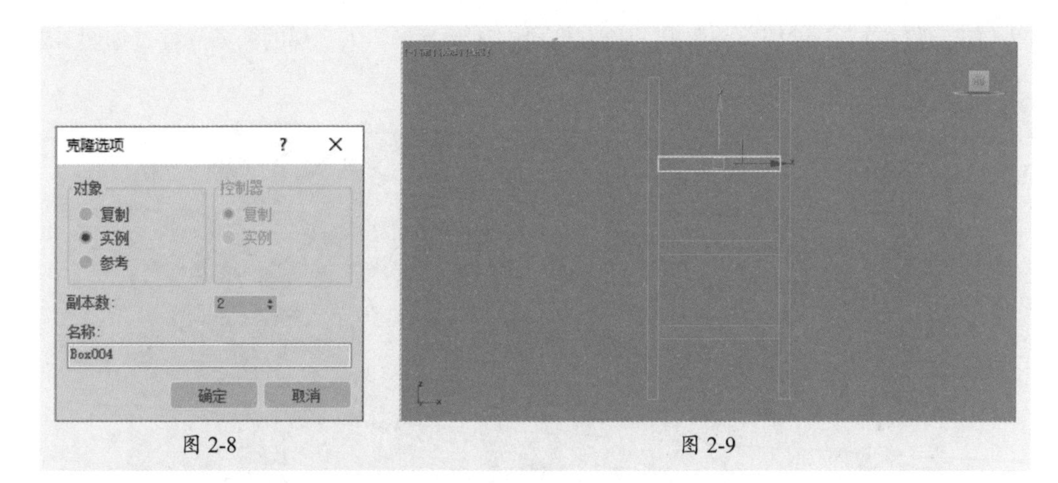

图 2-8　　　　图 2-9

步骤 08 再次按住Shift键向上复制对象，选中“复制”单选按钮，如图2-10所示。

步骤 09 在“参数”面板中重新调整长方体的尺寸，如图2-11所示。

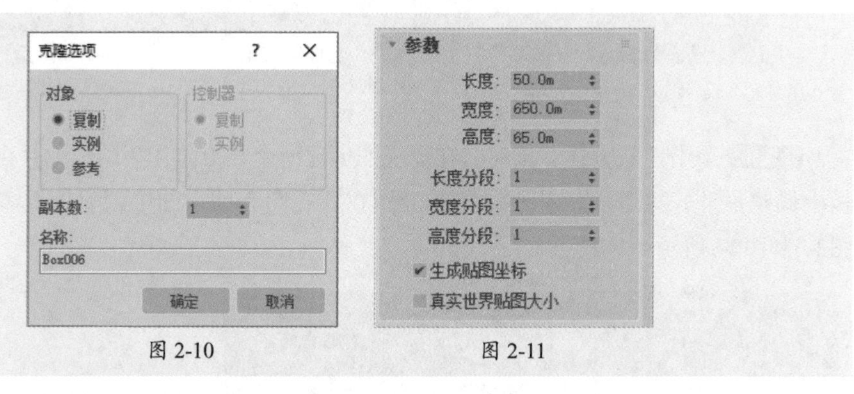

图 2-10　　　　图 2-11

步骤 10 移动对象的位置，完成人字梯一侧的造型，如图2-12所示。

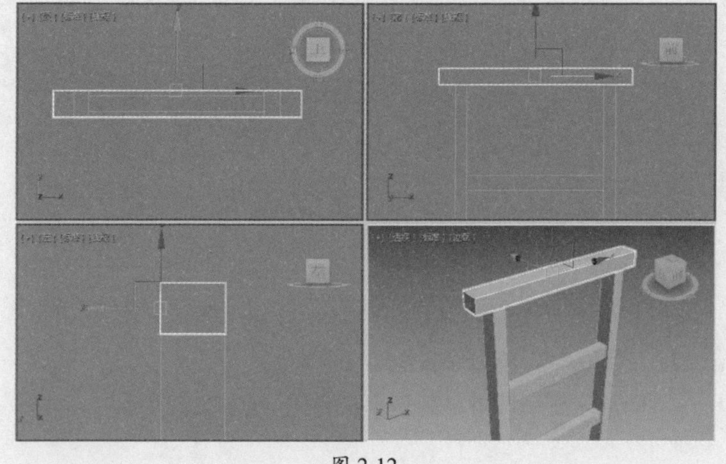

图 2-12

步骤11 全选对象，切换到左视图，激活旋转工具，旋转对象，如图2-13所示。

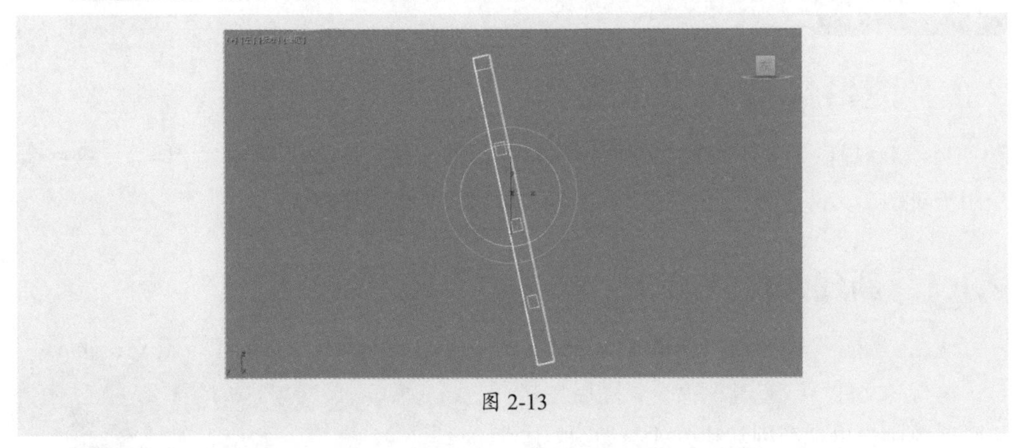

图 2-13

步骤12 单击“镜像”按钮，打开“镜像：屏幕坐标”对话框，设置镜像轴为X轴，克隆方式为“实例”，如图2-14所示。

步骤13 单击“确定”按钮，完成镜像复制，如图2-15所示。

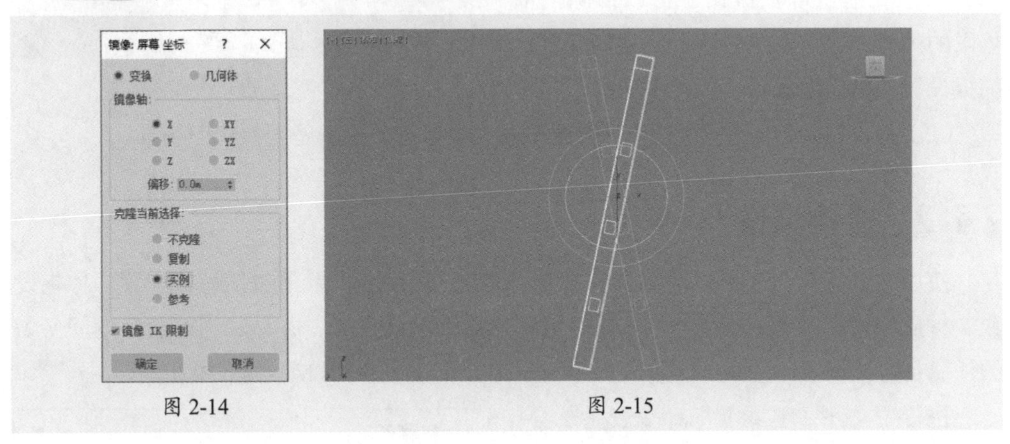

图 2-14　　图 2-15

步骤14 激活移动工具，移动对象的位置，即可完成人字梯模型的制作，如图2-16所示。

图 2-16

听我讲 Listen to me

2.1 图形文件的基本操作

3ds Max提供了关于场景文件的操作命令，如新建、重置、合并、归档等，这些命令用于对图形文件进行打开、关闭、保存、导入及导出等操作。

2.1.1 新建文件

使用“新建”命令可以新建一个场景文件。执行“文件”|“新建”命令，随后在其级联菜单中将出现两种新建方式，如图2-17所示。下面将对这两种新建方式的含义进行介绍。

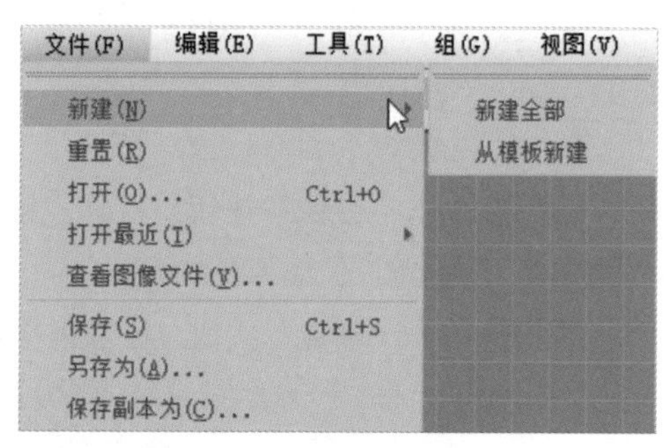

图 2-17

（1）新建全部：该命令可以清除当前场景的内容，保留系统设置，如视口配置、捕捉设置、材质编辑器、背景图像等。

（2）从模板新建：用新场景刷新3ds Max，根据需要确定是否保留旧场景。

2.1.2 重置文件

使用“重置”命令可以清除所有数据并重置3ds Max设置（包括视口配置、捕捉设置、材质编辑器、背景图像等），还可以还原启动默认设置，并移除当前会话期间所做的任何自定义设置。使用“重置”命令与退出并重新启动3ds Max的效果相同。

执行“文件”|“重置”命令，系统会弹出提示对话框，如图2-18所示。用户可以根据需要单击“保存”“不保存”或“取消”按钮。

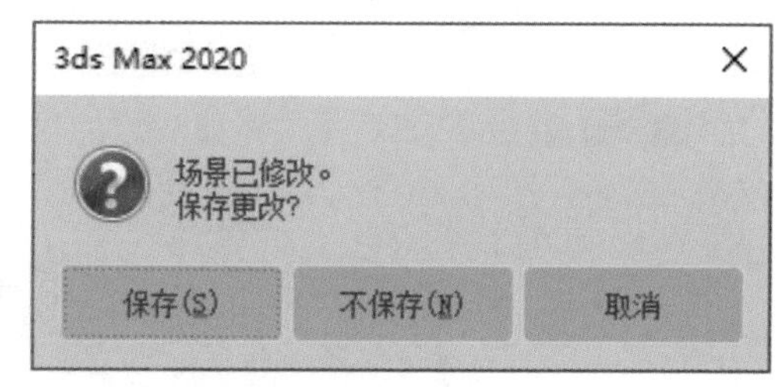

图 2-18

知识点拨

下面将对常见的文件类型进行介绍。

1. MAX文件是完整的场景文件。

2. CHR文件是用“保存类型”为“3ds Max角色”功能保存的角色文件。

3. DRF文件是VIZ Render中的场景文件，VIZ Render是包含在AutoCAD软件中的一款渲染工具。该文件类型类似于Autodesk VIZ之前版本中的MAX文件。

2.1.3 合并文件

使用“合并”命令可以将多个场景合并成一个单独的大型场景。如果要合并的对象与场景中的对象名称相同，可以选择重命名或跳过合并对象。

下面介绍将模型合并到当前场景的方法，具体操作步骤如下。

步骤 01 打开准备好的场景文件，如图2-19所示。

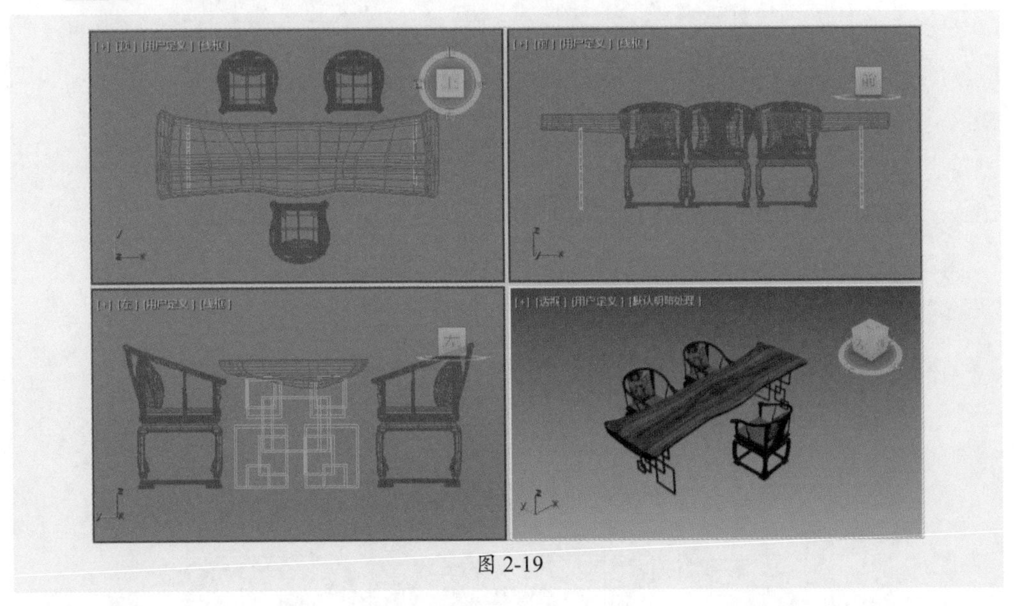

图 2-19

步骤 02 执行“文件”|“导入”|“合并”命令，打开“合并文件”对话框，选择要合并进当前场景的模型文件，如图2-20所示。

步骤 03 单击“打开”按钮，系统会弹出“合并”对话框，选择要合并到当前场景中的模型对象，如图2-21所示。

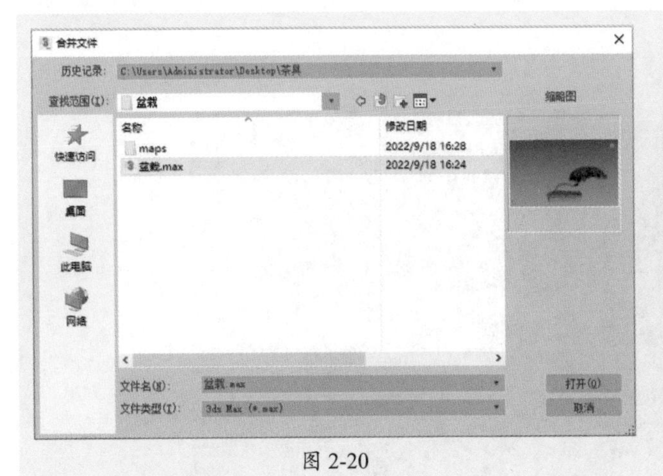

图 2-20

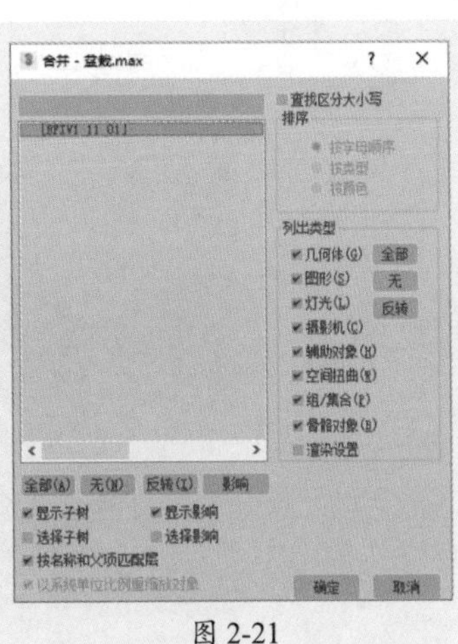

图 2-21

步骤 04 单击“确定”按钮，即可将对象合并到当前场景中，如图2-22所示。

图 2-22

步骤 05 使用缩放工具和移动工具可以调整模型的大小和位置，如图2-23所示。

图 2-23

步骤 06 按照此方法合并茶具、香炉等模型，并调整位置，操作结果如图2-24所示。

图 2-24

2.1.4 归档文件

使用“归档”命令会自动查找场景中参照的文件，并在可执行文件的文件夹中创建压缩文件，在存档处理期间将显示日志窗口。

执行“文件”|“归档”命令，系统会打开“文件归档”对话框，用户可在该对话框中设置归档路径及名称，如图2-25所示。

单击“保存”按钮，系统会弹出一个命令程序窗口，并将场景中所有的贴图、光域网和模型等进行归类，如图2-26所示。归档完毕后，即可在指定路径生成一个压缩文件。

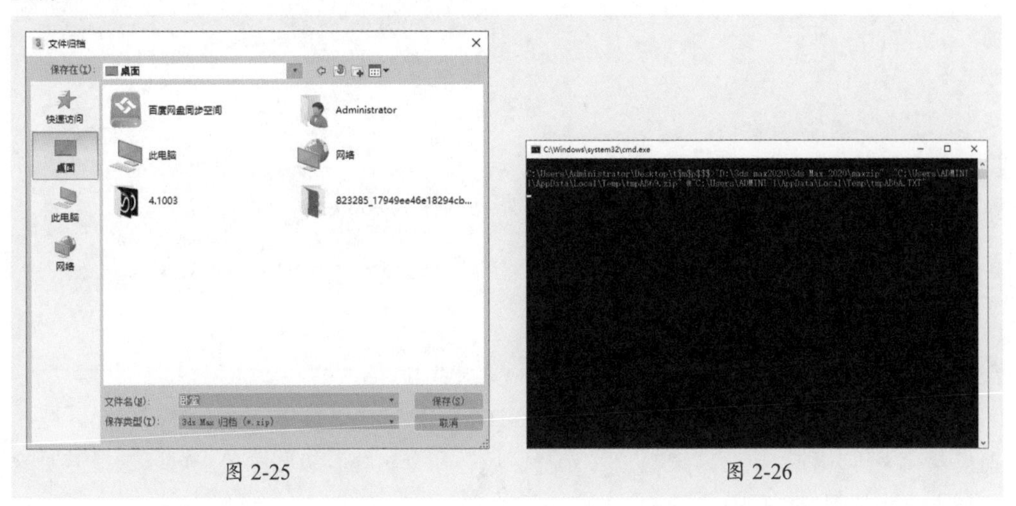

图 2-25　　图 2-26

2.2 对象的基本操作

在场景的创建过程中经常需要对对象进行一些基本操作，包括选择、移动、旋转、缩放、复制、镜像、捕捉、隐藏、成组等。

2.2.1 选择操作

要对对象进行操作，首先要选择对象。快速并准确地选择对象，是熟练运用3ds Max的关键。

1. 选择按钮

选择对象的工具主要有“选择对象”和“按名称选择”两种，前者可以直接框选或单击选择一个或多个对象，后者则可以通过对象名称进行选择。

（1）“选择对象”按钮。

单击此按钮后，可以用鼠标选择一个对象或框选多个对象，被选中的对象呈高亮显示。若想一次选中多个对象，可以在按住Ctrl键的同时单击对象，即可增加选择对象。

（2）“按名称选择”按钮。

单击此按钮可以打开“从场景选择”对话框，如图2-27所示。用户可以在下方的对象列表中双击对象名称进行选择，也可以在输入框中输入对象名称进行选择。

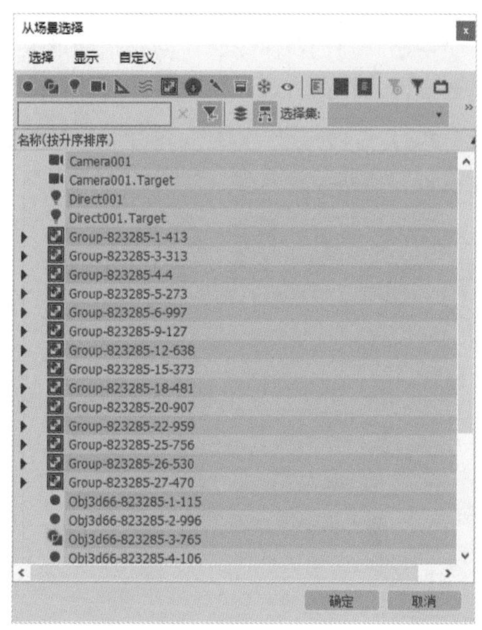

图 2-27

2. 选择区域

选择区域的形状包括矩形选区、圆形选区、围栏选区、套索选区、绘制选择区域、窗口及交叉等几种。执行“编辑”|“选择区域”命令，在其级联菜单中可以选择需要的选择方式，如图2-28所示。

3. 过滤选择

“选择过滤器”中将对象分为全部、几何体、图形、灯光、摄影机、辅助对象、扭曲等类型，如图2-29所示。利用“选择过滤器”可以对对象的选择操作进行范围限定，即屏蔽其他对象而只显示限定类型的对象以便于选择。当场景比较复杂，且需要对某一类对象进行操作时，可以使用“选择过滤器”。

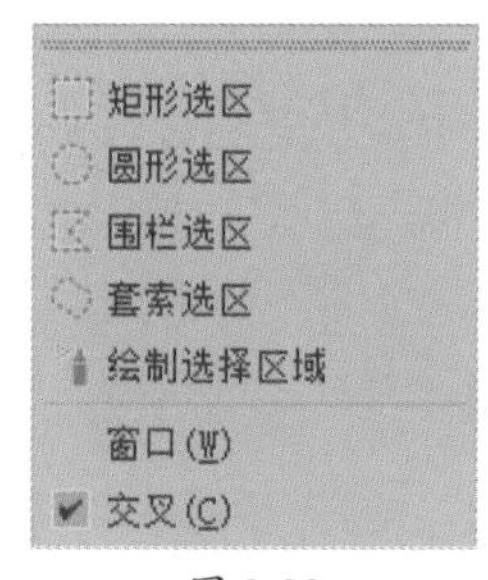

图 2-28

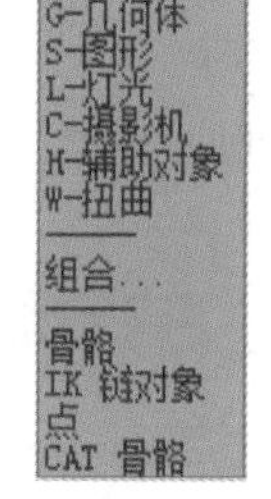

图 2-29

2.2.2 变换操作

变换对象是指将对象重新定位，包括改变对象的位置、旋转角度或者变换对象的比例等。用户可以选择对象，然后使用主工具栏中的各种变换按钮来进行变换操作。移动、旋转和缩放属于对象的基本变换。

1. 移动对象

移动是最常用的变换工具，可改变对象的位置，在主工具栏中单击“选择并移动”按钮，即可激活移动工具。单击物体对象后，视口中会出现一个三维坐标系，如图2-30所示。当一个坐标轴被选中时它会显示为高亮黄色，它可在3个轴向上对物体进行移动；把鼠标放在两个坐标轴的中间，可将对象在两个坐标轴形成的平面上随意移动。

右击“选择并移动”按钮，会弹出“移动变换输入”面板，如图2-31所示。在“偏移：世界”选项组中输入数值，可以控制对象在3个坐标轴上精确移动。

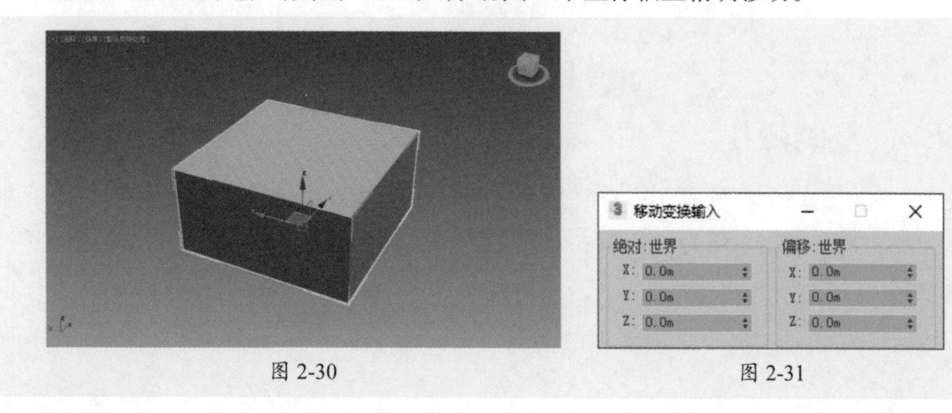

图 2-30　　图 2-31

2. 旋转对象

需要调整对象的视角时，可以单击主工具栏中的“选择并旋转”按钮，当前被选中的对象可以沿3个坐标轴进行旋转，如图2-32所示。

右击“选择并旋转”按钮，会弹出“旋转变换输入”面板，如图2-33所示。在“偏移：世界”选项组中输入数值，可以控制对象在3个坐标轴上精确旋转。

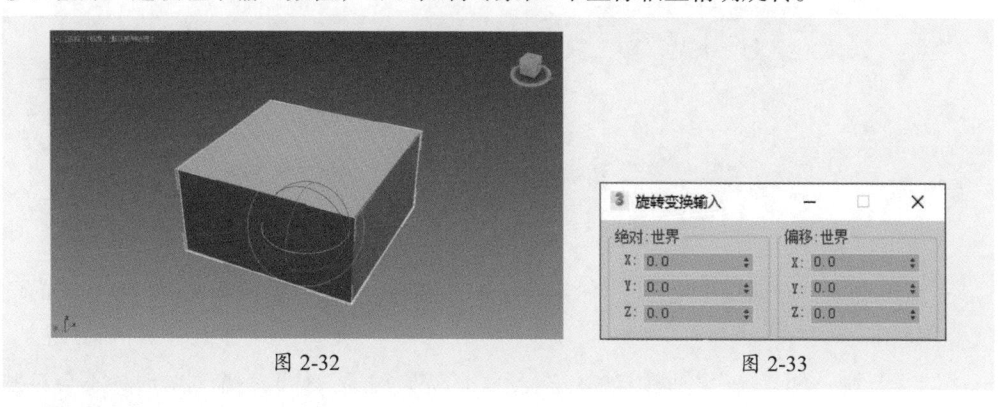

图 2-32　　图 2-33

3. 缩放对象

若要调整场景中对象的比例大小，可以单击主工具栏中的“选择并均匀缩放”按钮，即可对对象进行等比例缩放，如图2-34所示。

右击“选择并缩放”按钮，会弹出“缩放变换输入”面板，如图2-35所示。在“偏移：世界”选项组中输入百分比数值，可以控制对象进行精确缩放。

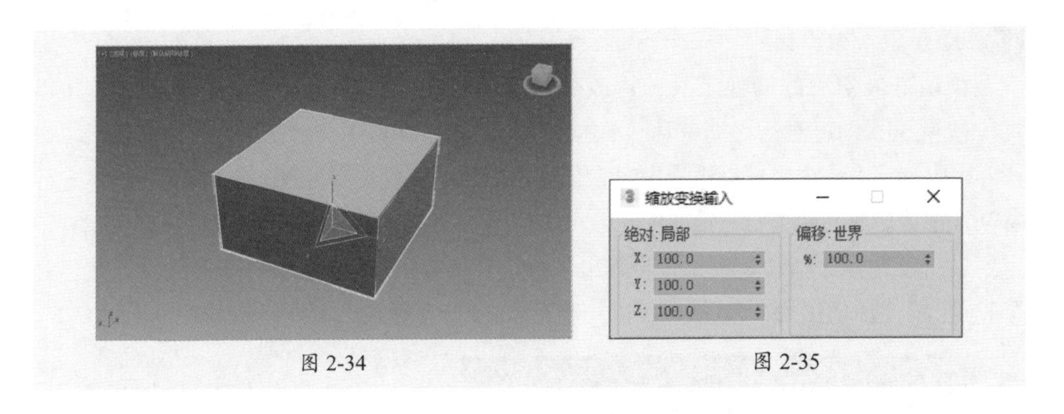

图 2-34　　图 2-35

2.2.3 复制操作

3ds Max提供了多种复制方式，用户可以快速创建一个或多个选定对象的多个副本。复制对象的通用术语为克隆，本小节主要介绍克隆对象的方法。打开“克隆选项”对话框的方法如下。

- 选择对象后，执行“编辑”|“克隆”命令，会打开“克隆选项”对话框，如图2-36所示。
- 激活变换工具，选择对象后进行操作的同时按住Shift键也会打开“克隆选项”对话框，如图2-37所示。

以上两种方法会打开不同的“克隆选项”对话框。

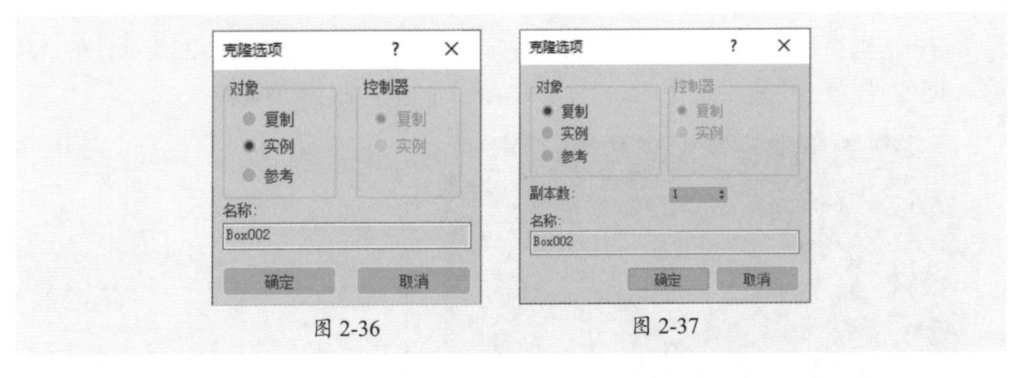

图 2-36　　图 2-37

“克隆选项”对话框中提供了3种克隆方法，分别是复制、实例和参考，各选项的含义介绍如下。

（1）复制：创建一个与原始对象完全无关的克隆对象。修改一个对象时，不会对另一个对象产生影响。

（2）实例：创建与原始对象完全可交互的克隆对象。修改实例对象时，原始对象也会发生相同的改变。

（3）参考：创建与原始对象有关的克隆对象，只会影响应用该修改器的对象。

2.2.4 镜像操作

在视口中选择任一对象，在主工具栏上单击“镜像”按钮，打开“镜像”对话框。在开启的对话框中设置镜像参数，然后单击“确定”按钮完成镜像操作。“镜像”对话框如图2-38所示。

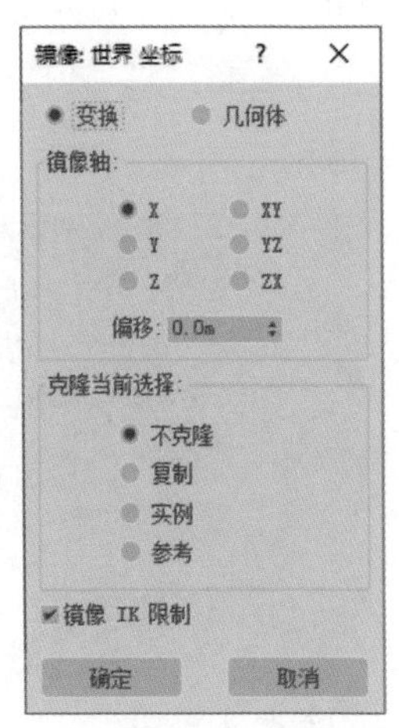

图 2-38

“镜像轴”选项组用于选择镜像轴，包括X、Y、Z、XY、YZ和ZX。这些选项等同于“轴约束”工具栏上的选项按钮。其中“偏移”微调框用于指定镜像对象轴点与原始对象轴点之间的距离。

“克隆当前选择”选项组用于确定由镜像功能创建的副本的类型。默认设置为“不克隆”。

- **不克隆：** 在不制作副本的情况下，镜像选定对象。
- **复制：** 将选定对象的副本镜像到指定位置。
- **实例：** 将选定对象的实例镜像到指定位置。
- **参考：** 将选定对象的参考镜像到指定位置。

若选中“镜像IK限制”复选框，当围绕一个轴镜像几何体时，会导致镜像IK约束（与几何体一起镜像）。如果不希望IK约束受镜像命令的影响，可取消选中该复选框。

下面将利用所学的知识制作一个书架模型，具体操作步骤如下。

步骤 01 单击“长方体”按钮，创建尺寸为200mm×440mm×12mm的长方体作为书架底座，如图2-39所示。

步骤 02 按Ctrl+V组合键，打开“克隆选项”对话框，选中“实例”单选按钮，如图2-40所示。

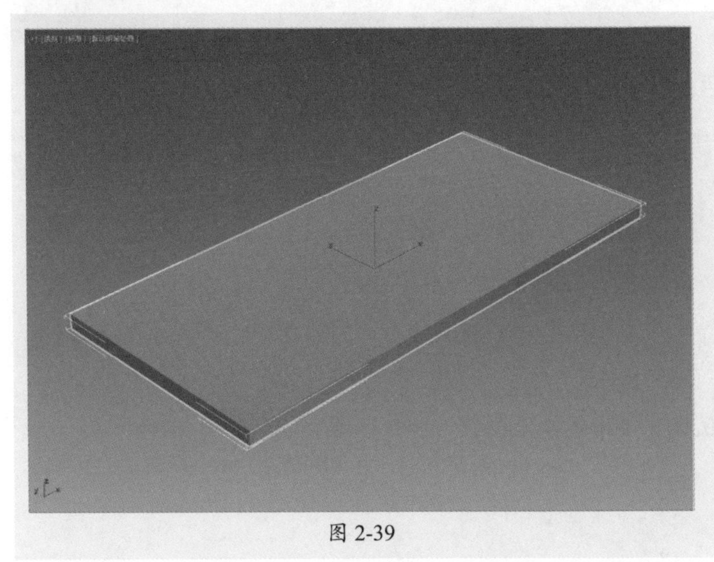

图 2-39

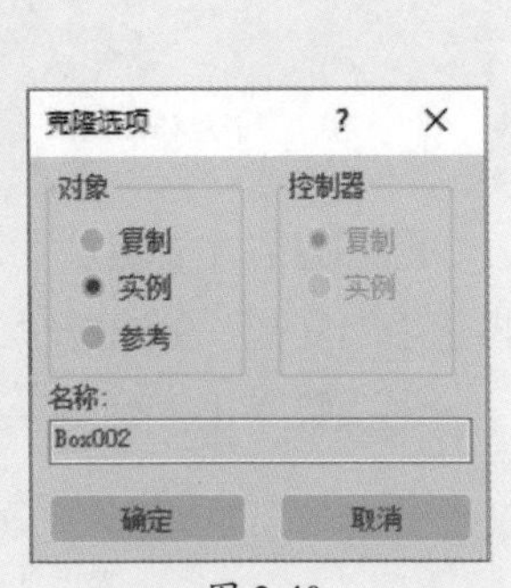

图 2-40

步骤 03 单击“确定”按钮，即可复制长方体，调整其尺寸为12mm × 200mm × 1000mm，居中对齐到底座外侧，作为书架支撑，如图2-41所示。

步骤 04 继续选择底座进行复制，并设置尺寸为200mm × 385mm × 12mm，如图2-42所示。

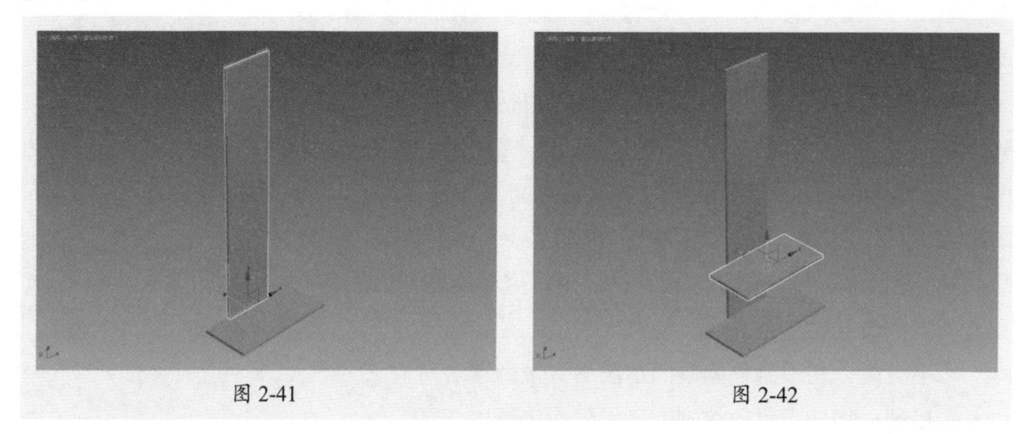

图 2-41　　图 2-42

步骤 05 切换到前视图，在主工具栏上右击旋转工具，打开“旋转变换输入”面板，在“偏移：世界”选项组中设置Z轴的偏移值为-45，如图2-43所示。

步骤 06 按Enter键确认，即可将长方体按顺时针方向旋转45°，再移动长方体的位置，如图2-44所示。

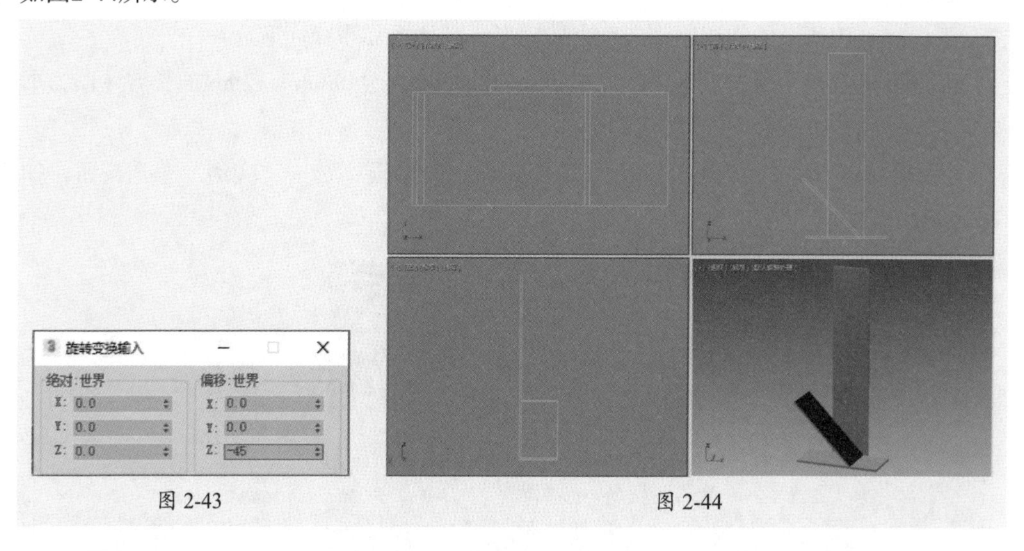

图 2-43　　图 2-44

步骤 07 在主工具栏中单击“镜像”按钮，打开“镜像”对话框，设置镜像轴为X轴，再选中“复制”单选按钮，如图2-45所示。

步骤 08 单击“确定”按钮，即可镜像复制长方体，如图2-46所示。

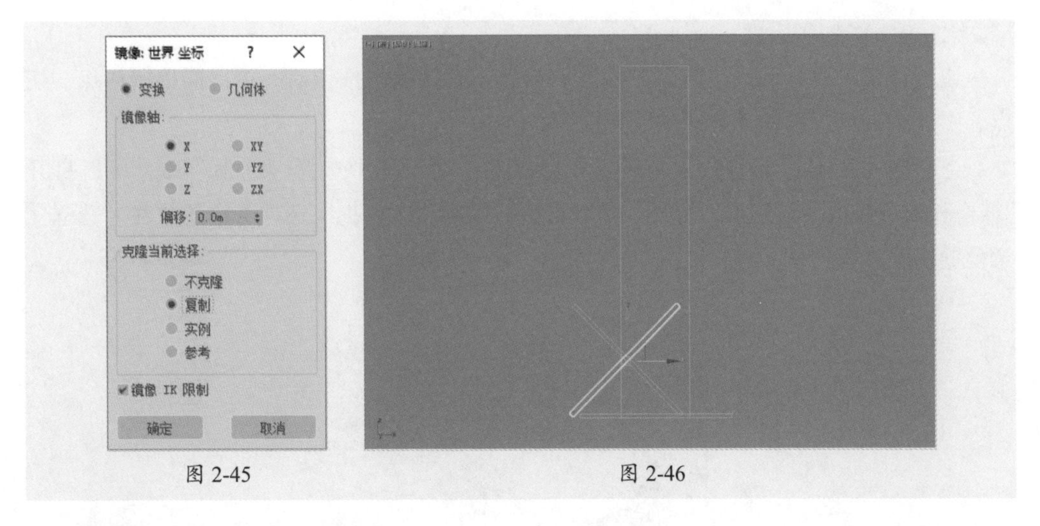

图 2-45　　图 2-46

步骤 09 再移动对象，使两个长方体相互垂直，制作出一层书架，如图2-47所示。

步骤 10 选择两个长方体，按住Shift键向上复制出多个，即可完成书架的制作，如图2-48所示。

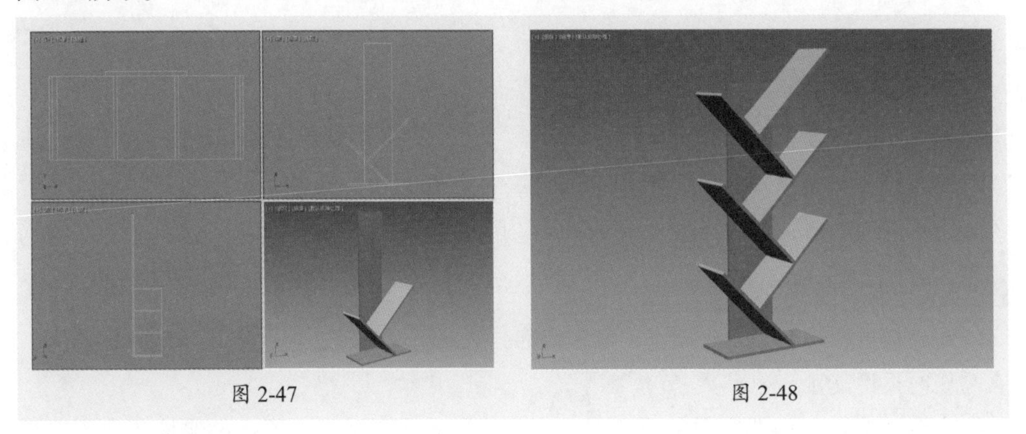

图 2-47　　图 2-48

2.2.5 捕捉操作

捕捉操作能够捕捉处于活动状态的三维空间的控制范围，而且有很多捕捉类型可用。与捕捉操作相关的工具按钮包括捕捉开关、角度捕捉、百分比捕捉等。现分别介绍如下。

（1）捕捉开关。

这3个按钮代表3种捕捉模式，可用于捕捉处于活动状态的三维空间的控制范围。

（2）角度捕捉。

用于切换确定多数功能的增量旋转，包括标准旋转变换。随着旋转对象或对象组，对象以设置的增量围绕指定轴旋转。

（3）百分比捕捉。

通过指定的百分比设置对象的缩放。当单击“捕捉”按钮后，可以捕捉栅格点、切点、中点、端点、面和其他选项。

当右击主工具栏的空白区域时，在弹出的快捷菜单中选择“捕捉”命令可以打开“栅格和捕捉设置”对话框，如图2-49所示。可以使用“捕捉”选项卡中的一些复选框任意设置捕捉方式。

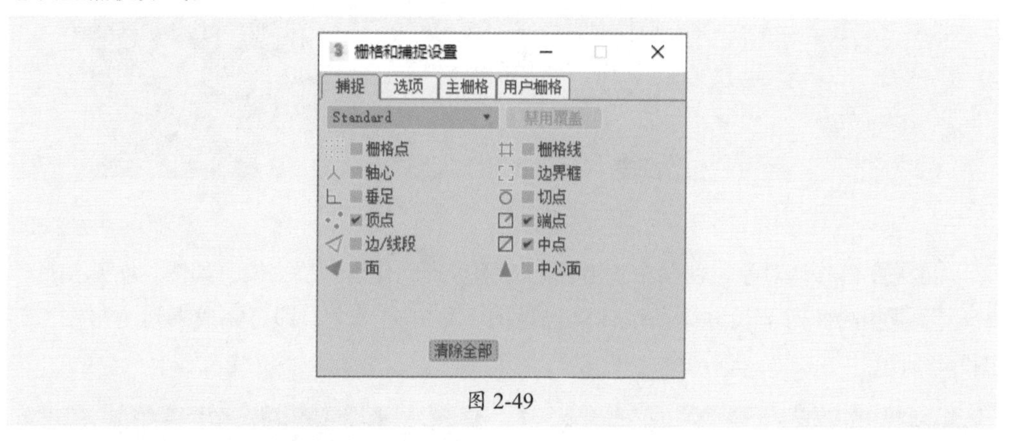

图 2-49

2.2.6 隐藏/冻结操作

在视图中选择所要操作的对象，右击，在打开的快捷菜单中可以选择隐藏选定对象、全部取消隐藏、冻结当前选择等命令。下面将对常用命令进行介绍。

1. 隐藏与取消隐藏

在建模过程中为了便于操作，常常将部分对象暂时隐藏，以提高用户的操作速度，在需要时再将其显示。

在视口中选择需要隐藏的对象并右击，如图2-50所示，在弹出的快捷菜单中选择“隐藏选定对象”或“隐藏未选定对象”命令，可实现隐藏操作。当不需要隐藏对象时，同样在视口中右击，在弹出的快捷菜单中选择“全部取消隐藏”或“按名称取消隐藏”命令，场景中的对象将不再被隐藏。

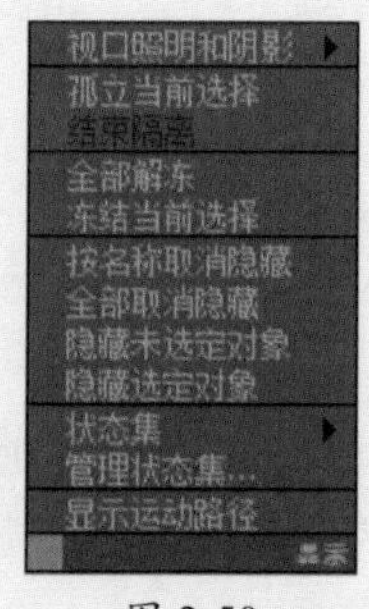

图 2-50

2. 冻结与解冻

在建模过程中为了便于操作，避免对场景中的对象误操作，常常将部分对象暂时冻结，在需要时再将其解冻。

在视口中选择需要冻结的对象并右击，在弹出的快捷菜单中选择“冻结当前选择”命令，将实现冻结操作，图2-51所示为冻结效果。当不需要冻结对象时，同样在视口中右击，在弹出的快捷菜单中选择“全部解冻”命令，场景中的对象将不再被冻结，图2-52所示为解冻效果。

图 2-51

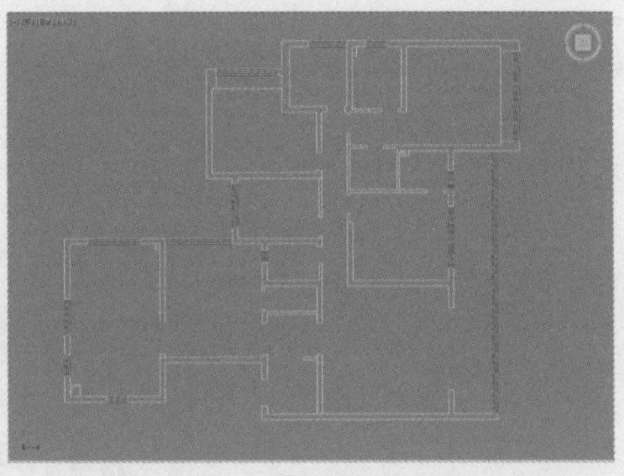

图 2-52

2.2.7 成组操作

控制成组操作的命令集中在“组”菜单中，包含用于将场景中的对象成组和解组的所有功能，如图2-53所示。

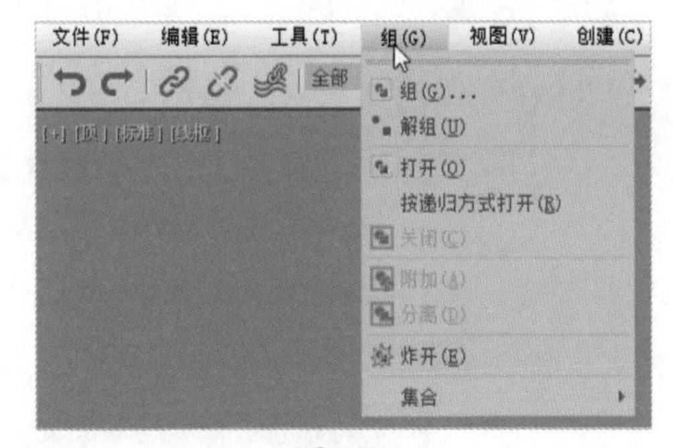

图 2-53

- 执行“组”|“组”命令，可将对象或组的选择集组成为一个组。
- 执行“组”|“解组”命令，可将当前组分离为其组件对象或组。
- 执行“组”|“打开”命令，可暂时对组进行解组，并访问组内的对象。
- 执行“组”|“关闭”命令，可重新组合打开的组。
- 执行“组”|“附加”命令，选定对象成为现有组的一部分。
- 执行“组”|“分离”命令，从对象的组中分离选定对象。
- 执行“组”|“炸开”命令，分解组中的所有对象。它与“解组”命令不同，后者只解组一个层级。
- 执行“组”|“集合”命令，在其级联菜单中提供了用于管理集合的命令。

自 己 练

项目练习1：镜像复制椅子模型

操作要领 ①选择一侧椅子模型，在工具栏中单击“镜像”按钮。

②在弹出的“镜像”对话框中选择镜像轴和克隆方式，复制对象后移动其位置，如图2-54和图2-55所示。

图纸展示

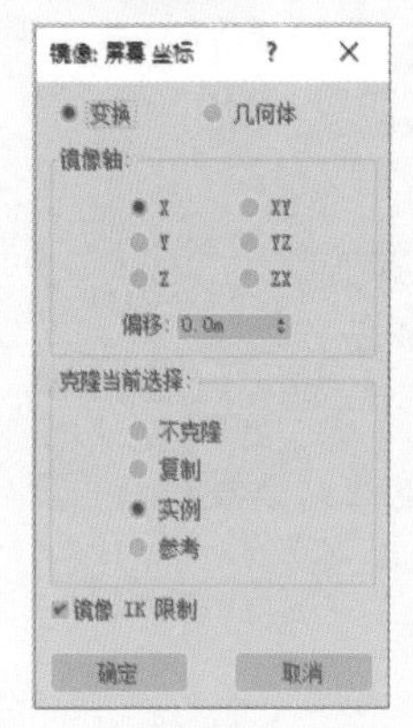

图 2-54

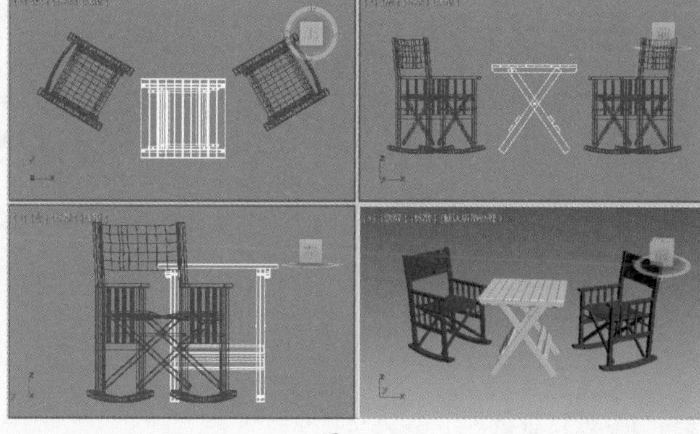

图 2-55

项目练习2：制作旋转楼梯

操作要领 ①创建圆柱体分别作为楼梯的立柱和扶手立柱，再创建长方体，在顶视图调整轴心，进行阵列复制操作。

②创建螺旋线作为扶手，根据模型尺寸调整参数，如图2-56所示。

图纸展示

图 2-56

3ds Max

第3章 基础建模技术

本章概述

三维建模是三维世界的核心和基础。没有一个好的模型，就难以呈现出好的效果。众所周知，3ds Max具有多种建模手段，这里主要讲述其内置的样条线和几何体建模，即样条线、标准基本体、扩展基本体的建模方法。

通过对本章内容的学习，读者可以了解基本的建模方法与技巧，为后面章节知识的学习做进一步的铺垫。

要点难点

- 创建样条线 ★☆☆
- 创建几何体 ★☆☆
- 创建复合对象 ★★☆
- 修改器建模 ★★★

跟我学 制作休闲椅模型

学习目标 本案例将利用样条线功能及其前面章节所学知识，制作一个休闲椅模型，主要建模方法包括利用编辑样条线制作椅背截面轮廓，利用“挤出”修改器制作模型轮廓等。

案例路径 云盘\实例文件\第3章\跟我学\制作休闲椅模型

实现过程

步骤01 单击“线”按钮，在前视图绘制一个封闭的样条线轮廓，如图3-1所示。

步骤02 进入“顶点”子层级，选择部分顶点，通过右键菜单将其转换为Bezier角点，如图3-2所示。

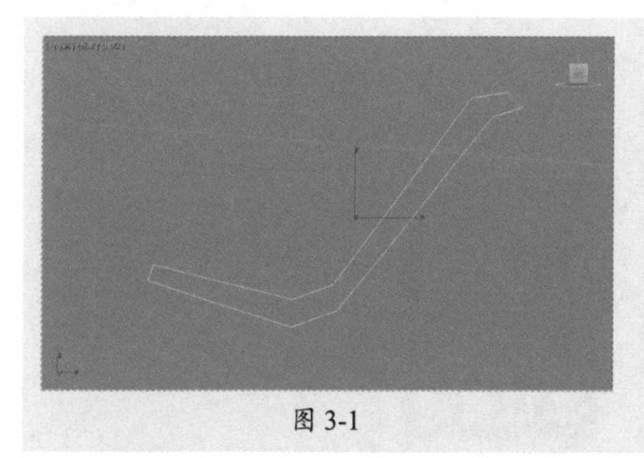

图 3-1

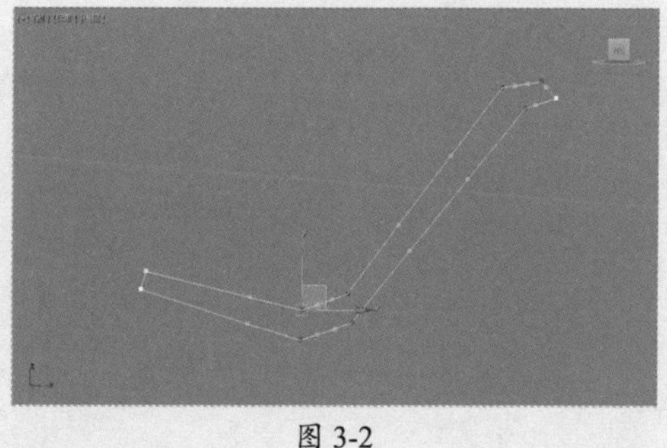

图 3-2

步骤03 拖动控制柄调整样条线造型，如图3-3所示。

步骤04 选择两侧的顶点，在“几何体”卷展栏中单击“圆角”按钮，接着在视口拖动鼠标制作出圆角效果，如图3-4所示。

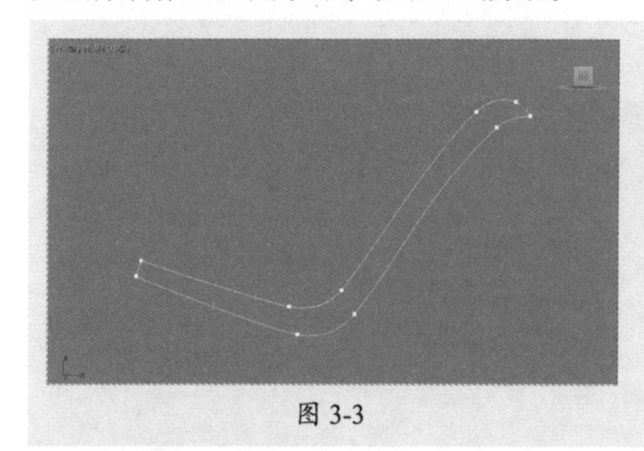

图 3-3

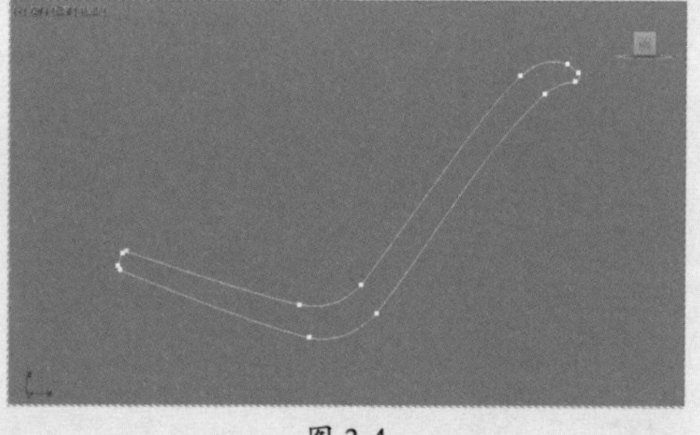

图 3-4

步骤05 退出堆栈，按Ctrl+V组合键，使用“复制”方式克隆对象，如图3-5所示。

步骤06 选择其中一条样条线，为其添加“挤出”修改器，设置挤出高度为500mm，在透视视口可以看到挤出模型的效果，如图3-6所示。

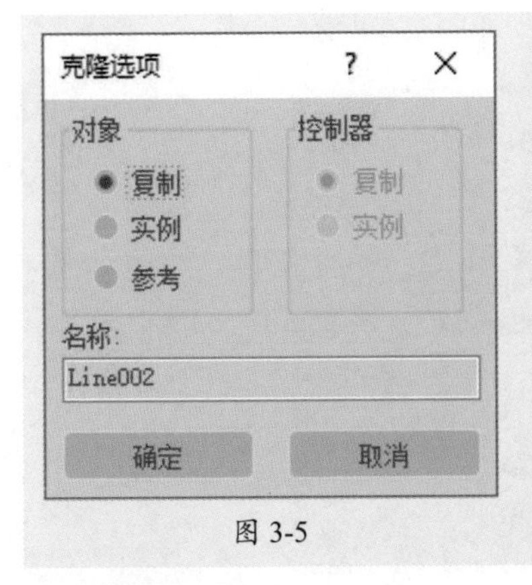

图 3-5

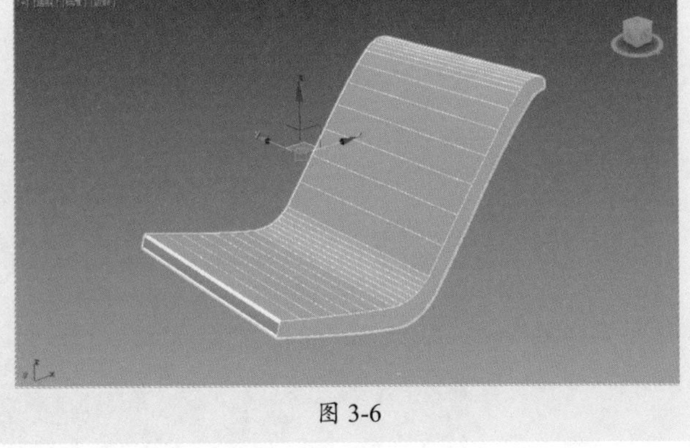
图 3-6

步骤 07 选择另一条样条线，进入“样条线”子层级，在“几何体”卷展栏中设置“轮廓”参数为15mm，按Enter键即可制作出轮廓效果，如图3-7所示。

步骤 08 退出堆栈，为样条线添加“挤出”修改器，设置挤出高度为520mm，如图3-8所示。

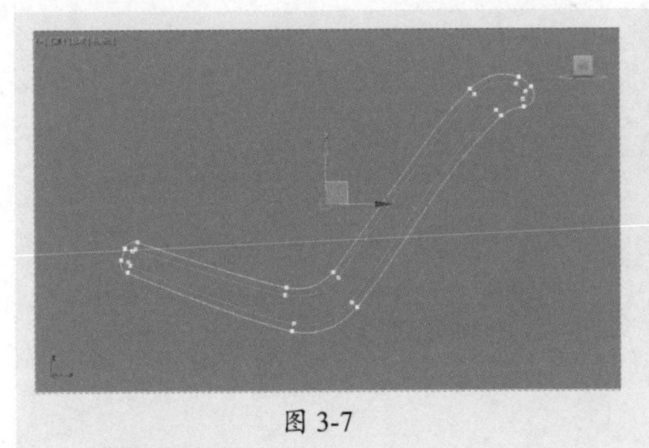
图 3-7

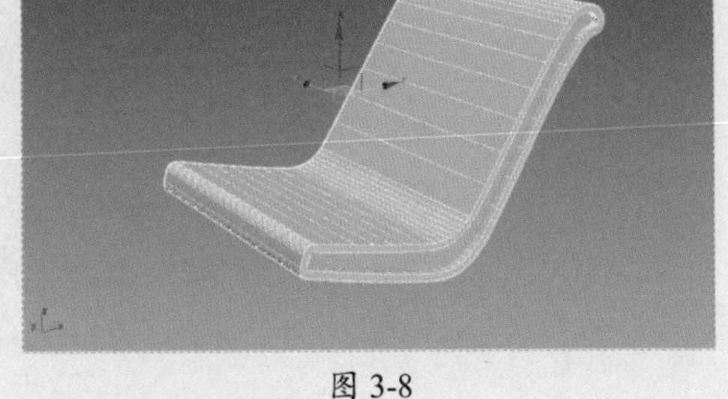
图 3-8

步骤 09 切换到左视图，右击移动工具，打开“移动变换输入”面板，在“偏移：屏幕”选项组中设置X轴数值为-10，如图3-9所示。

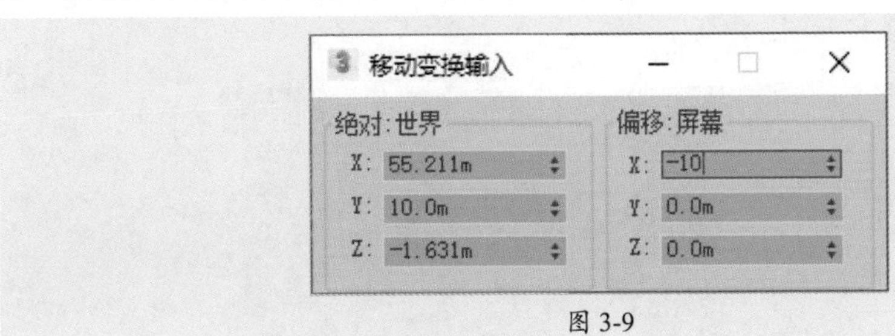

图 3-9

步骤 10 按Enter键移动对象，使两个对象居中对齐，如图3-10所示。

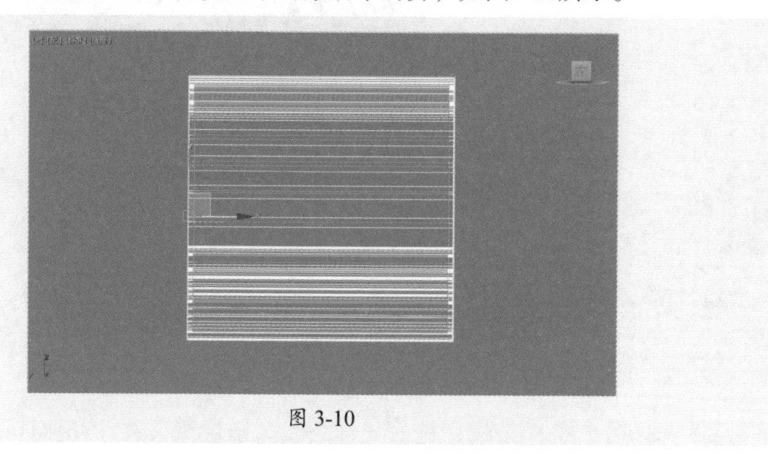

图 3-10

步骤 11 单击“线”按钮，在前视图绘制图3-11所示的样条线。

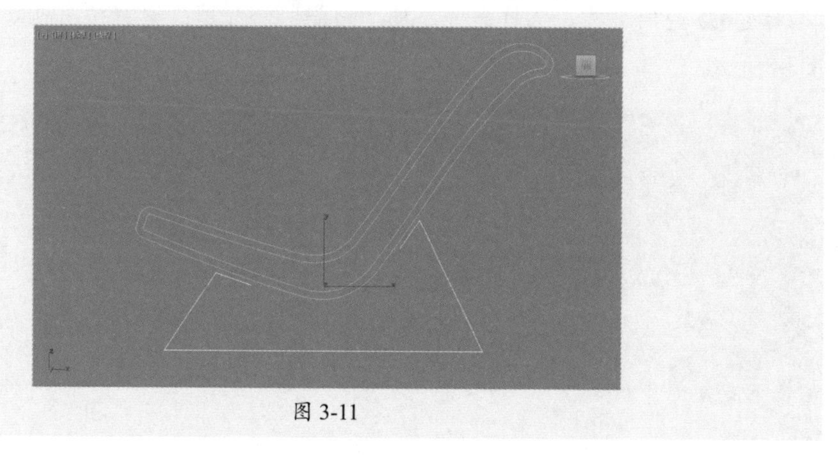

图 3-11

步骤 12 进入“顶点”子层级，选择上方的两个顶点，在“几何体”卷展栏中设置“圆角”属性参数为10mm，制作出圆角效果，再选择底部的两个顶点，设置“圆角”属性参数为50mm，如图3-12和图3-13所示。

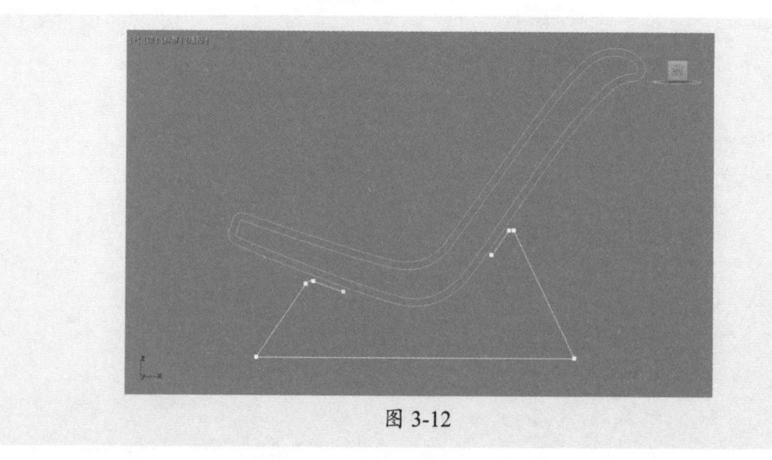

图 3-12

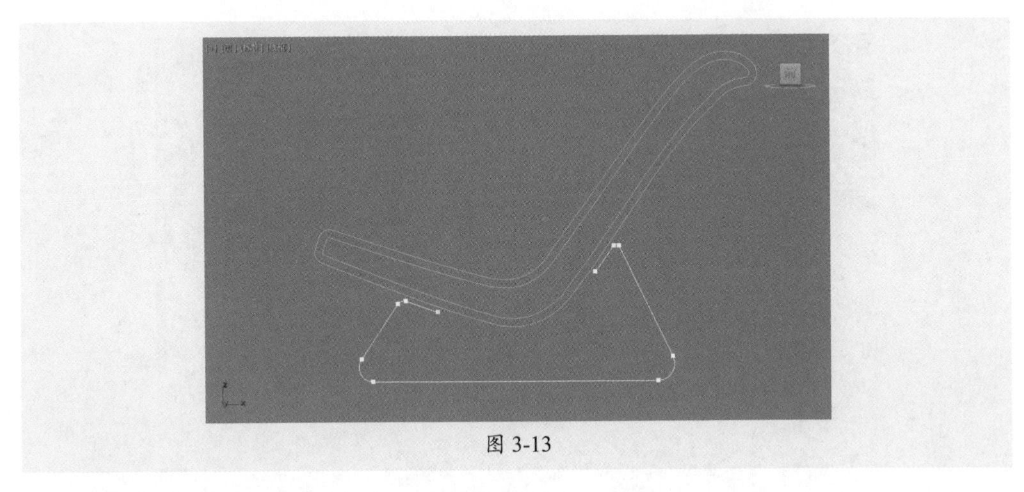

图 3-13

步骤13 单击“矩形”按钮，在左视图绘制一个矩形，并在“参数”面板中设置尺寸，如图3-14和图3-15所示。

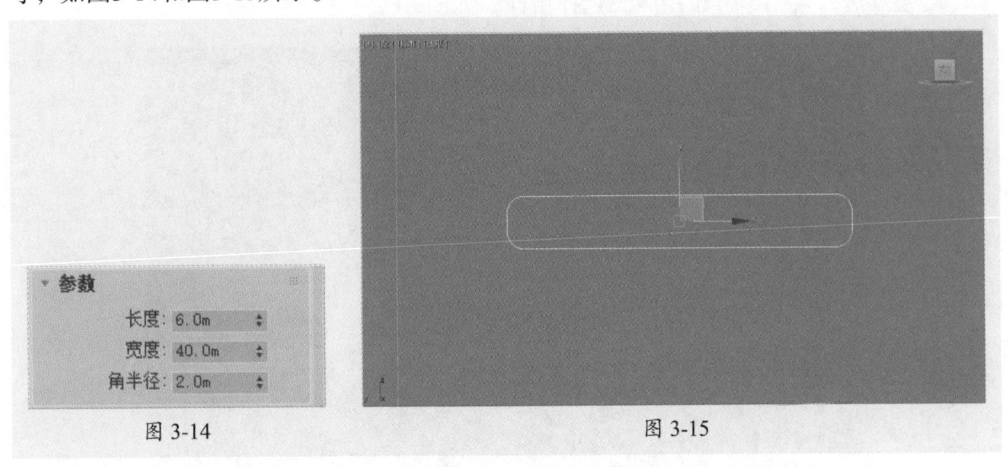

图 3-14　　图 3-15

步骤14 先选择样条线，在“复合对象”面板中单击“放样”按钮，再单击“获取图形”按钮，在视口中拾取矩形，单击即可创建模型，如图3-16和图3-17所示。

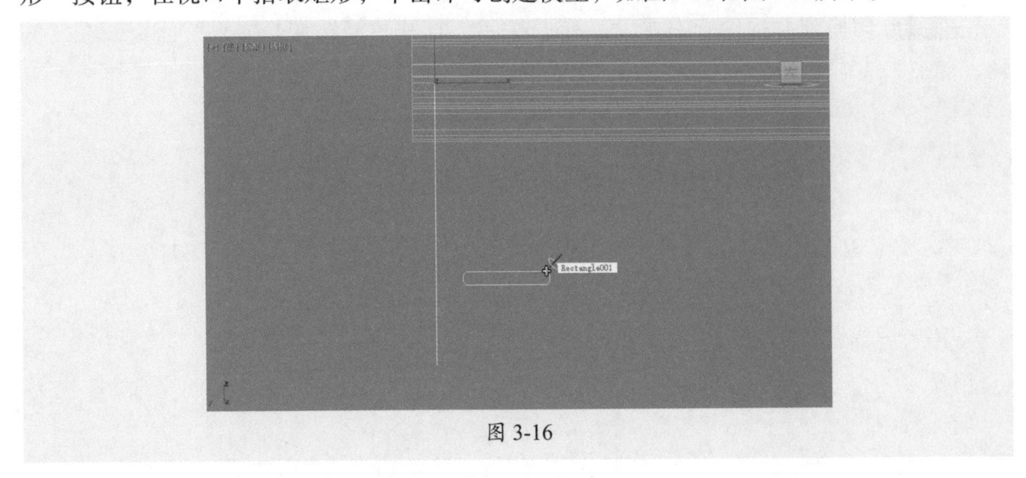

图 3-16

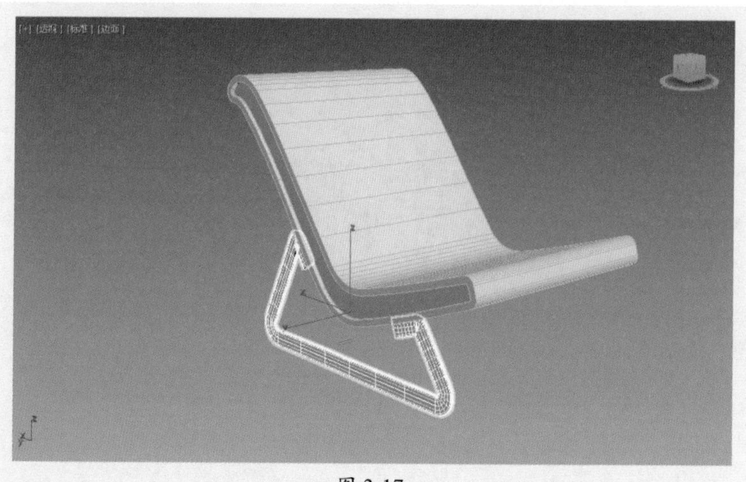

图 3-17

步骤 15 进入“图形”子层级，选择截面，如图3-18所示。

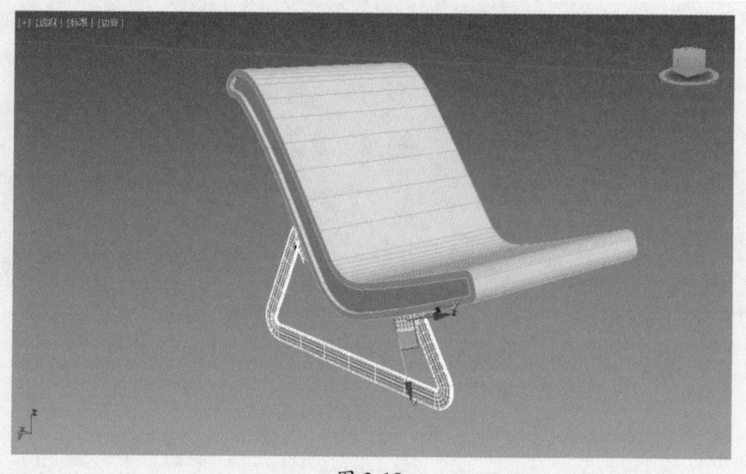

图 3-18

步骤 16 切换到左视图，右击“旋转”按钮，打开“旋转变换输入”面板，在“偏移：局部”选项组中设置Z轴旋转角度为90°，如图3-19所示。

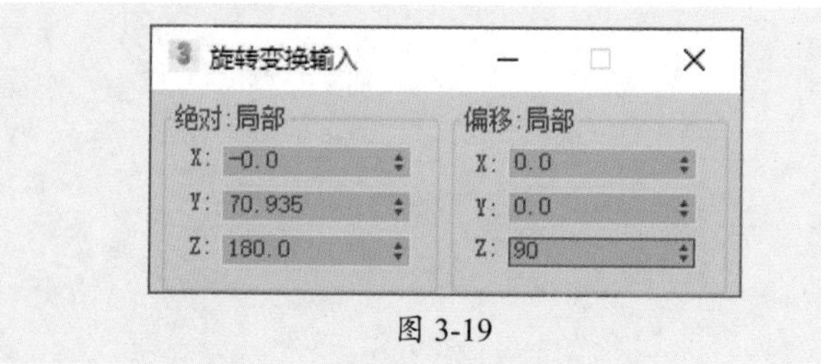

图 3-19

步骤 17 按Enter键旋转截面角度，改变放样结果，如图3-20所示。

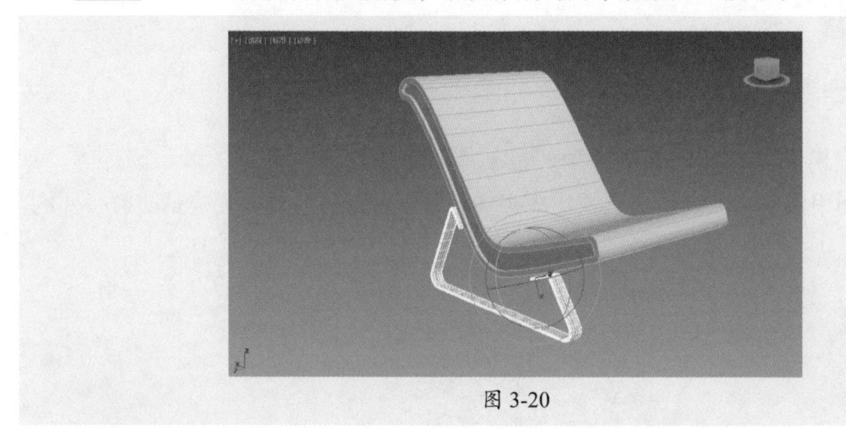

图 3-20

步骤 18 退出堆栈，展开“蒙皮参数”卷展栏，选中“优化图形”复选框，并设置“图形步数”和“路径步数”参数，如图3-21所示。

步骤 19 设置效果如图3-22所示。

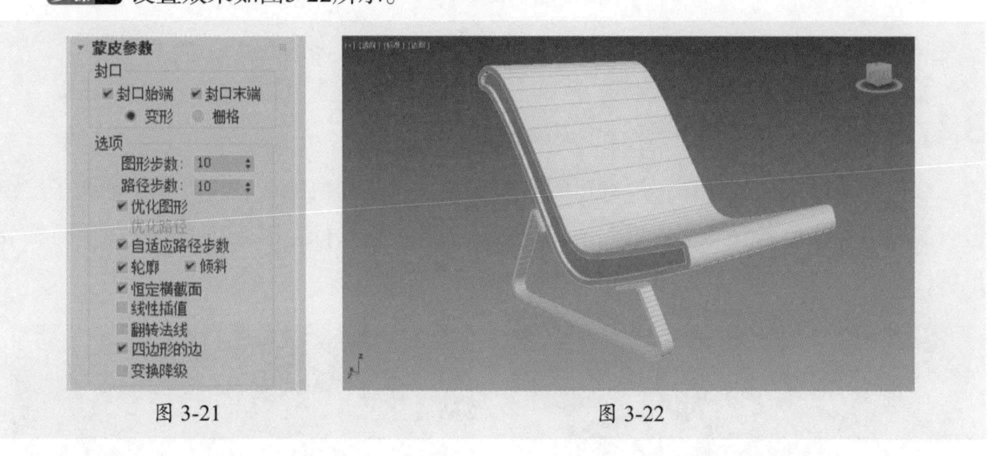

图 3-21　　图 3-22

步骤 20 按住Shift键移动对象，选择“实例”克隆对象，再调整对象位置。至此，完成休闲椅模型的制作，如图3-23所示。

图 3-23

听我讲 Listen to me

3.1 样条线建模

3ds Max中提供了12种样条线类型，包括线、矩形、圆、椭圆、弧、圆环等，如图3-24所示。利用样条线可以创建三维建模实体，所以掌握样条线的创建是非常必要的。

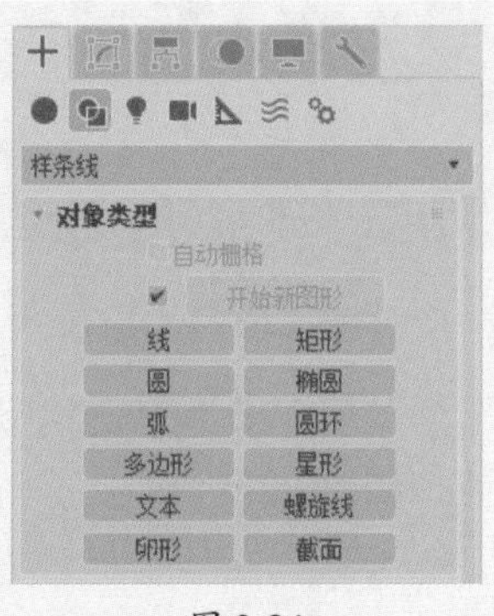

图 3-24

3.1.1 线

线在样条线中比较特殊，没有可编辑的参数，只能利用顶点、线段和样条线子层级进行编辑。单击后若立即释放鼠标便形成折角，若按住鼠标左键拖动一段距离后再释放鼠标便形成圆滑的弯角，如图3-25和图3-26所示。

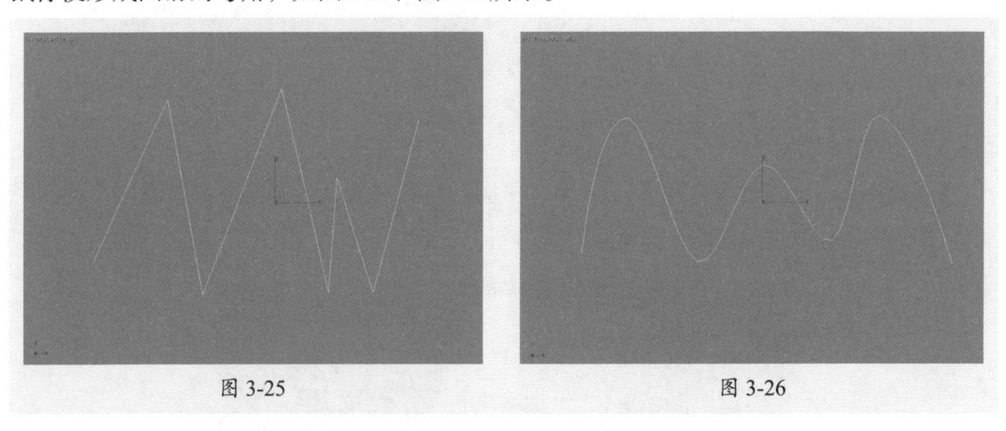

图 3-25　　图 3-26

在“几何体”卷展栏中，由“角点”所定义的节点形成的线是严格的折线，由“平滑”所定义的节点形成的线可以是圆滑相接的曲线，由Bezier（贝塞尔）所定义的节点形成的线是依照Bezier算法得出的曲线，通过移动某点的切线控制柄可以调节经过该点的曲线形状。“几何体”卷展栏如图3-27所示。

下面将介绍“几何体”卷展栏中常用选项的含义。

- **创建线**：在样条线的基础上再加线。
- **断开**：将一个顶点断开成两个。
- **附加**：将两条线转换为一条线。
- **优化**：可以在线条上任意加点。
- **焊接**：将断开的点焊接起来，“连接”和“焊接”的作用是一样的，只不过“连接”必须是重合的两点。
- **插入**：不但可以插入点还可以插入线。
- **熔合**：表示将两个点重合，但还是两个点。

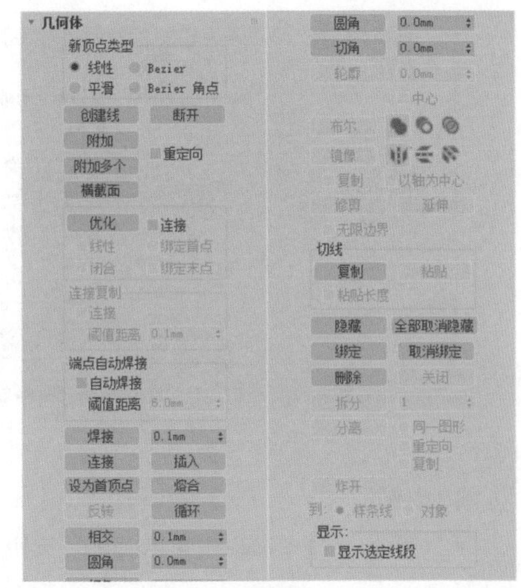

图 3-27

- **圆角**：给直角一个圆滑度。
- **切角**：将直角切成一条直线。
- **隐藏**：把选中的点隐藏起来，但还是存在的。而“全部取消隐藏”是把隐藏的点都显示出来。
- **删除**：表示删除不需要的点。

3.1.2 其他样条线

掌握线的创建操作后，学习其他样条线的创建就简单多了，下面将对其进行介绍。

1. 矩形

矩形常用于创建简单家具的拉伸原形，关键参数有“可渲染”“步数”“长度”“宽度”和“角半径”，其中常用选项的含义介绍如下。

- **长度**：设置矩形的长度。
- **宽度**：设置矩形的宽度。
- **角半径**：设置角半径的大小。

单击“矩形”按钮，在顶视图拖动鼠标即可创建矩形样条线，如图3-28所示。进入修改命令面板，在“参数”卷展栏中可以设置样条线的参数，如图3-29所示。

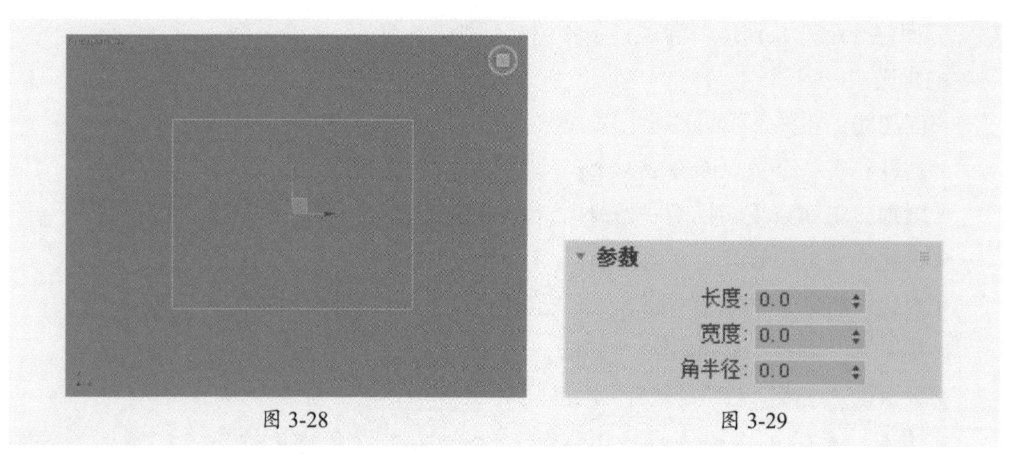

图 3-28　　图 3-29

2. 圆 / 椭圆

在“图形”命令面板中单击“圆”按钮，在任意视图单击并拖动鼠标即可创建圆，如图3-30所示。

创建椭圆样条线和圆形样条线的方法类似，通过“参数”卷展栏可以设置半轴的长度和宽度，如图3-31所示。

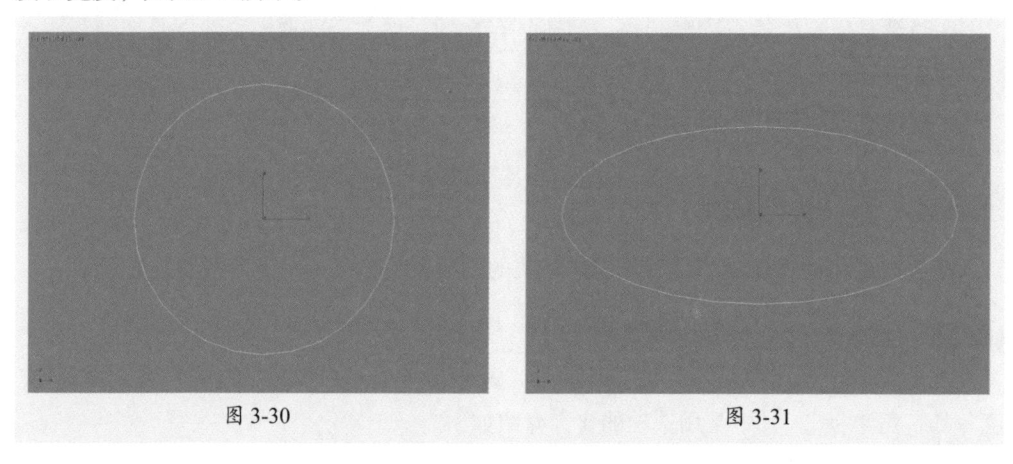

图 3-30　　图 3-31

知识拓展

使用3ds Max创建对象时，在不同的视口创建对象的轴是不一样的，这样在对对象进行操作时会产生细小的区别。

3. 圆环

圆环需要设置内框线和外框线，在“图形”命令面板中单击“圆环”按钮，在顶视图按住鼠标左键拖动即可创建圆环外框线，释放鼠标左键后再拖动鼠标，即可创建圆环内框线，如图3-32所示。单击完成创建圆环的操作，在“参数”卷展栏中可以设置“半径1”和“半径2”微调框，如图3-33所示。

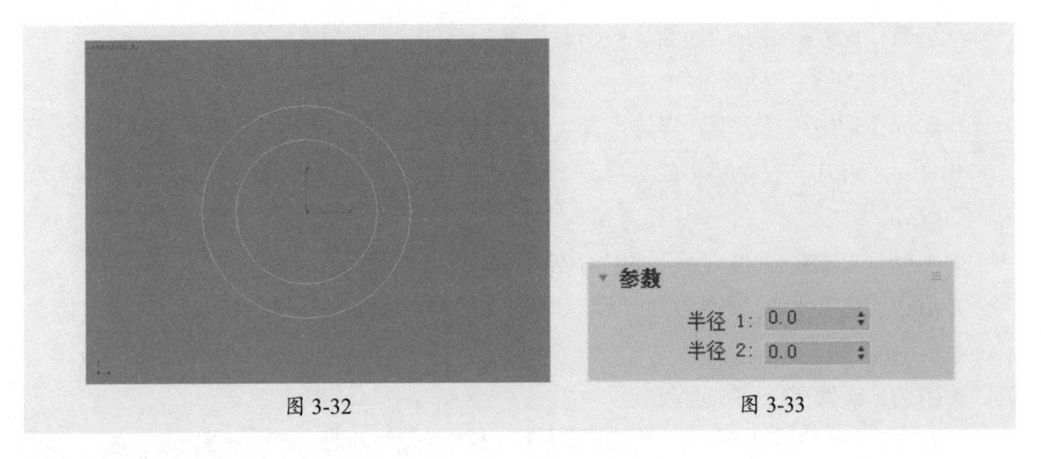

图 3-32 图 3-33

4. 多边形 / 星形

多边形和星形属于多线段的样条线图形，通过边数和点数可以设置样条线的形状，如图3-34和图3-35所示。

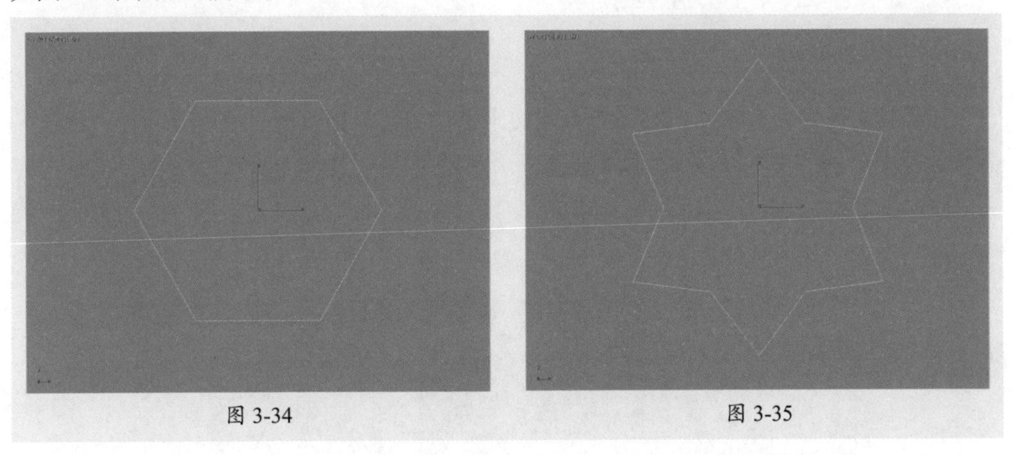

图 3-34 图 3-35

在“参数”卷展栏中有许多设置多边形的选项，如图3-36和图3-37所示。下面具体介绍各选项的含义。

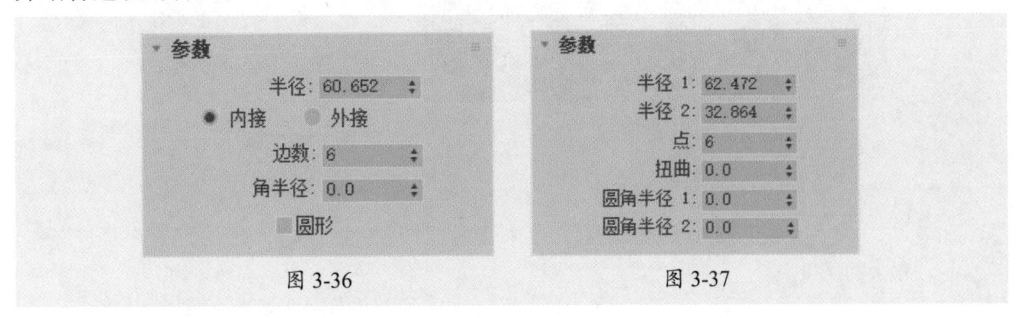

图 3-36 图 3-37

- **半径：** 设置多边形半径的大小。
- **内接和外接：** 内接是指多边形的中心点到角点之间的距离为内切圆的半径；外接是指多边形的中心点到角点之间的距离为外接圆的半径。

- **边数**：设置多边形的边数。数值范围为3～100，默认边数为6。
- **角半径**：设置圆角半径大小。
- **圆形**：选中该复选框，多边形即可变成圆形。

由图3-37可知，设置星形的选项有半径1、半径2、点、扭曲等。下面具体介绍各选项的含义。

- **半径1和半径2**：设置星形的内、外半径。
- **点**：设置星形的顶点数目，默认情况下，创建星形的点数目为6。数值范围为3～100。
- **扭曲**：设置星形的扭曲程度。
- **圆角半径1和圆角半径2**：设置星形内、外圆环上的圆角半径大小。

知识拓展

在创建星形半径2时，向内拖动，可将第一个半径作为星形的顶点，或者向外拖动，将第二个半径作为星形的顶点。

5. 文本

在设计过程中，许多地方都需要创建文本，如店面名称、商品品牌等。在“图形”命令面板中单击“文本”按钮，接着在视图中单击即可创建一个默认的文本，文本内容为“MAX 文本”，如图3-38所示。在其“参数”卷展栏中可以对文本的字体、大小、特性等进行设置，如图3-39所示。

图 3-38

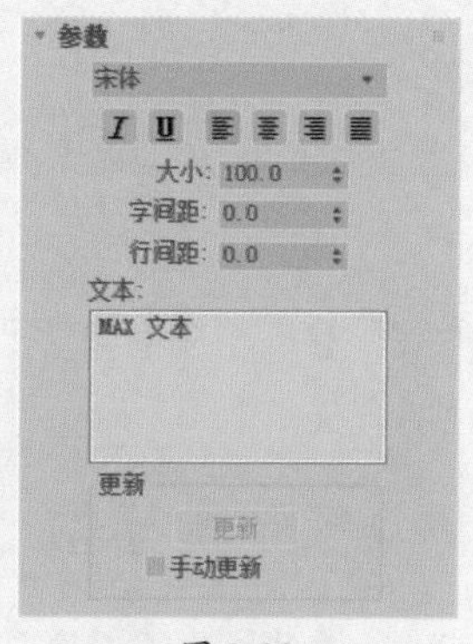

图 3-39

知识拓展

在创建较为复杂的场景时，为模型起一个标志性的名称，会给接下来的操作带来很大的便利。

6. 弧

利用“弧”样条线可以创建圆弧和扇形，创建的弧形状可以通过修改器生成带有平滑圆角的图形。

在“图形”命令面板中单击“弧”按钮，在绘图区单击并拖动鼠标创建线段，释放鼠标左键后再上下拖动鼠标或者左右拖动鼠标可显示弧线，再次单击确认，完成弧的创建，如图3-40所示。

在命令面板下方的“创建方法”卷展栏中，可以设置样条线的创建方式，在“参数”卷展栏中可以设置弧形样条线的各参数，如图3-41所示。

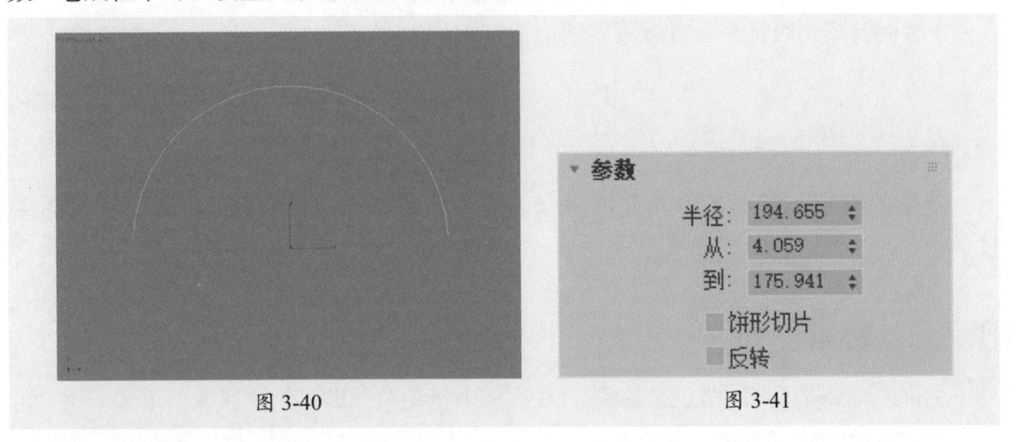

图 3-40　　图 3-41

下面具体介绍各选项的含义。

- **半径：**设置弧形的半径。
- **从：**设置弧形样条线的起始角度。
- **到：**设置弧形样条线的终止角度。
- **饼形切片：**选中该复选框，创建的弧形样条线会变成封闭的扇形。
- **反转：**选中该复选框，即可反转弧形，生成弧形所属圆周另一半的弧形。

7. 螺旋线

利用螺旋线图形工具可以创建弹簧及旋转楼梯扶手等不规则的圆弧形状，如图3-42所示。螺旋线可以通过半径1、半径2、高度、圈数、偏移、顺时针和逆时针等选项进行设置，其“参数”卷展栏如图3-43所示。

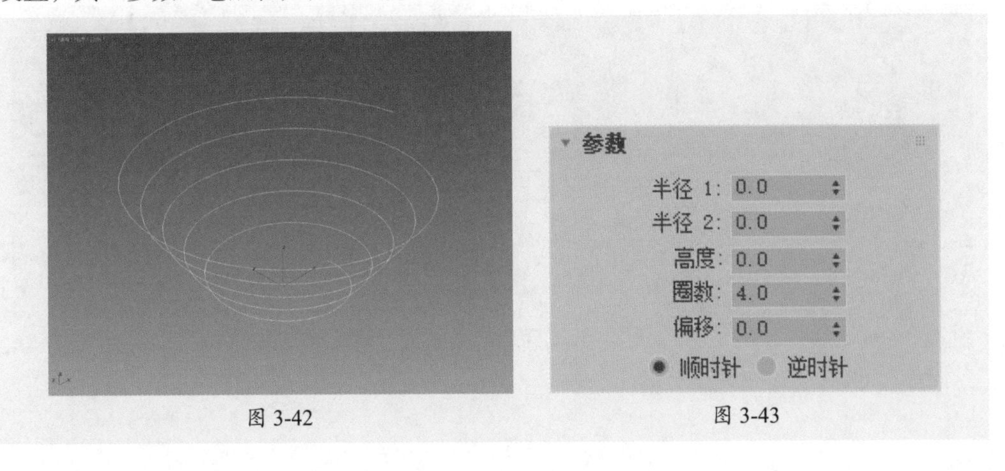

图 3-42　　图 3-43

下面具体介绍各选项的含义。

- **半径1和半径2：** 设置螺旋线的半径。
- **高度：** 设置螺旋线在起始圆和结束圆之间的高度。
- **圈数：** 设置螺旋线的圈数。
- **偏移：** 设置螺旋线段的偏移距离。
- **顺时针和逆时针：** 设置螺旋线的旋转方向。

3.2 几何体建模

复杂的模型都是由各种几何体组合而成的，所以学习如何创建几何体是非常关键的。

3.2.1 标准基本体

标准基本体是最简单的三维物体，在视图中拖动鼠标即可创建标准基本体。用户可以通过以下方式调用创建标准基本体的命令。

执行“创建”|“标准”|“基本体”的子命令。

在命令面板中单击“创建”按钮+，然后在其下方单击“几何体”按钮●，打开“几何体”命令面板，并在该命令面板的“对象类型”卷展栏中单击相应的标准基本体按钮。

1. 长方体

长方体是基础建模应用最广泛的标准基本体之一，现实中与长方体接近的物体有很多，可以使用长方体创建出很多模型，如方桌、墙体等，同时还可以将长方体用作多边形建模的基础物体。

利用“长方体”命令可以创建出长方体或立方体，如图3-44和图3-45所示。

图 3-44

图 3-45

用户可以通过“参数”卷展栏设置长方体的长度、宽度、高度等参数，如图3-46所示。下面介绍部分参数选项的含义。

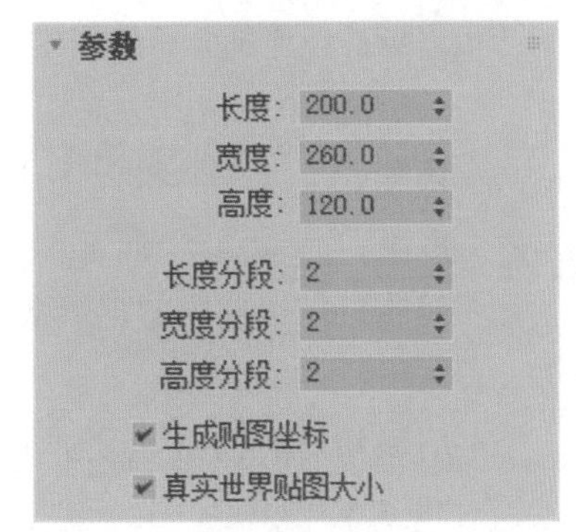

图 3-46

- **立方体：**单击该单选按钮，可以创建立方体。
- **长方体：**单击该单选按钮，可以创建长方体。
- **长度、宽度、高度：**设置立方体的长度数值，拖动鼠标创建立方体时，微调框中的数值会随之更改。
- **长度分段、宽度分段、高度分段：**设置各轴上的分段数量。
- **生成贴图坐标：**为创建的长方体生成贴图材质坐标，默认为启用。
- **真实世界贴图大小：**贴图大小由绝对尺寸决定，与对象相对尺寸无关。

知识拓展

在创建长方体时，按住Ctrl键并拖动鼠标，可以将创建的长方体的底面宽度和长度保持一致，再调整高度即可创建具有正方形底面的长方体。

2. 球体

无论是建筑建模还是工业建模，球形结构都是必不可少的一种结构。在3ds Max中可以创建完整的球体，也可以创建半球或球体的其他部分，如图3-47所示。单击“球体”按钮，在命令面板下方将打开球体的“参数”卷展栏，如图3-48所示。

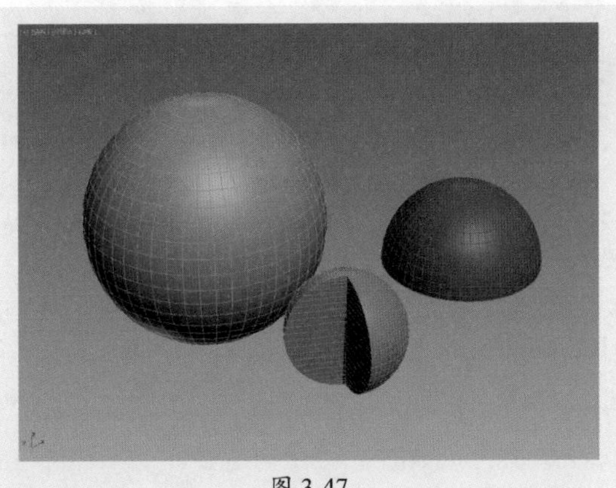

图 3-47

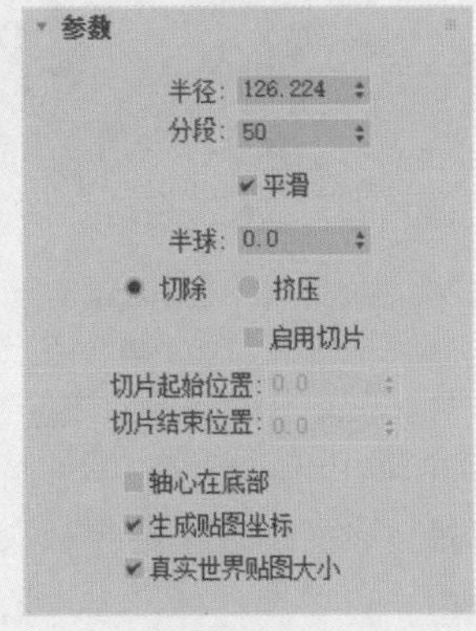

图 3-48

下面具体介绍“参数”卷展栏中部分选项的含义。

- **半径：**设置球体半径的大小。
- **分段：**设置球体的分段数目，设置分段会形成网格线，分段数值越大，网格密度越大。
- **平滑：**将创建的球体表面进行平滑处理。

● **半球：** 创建部分球体，定义半球数值，可以定义减去创建球体的百分比数值。有效数值为0.0 ~ 1.0。

● **切除：** 通过在半球断开时将球体中的顶点和面去除来减少它们的数量，默认为启用。

● **挤压：** 保持球体的顶点数和面数不变，将几何体向球体的顶部挤压为半球体的体积。

● **启用切片：** 勾选该复选框，可以启用切片功能，从某个角度和另一球体创建球体。

● **切片起始位置和切片结束位置：** 勾选"启用切片"复选框时，即可激活"切片起始位置"和"切片结束位置"微调框，并可以设置切片的起始角度和结束角度。

● **轴心在底部：** 将轴心设置为球体的底部。默认为禁用状态。

3. 圆柱体

圆柱体在现实中很常见，如玻璃杯和桌腿等。和创建球体类似，用户可以创建完整的圆柱体或者圆柱体的一部分，如图3-49所示。在几何体命令面板中单击"圆柱体"按钮后，在命令面板的下方会弹出圆柱体的"参数"卷展栏，如图3-50所示。

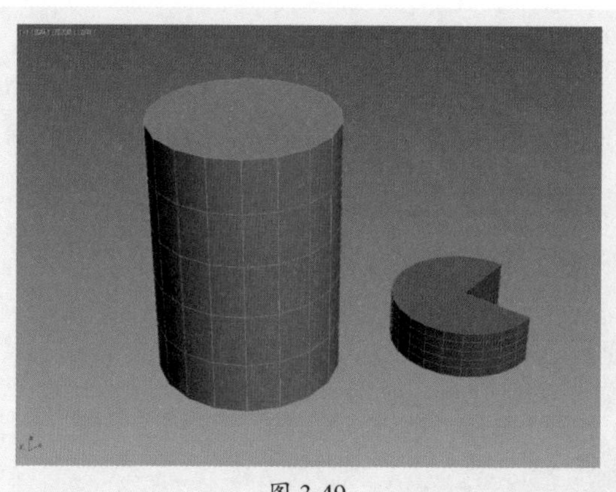

图 3-49

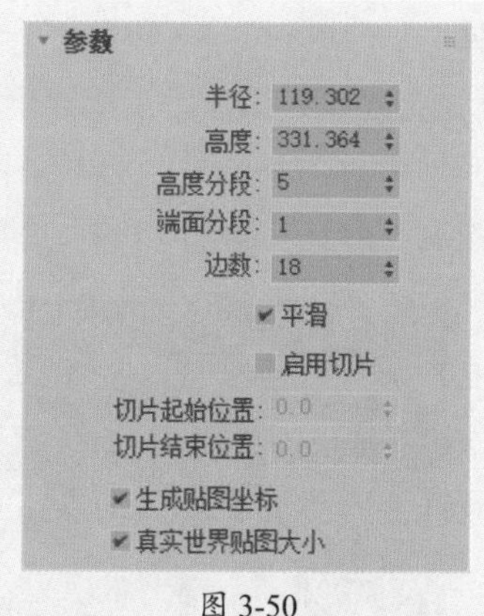

图 3-50

下面具体介绍"参数"卷展栏中部分选项的含义。

● **半径：** 设置圆柱体的半径大小。

● **高度：** 设置圆柱体的高度值，在数值为负数时，将在构造平面下创建圆柱体。

● **高度分段：** 设置圆柱体高度上的分段数值。

● **端面分段：** 设置圆柱体顶面和底面中心的同心分段数量。

● **边数：** 设置圆柱体周围的边数。

4. 圆环

圆环可用于创建环形或具有圆形横截面的环状物体。创建圆环的方法和其他标准基本体有许多相同点，用户可以创建完整的圆环，也可以创建圆环的一部分，如图3-51所示。在命令面板中单击圆环命令后，在命令面板的下方将弹出“参数”卷展栏，如图3-52所示。

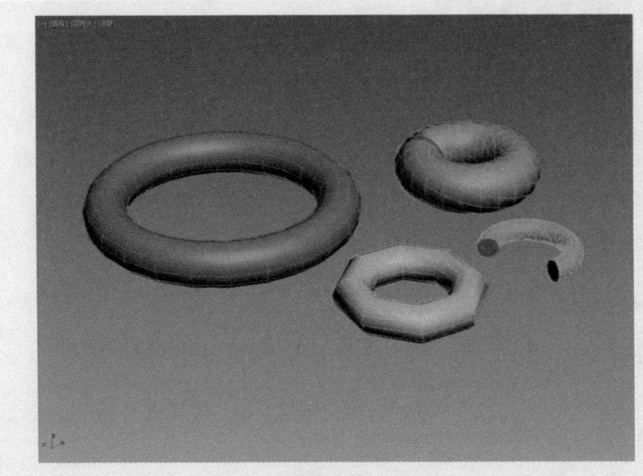

图 3-51

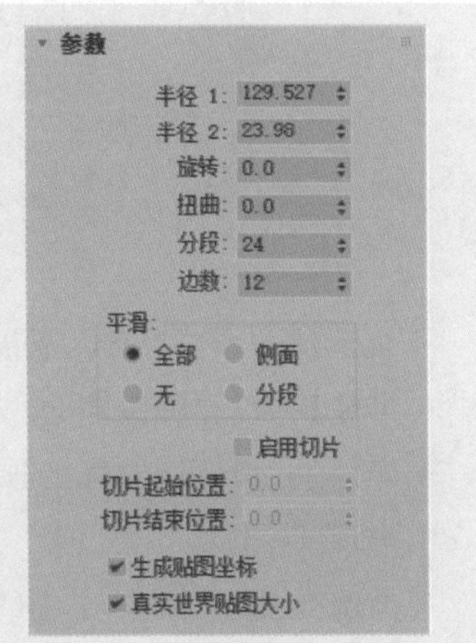

图 3-52

下面具体介绍“参数”卷展栏中部分选项的含义。

- **半径1：**设置圆环轴半径的大小。
- **半径2：**设置截面半径大小，定义圆环的粗细程度。
- **旋转：**将圆环顶点围绕通过环形中心的圆形旋转。
- **扭曲：**决定每个截面扭曲的角度，产生扭曲的表面，数值设置不当，就会产生只扭曲第一段的情况，此时只需要将扭曲值设置为360.0，或者勾选下方的切片即可。
- **分段：**设置圆环的分数划分数目，值越大得到的圆形越光滑。
- **边数：**设置圆环上下方向上的边数。
- **平滑：**在“平滑”选项组中包含全部、侧面、无和分段4个选项。全部：对整个圆环进行平滑处理。侧面：平滑圆环侧面。无：不进行平滑操作。分段：平滑圆环的每个分段，沿着环形生成类似环的分段。

5. 圆锥体

圆锥体大多用于创建天台、吊坠等，利用“参数”卷展栏中的选项，可以将圆锥体定义成许多形状，如图3-53所示。在“几何体”命令面板中单击“圆锥体”按钮，命令面板的下方将弹出圆锥体的“参数”卷展栏，如图3-54所示。

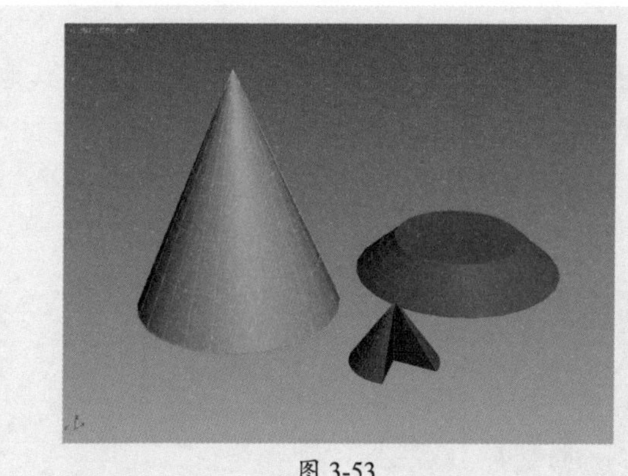
图 3-53

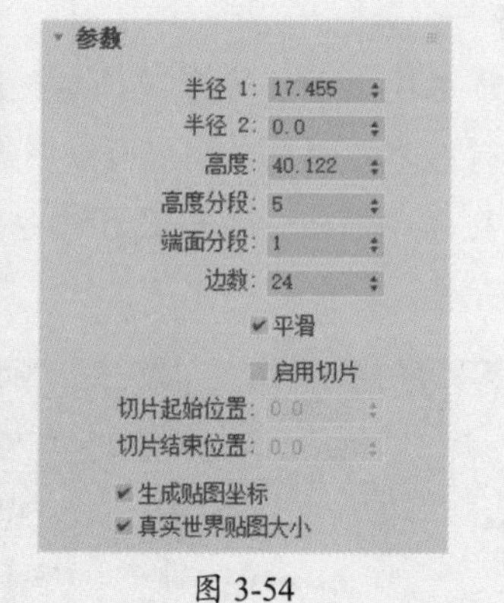

图 3-54

下面具体介绍“参数”卷展栏中部分选项的含义。

- **半径1：** 设置圆锥体的底面半径。
- **半径2：** 设置圆锥体的顶面半径。当值为0时，为尖顶圆锥体；当值大于0时，为平顶圆锥体。
- **高度：** 设置圆锥体主轴的分段数。
- **高度分段：** 设置圆锥体的高度分段。
- **端面分段：** 设置与圆锥体顶面和底面的中心同心的分段数。
- **边数：** 设置圆锥体的边数。
- **平滑：** 勾选该复选框，圆锥体将进行平滑处理，在渲染中形成平滑的外观。
- **启用切片：** 勾选该复选框，将激活“切片起始位置”和“切片结束位置”微调框，在其中可以设置切片的角度。

6. 几何球体

几何球体是由三角形面拼接而成的，其创建方法和球体的创建方法一致，在命令面板中单击“几何球体”按钮后，在任意视图拖动鼠标即可创建几何球体，如图3-55所示。单击“几何球体”按钮后，将弹出其“参数”卷展栏，如图3-56所示。

图 3-55

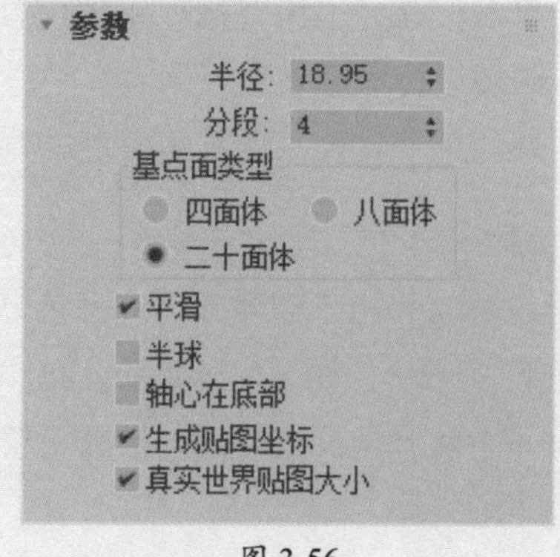

图 3-56

下面具体介绍几何球体“参数”卷展栏中部分选项的含义。

- **半径：**设置几何球体的半径大小。
- **分段：**设置几何球体的分段。设置分段数值后，将创建网格，数值越大，网格密度越大，几何球体越光滑。
- **基点面类型：**基点面类型分为四面体、八面体、二十面体3种选项，这些选项分别代表相应的几何球体的面值。
- **平滑：**勾选该复选框，渲染时平滑显示几何球体。
- **半球：**勾选该复选框，将几何球体设置为半球状。
- **轴心在底部：**勾选该复选框，几何球体的中心将设置为底部。

7. 管状体

管状体的外形与圆柱体相似，只不过管状体是空心的，主要应用于管道之类模型的制作，如图3-57所示。在“几何体”命令面板中单击“管状体”按钮，在命令面板的下方将弹出其“参数”卷展栏，如图3-58所示。

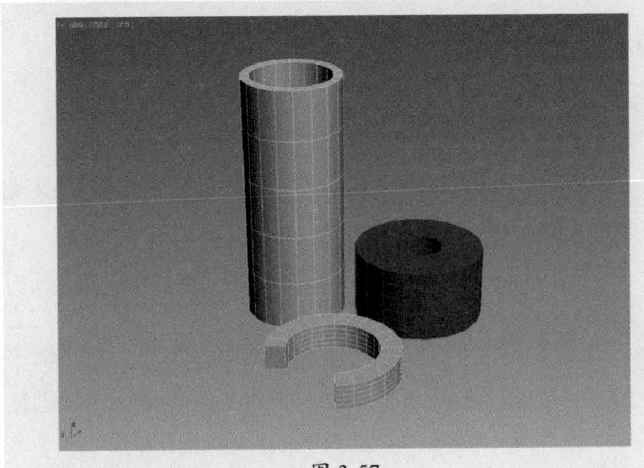

图 3-57

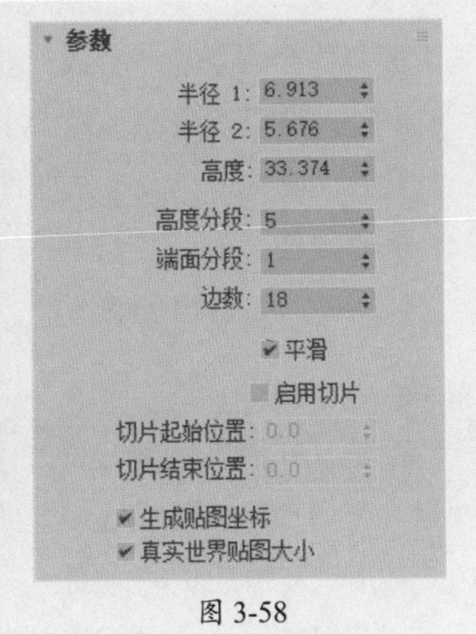

图 3-58

下面具体介绍管道体“参数”卷展栏中部分选项的含义。

- **半径1和半径2：**设置管状体底面圆环的内径和外径的大小。
- **高度：**设置管状体的高度。
- **高度分段：**设置管状体高度分段的精度。
- **端面分段：**设置管状体端面分段的精度。
- **边数：**设置管状体的边数，值越大，渲染的管状体越平滑。
- **平滑：**勾选该复选框，将对管状体进行平滑处理。
- **启用切片：**勾选该复选框，将激活“切片起始位置”和“切片结束位置”微调框，在其中可以设置切片的角度。

8. 茶壶

茶壶是标准基本体中唯一完整的三维模型实体，单击并拖动鼠标即可创建茶壶的三维实体，如图3-59所示。在命令面板中单击“茶壶”按钮后，命令面板下方会显示其“参数”卷展栏，如图3-60所示。

图 3-59

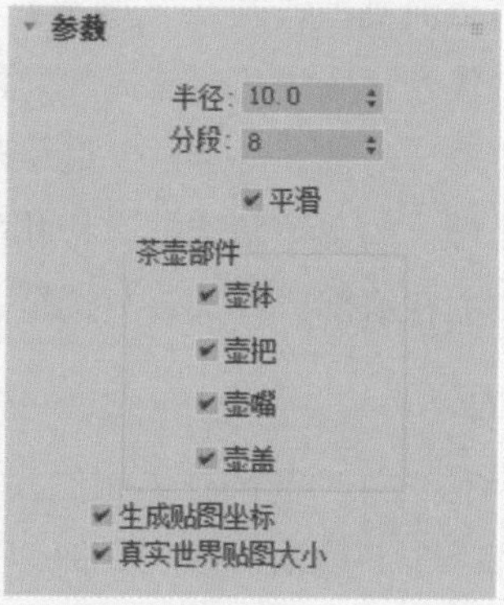

图 3-60

下面具体介绍茶壶“参数”卷展栏中部分选项的含义。

- **半径：**设置茶壶的半径大小。
- **分段：**设置茶壶及单独部件的分段数。
- **茶壶部件：**在“茶壶部件”选项组中包含壶体、壶把、壶嘴、壶盖4个茶壶部件，取消勾选相应的部件，则在视图区将不再显示该部件。

9. 平面

平面是一种没有厚度的长方体，在渲染时可以无限放大，如图3-61所示。平面常用来创建大型场景的地面或墙体。此外，用户可以为平面模型添加噪波等修改器，以创建陡峭的地形或波涛起伏的海面。

在“几何体”命令面板中单击“平面”按钮，命令面板的下方将显示其“参数”卷展栏，如图3-62所示。

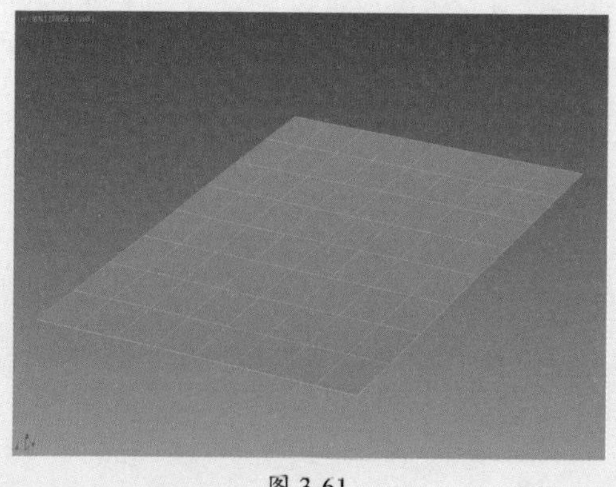

图 3-61

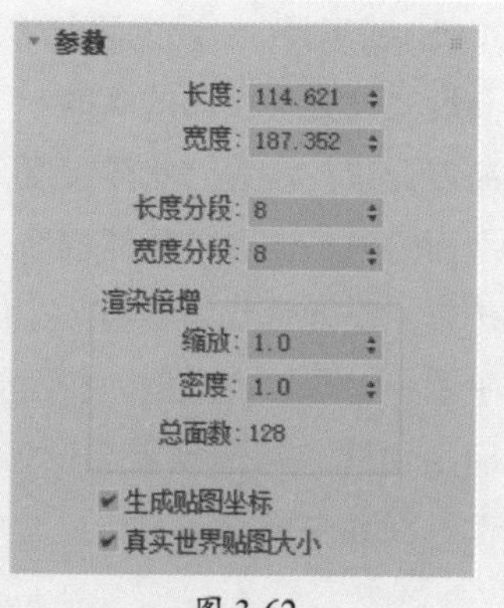

图 3-62

下面具体介绍“平面”“参数”卷展栏中部分选项的含义。

- **长度**：设置平面的长度。
- **宽度**：设置平面的宽度。
- **长度分段**：设置长度的分段数量。
- **宽度分段**：设置宽度的分段数量。
- **渲染倍增**：“渲染倍增”选项组包含缩放、密度、总面数3个选项。缩放：指定平面几何体的长度和宽度在渲染时的倍增数，从平面几何体中心向外缩放。密度：指定平面几何体的长度和宽度分段数在渲染时的倍增数值。总面数：显示创建平面物体的总面数。

3.2.2 扩展基本体

扩展基本体是3ds Max复杂基本体的集合，可以创建带有倒角、圆角和特殊形状的物体，和标准基本体相比，它较为复杂。用户可以通过以下方式创建扩展基本体。

（1）执行“创建”|“扩展基本体”命令。

（2）在命令面板中单击“创建”按钮，然后单击“标准基本体”右侧的▼按钮，在弹出的下拉列表中选择“扩展基本体”选项，并在该列表框中选择相应的“扩展基本体”按钮。

> **知识拓展**
>
> 在3ds Max中无论是标准基本体模型还是扩展基本体模型，都具有创建参数，用户可以通过这些创建参数对几何体进行适当的变形处理。

1. 异面体

异面体是由多个边面组合而成的三维实体图形，可以调节异面体边面的状态，也可以调整实体面的数量改变其形状，如图3-63所示。在“扩展基本体”命令面板中单击“异面体”按钮后，在命令面板下将弹出创建异面体的“参数”卷展栏，如图3-64所示。

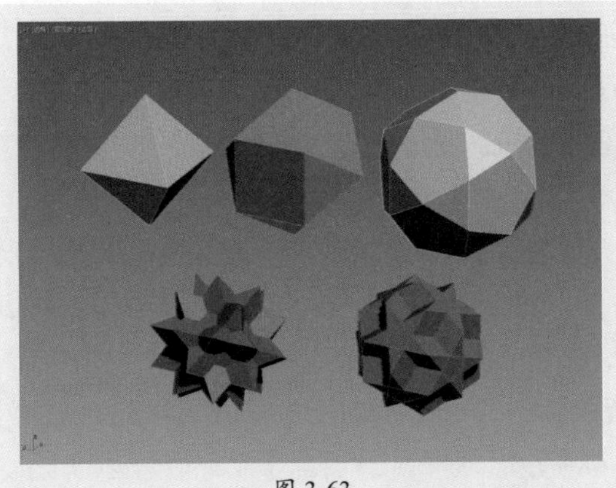

图 3-63

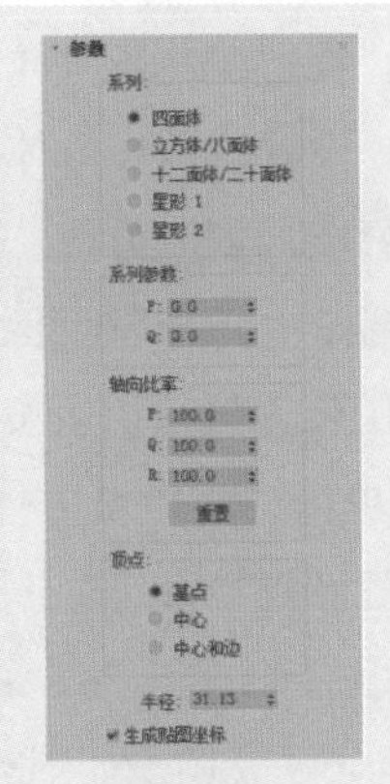

图 3-64

下面具体介绍“参数”卷展栏中部分选项的含义。

- **系列：** 该选项组包含四面体、立方体、十二面体、星形1、星形2等5个选项，主要用来定义创建异面体的形状和边面的数量。
- **系列参数：** 系列参数中的P和Q两个参数控制异面体的顶点和轴线双重变换关系，两者之和不可以大于1。
- **轴向比率：** 轴向比率中的P、Q、R这3个参数分别为其中一个面的轴线，设置相应的参数可以使其面进行突出或者凹陷。
- **顶点：** 设置异面体的顶点。
- **半径：** 设置创建异面体的半径大小。

2. 切角长方体

切角长方体在创建模型时应用十分广泛，常被用于创建带有圆角的长方体结构，如图3-65所示。在“扩展基本体”命令面板中单击“切角长方体”按钮后，命令面板下方将弹出设置切角长方体的“参数”卷展栏，如图3-66所示。

图 3-65

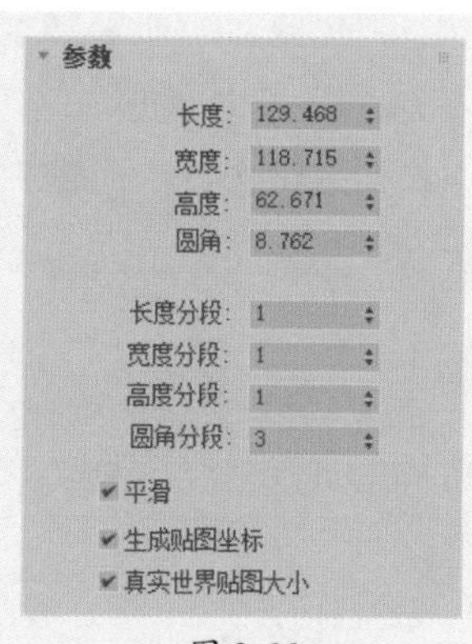

图 3-66

下面具体介绍“参数”卷展栏中部分选项的含义。

- **长度、宽度：** 设置切角长方体底面或顶面的长度和宽度。
- **高度：** 设置切角长方体的高度。
- **圆角：** 设置切角长方体的圆角半径。值越高，圆角半径越明显。
- **长度分段、宽度分段、高度分段、圆角分段：** 设置切角长方体在长度、宽度、高度和圆角上的分段数目。

下面利用长方体和切角长方体创建一个双人床模型，具体操作步骤介绍如下。

步骤 01 单击“切角长方体”按钮，创建尺寸为2250mm × 1950mm × 120mm的切角长方体，设置圆角半径为5mm，圆角分段为5，如图3-67所示。

步骤 02 复制对象，并设置尺寸为2000mm × 1800mm × 200mm，设置圆角半径为40mm，圆角分段为10，如图3-68所示。

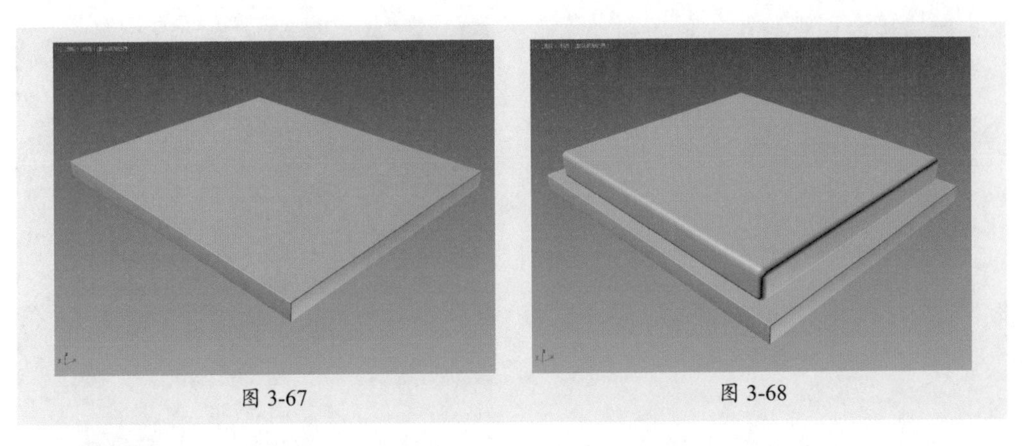

图 3-67　　图 3-68

步骤03 在“标准基本体”面板中单击“长方体”按钮，在前视图中创建尺寸为3200mm × 800mm × 60mm的长方体作为背板，如图3-69所示。

步骤04 再创建一个尺寸为450mm × 600mm × 450mm的长方体作为床头柜，对齐到背板一侧，如图3-70所示。

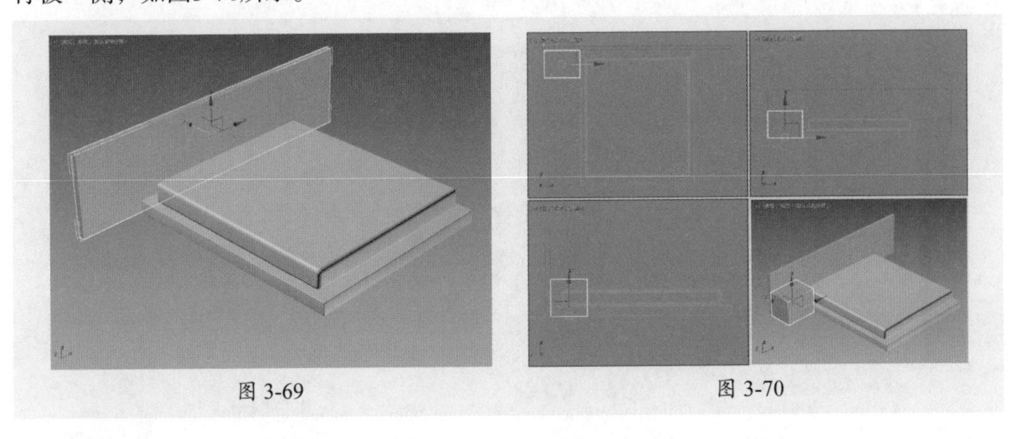

图 3-69　　图 3-70

步骤05 创建尺寸为580mm × 200mm × 10mm的切角长方体作为抽屉挡板，设置圆角半径为2mm，圆角分段为5，如图3-71所示。

步骤06 复制对象，制作出床头柜模型，如图3-72所示。

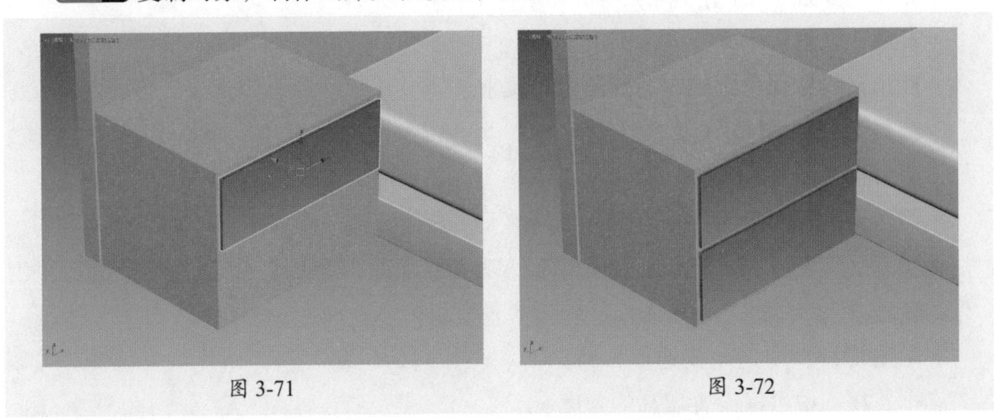

图 3-71　　图 3-72

步骤 07 最后复制床头柜模型，调整模型对象的颜色，完成本案例的操作，如图3-73所示。

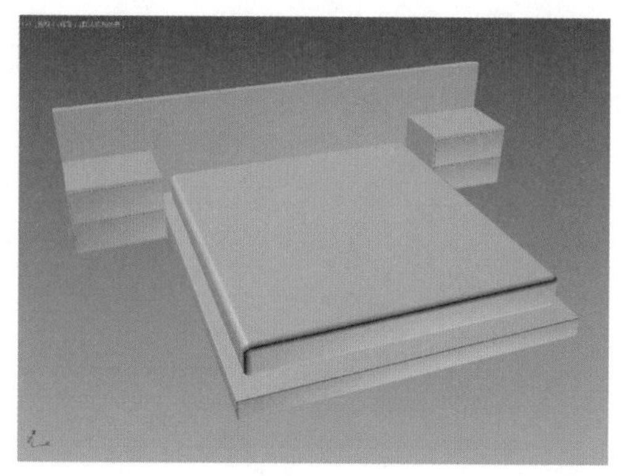

图 3-73

3. 切角圆柱体

切角圆柱体是圆柱体的扩展物体，可以快速创建出带圆角效果的圆柱体，如图3-74所示。创建切角圆柱体和创建切角长方体的方法相同，但在“参数”卷展栏中设置圆柱体的参数却有部分不相同，如图3-75所示。

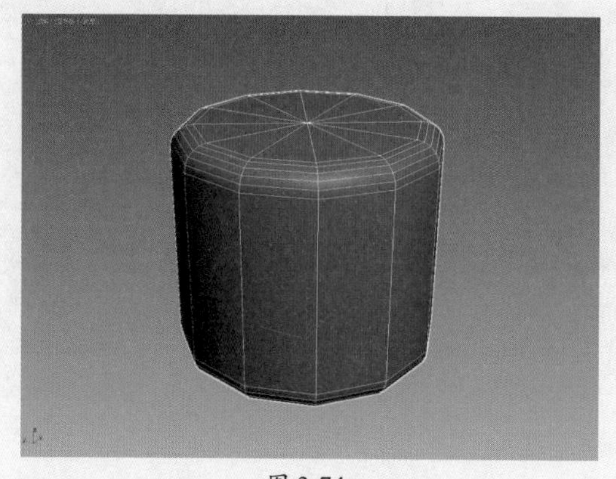

图 3-74

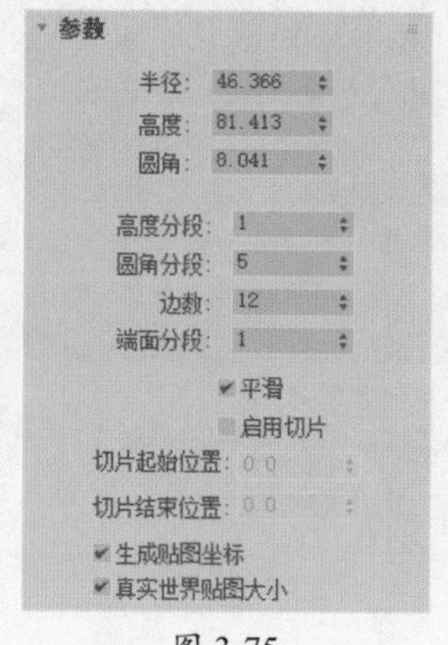

图 3-75

下面具体介绍“参数”卷展栏中部分选项的含义。

- **半径：** 设置切角圆柱体的底面或顶面的半径大小。
- **高度：** 设置切角圆柱体的高度。
- **圆角：** 设置切角圆柱体的圆角半径大小。
- **高度分段、圆角分段、端面分段：** 设置切角圆柱体高度、圆角和端面的分段数目。
- **边数：** 设置切角圆柱体边数，数值越大，圆柱体越平滑。
- **平滑：** 勾选“平滑”复选框，即可以将创建的切角圆柱体在渲染中进行平滑处理。
- **启用切片：** 勾选该复选框，将激活“切片起始位置”和“切片结束位置”微调框，在其中可以设置切片的角度。

4. 油罐、胶囊、纺锤、软管

油罐、胶囊、纺锤是特殊效果的圆柱体，而软管对象则是一个能连接两个对象的弹性对象，因而能反映这两个对象的运动状态，如图3-76所示。

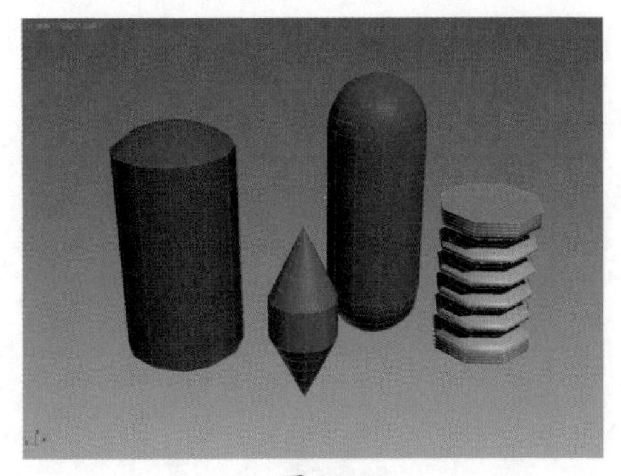

图 3-76

本案例中将结合样条线、标准基本体和扩展基本体创建一个摇椅模型，具体操作步骤介绍如下。

步骤01 单击“管状体”按钮，创建半径1为300mm、半径2为15mm的管状体作为摇椅底座边框，设置分段为50、边数为30，如图3-77所示。

步骤02 单击“切角圆柱体”按钮，创建半径为290mm、高为45mm的切角圆柱体作为摇椅底座，设置圆角半径为20mm，圆角分段为15，边数为50，与管状体对齐，如图3-78所示。

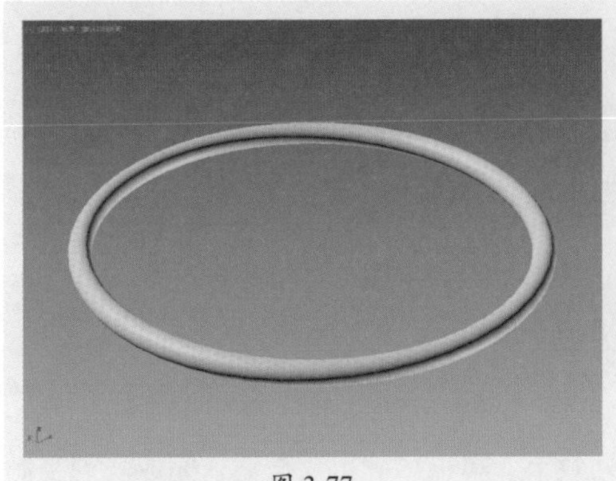

图 3-77

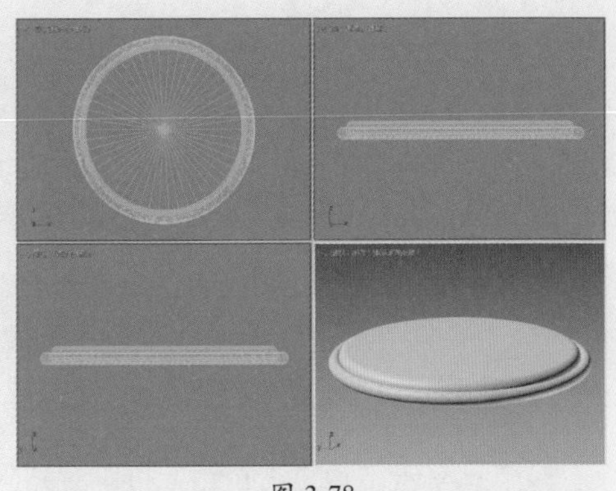

图 3-78

步骤03 复制切角圆柱体，设置高度为120mm、圆角半径为60mm，作为坐垫，如图3-79所示。

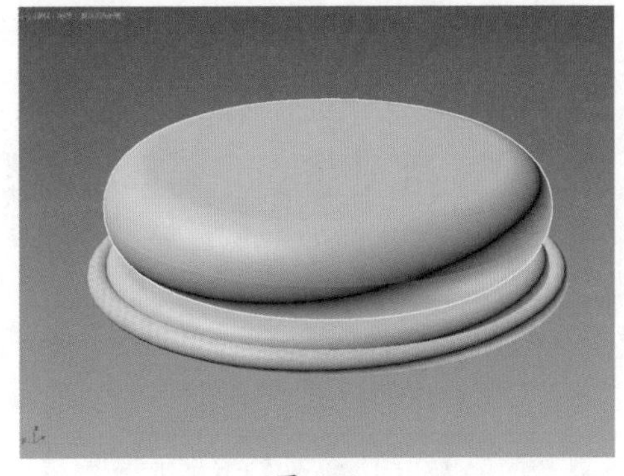

图 3-79

步骤 04 单击“球体”按钮，创建半径为15mm的球体，并调整位置，如图3-80所示。

步骤 05 切换到顶视图，单击“使用变换坐标中心”按钮，调整坐标在坐垫的中心位置，如图3-81所示。

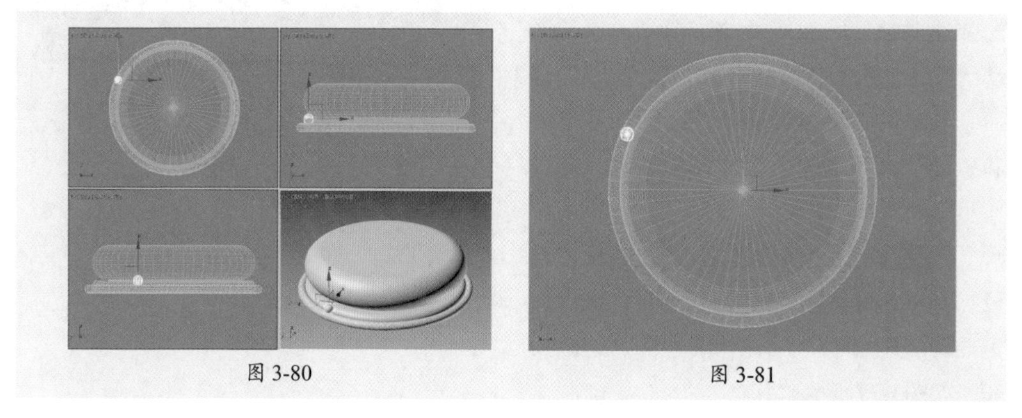

图 3-80　　　　图 3-81

步骤 06 执行“工具”|“阵列”命令，打开“阵列”对话框，在“阵列变换”选项组中单击“旋转”右侧按钮，设置Z轴角度为-145°，再设置阵列数量为11，如图3-82所示。

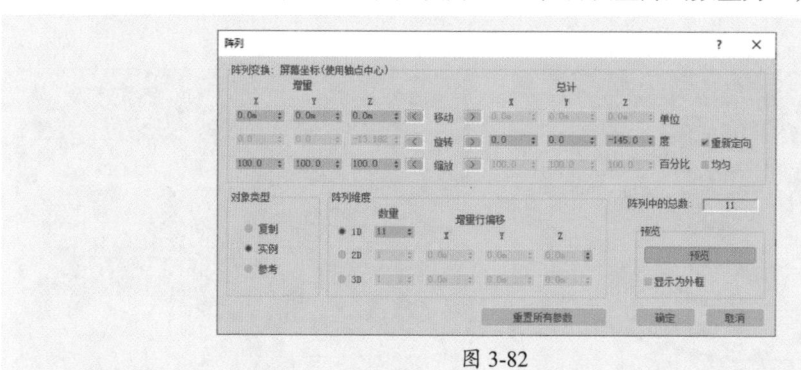

图 3-82

步骤 07 单击“预览”按钮，可以看到阵列效果，单击“确定”按钮，完成阵列复制操作，如图3-83所示。

步骤 08 选择正中的球体，复制，并在顶视图中沿Y轴移动，如图3-84所示。

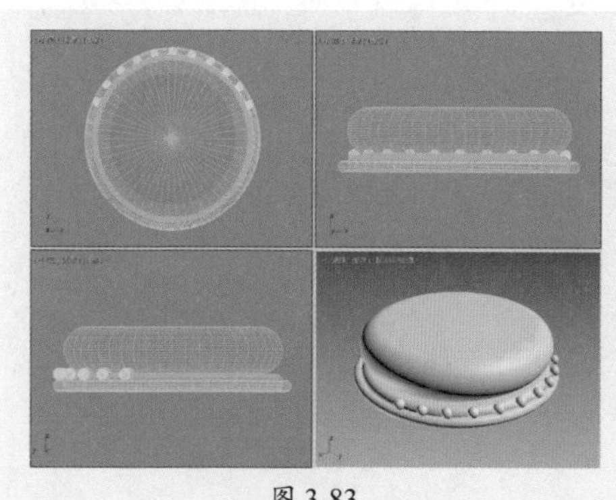

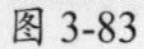

图 3-83

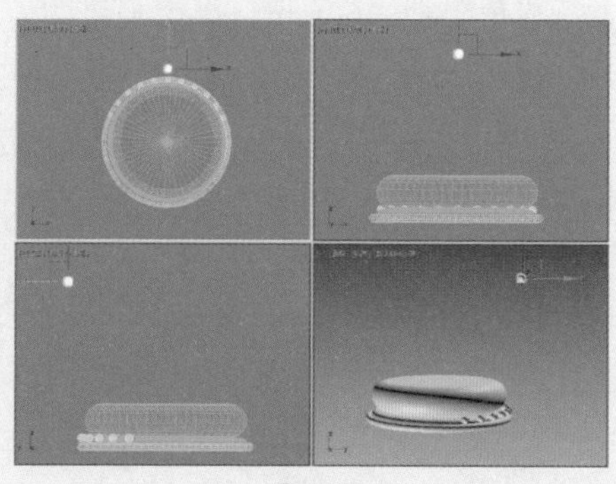

图 3-84

步骤 09 最大化顶视图，单击“使用变换坐标中心”按钮，执行“工具”|“阵列”命令，打开“阵列”对话框，在“阵列变换”选项组中单击“旋转”右侧按钮，设置Z轴角度为-33°，再设置阵列数量为6，如图3-85所示。

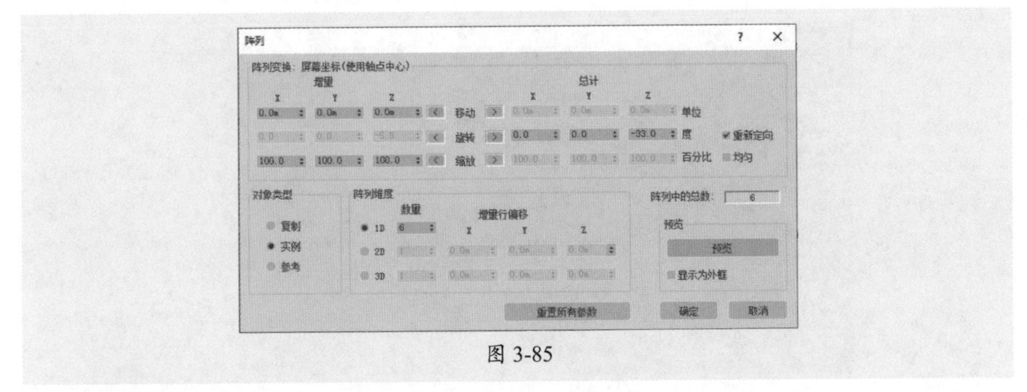

图 3-85

步骤 10 单击“确定”按钮，完成一侧的阵列复制操作，如图3-86所示。

步骤 11 按照上述操作方法，再为左侧阵列复制球体，如图3-87所示。

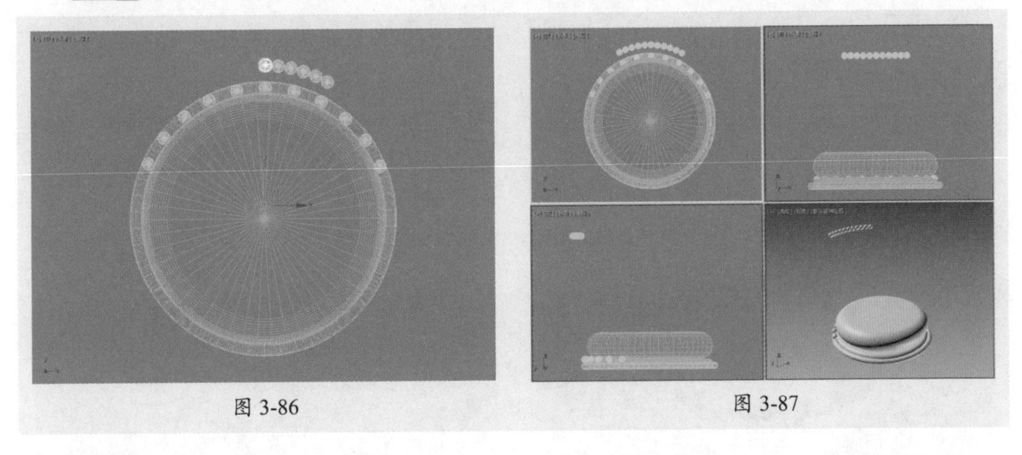
图 3-86　　图 3-87

步骤 12 单击“样条线”按钮，在上、下两个球体之间创建一条线，如图3-88所示。

步骤 13 继续创建样条线，并调整顶点位置，使上、下的球体相对应，如图3-89所示。

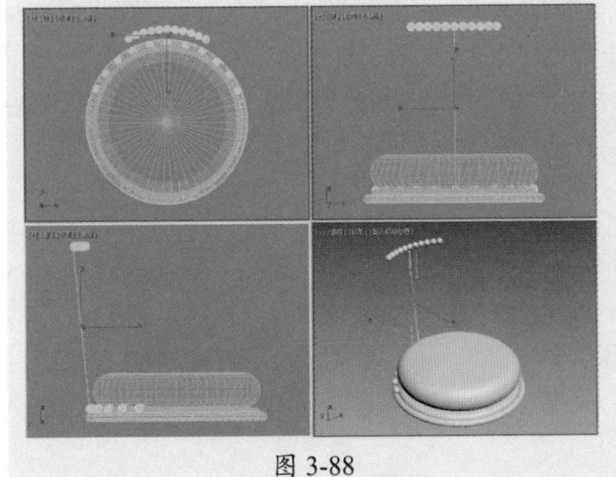
图 3-88

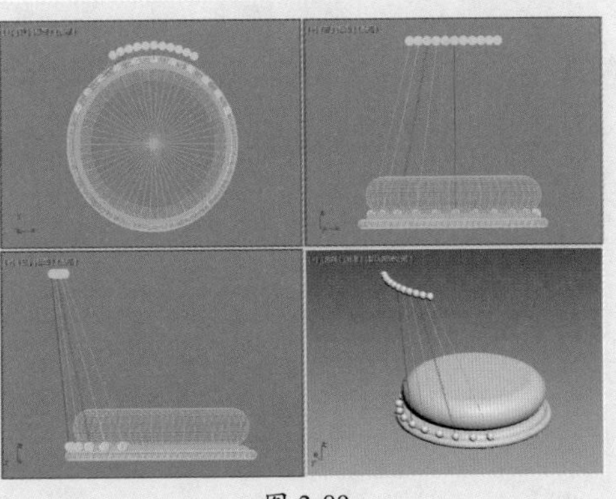
图 3-89

步骤 14 选择左侧的5条样条线，利用“镜像”命令镜像复制到右侧，如图3-90所示。

步骤 15 选择样条线，在“渲染”卷展栏中勾选“在渲染中启用”和“在视口中启用”复选框，再设置径向厚度为12mm，如图3-91所示。

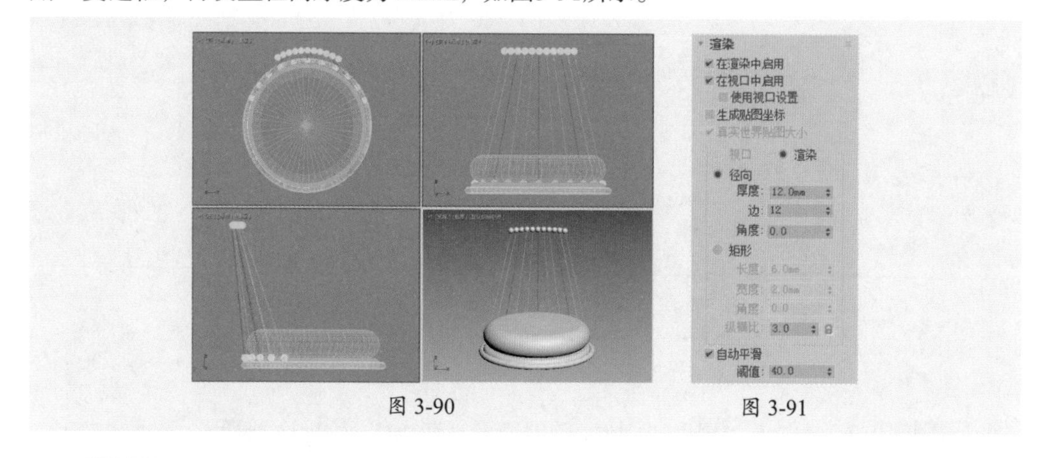

图 3-90　　图 3-91

步骤 16 设置后的效果如图3-92所示。

步骤 17 按照再利用“线”和“镜像”功能创建径向厚度为30mm的椅子腿，如图3-93所示。

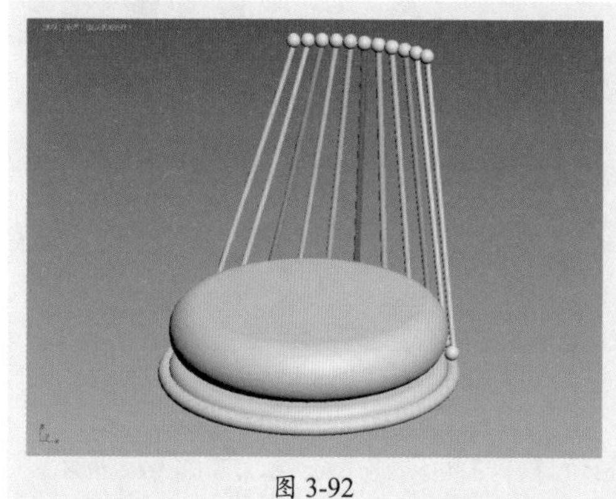

图 3-92

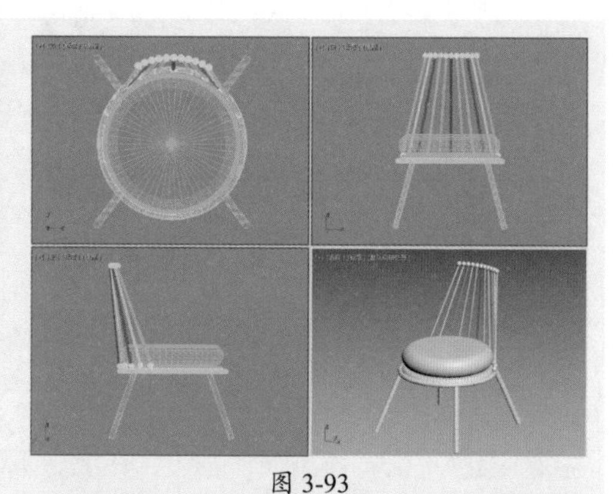

图 3-93

步骤 18 单击“弧”按钮，在左视图中创建镜像厚度为30mm的弧线作为摇椅底座。至此，完成摇椅模型的创建，如图3-94所示。

图 3-94

3.3 复合对象建模

可以结合两个或多个对象创建一个新的参数化对象，这种对象被称为复合对象，用户可以不断编辑修改复合对象的参数。

在“创建”命令面板中选择“复合对象”选项，即可看到所有对象类型，其中包括变形、散布、一致、连接、水滴网格、图形合并、布尔、地形、放样、网格化、ProBoolean、ProCutter，如图3-95所示。

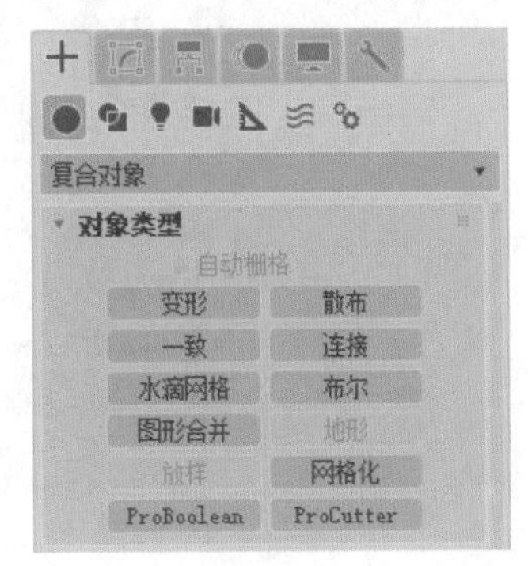

图 3-95

3.3.1 布尔

通过对两个以上的物体进行布尔运算，可以得到新的物体形态。布尔运算包括并集、差集、交集、合并等运算方式，利用不同的运算方式，会形成不同的物体形状。

在视口中选取源对象，在命令面板中单击“布尔”按钮，此时右侧会打开“布尔参数”和“运算对象参数”卷展栏，如图3-96和图3-97所示。单击“添加运算对象”按钮，在“运算对象参数”卷展栏中选择运算方式，然后选取目标对象即可进行布尔运算。

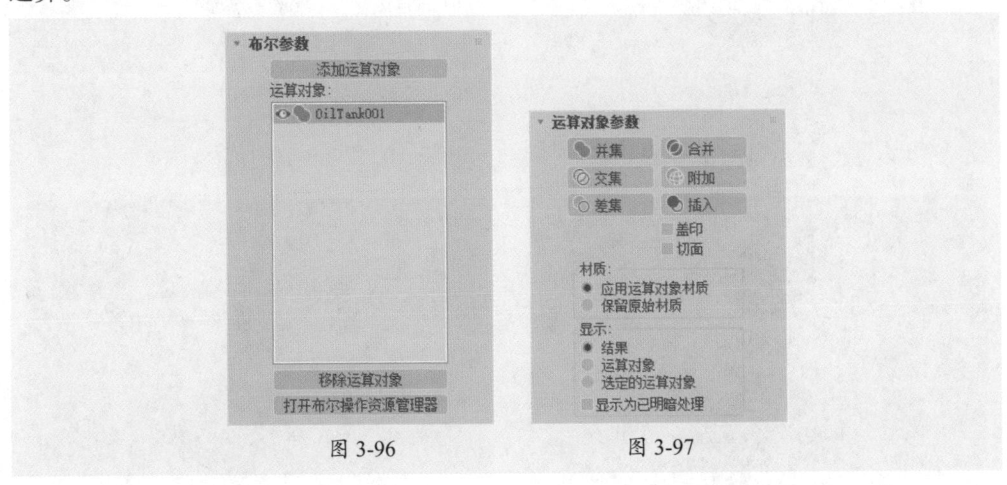

图 3-96　图 3-97

布尔运算类型包括并集、交集、差集、合并、附加、插入6种，含义介绍如下。

（1）并集：结合两个对象的体积。几何体的相交部分或重叠部分会被丢弃。应用“并集”操作的对象在视口中会以青色显示出其轮廓，如图3-98和图3-99所示。

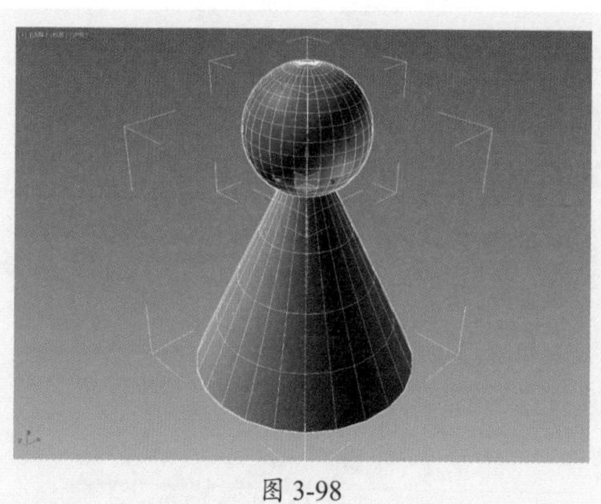
图 3-98

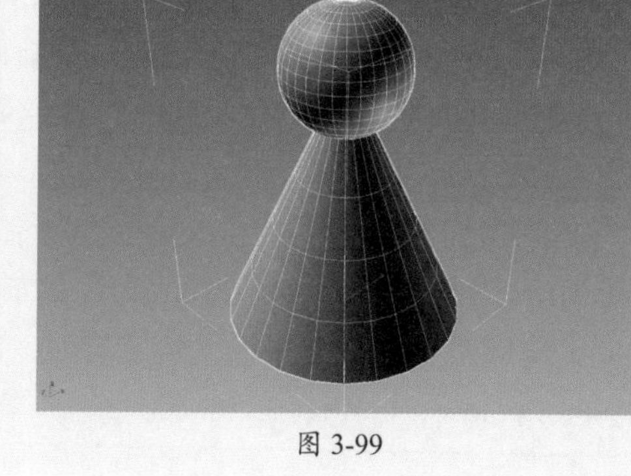
图 3-99

（2）交集：使两个原始对象共同的重叠体积相交，剩余的几何体会被丢弃，如图3-100和图3-101所示。

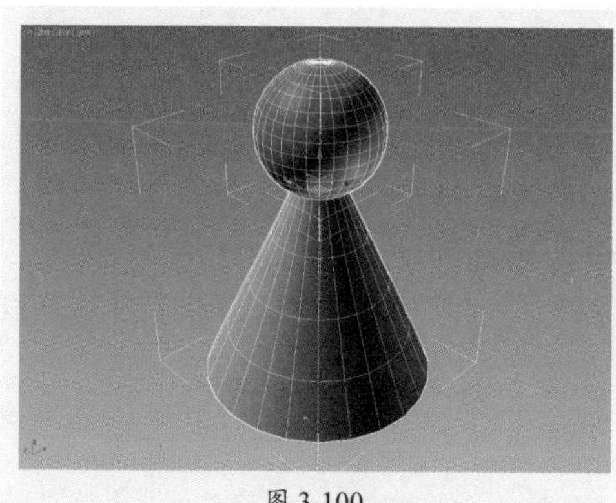
图 3-100

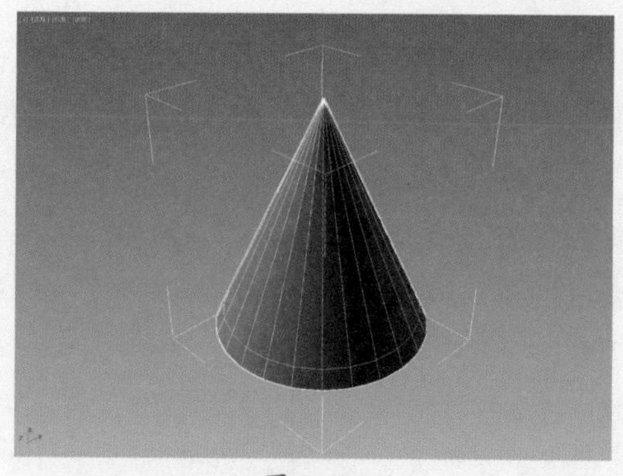
图 3-101

（3）差集：从基础对象移除相交的体积，如图3-102和图3-103所示。

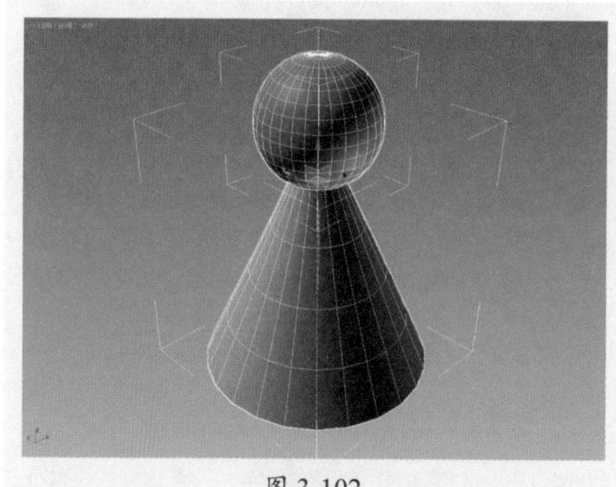
图 3-102

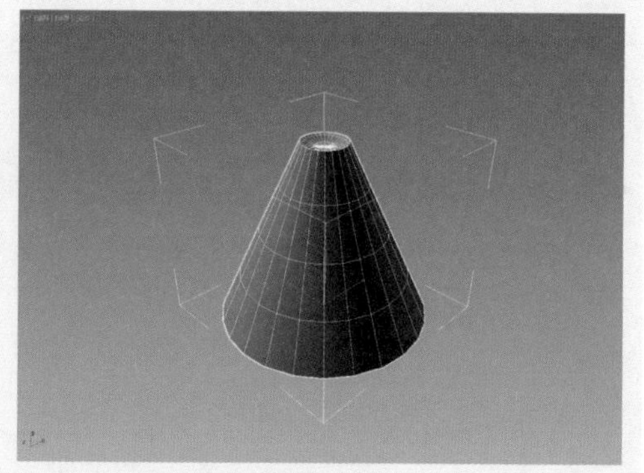
图 3-103

（4）合并：使两个网格相交并组合，而不移除任何原始多边形。

（5）附加：将多个对象合并成一个对象，而不影响各对象的拓扑。

（6）插入：操作对象A减操作对象B的边界图形，操作对象B的图形不受操作的影响。

3.3.2 放样

放样是将二维图形作为横截面，沿着一定的路径生成三维模型，所以只可以对样条线进行放样。同一路径上可以在不同段给予不同的截面，从而实现复杂模型的构建。

选择横截面，在“复合对象”面板中单击“放样”按钮，在“创建方法”卷展栏中单击“获取路径”按钮，接着在视口中单击路径即可完成放样操作。如果先选择路径，则需要在“创建方法”卷展栏中单击“获取图形”按钮并拾取路径。其参数面板主要包括“曲面参数”“路径参数”“蒙皮参数”3个卷展栏，如图3-104至图3-106所示。

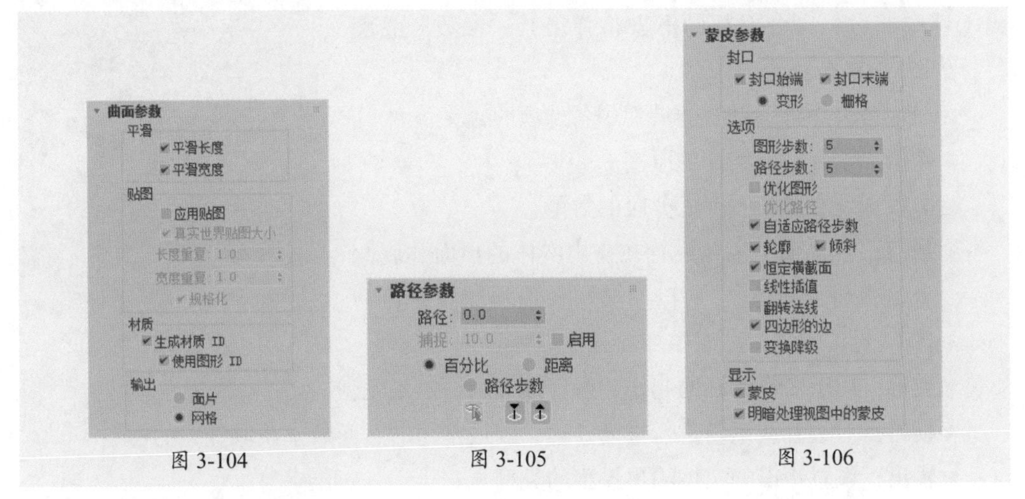

图 3-104　图 3-105　图 3-106

常用选项的含义介绍如下。

- **路径：** 通过输入值或拖动微调器来设置路径的级别。
- **图形步数：** 设置横截面图形每个顶点之间的步数。该值会影响围绕放样周界的边的数目。
- **路径步数：** 设置路径的每个主分段之间的步数。该值会影响沿放样长度方向分段的数目。
- **优化图形：** 如果启用该选项，则对横截面图形的直分段，会忽略“图形步数”。

3.4 修改器建模

修改器是用于修改场景中几何体的工具，可以根据参数的设置来修改对象。一个对象可以添加多个修改器，后一个修改器接收前一个修改器传递的参数，且添加修改器的次序对最后的结果影响很大。3ds Max中提供了多种修改器，常用的有挤出、车削、扭曲、晶格、细化等。

3.4.1 “挤出”修改器

“挤出”修改器可以将绘制的二维样条线挤出厚度，从而产生三维实体，如果绘制的线段为封闭的，可以挤出带有地面面积的三维实体，若绘制的线段不是封闭的，那么挤出的实体则是片状的。

“挤出”修改器可以使二维样条线沿Z轴方向生长，“挤出”修改器的应用十分广泛，许多图形都可以先绘制线，然后再挤出图形，最后形成三维实体。在使用“挤出”修改器后，命令面板的下方将弹出其“参数”卷展栏，如图3-107所示。

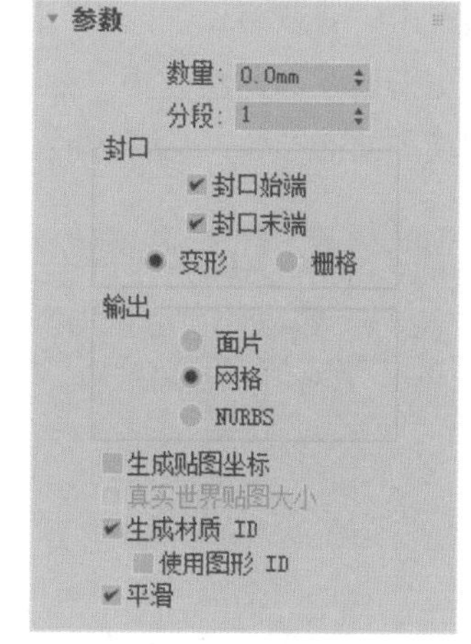

图 3-107

下面具体介绍“参数”卷展栏中各选项的含义。

- **数量：** 设置挤出实体的厚度。
- **分段：** 设置挤出厚度上分段的数量。
- **封口：** 该选项组主要设置在挤出实体的顶面和底面上是否封盖实体。“封口始端”在顶端加面封盖物体，“封口末端”在底端加面封盖物体。
- **变形：** 用于变形动画的制作，保证点面数恒定不变。
- **栅格：** 对边界线重新进行排列处理，以最精简的点面数来获取优秀的模型。
- **输出：** 设置挤出的实体输出模型的类型。
- **生成贴图坐标：** 为挤出的三维实体生成贴图材质坐标。勾选该复选框，将激活“真实世界贴图大小”复选框。
- **真实世界贴图大小：** 贴图大小由绝对坐标尺寸决定，与对象相对尺寸无关。
- **生成材质ID：** 自动生成材质ID，设置顶面材质ID为1、底面材质ID为2、侧面材质ID则为3。
- **使用图形ID：** 勾选该复选框，将使用线形的材质ID。
- **平滑：** 将挤出的实体平滑显示。

3.4.2 “车削”修改器

“车削”修改器可以将绘制的二维样条线旋转一周，生成旋转体，用户也可以设置旋转角度，更改实体旋转效果。

“车削”修改器通过旋转绘制的二维样条线创建三维实体，该修改器用于创建中心放射物体，在使用“车削”修改器后，命令面板的下方将显示其“参数”卷展栏，如图3-108所示。

下面具体介绍“参数”卷展栏中部分选项的含义。

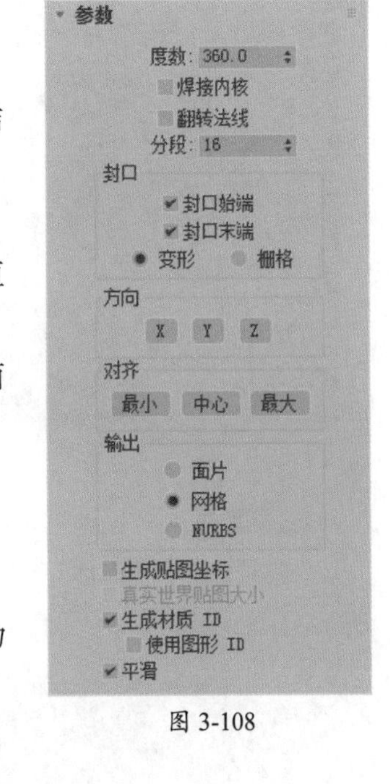

图 3-108

- **度数：**设置车削实体的旋转度数。
- **焊接内核：**将中心轴的点进行焊接精简，以得到结构相对简单的模型。
- **翻转法线：**将模型表面的法线方向反向。
- **分段：**设置车削线段后，旋转出实体上的分段，值越高实体表面越光滑。
- **封口：**该选项组主要设置在挤出实体的顶面和底面上是否封盖实体。
- **方向：**该选项组设置实体进行车削旋转的坐标轴。
- **对齐：**用来控制曲线旋转式的对齐方式。
- **输出：**设置挤出的实体输出模型的类型。
- **生成材质ID：**自动生成材质ID，设置顶面材质ID为1、底面材质ID为2、侧面材质ID为3。
- **使用图形ID：**勾选该复选框，将使用线形的材质ID。
- **平滑：**将挤出的实体平滑显示。

下面利用“车削”修改器创建一个花瓶模型，具体操作步骤介绍如下。

步骤 01 单击“线”按钮，在前视图中创建一个样条线轮廓，如图3-109所示。

步骤 02 在修改面板中打开堆栈，进入“顶点”子层级，选中图3-110所示的顶点。

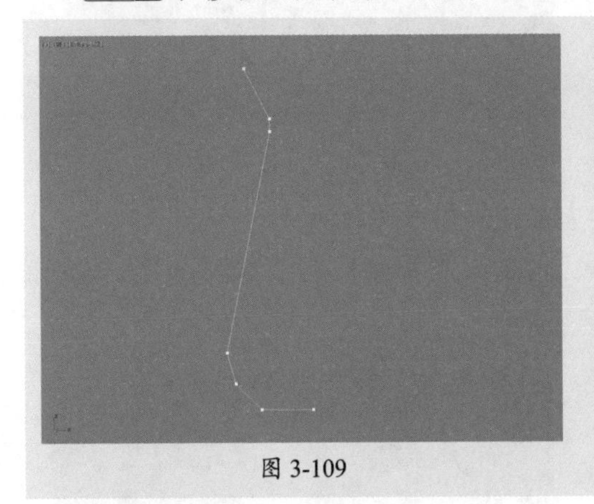

图 3-109

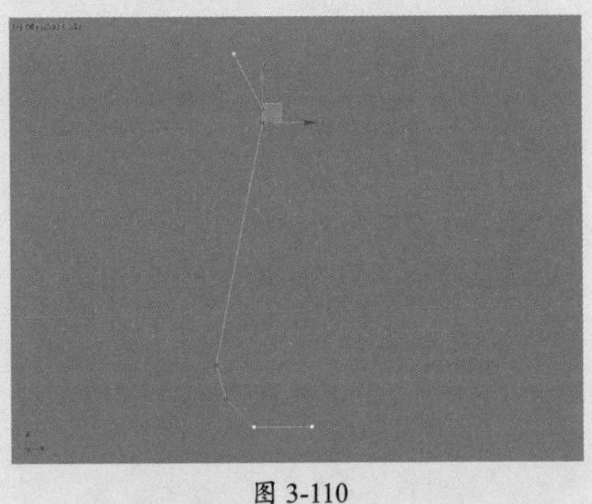

图 3-110

步骤 03 单击鼠标右键，将其转换为Bezier角点，再调整控制柄，如图3-111所示。

步骤 04 进入“样条线”子层级，在“几何体”卷展栏中设置“轮廓”值为2mm，为样条线添加轮廓，如图3-112所示。

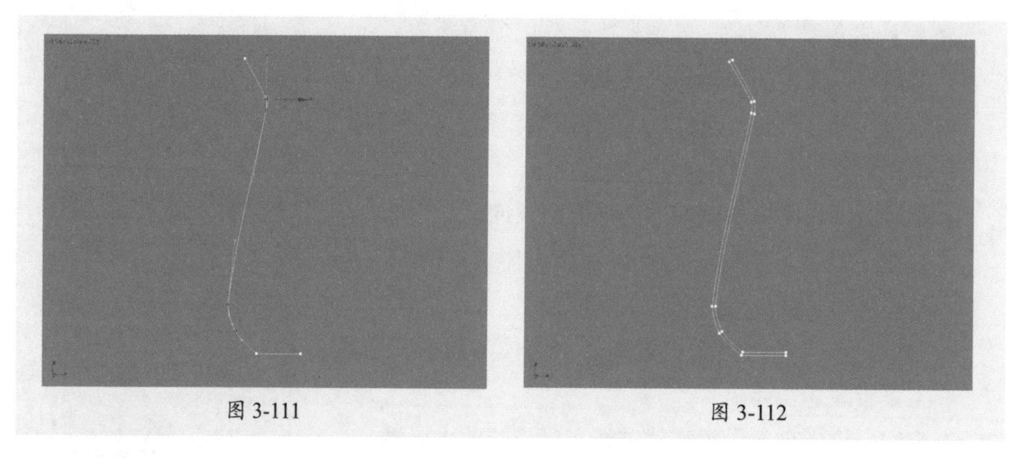
图 3-111　　图 3-112

步骤 05 进入“顶点”子层级，选择图3-113所示的顶点。

步骤 06 在“几何体”卷展栏中单击“圆角”按钮，调整顶点圆角效果，如图3-114所示。

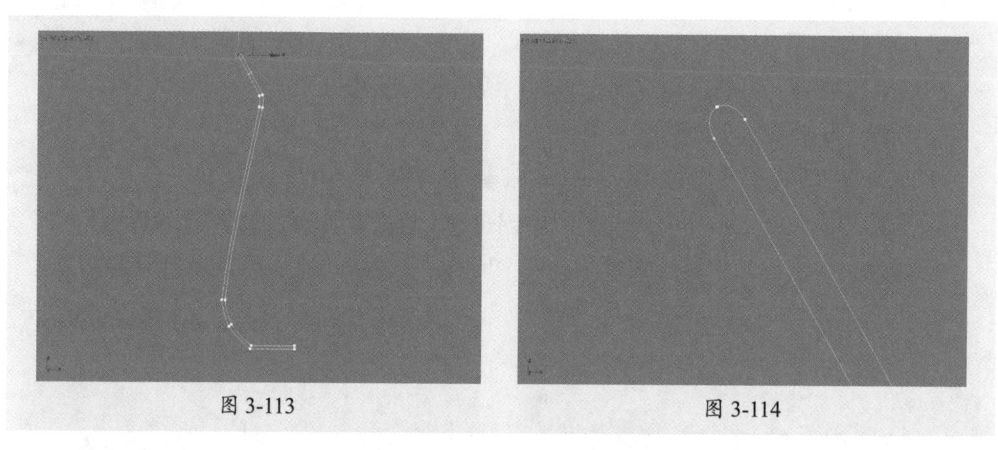
图 3-113　　图 3-114

步骤 07 为样条线添加“车削”修改器，初始效果如图3-115所示。

步骤 08 在“参数”卷展栏中单击“最大”按钮，再设置“分段”数为8，完成花瓶模型的制作，如图3-116所示。

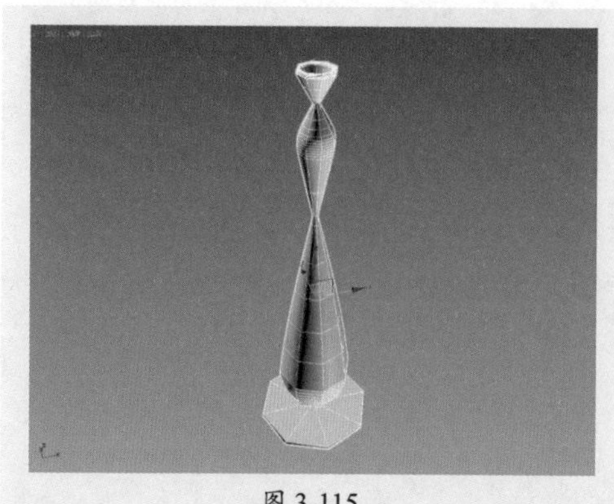
图 3-115

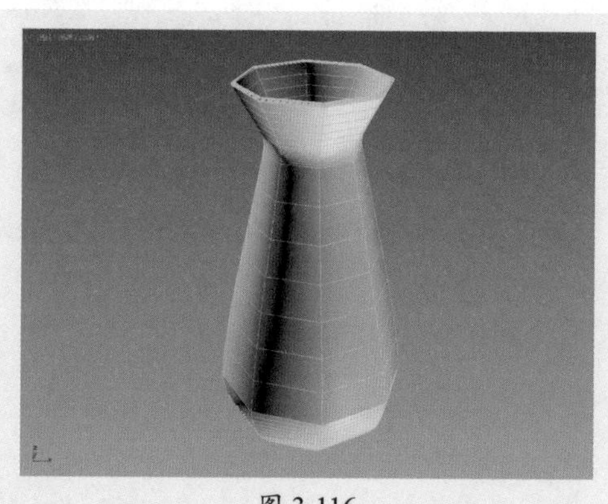
图 3-116

3.4.3 “弯曲”修改器

“弯曲”修改器可以使物体进行弯曲变形，用户可以设置弯曲角度和方向等，还可以将修改限制在指定的范围。该修改器常被用于管道变形和人体弯曲等。

打开修改器列表框，选择“弯曲”选项，即可调用“弯曲”修改器。在调用“弯曲”修改器后，命令面板的下方将弹出修改弯曲值的“参数”卷展栏，如图3-117所示。

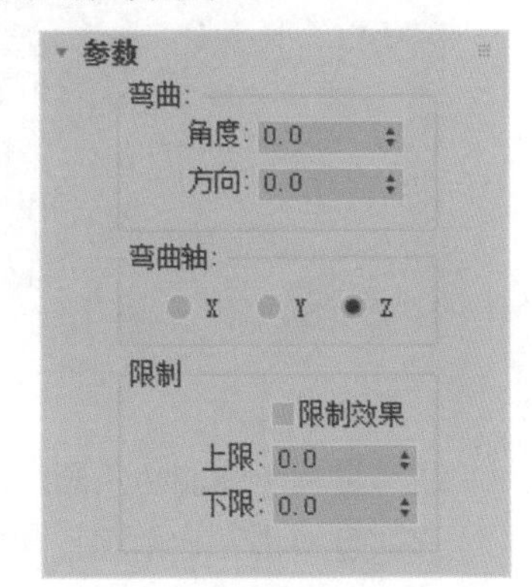

图 3-117

下面具体介绍“参数”卷展栏中各选项的含义。

- **弯曲：** 控制实体的角度和方向。
- **弯曲轴：** 控制弯曲的坐标轴向。
- **限制：** 限制实体弯曲的范围。勾选“限制效果”复选框，将激活“限制”命令，在“上限”和“下限”微调框中设置限制范围即可完成限制效果的设置。

下面将运用“弯曲”修改器来创建水龙头模型，具体操作介绍如下。

步骤 01 单击“圆柱体”按钮，创建圆柱体，设置半径为15mm、高为400mm、高度分段为12，如图3-118所示。

步骤 02 复制圆柱体，为圆柱体添加“弯曲”修改器，在“参数”卷展栏中设置角度为160°，弯曲轴为Z轴，效果如图3-119所示。

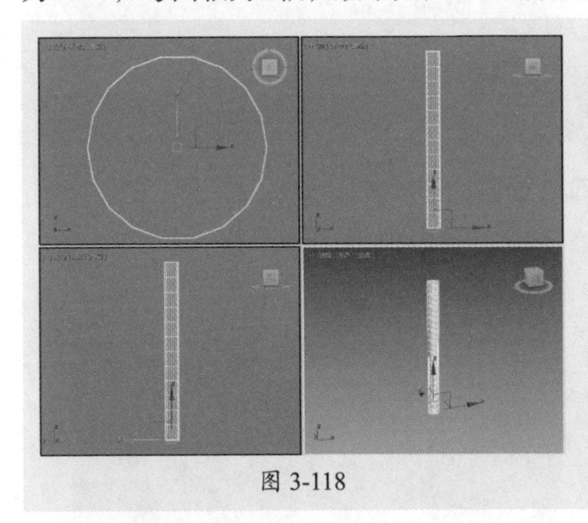

图 3-118

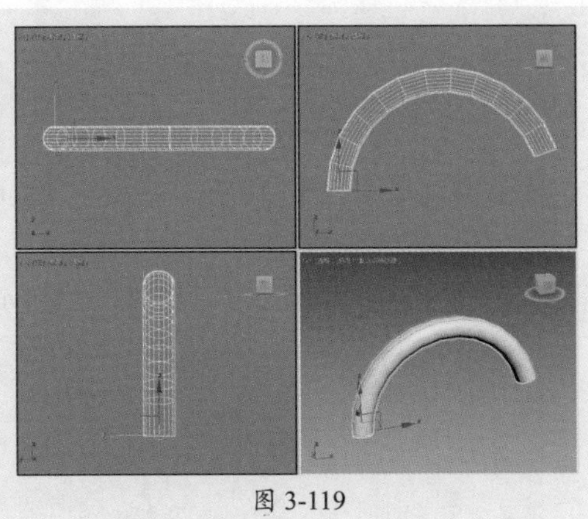

图 3-119

步骤 03 将弯曲后的圆柱体对齐放在合适位置，如图3-120所示。

步骤 04 单击“切角圆柱体”按钮，设置半径为40mm、高度为180mm、圆角为5mm，创建切角圆柱体，放在圆柱体的下方，如图3-121所示。

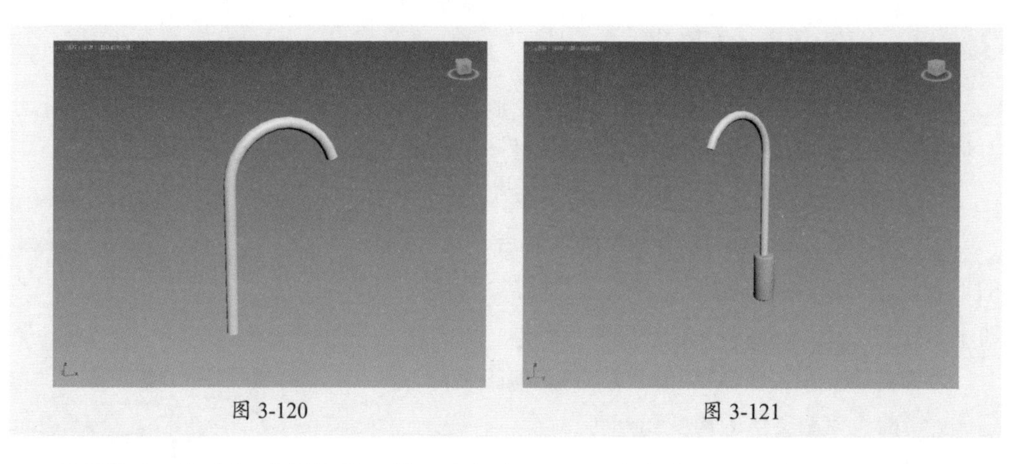

图 3-120　　图 3-121

步骤 05 向下复制切角圆柱体，设置半径为55mm、高度为20mm，如图3-122所示。

步骤 06 单击“切角圆柱体”按钮，创建半径为25mm、高为90mm、圆角为5mm的切角圆柱体，如图3-123所示。

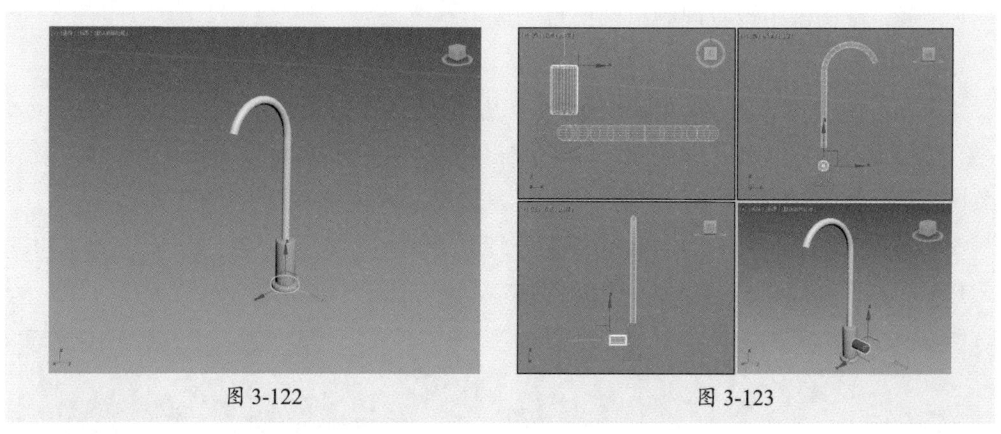

图 3-122　　图 3-123

步骤 07 复制刚创建的切角圆柱体，并修改其颜色，如图3-124所示。

步骤 08 单击“圆柱体”按钮，创建半径为7mm、高为100mm的圆柱体，放在合适位置，完成水龙头模型的绘制，如图3-125所示。

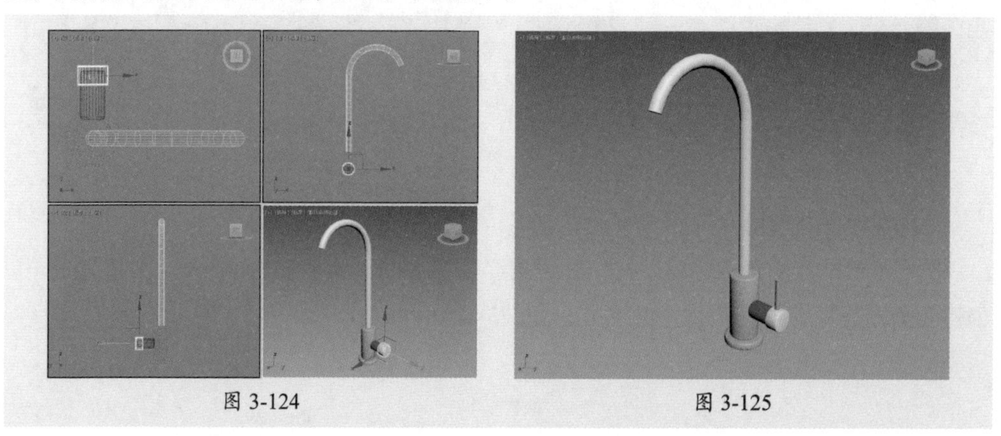

图 3-124　　图 3-125

3.4.4 “扭曲”修改器

应用“扭曲”修改器可使对象绕几何体中心进行旋转，使其产生扭曲的特殊效果。其参数面板与“弯曲”修改器类似，如图3-126所示。

下面介绍“参数”卷展栏中各选项的含义。

- **角度：** 确定围绕垂直轴扭曲的量。
- **偏移：** 使扭曲旋转在对象的任意末端聚团。
- X/Y/Z：指定扭曲轴。
- **限制效果：** 对扭曲效果应用限制约束。
- **上限：** 设置扭曲效果的上限。
- **下限：** 设置扭曲效果的下限。

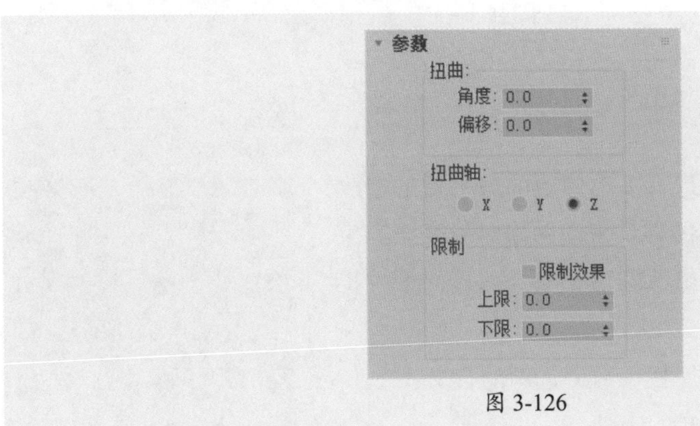

图 3-126

3.4.5 “晶格”修改器

应用“晶格”修改器可以将创建的实体进行晶格处理，快速编辑创建的框架结构。在使用“晶格”修改器之后，命令面板的下方将弹出其“参数”卷展栏，如图3-127所示。

下面具体介绍“参数”卷展栏中部分常用选项的含义。

- **应用于整个对象：** 勾选该复选项，然后选择晶格显示的物体类型，在该复选框下包含“仅来自顶点的节点”“仅来自边的支柱”和“二者”3个单选按钮，它们分别表示晶格显示是以顶点、支柱或顶点和支柱显示。
- **支柱\半径：** 设置物体框架的半径大小。
- **支柱\分段：** 设置框架结构上物体的分段数值。
- **边数：** 设置框架结构上物体的边。
- **材质ID：** 设置框架的材质ID号，通过它的设置可以实现为物体的不同位置赋予不同的材质。
- **平滑：** 使晶格实体后的框架平滑显示。

- **基点面类型：** 设置节点面的类型。其中包括四面体、八面体和二十面体。
- **半径：** 设计节点的半径大小。

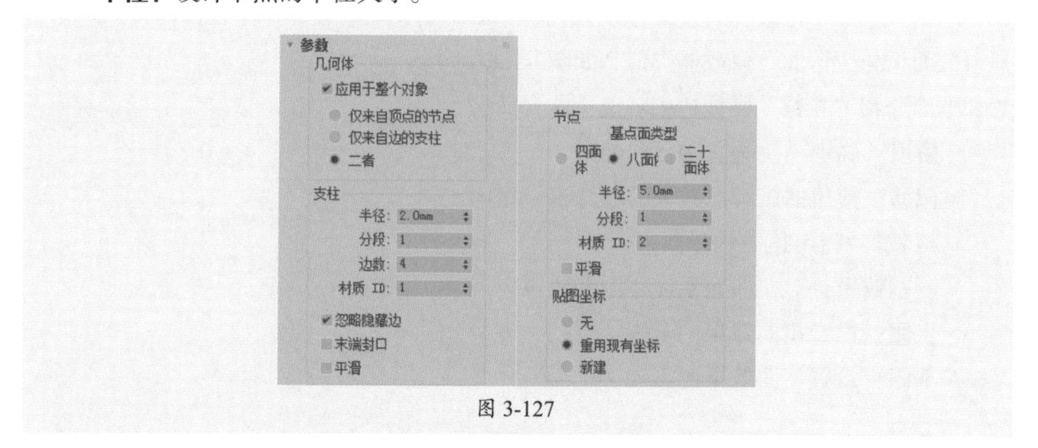

图 3-127

3.4.6 FFD修改器

FFD修改器是对网格对象进行变形修改的最主要的修改器之一，其特点是通过控制点的移动带动网格对象表面产生平滑一致的变形。在使用FFD修改器后，命令面板的下方将显示其“参数”卷展栏，如图3-128所示。

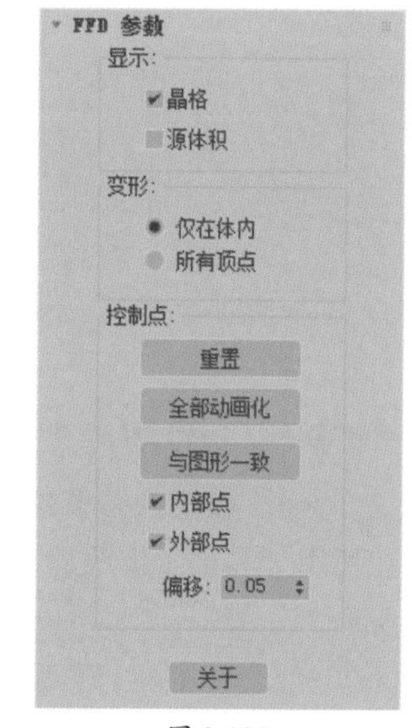

图 3-128

下面具体介绍“参数”卷展栏中部分选项的含义：

- **晶格：** 只显示控制点形成的矩阵。
- **源体积：** 显示初始矩阵。
- **仅在体内：** 只影响处在最小单元格内的面。
- **所有顶点：** 影响对象的全部节点。
- **重置：** 回到初始状态。
- **与图形一致：** 转换为图形。
- **外部点/内部点：** 仅控制受“与图形一致”影响的对象内部点。
- **偏移：** 设置偏移量。

3.4.7 “壳”修改器

应用“壳”修改器可以使模型产生厚度效果，可以产生向内的厚度或向外的厚度。其参数卷展栏如图3-129所示。

下面具体介绍“参数”卷展栏中部分选项的含义：

- **内部量/外部量：** 以3ds Max通用单位表示的距离，按此距离从原始位置将内部曲面向内移动以及将外部曲面向外移动。

- **分段：**每一边的细分值。
- **倒角边：**启用该选项后，并指定“倒角样条线”，3ds Max会使用样条线定义边的剖面和分辨率。
- **倒角样条线：**选择此选项，然后选择打开样条线定义边的形状和分辨率。
- **覆盖内部材质ID：**启用此选项，使用“内部材质ID”参数可为所有的内部曲面多边形指定材质ID。
- **自动平滑边：**使用“角度”参数，应用自动、基于角平滑到边面。
- **角度：**在边面之间指定最大角，该边面由“自动平滑边”平滑。

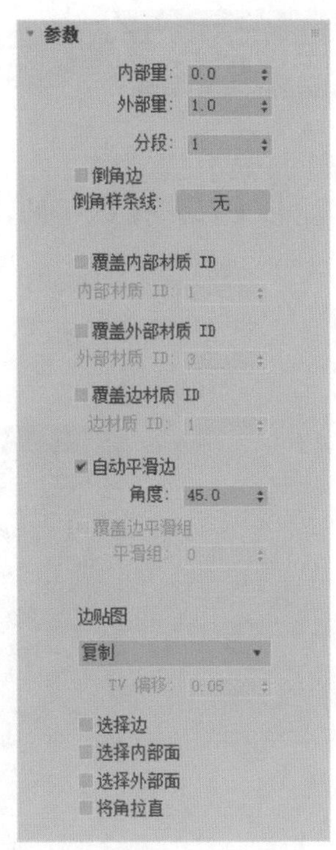

图 3-129

3.4.8 “细化”修改器

应用“细化”修改器可对当前选择的曲面进行细分。它在渲染曲面时特别有用，并可为其他修改器创建附加的网格分辨率。如果子对象选择拒绝了堆栈，那么整个对象会被细化。其“参数”卷展栏如图3-130所示。

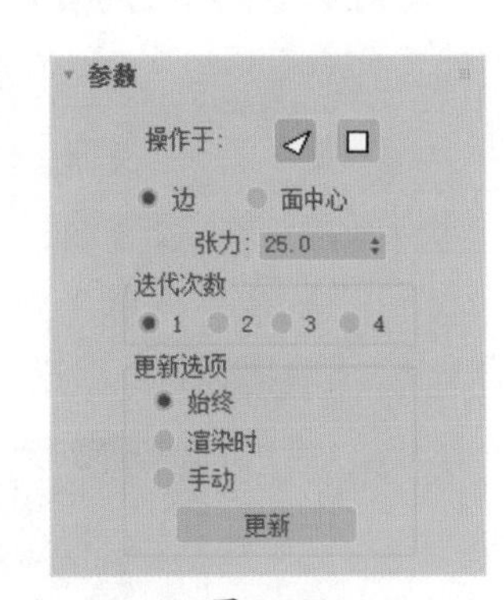

图 3-130

下面具体介绍“参数”卷展栏中部分选项的含义。

- **面：**将作为三角形面集来处理。
- **多边形：**拆分多边形面。
- **边：**从面或多边形的中心到每条边的中点进行细分。
- **面中心：**从面或多边形的中心到角顶点进行细分。
- **张力：**决定新面在经过边细分后是平面、凹面还是凸面。
- **迭代次数：**应用细分的次数。

自己练

项目练习1：制作单人沙发模型

操作要领 ①利用切角长方体创建沙发的靠背、扶手、坐垫。

②创建并复制长方体作为沙发腿，如图3-131所示。

图纸展示

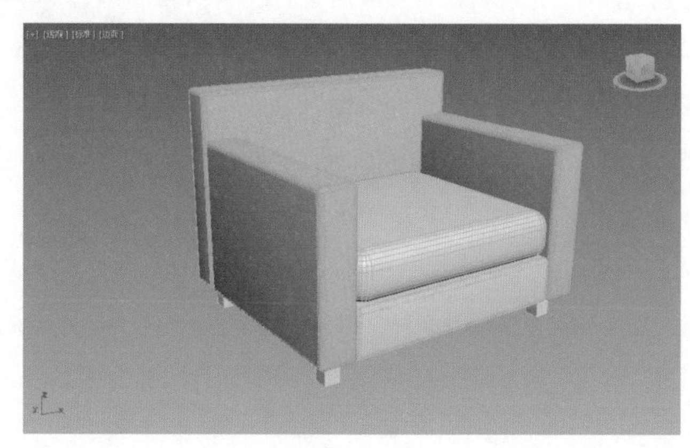

图 3-131

项目练习2：制作书籍模型

操作要领 ①创建矩形并转换为可编辑样条线，调整样条线，添加“挤出”修改器，制作内部书页。

②复制样条线，删除线段，再向外设置轮廓，添加“挤出”修改器，制作书皮，如图3-132所示。

图纸展示

图 3-132

3ds Max

第4章

高级建模技术

本章概述

在3ds Max中，除了内置的几何体模型和修改器建模外，还可以利用基础模型、面片、网格、多边形等来创建三维物体。其中，多边形建模是目前所有三维软件中最为流行的方法，常用于制作室内设计模型、人物角色模型和工业设计模型等。

通过对本章内容的学习，读者可以更加全面地了解建模的方法，从而高效地创建出自己想要的模型。

要点难点

- 可编辑网格的应用 ★☆☆
- NURBS建模 ★☆☆
- 多边形建模 ★★★

跟我学 制作军刀模型

学习目标 本案例将利用多边形建模知识制作一个军刀模型，包括刀具的刀身和刀柄两个部分，主要是在“软选择”状态下对多边形的顶点进行移动、缩放等，在操作时要注意调整软选择衰减参数对变换效果的影响。

案例路径 云盘\实例文件\第4章\跟我学\创建军刀模型

实现过程

具体操作步骤介绍如下。

步骤01 在创建命令面板中单击“线”按钮，创建一个刀身轮廓的样条线，如图4-1所示。

步骤02 在修改命令面板中进入“顶点”子层级，选择部分顶点，单击鼠标右键，在弹出的快捷菜单中设置顶点类型为Bezier角点，如图4-2所示。

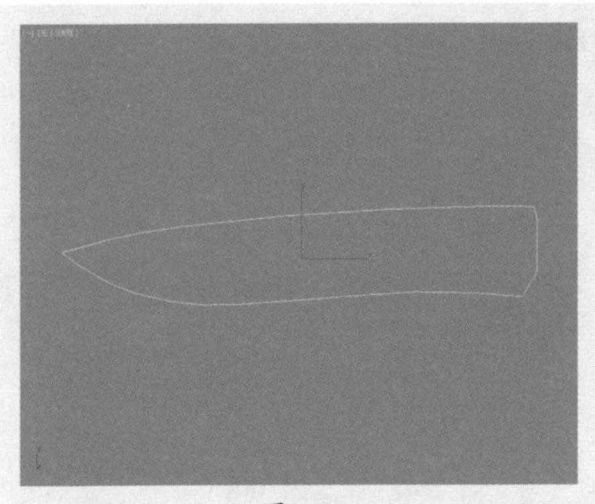

图 4-1

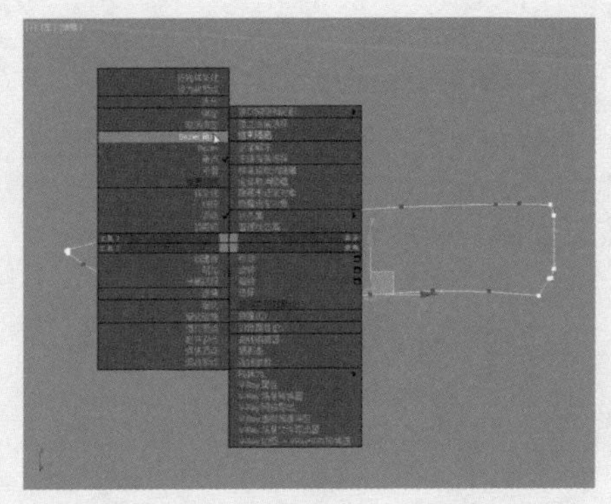

图 4-2

步骤03 利用控制并调整刀身形状，使其光滑圆润，如图4-3所示。

步骤04 在修改器列表中添加挤出修改器，设置挤出厚度为1.5mm，如图4-4所示。

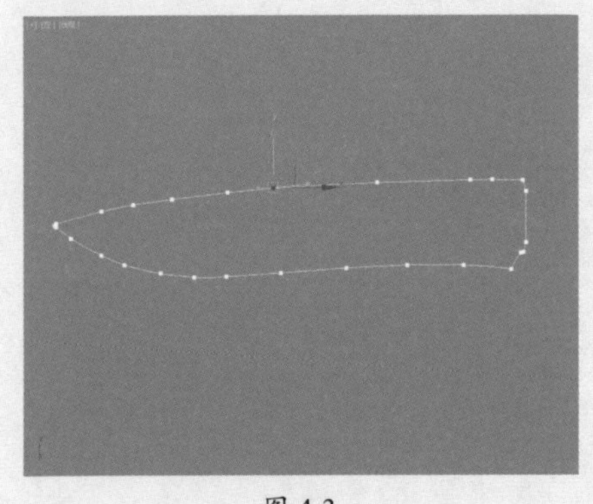

图 4-3

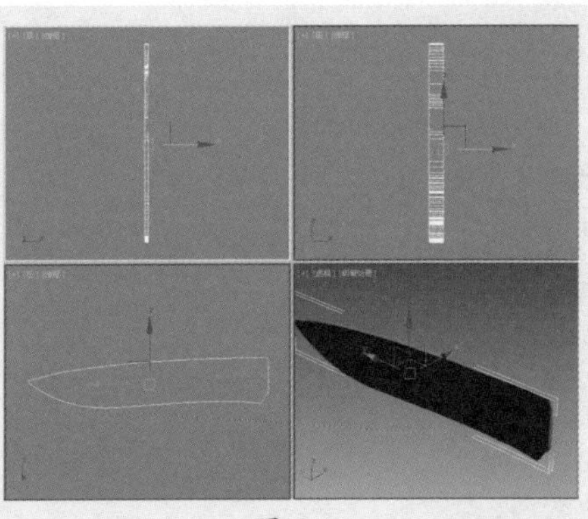

图 4-4

步骤05 将刀身形状转换为可编辑多边形，并选择顶点，如图4-5所示。

步骤06 打开“软选择”卷展栏，勾选“使用软选择”复选框，设置衰减值为3，可以看到顶点选择效果如图4-6所示。

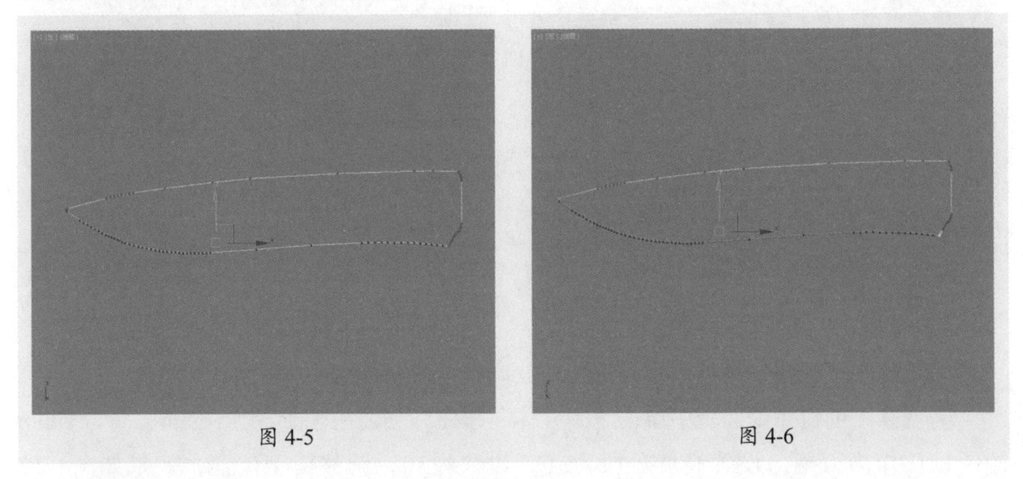

图 4-5　　图 4-6

步骤07 在透视视图中使用“移动并缩放”命令缩放模型，制作出刀锋造型，如图4-7所示。

步骤08 在创建命令面板中单击“圆柱体”按钮，创建一个半径为8.5mm、高为6mm的圆柱体，分段为5，边数为30，调整模型位置，效果如图4-8所示。

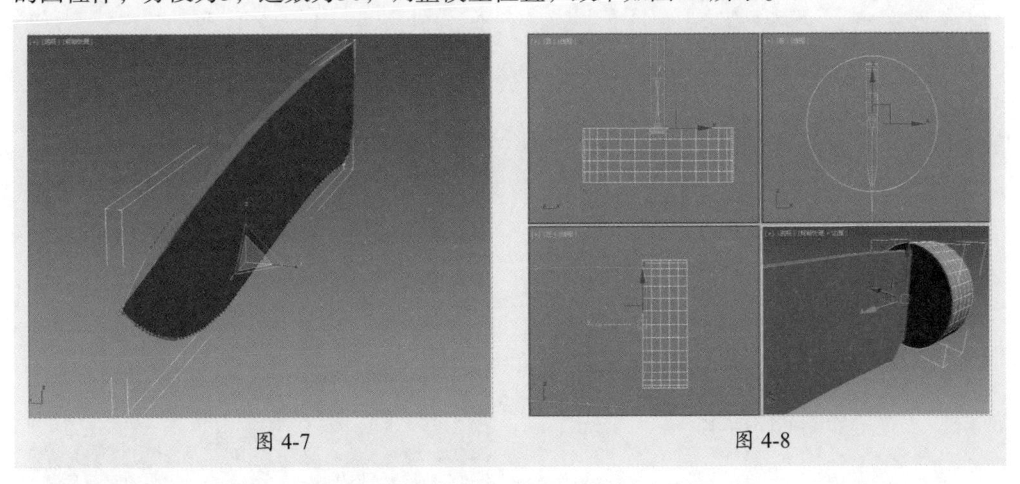

图 4-7　　图 4-8

步骤09 单击“移动并缩放”命令，在前视图中缩放圆柱体模型，效果如图4-9所示。

步骤10 将圆柱体转换为可编辑多边形，进入“顶点”子层级，选择顶点，再打开“软选择”卷展栏，勾选“使用软选择”复选框，设置衰减值为5，效果如图4-10所示。

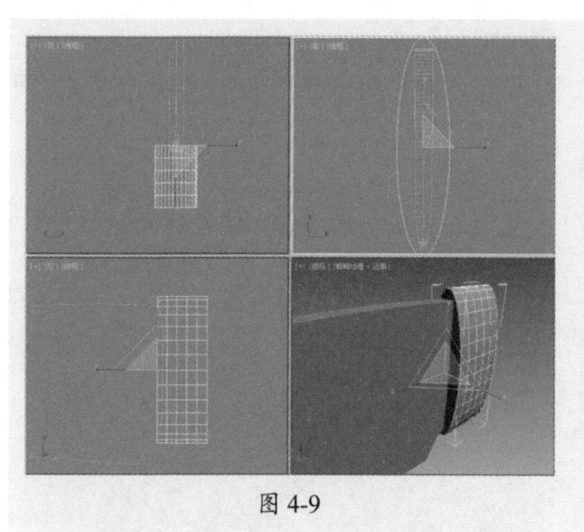
图 4-9

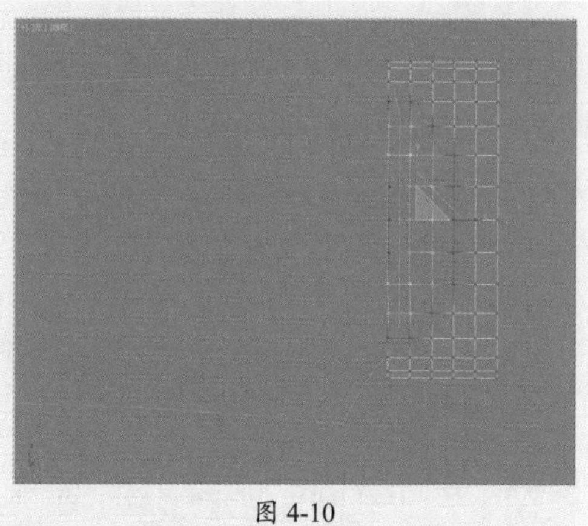
图 4-10

步骤 11 在透视图中对模型顶点进行缩放调整，效果如图4-11所示。

步骤 12 在创建命令面板中单击“圆柱体”按钮，创建一个半径为10mm、高为55mm的圆柱体作为刀柄，设置高度分段为30、边数为30，调整模型位置，效果如图4-12所示。

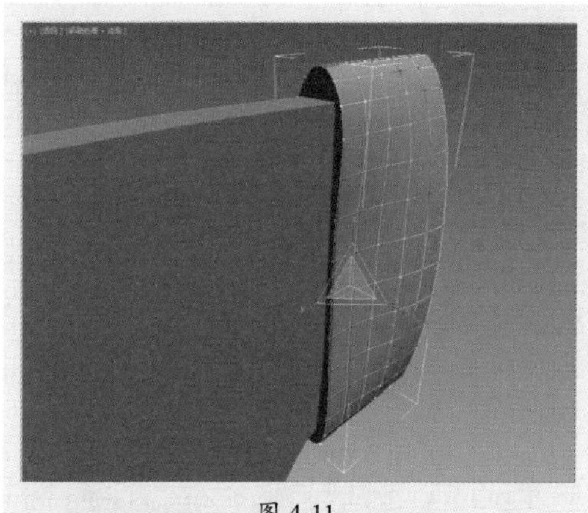
图 4-11

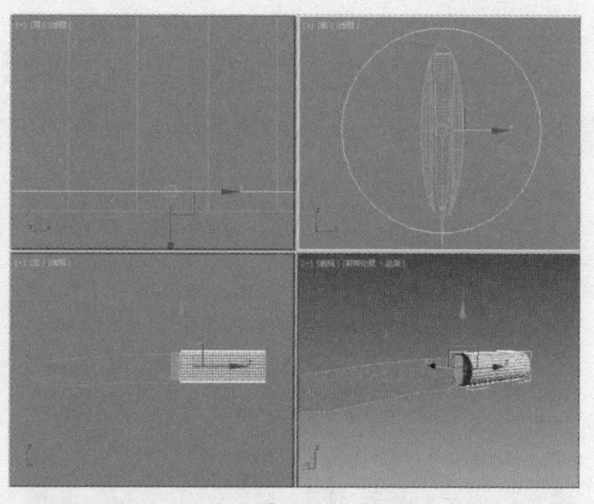
图 4-12

步骤 13 单击“选择并缩放”命令，缩放模型，效果如图4-13所示。

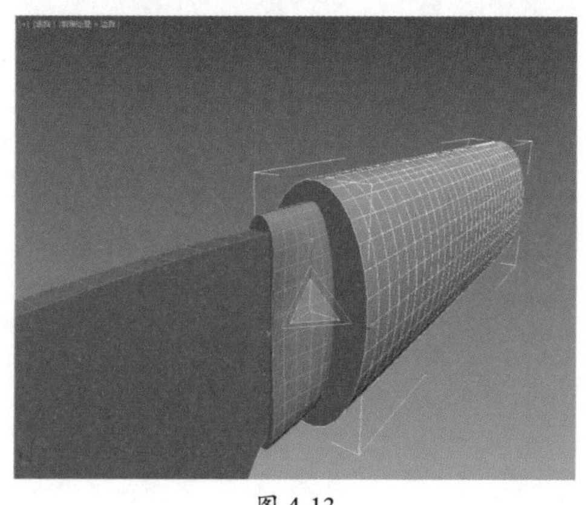
图 4-13

步骤 14 将刀柄轮廓转换为可编辑多边形，进入“顶点”子层级，选择部分顶点，再打开“软选择”卷展栏，勾选“使用软选择”复选框，设置衰减值为50，效果如图4-14所示。

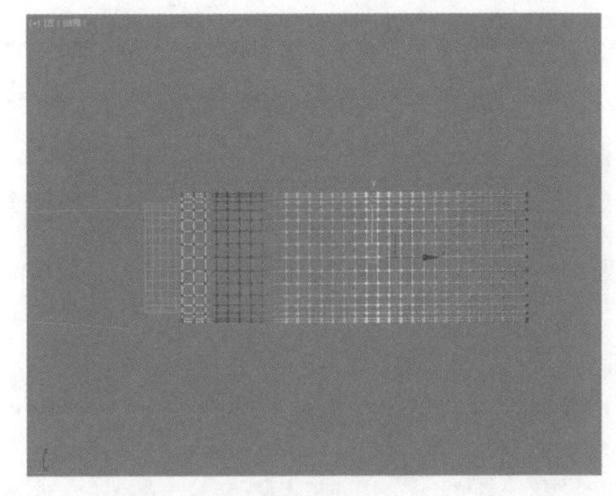

图 4-14

步骤 15 移动顶点，可以看到模型发生了变化，如图4-15所示。

步骤 16 继续利用顶点调整模型的大致形状，调整出刀柄轮廓，如图4-16所示。

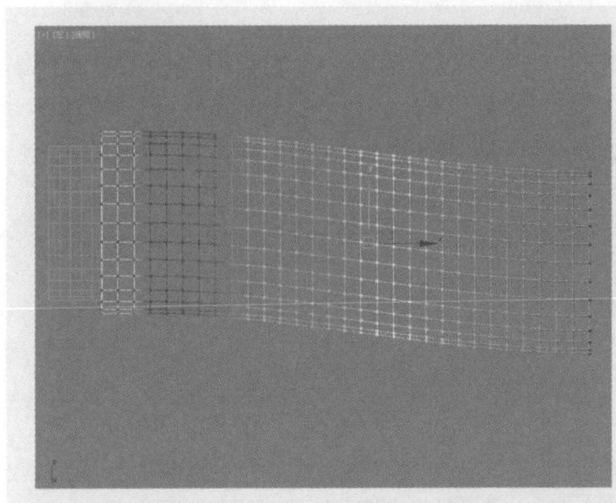

图 4-15

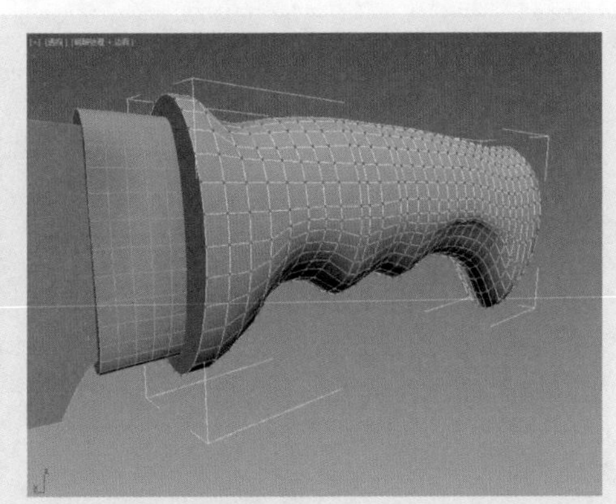

图 4-16

步骤 17 切换到左视图，选择刀柄头部顶点，利用“移动并旋转”工具旋转顶点，调整刀柄头部造型，如图4-17所示。

步骤 18 旋转整个刀柄模型，调整到合适位置，如图4-18所示。

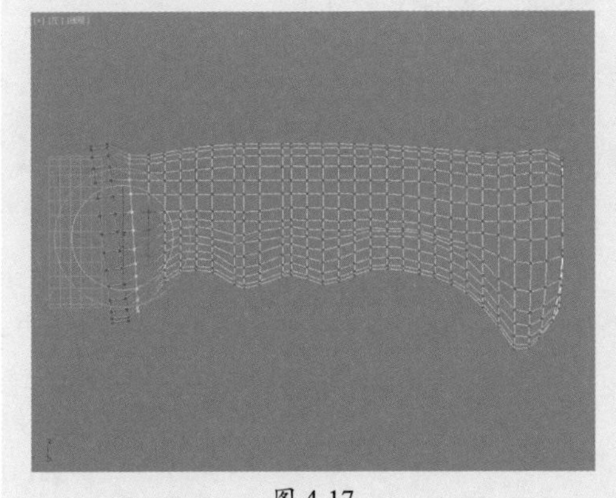

图 4-17

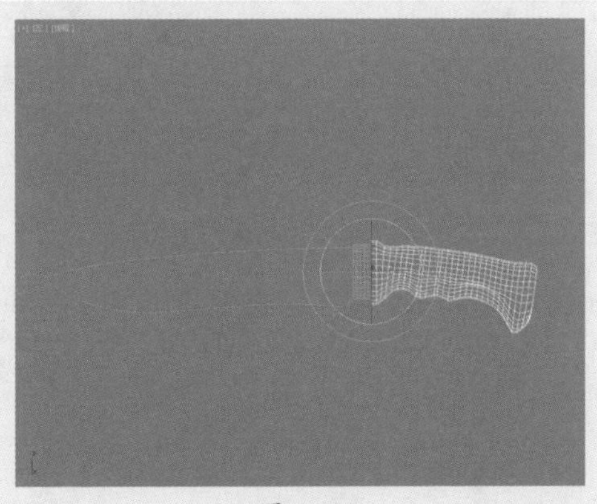

图 4-18

步骤 19 为刀柄添加“细分”修改器，设置细分值为2，如图4-19所示。

步骤 20 再为其添加“网格平滑”修改器，设置迭代次数为2，如图4-20所示。

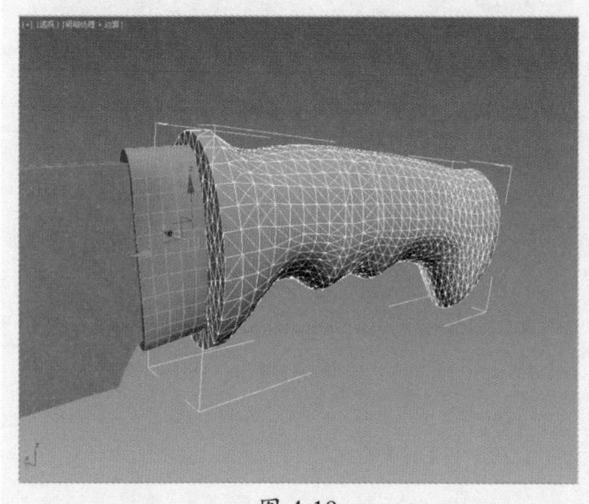

图 4-19

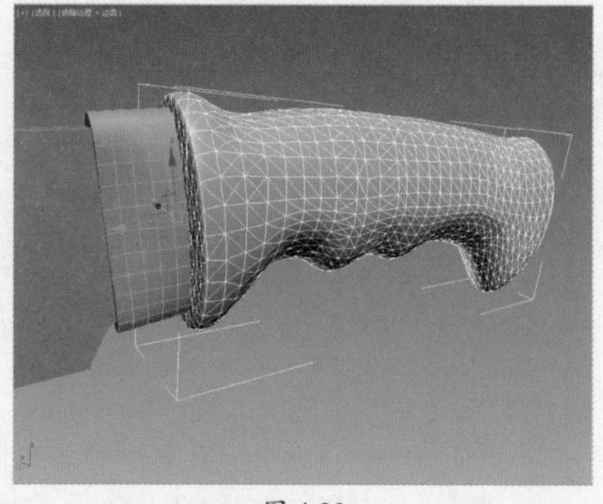

图 4-20

步骤 21 再次调整模型，完成刀具模型的制作，如图4-21所示。

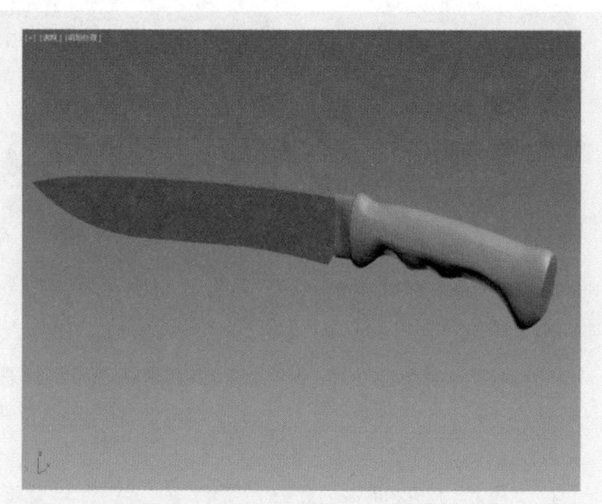

图 4-21

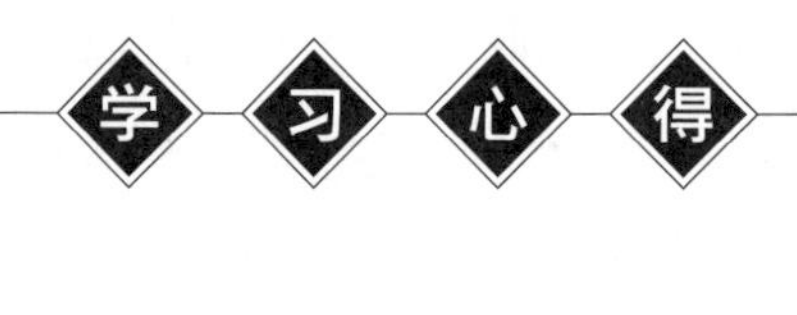

听我讲 Listen to me

4.1 可编辑网格

可编辑网格是一种可变形对象，适用于创建简单、少边的对象或用于网格平滑和HSDS建模的控制网格。用户可以将NURBS或面片曲面转换为可编辑网格。

4.1.1 转换为可编辑网格

像“编辑网格”修改器一样，在3种子对象层级上像操纵普通对象那样，提供由三角面组成的网格对象的操纵控制，如顶点、边和面。用户可以将3ds Max中的大多数对象转换为可编辑网格，但是对于开口样条线对象，只有顶点可用，因为在转换为网格时开放样条线没有面和边。可以通过以下方式将对象转换为可编辑网格。

- 选择对象并单击鼠标右键，在弹出的快捷菜单中选择“转换为”|“转换为可编辑网格”命令，如图4-22所示。
- 在修改堆栈中右键单击对象名，在弹出的快捷菜单中选择“可编辑网格”命令，如图4-23所示。
- 选择对象并在修改器列表中为其添加“编辑网格”修改器，如图4-24所示。

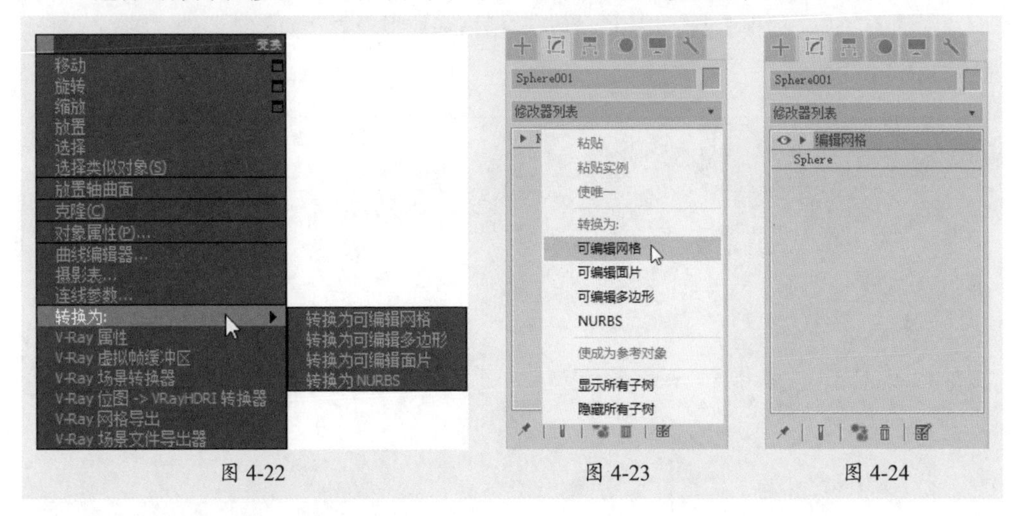

图 4-22　　图 4-23　　图 4-24

4.1.2 可编辑网格参数

将模型转换为可编辑网格后，可以看到其子层级分别为顶点、边、面、多边形和元素5种。网格对象的参数面板共有4个卷展栏，分别是“选择”卷展栏、“软选择”卷展栏、“编辑几何体”卷展栏及“曲面属性”卷展栏，如图4-25所示。

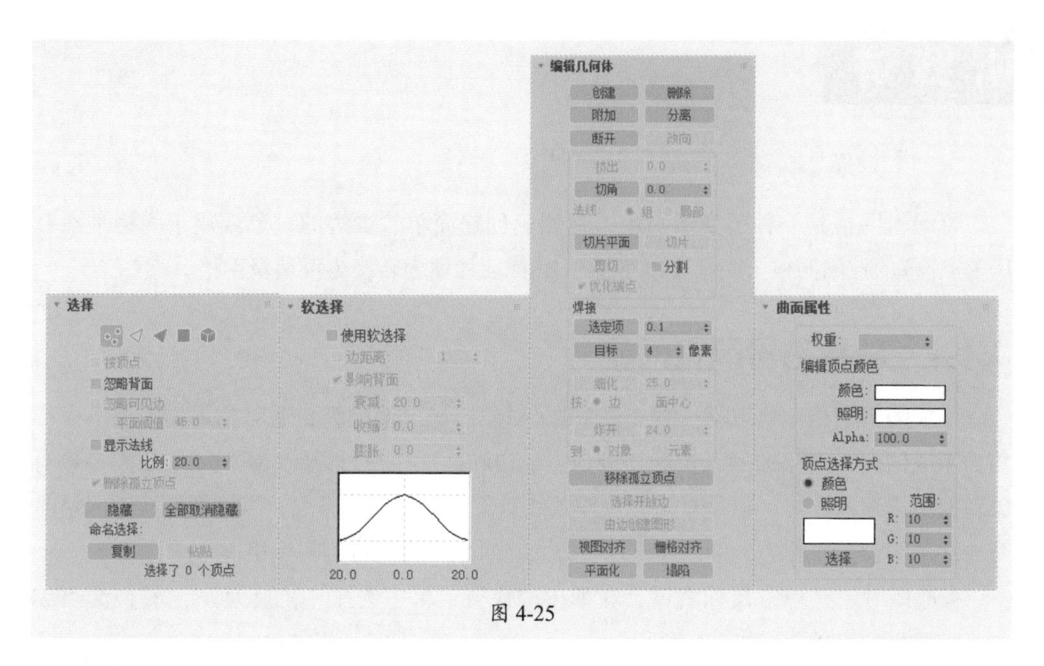

图 4-25

下面通过可编辑网格结合多种修改器制作一个笔筒模型，具体操作步骤介绍如下。

步骤 01 单击“切角圆柱体”按钮，创建半径为45mm、高为3mm的切角圆柱体，设置圆角半径为1.5mm、圆角分段为5、边数为50，如图4-26所示。

步骤 02 右击“捕捉工具”按钮，打开“栅格和捕捉设置”面板，勾选“轴心”复选框，如图4-27所示。

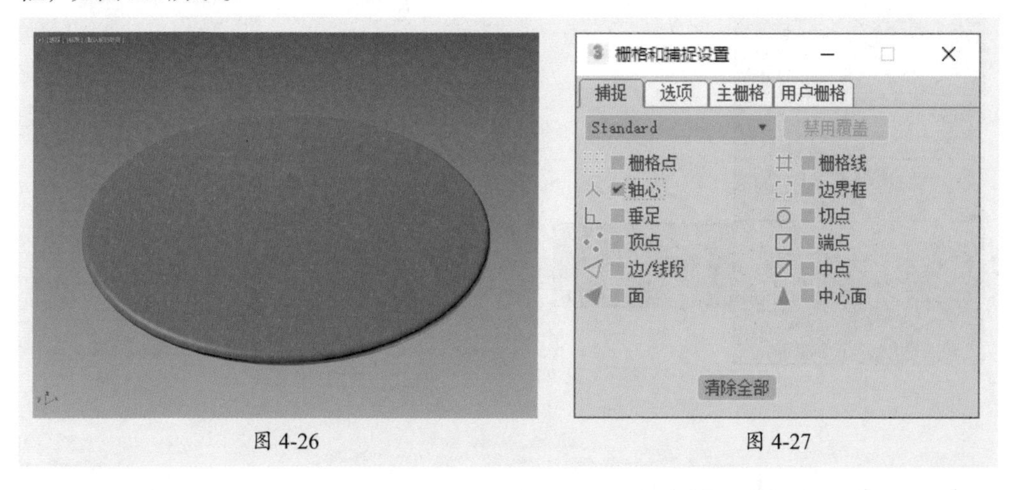

图 4-26　　图 4-27

步骤 03 最大化显示所有视图，单击“圆柱体”按钮，捕捉切角圆柱体的中心，创建半径为43.5mm、高为90.0mm的圆柱体，再设置分段及边数等参数，如图4-28和图4-29所示。

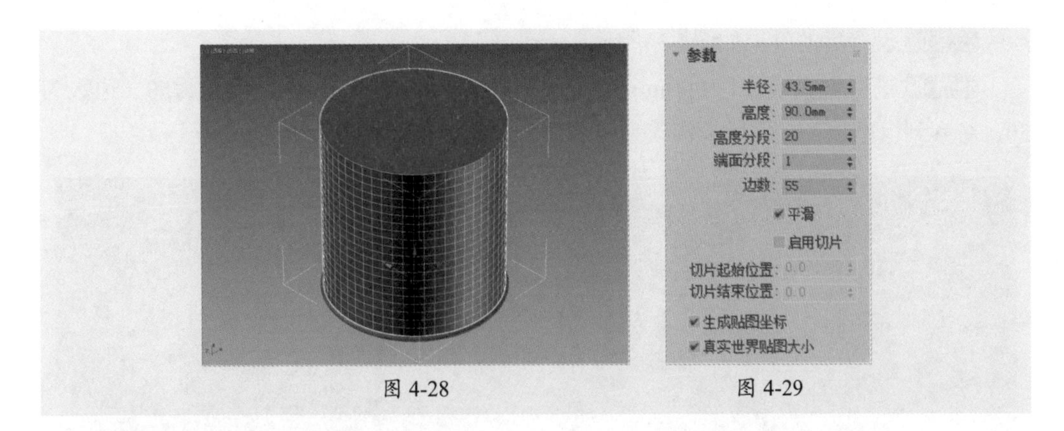

图 4-28　　图 4-29

步骤04 选择圆柱体并单击鼠标右键，在弹出的快捷菜单中选择“转换为”|“转换为可编辑网格”命令，将其转换为可编辑网格，进入“多边形”子层级，将顶部与底部的多边形删除，如图4-30所示。

步骤05 为模型添加“细化”修改器，参数保持默认设置，模型效果如图4-31所示。

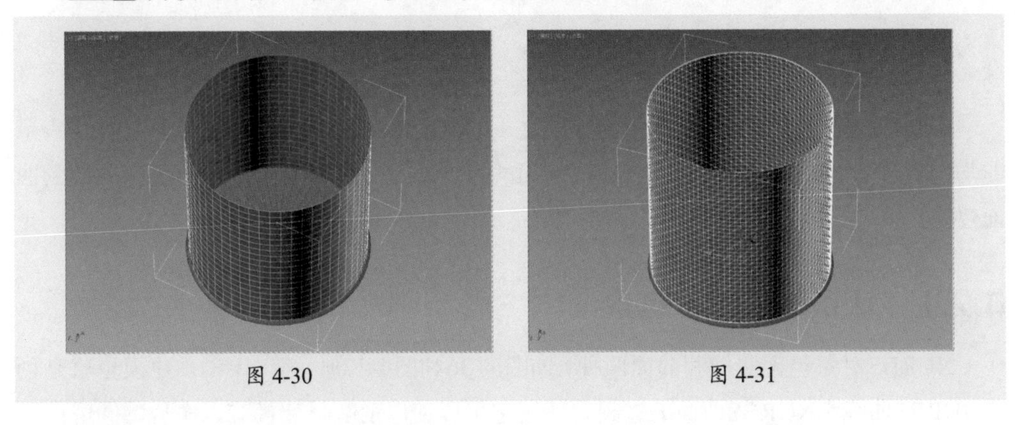

图 4-30　　图 4-31

步骤06 再为模型添加“扭曲”修改器，设置扭曲值为90，模型效果如图4-32所示。

步骤07 接着为模型添加“晶格”修改器，在“参数”卷展栏中设置支柱和节点的参数，如图4-33所示。

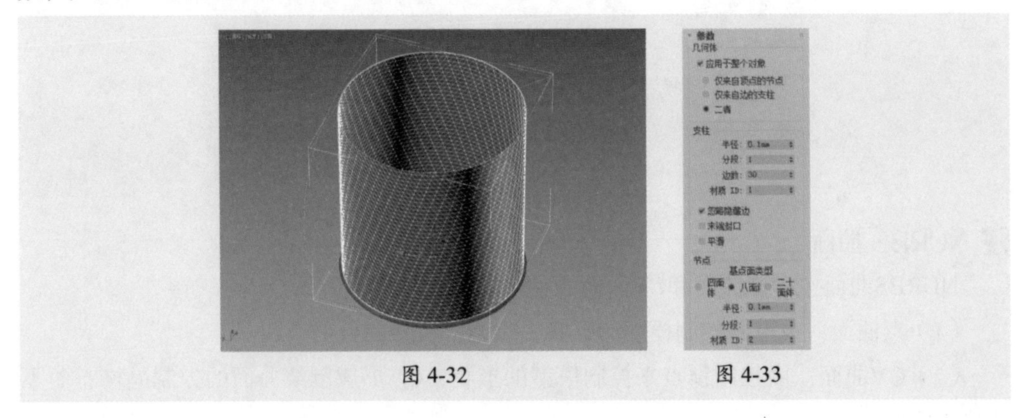

图 4-32　　图 4-33

步骤08 设置后的效果如图4-34所示。

步骤09 最后创建半径1为44mm、半径2为1.5mm的圆环，设置分段数为50、边数为30，对齐到模型顶部，完成笔筒模型的制作，如图4-35所示。

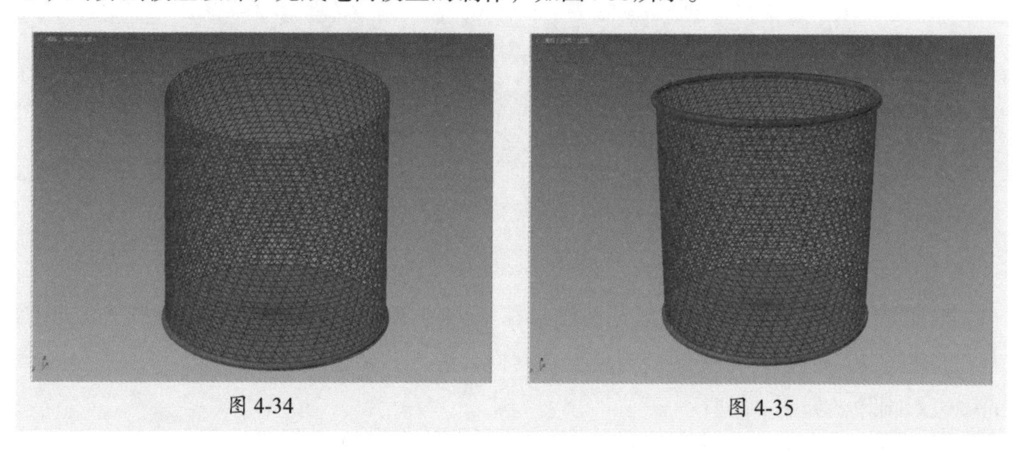
图 4-34　　图 4-35

4.2 NURBS建模

NURBS建模是3ds Max中建模的方式之一，包括NURBS 曲面和曲线。NURBS 表示非均匀有理数B样条线，是设计和建模曲面的行业标准，特别适合为含有复杂曲线的曲面建模。

4.2.1 认识NURBS对象

NURBS对象包含曲线和曲面两种，如图4-36和图4-37所示。NURBS建模也就是创建NURBS曲线和NURBS曲面的过程，使用它可以使以前实体建模难以实现的圆滑曲面的构建变得简单方便。

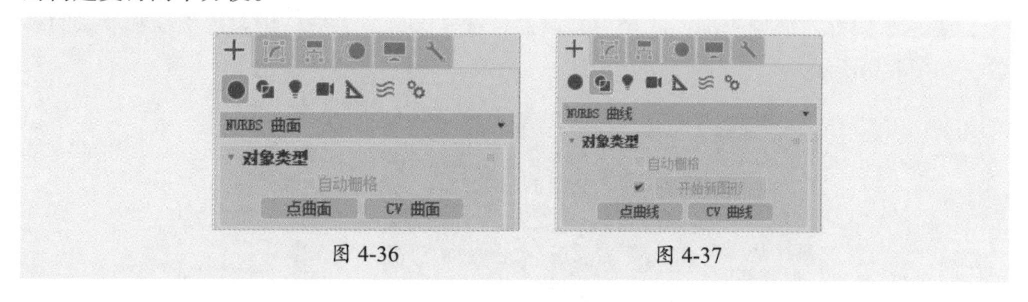

图 4-36　　图 4-37

1. NURBS 曲面

NURBS曲面包含点曲面和CV曲面两种，含义介绍如下。

（1）点曲面：由点来控制模型的形状，点始终位于曲面的表面。

（2）CV曲面：由控制顶点来控制模型的形状，CV形成围绕曲面的控制晶格，而不是位于曲面上。

2. NURBS 曲线

NURBS曲线包含点曲线和CV曲线两种，含义介绍如下。

（1）点曲线：由点来控制曲线的形状，点始终位于曲线上。

（2）CV曲线：由控制顶点来控制曲线的形状，这些控制顶点不必位于曲线上。

4.2.2 编辑NURBS对象

NURBS对象的参数面板中共有7个卷展栏，分别是“常规”卷展栏、“显示线参数”卷展栏、“曲面近似”卷展栏、“曲线近似”卷展栏、“创建点”卷展栏、“创建曲线”卷展栏、“创建曲面”卷展栏，如图4-38所示。

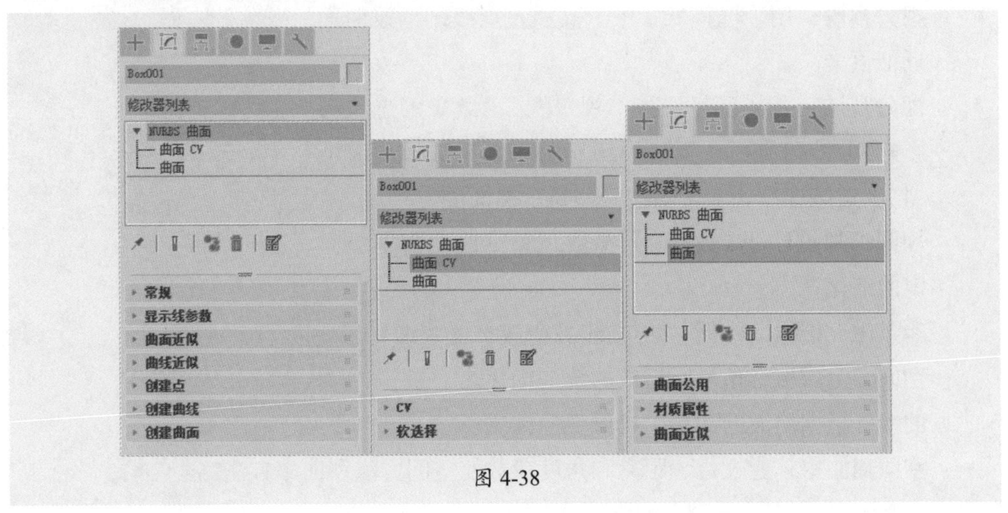

图 4-38

1. “常规”卷展栏

“常规”卷展栏中包含附加、导入及NURBD工具箱等，如图4-39所示。单击“NURBS创建工具箱”按钮，即可打开NURBS工具箱，如图4-40所示。

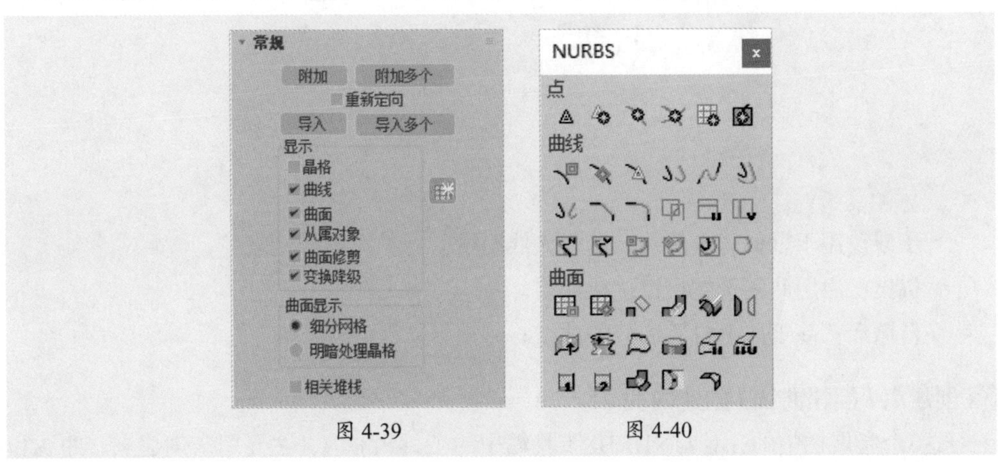

图 4-39　　图 4-40

2. 曲面近似

为了渲染和显示视口，可以使用“曲面近似”卷展栏控制NURBS模型中的曲面子层级的近似值求解方式，如图4-41所示。其中常用选项的含义介绍如下。

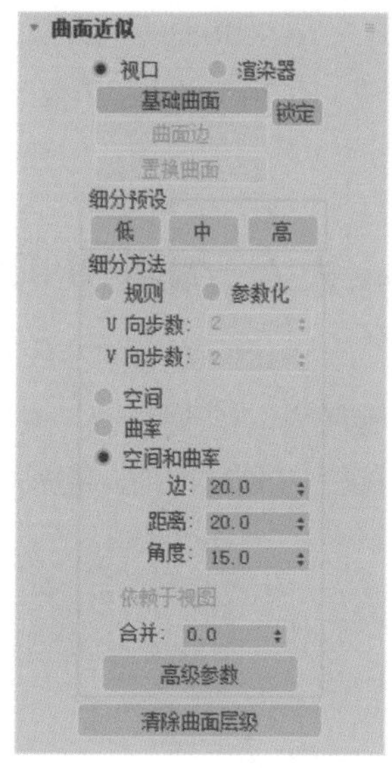

图 4-41

- **基础曲面：** 启用该选项后，设置参数将影响选择集中的整个曲面。
- **曲面边：** 启用该选项后，设置参数将影响由修剪曲线定义的曲面边的细分。
- **置换曲面：** 只有在选中“渲染器”时才启用。
- **细分预设：** 用于选择低、中、高质量层级的预设曲面近似值。
- **细分方法：** 如果已经选择“视口”，该组中的选项会影响NURBS曲面在视口中的显示。如果选择“渲染器”，这些选项还会影响渲染器显示曲面的方式。
- **规则：** 根据U向步数和V向步数在整个曲面内生成固定的细化。
- **参数化：** 根据U向步数和V向步数生成自适应细化。
- **空间：** 生成由三角形面组成的统一细化。
- **曲率：** 根据曲面的曲率生成可变的细化。
- **空间和曲率：** 通过边、距离和角度参数使空间方法和曲率方法完美结合。

3. 曲线近似

在模型级别上，近似空间影响模型中的所有曲线子对象。参数面板如图4-42所示，各参数的含义介绍如下。

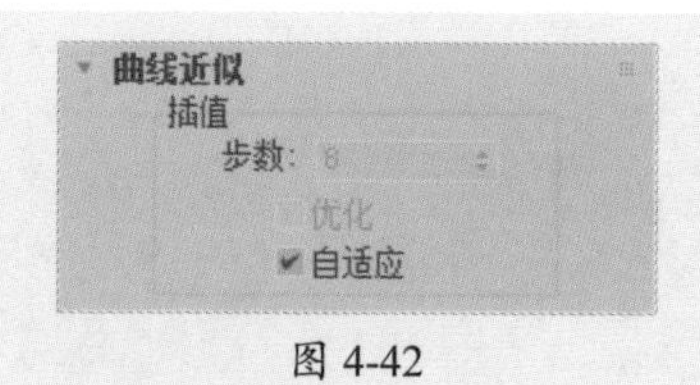

图 4-42

- **步数：** 用于近似每个曲线段的最大线段数。
- **优化：** 启用此复选框可以优化曲线。
- **自适应：** 基于曲率自适应分割曲线。

4. 创建点 / 创建曲线 / 创建曲面

这3个卷展栏中的工具与NURBS工具箱中的工具相对应，主要用来创建点、曲线和曲面对象，如图4-43至图4-45所示。

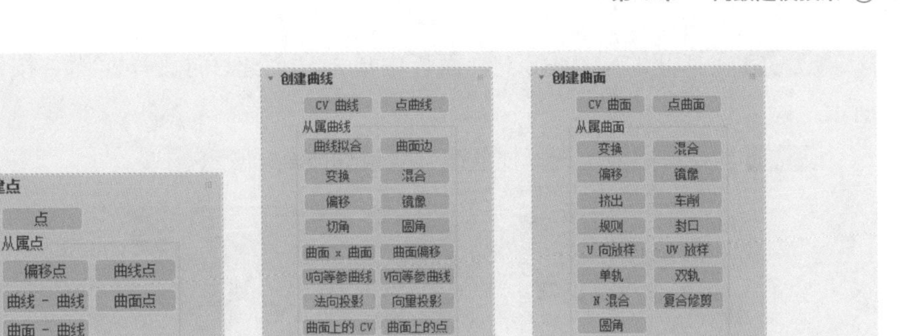

图 4-43　　图 4-44　　图 4-45

下面将结合以上所学知识制作一个长椅模型，具体操作介绍如下。

步骤 01 单击“线”按钮，在前视图绘制靠椅的轮廓样条线，如图4-46所示。

步骤 02 进入修改命令面板，在“顶点”子层级中全选顶点，单击鼠标右键，在弹出的快捷菜单中选择“平滑”命令，调整样条线，如图4-47所示。

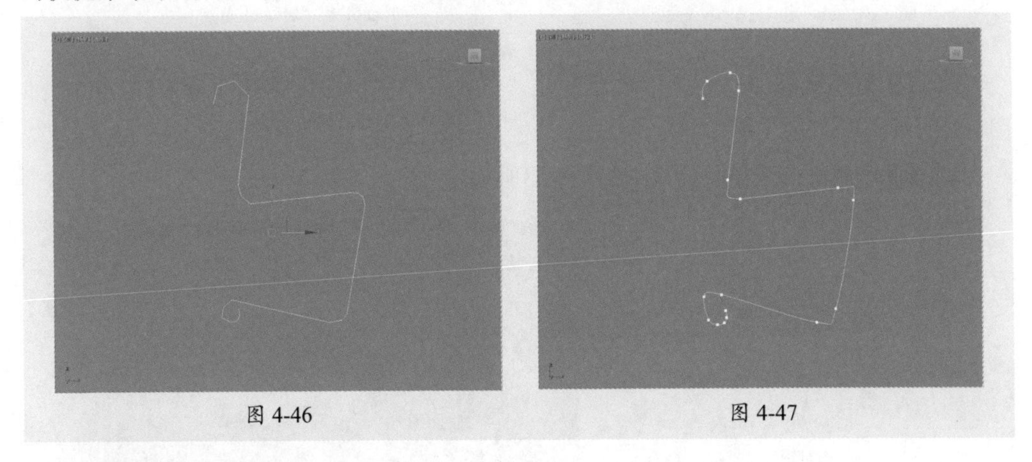

图 4-46　　图 4-47

步骤 03 复制并调整样条线的位置，如图4-48所示。

步骤 04 全选样条线，将其转换为NURBS，在“常规”卷展栏中单击“NURBS创建工具箱”按钮，如图4-49所示。

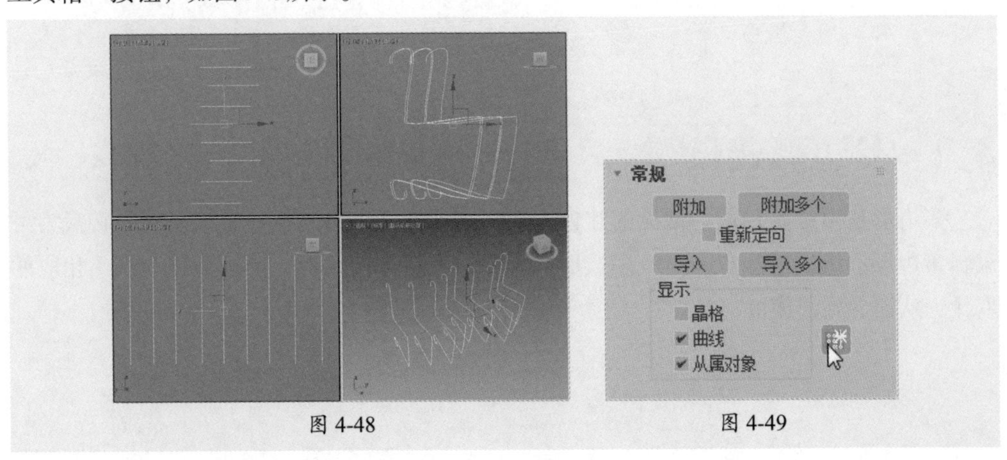

图 4-48　　图 4-49

步骤05 在打开的NURBS工具面板中单击“创建U向放样曲面”按钮，如图4-50所示。

步骤06 在视口中依次选择样条线，效果如图4-51所示。

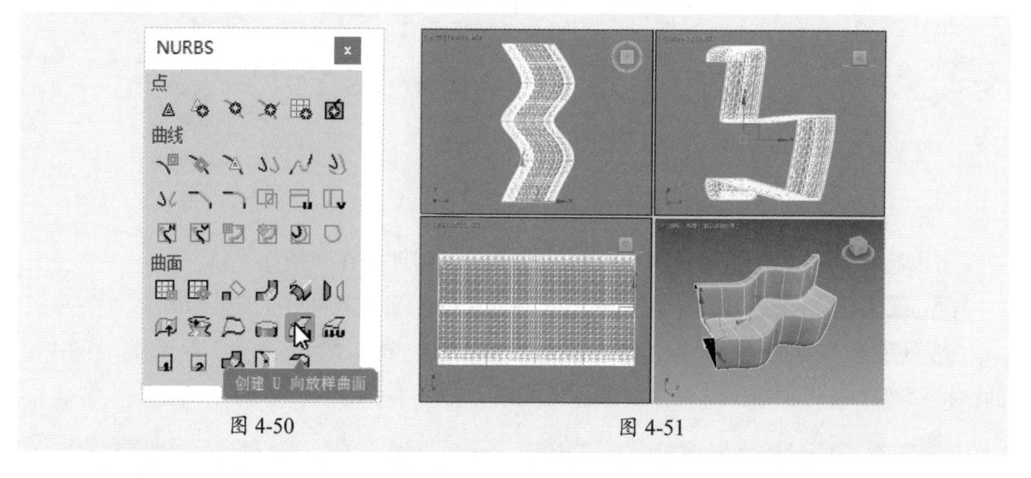

图 4-50 图 4-51

步骤07 为模型添加“壳”修改器，在“参数”卷展栏中设置外部量为101mm，如图4-52所示。

步骤08 创建好的造型长椅效果如图4-53所示。

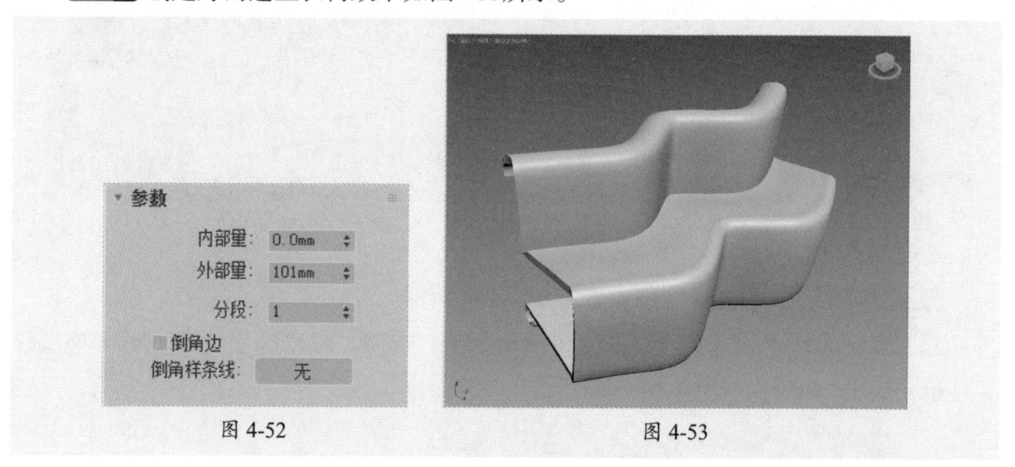

图 4-52 图 4-53

4.3 多边形建模

多边形建模是一种最为常见的建模方式。其原理是，首先将一个模型对象转换为可编辑多边形；然后对顶点、边、多边形、边界、元素进行编辑，使模型逐渐产生相应的变化，从而达到建模的目的。

4.3.1 转换为可编辑多边形

多边形建模方法在编辑上更加灵活，对硬件的要求也很低，其建模思路与网格建模的思路很接近，其不同点在于网格建模只能编辑三角面，而多边形建模对面数没有任何要求。

在编辑多边形对象之前，首先要明确多边形对象不是创建出来的，而是塌陷（转换）出来的。将物体塌陷为多边形的方法大致有3种。

- 选择物体，单击鼠标右键，选择快捷菜单中的“转换为”|“转换为可编辑多边形”命令，如图4-54所示。
- 选择物体，在“建模”工具栏中单击“多边形建模”按钮，最后在弹出的菜单中选择“可编辑多边形”命令，如图4-55所示。
- 选择物体，从修改面板中添加“编辑多边形”修改器，如图4-56所示。

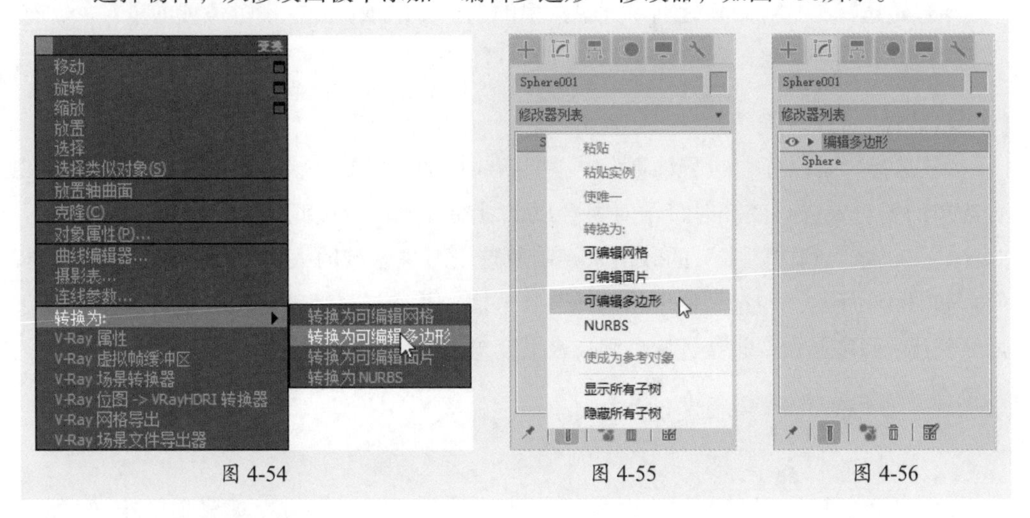

图 4-54　　图 4-55　　图 4-56

4.3.2 通用参数

将物体转换为可编辑多边形对象后，就可以对可编辑多边形对象的顶点、边、边界、多边形和元素分别进行编辑。这里主要介绍“选择”“软选择”“编辑几何体”3个通用卷展栏。

1.“选择”卷展栏

“选择”卷展栏提供了各种工具，用于访问不同的子对象层级和显示设置以及创建与修改选定内容。此外，还显示了与选定实体有关的信息，如图4-57所示。卷展栏中各选项的含义介绍如下。

- **5种级别：**包括顶点、边、边界、多边形和元素。
- **按顶点：**启用该选项后，只有选择所用的顶点才能选择子对象。

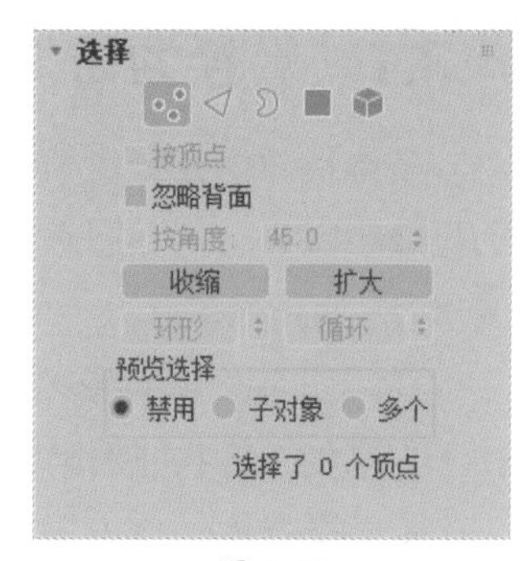

图 4-57

- **忽略背面：**勾选该复选框后，只能选中法线指向当前视图的子对象。
- **按角度：**启用该选项后，可以根据面的转折度数来选择子对象。
- **“收缩”按钮：**单击该按钮可以在当前选择范围中向内减少一圈。
- **“扩大”按钮：**与“收缩”按钮相反，单击该按钮可以在当前选择范围中向外增加一圈，多次单击可以扩大多次。
- **“环形”按钮：**选中子对象后，单击该按钮可以自动选择平行于当前的对象。
- **“循环”按钮：**选中子对象后，单击该按钮可以自动选择同一圈的对象。
- **预览选择：**选择对象之前，通过这里的选项可以预览光标滑过位置的子对象，有“禁用”“子对象”和“多个”3个选项可供选择。

2. “软选择”卷展栏

“软选择”是以选中的子对象为中心向四周扩散，以放射状方式来选择子对象，在对选择的子对象进行变换时，子对象会以平滑的方式进行过渡。另外，可以通过设置“衰减”“收缩”和“膨胀”的数值来控制所选子对象区域的大小及子对象控制力的强弱，如图4-58所示。勾选“使用软选择”复选框，其选择强度就会发生变化，颜色越接近红色代表强度越大，越接近蓝色则代表强度越小，如图4-59所示。

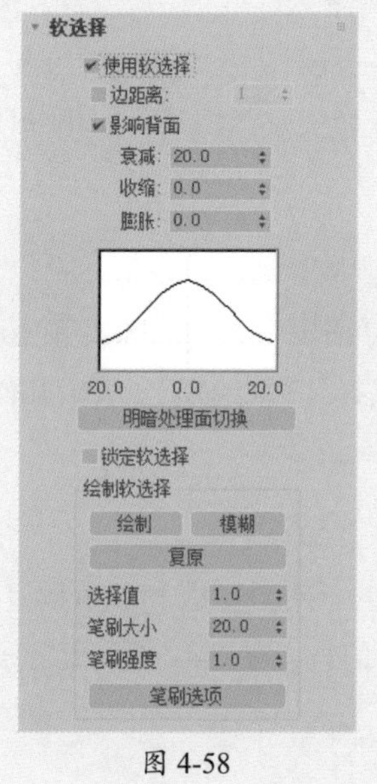

图 4-58

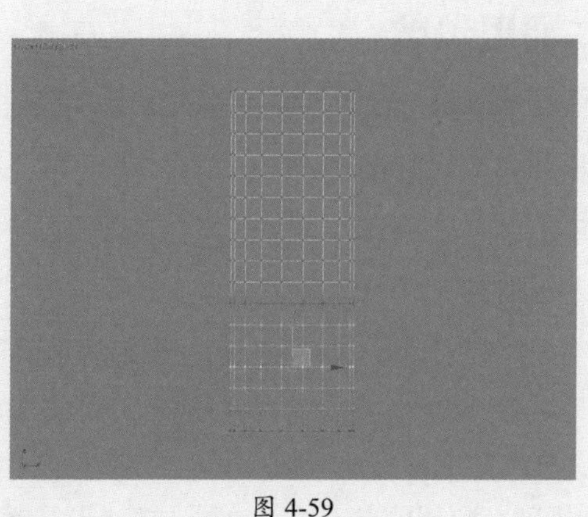
图 4-59

3. “编辑几何体”卷展栏

“编辑几何体”卷展栏提供了用于在层级或子对象层级更改多边形对象几何体的全局控件，在所有对象层级都可以使用，如图4-60所示。

图 4-60

卷展栏中部分选项的含义介绍如下。

- **重复上一个：**单击该按钮可以重复使用上一次使用的命令。
- **约束：**使用现有的几何体来约束子对象的变换效果。
- **保持UV：**启用该选项后，可以在编辑子对象的同时不影响该对象的UV贴图。
- **创建：**创建新的几何体。
- **塌陷：**这个工具类似于“焊接”工具，但是不需要设置阈值就可以直接塌陷在一起。
- **附加：**使用该工具可以将场景中的其他对象附加到选定的可编辑多边形中。
- **分离：**将选定的子对象作为单独的对象或元素分离出来。
- **切片平面：**使用该工具可以沿某一平面分开网格对象。
- **切片：**可以在切片平面位置处执行切割操作。
- **重置平面：**将执行过“切片”的平面恢复到之前的状态。
- **快速切片：**可以将对象进行快速切片，切片线沿着对象表面，所以可以更加准确地进行切片。
- **切割：**可以在一个或多个多边形上创建出新的边。
- **网格平滑：**使选定的对象产生平滑效果。
- **细化：**增加局部网格的密度，从而方便处理对象的细节。
- **平面化：**强制所有选定的子对象共面。
- **视图对齐：**使对象中的所有顶点与活动视图所在的平面对齐。
- **栅格对齐：**使选定对象中的所有顶点与活动视图所在的平面对齐。
- **松弛：**使当前选定的对象产生松弛现象。

4.3.3 多边形子对象

在多边形建模中，可以针对某一个级别的对象进行调整，如顶点、边、多边形、边界、元素。当选择某一级别时，相应的参数面板也会出现该级别的卷展栏。

1. 编辑顶点

进入可编辑多边形的“顶点”子层级后，在“修改”面板中会增加一个“编辑顶点”卷展栏，如图4-61所示。该卷展栏下的工具全部用于编辑顶点。

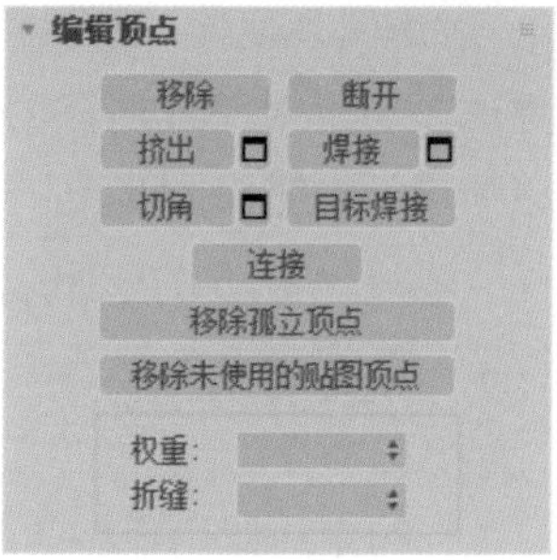

图 4-61

卷展栏中部分选项的含义介绍如下。

- **移除：** 该选项可以将顶点进行移除处理。
- **断开：** 选择顶点并单击该选项，可以将一个顶点断开，变成两个顶点。
- **挤出：** 选择顶点并单击该选项，可以将顶点向外进行挤出，使其产生锥形的效果。

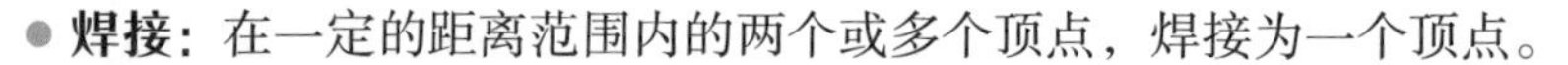

- **焊接：** 在一定的距离范围内的两个或多个顶点，焊接为一个顶点。
- **切角：** 使用该选项可以将顶点切角为三角形的面。
- **目标焊接：** 选择一个顶点后，使用该工具可以将其焊接到相邻的目标顶点。
- **连接：** 在选中的对角顶点之间创建新的边。
- **权重：** 设置选定顶点的权重，供NURMS细分选项和“网格平滑”修改器使用。

2. 编辑边

边是连接两个顶点的直线，它可以形成多边形的边。选择“边”子层级后，即可打开“编辑边”卷展栏，该卷展栏包括所有关于边的操作，如图4-62所示。卷展栏中部分选项的含义介绍如下。

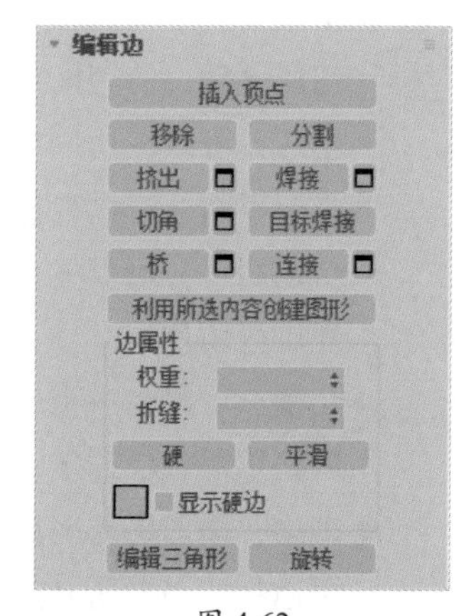

图 4-62

- **插入顶点：** 可以手动在选择的边上任意添加顶点。
- **移除：** 选择边以后，单击该选项可以移除边，但是与按Delete键删除的效果是不同的。
- **分割：** 沿着选定边分割网格。对网格中心的单条边应用时，不会起任何作用。
- **挤出：** 直接使用这个工具可以在视图中挤出边。这是最常用的工具，需要熟练掌握。
- **焊接：** 该工具可以在一定的范围内将选择的边进行自动焊接。
- **切角：** 可以将选择的边进行切角处理，产生平行的多条边。切角是最常用的工具，需要熟练掌握。
- **目标焊接：** 选择一条边并单击该按钮，会出现一条线，然后单击另一条边即可进行焊接。
- **桥：** 使用该工具可以连接对象的边，但只能连接边界边，也就是只在一侧有多边形的边。

- **连接：** 可以选择平行的多条边，并使用该工具产生垂直的边。连接是最常用的工具，需要熟练掌握。
- **利用所选内容创建图形：** 可以将选定的边创建为样条线图形。
- **编辑三角形：** 用于修改绘制内边或对角线时多边形细分为三角形的方式。
- **旋转：** 用于通过单击对角线修改多边形细分为三角形的方式。

3. 编辑边界

边界是网格的线性部分，通常可以描述为孔洞的边缘。选择“边界”子层级后，即可打开“编辑边界”卷展栏，如图4-63所示。卷展栏中部分选项的含义介绍如下。

封口：该选项可以将模型上的缺口部分进行封口。其他选项含义同“编辑边”卷展栏。

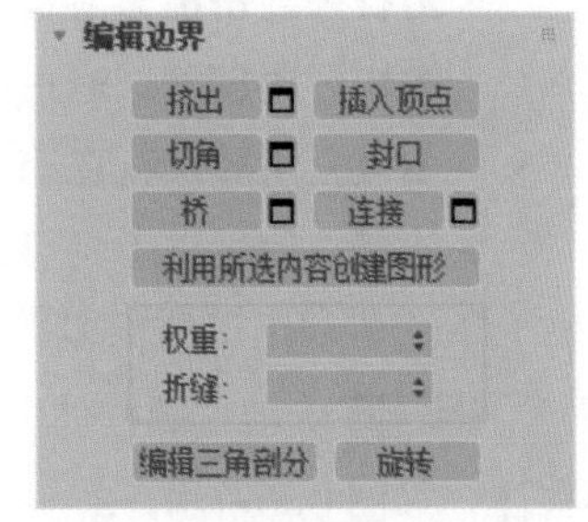

图 4-63

4. 编辑多边形 / 元素

多边形是通过曲面连接的3条或多条边的封闭序列，它提供了可渲染的可编辑多边形对象曲面。“多边形”与“元素”子层级是兼容的，用户可在两者之间切换，并且将保留所有当前的选择。在“编辑元素”卷展栏中包含常见的多边形和元素命令，而在“编辑多边形”卷展栏中包含“编辑元素”卷展栏中的这些命令以及多边形特有的多个命令，如图4-64和图4-65所示。

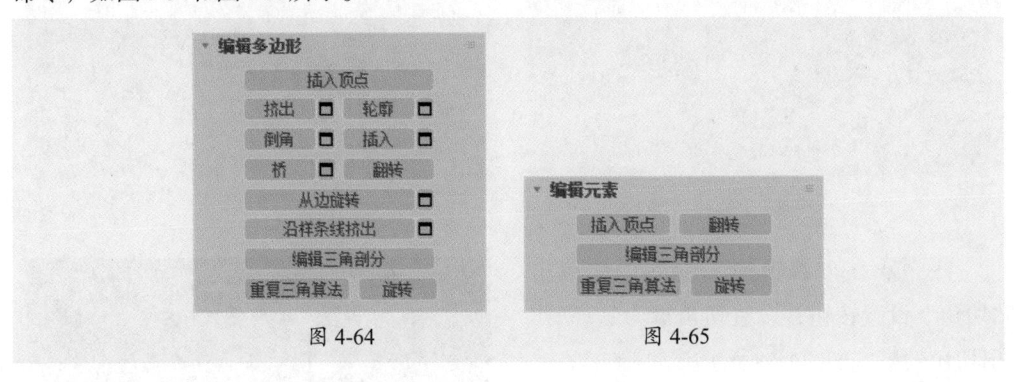

图 4-64　　图 4-65

- **插入顶点：** 可以手动在选择的多边形上任意添加顶点。
- **挤出：** 挤出工具可以将选择的多边形进行挤出效果处理，包括组、局部法线、按多边形3种方式，效果各不相同。
- **轮廓：** 用于增加或减少每组连续的选定多边形的外边。
- **倒角：** 与挤出比较类似，但是比挤出更为复杂，可以挤出多边形、也可以向内和外缩放多边形。

- **插入**：使用该选项可以制作出插入一个新多边形的效果，插入是最常用的工具，需要熟练掌握。
- **桥**：选择模型正反两面相对的两个多边形，然后单击该按钮即可制作出镂空的效果。
- **翻转**：反转选定多边形的法线方向，从而使其面向用户的正面。
- **从边旋转**：选择多边形后，使用该工具可以沿着垂直方向拖动任何边，旋转选定多边形。
- **沿样条线挤出**：沿样条线挤出当前选定的多边形。
- **编辑三角剖分**：通过绘制内边修改多边形细分为三角形的方式。
- **重复三角算法**：在当前选定的一个或多个多边形上进行最佳三角剖分。
- **旋转**：使用该工具可以修改多边形细分为三角形的方式。

下面将利用可编辑多边形创建螺母模型，具体操作步骤介绍如下。

步骤01 单击“圆柱体”按钮，创建一个半径为17mm、高度为10mm、边数为6的圆柱体，如图4-66所示。

步骤02 单击鼠标右键，在弹出的快捷菜单中选择“转换为”|“转换为可编辑多边形”命令，将长方体转换为可编辑多边形，进入“边”子层级，选择顶部和底部的边，如图4-67所示。

图 4-66

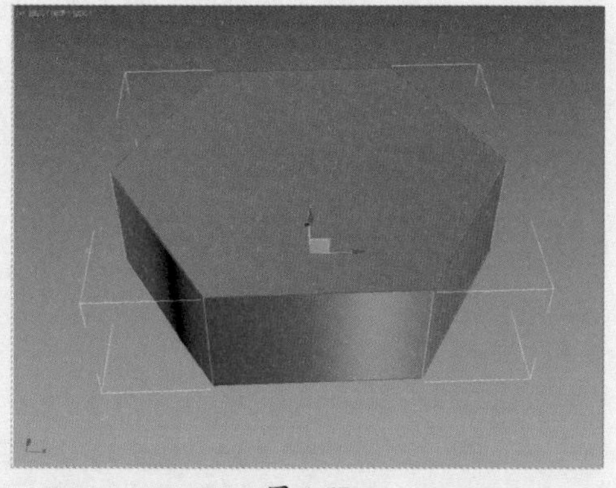

图 4-67

步骤03 在“编辑边”卷展栏中单击“切角”设置按钮，设置切角量为2，制作出切角效果，如图4-68所示。

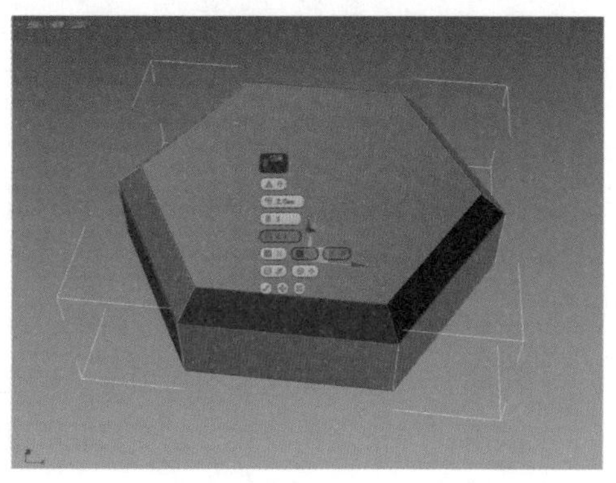

图 4-68

步骤04 全选所有的边，再次单击“切角”设置按钮，设置切角量为0.4，切角分段为5，切角效果如图4-69所示。

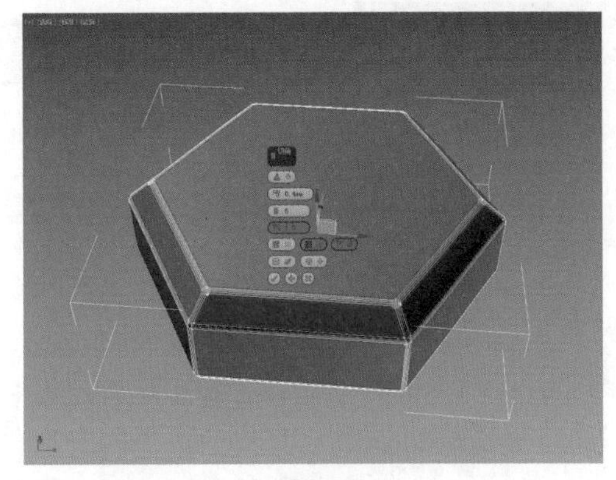

图 4-69

步骤05 开启捕捉开关，设置捕捉轴心，最大化顶视图，在“扩展基本体”面板中单击“软管”按钮，捕捉轴心创建一个软管模型，并设置参数，调整模型位置如图4-70和图4-71所示。

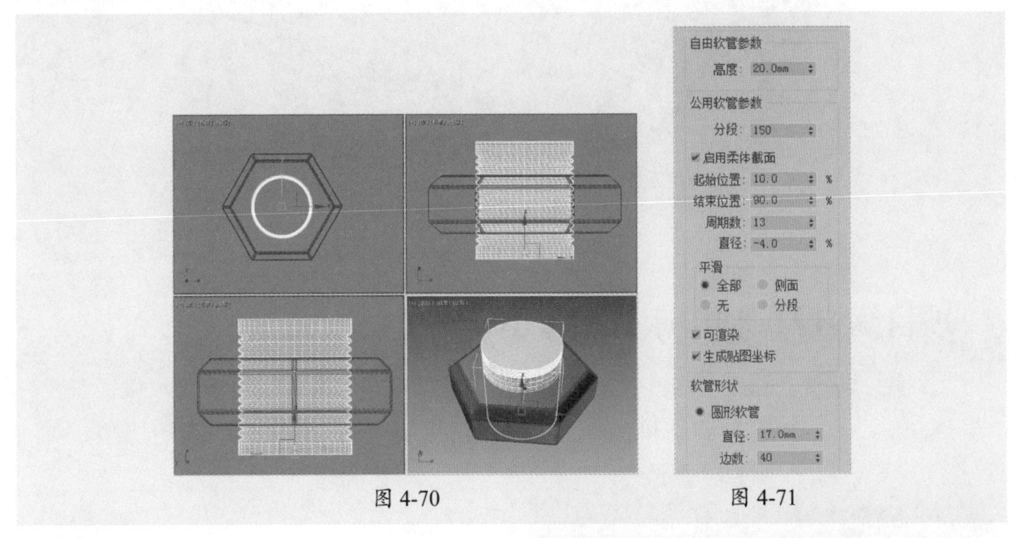

图 4-70　　图 4-71

步骤06 选择多边形对象，在“复合对象”面板中单击“布尔”按钮，选择差集运算方式，将软管模型从多边形中减去，即可完成螺母模型的制作，如图4-72所示。

图 4-72

自己练

项目练习1：制作沙发模型

操作要领 ①利用切角长方体制作沙发的靠背、扶手和底座。

②利用多边形建模功能制作沙发坐垫造型，再创建可渲染样条线作为沙发腿，如图4-73所示。

图纸展示

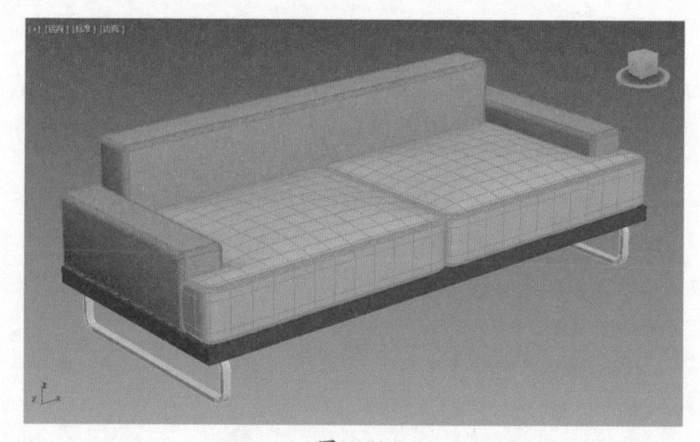

图 4-73

项目练习2：制作床头柜模型

操作要领 ①利用可编辑多边形的挤出等功能制作床头柜的柜体。

②通过调整可编辑多边形的顶点，制作出拉手和支腿造型，如图4-74所示。

图纸展示

图 4-74

3ds Max

第5章 材质与贴图

本章概述

材质是描述对象如何反射或透射灯光的属性，可以模拟真实纹理，通过设置材质可以将三维模型的质地、颜色等效果与现实生活中的物体质感相对应，实现逼真的效果。

本章主要介绍3ds Max的材质与贴图知识，其中包括常用材质类型、常用贴图类型的相关知识。

要点难点

- 材质概述 ★☆☆
- 常用材质类型 ★★★
- 认识贴图 ★☆☆
- 常用贴图类型 ★★★

跟我学 制作沙发一角材质

学习目标 本案例将通过沙发一角材质的制作，对各种布料材质的制作方法进行展开介绍，让读者学会VRayMtl材质和贴图的结合使用，掌握位图贴图、颜色校正贴图、混合贴图等贴图的应用技巧。

案例路径 云盘\实例文件\第5章\跟我学\制作沙发一角材质

实现过程

步骤 01 打开准备好的素材场景，如图5-1所示。

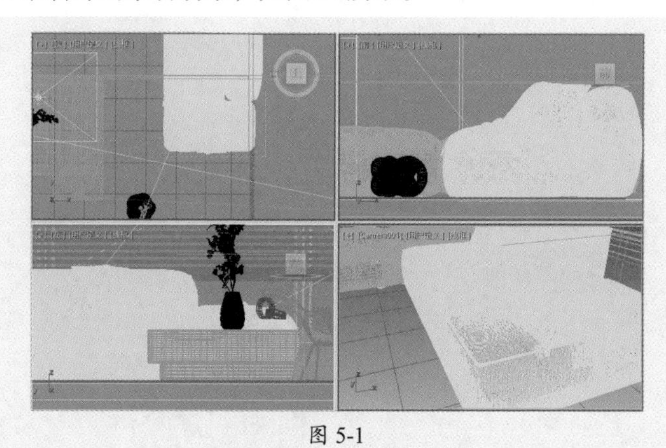

图 5-1

步骤 02 制作沙发材质。按M键打开材质编辑器，选择一个未使用的材质球，设置材质类型为VRayMtl，在“贴图”卷展栏中为漫反射通道添加衰减贴图，再为凹凸通道添加位图贴图，如图5-2所示。

步骤 03 位图贴图如图5-3所示。

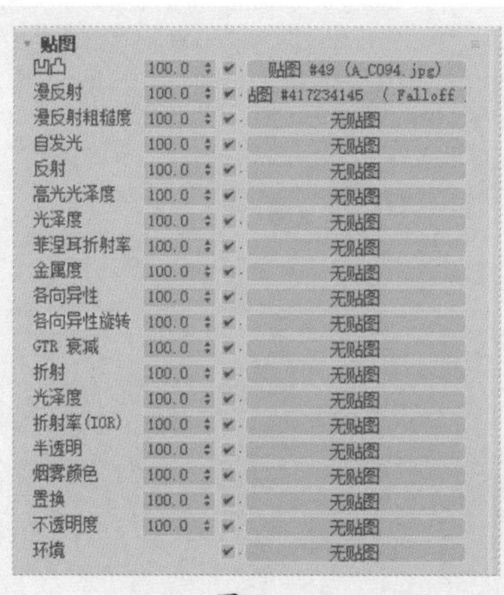

图 5-2

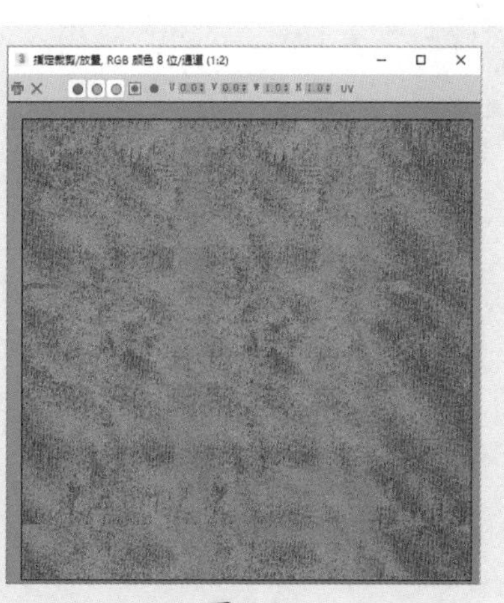

图 5-3

步骤 04 进入“衰减参数”面板，为两个颜色通道分别添加位图贴图和颜色校正贴图，如图5-4所示。

步骤 05 位图贴图如图5-5所示。

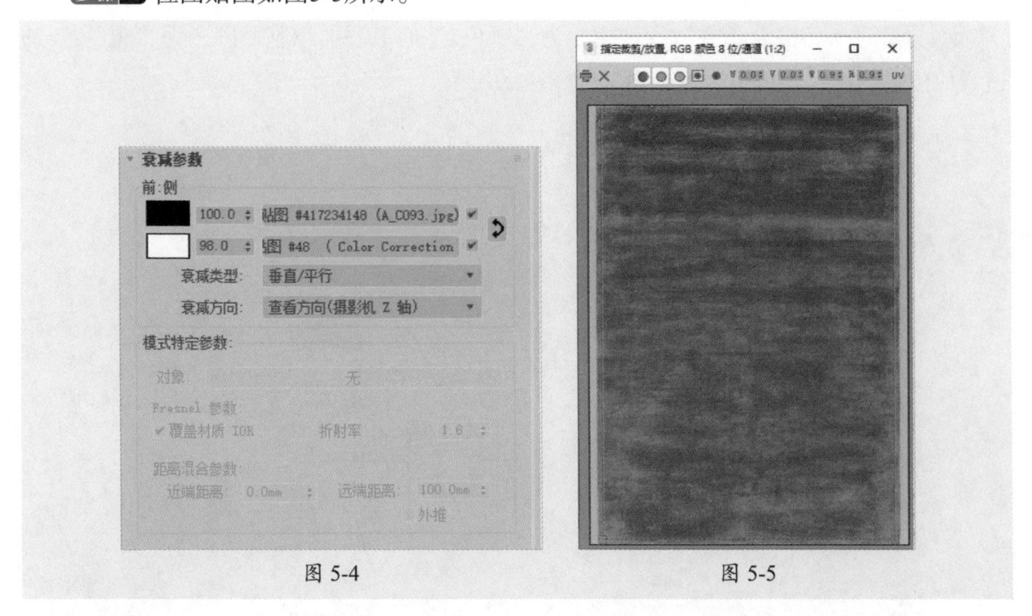

图 5-4　　图 5-5

步骤 06 进入颜色校正贴图的参数面板，位图贴图与衰减面板的位图贴图相同，如图5-6所示。

步骤 07 制作好的沙发材质球效果如图5-7所示。

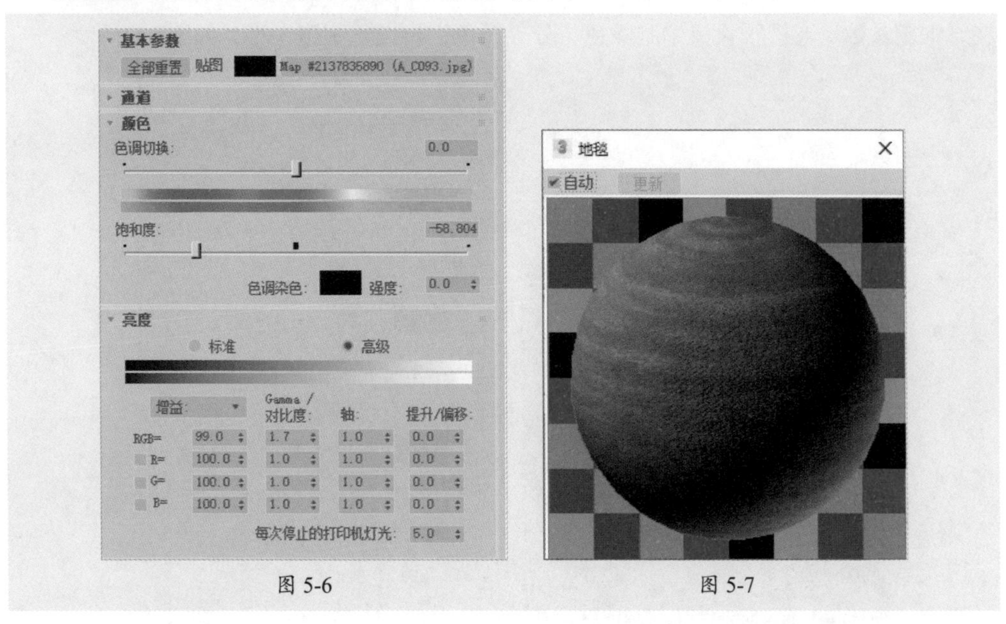

图 5-6　　图 5-7

步骤 08 制作沙发布材质。选择一个未使用的材质球，设置材质类型为VRayMtl，在“贴图”卷展栏为凹凸通道添加混合贴图，并设置凹凸值，为漫反射通道添加合成贴图，如图5-8所示。

步骤 09 进入“混合参数”卷展栏，为“颜色1”通道添加细胞贴图，为“颜色2”通道添加位图贴图，再设置“混合量”，如图5-9所示。

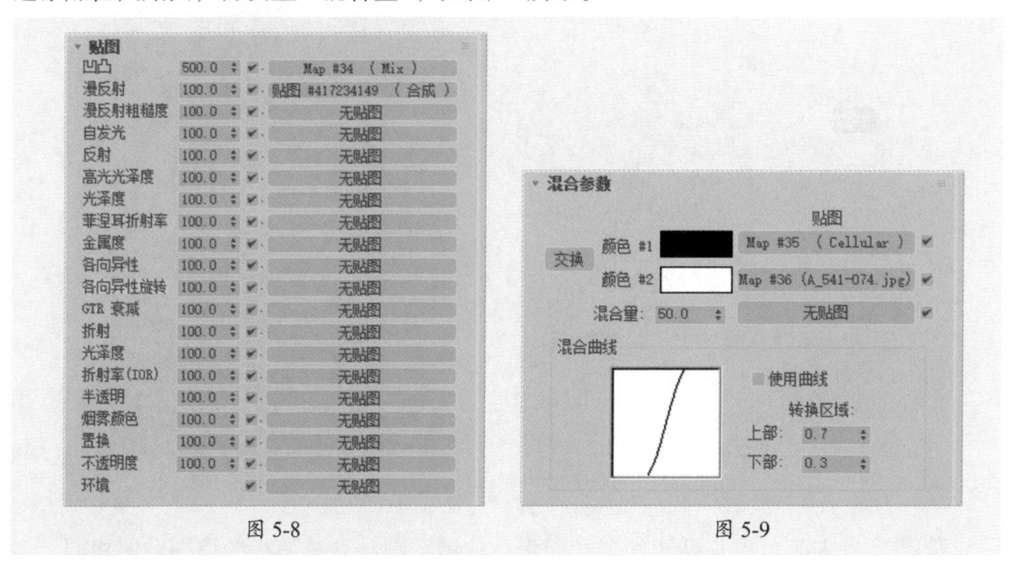

图 5-8　　　　图 5-9

步骤 10 颜色2通道贴图如图5-10所示。

步骤 11 进入“细胞参数”卷展栏，在“坐标”卷展栏设置X、Y、Z轴的瓷砖参数，在“细胞参数”卷展栏设置细胞颜色、分界颜色，再设置细胞大小，如图5-11所示。

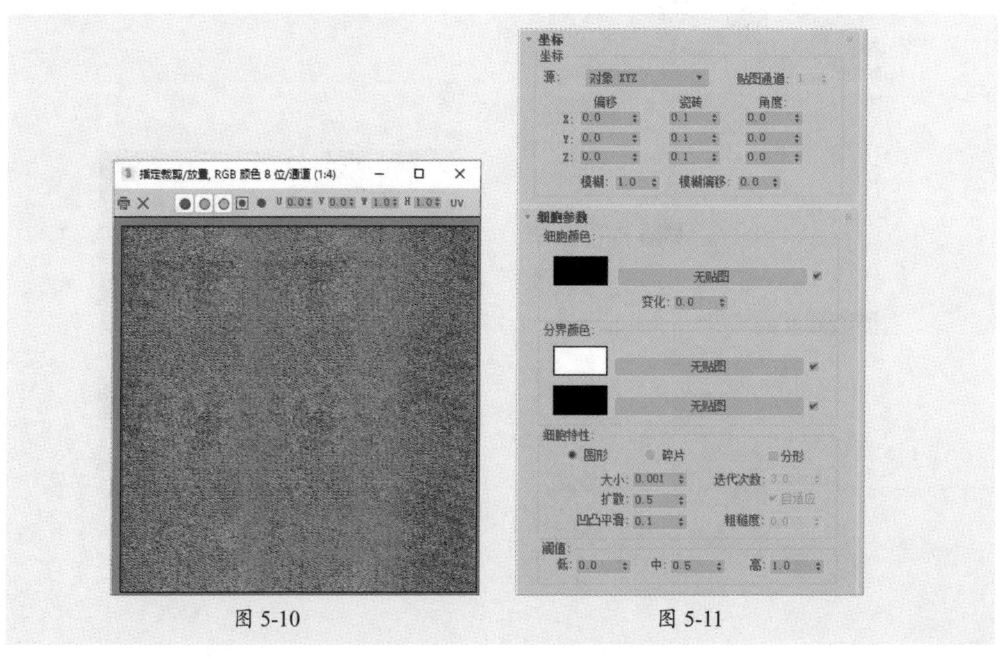

图 5-10　　　　图 5-11

步骤12 返回上一级，再进入合成贴图参数面板，创建3个合成层，为层1的纹理通道添加位图贴图，如图5-12所示。

步骤13 位图贴图如图5-13所示。

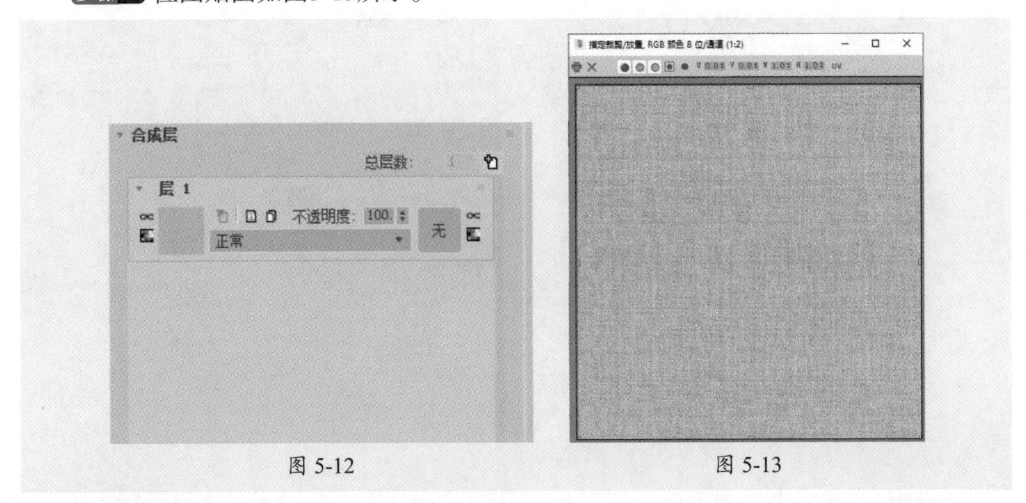

图 5-12　　　　图 5-13

步骤14 在层1中单击“对该纹理进行颜色校正”按钮，会进入颜色校正参数面板，在“颜色”卷展栏中调整“饱和度”，如图5-14所示。

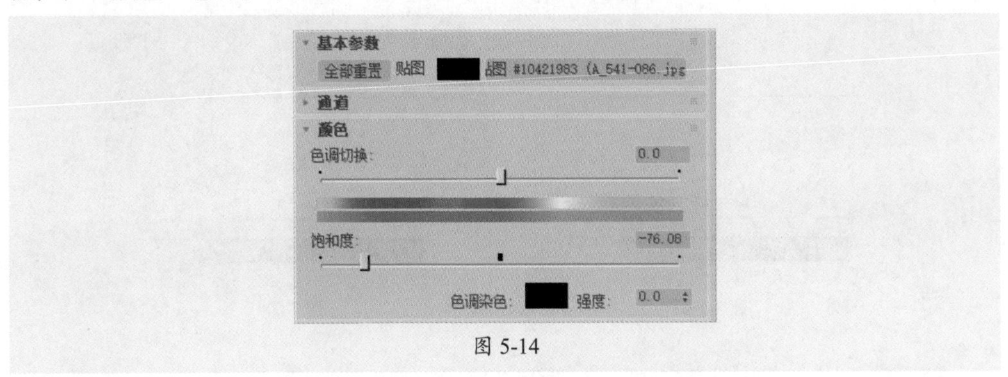

图 5-14

步骤15 设置完毕后返回上一级，可以看到调整后的贴图如图5-15所示。

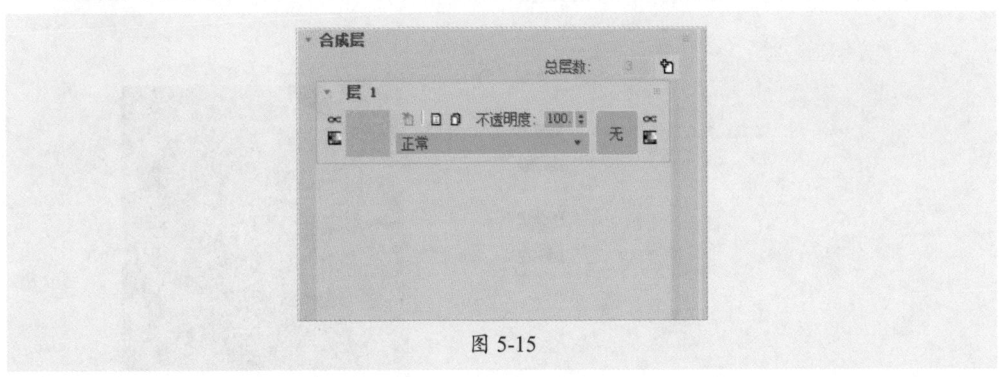

图 5-15

步骤16 再创建层2和层3，为两个层添加与层1相同的位图贴图，再分别进行颜色校正，参数设置如图5-16和图5-17所示。

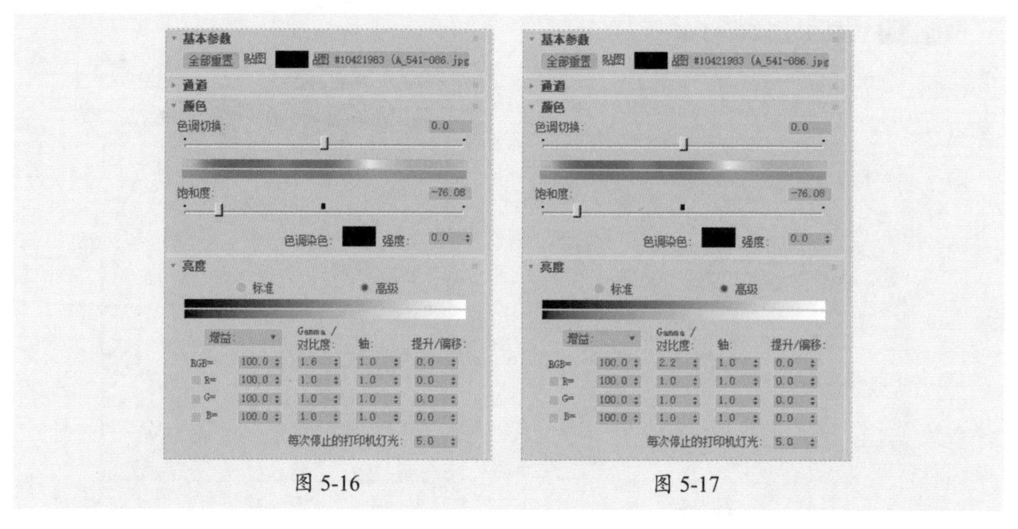

图 5-16　　图 5-17

步骤17 分别为层2和层3的遮罩通道添加衰减贴图，在“混合曲线”卷展栏中调整曲线，如图5-18和图5-19所示。

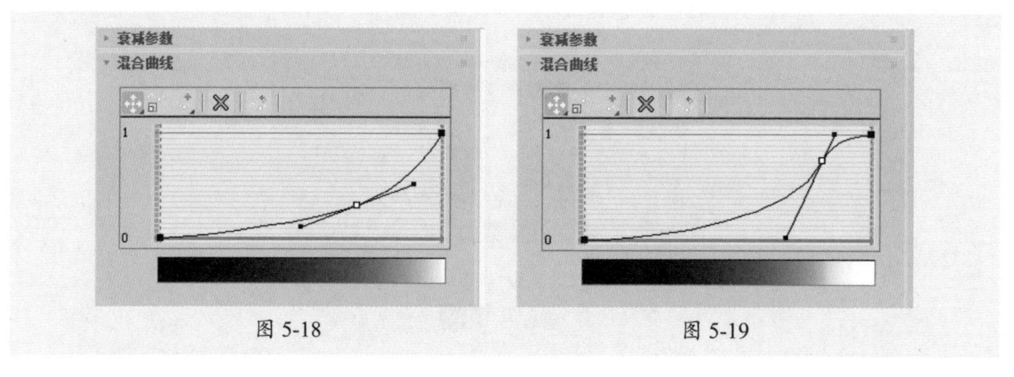

图 5-18　　图 5-19

步骤18 返回合成贴图参数面板，如图5-20所示。

步骤19 制作好的沙发布材质球效果如图5-21所示。

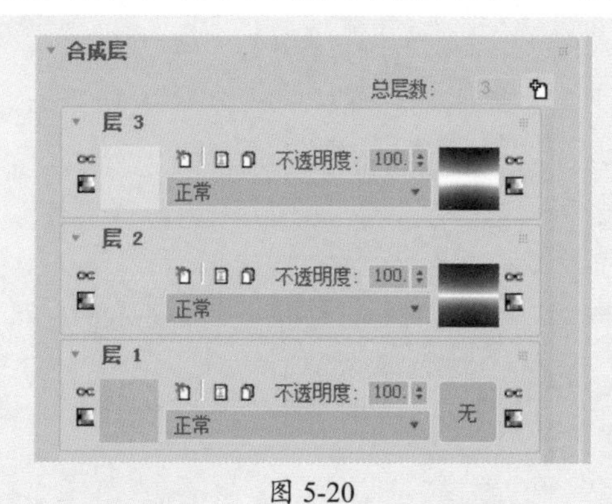

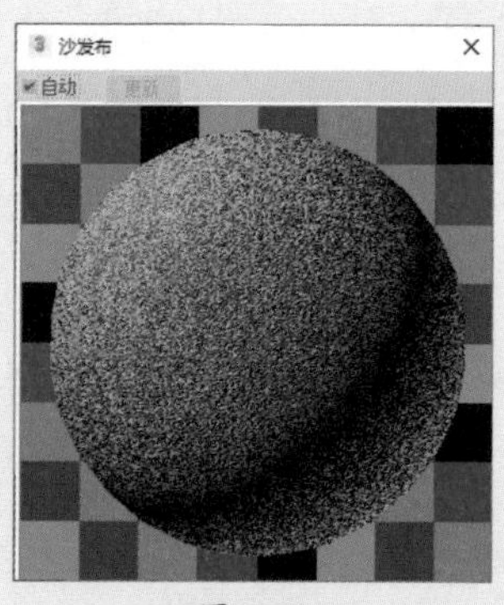

图 5-20　　图 5-21

步骤 20 制作围巾材质。选择一个未使用的材质球，设置材质类型为VRayMtl，在“贴图”卷展栏为“漫反射”通道添加衰减贴图，为“凹凸”通道添加位图贴图，并设置凹凸值，如图5-22所示。

步骤 21 位图贴图如图5-23所示。

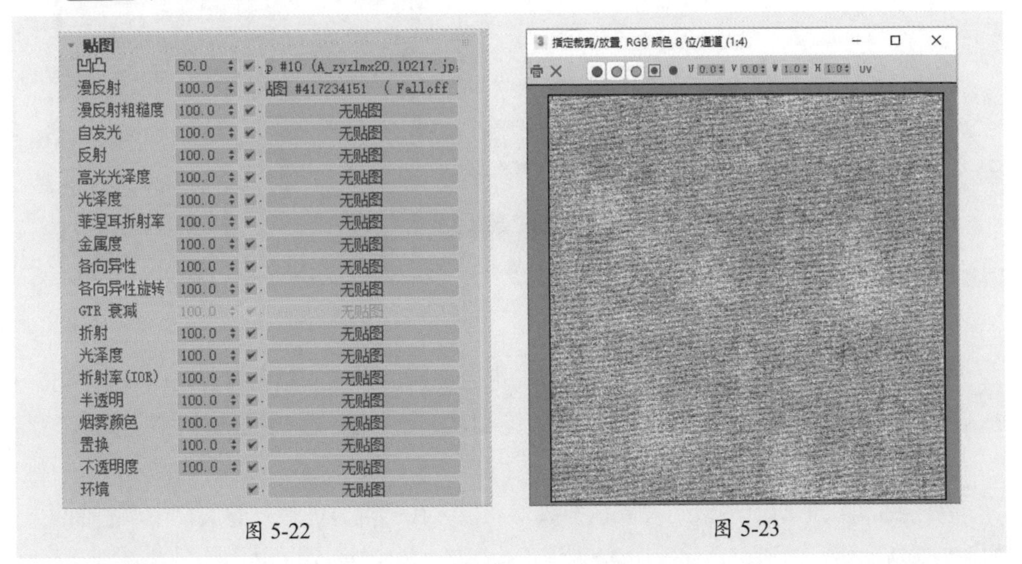

图 5-22　　图 5-23

步骤 22 进入“衰减参数”面板，为衰减通道分别添加混合贴图和颜色校正贴图，如图5-24所示。

步骤 23 进入混合贴图参数面板，设置“颜色1”和“颜色2”为相同的颜色，再为“混合”通道添加位图贴图，如图5-25所示。

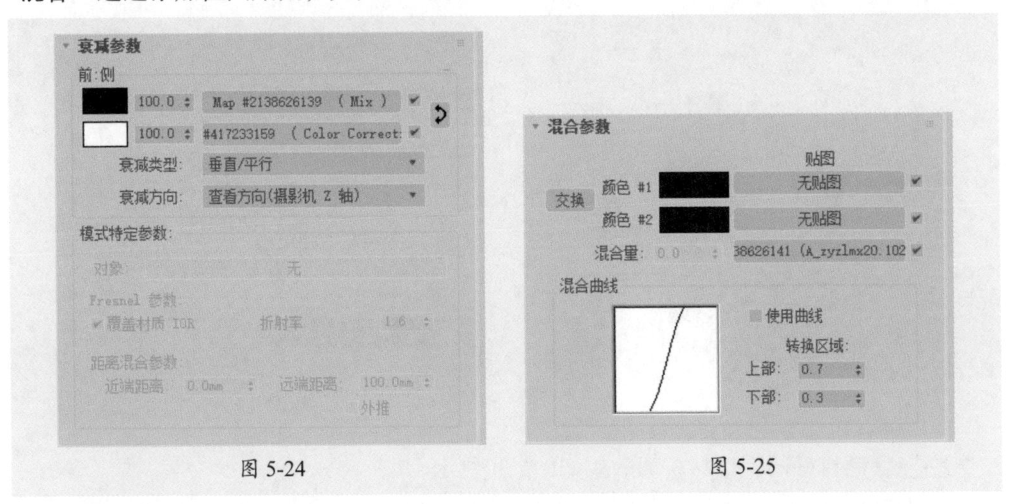

图 5-24　　图 5-25

步骤 24 颜色1和颜色2的参数设置如图5-26所示。

步骤 25 混合通道的位图贴图如图5-27所示。

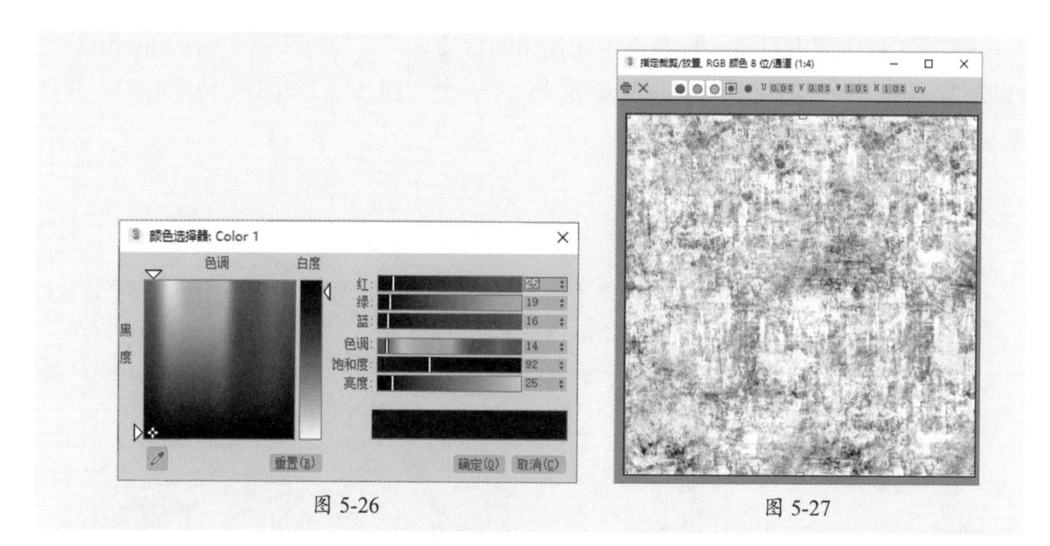

图 5-26　　图 5-27

步骤 26 返回到上一级，复制衰减通道的混合贴图，再进入颜色校正贴图参数面板，粘贴到贴图通道，在“颜色”卷展栏调整饱和度，在“亮度”卷展栏调整“高级”参数，如图5-28所示。

步骤 27 再次返回上一级到“衰减参数”面板，在“混合曲线”卷展栏中调整曲线，如图5-29所示。

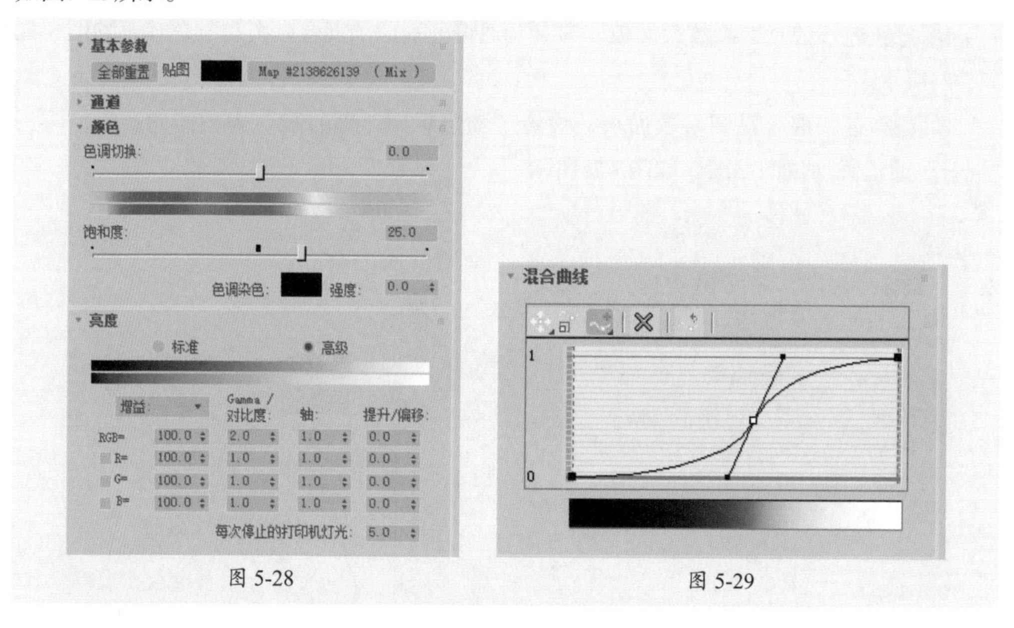

图 5-28　　图 5-29

步骤 28 制作好的围巾材质球效果如图5-30所示。

步骤 29 制作抱枕材质。选择一个未使用的材质球，设置材质类型为VRayMtl，在“贴图”卷展栏为“漫反射”通道添加衰减贴图，为“凹凸”通道添加位图贴图，如图5-31所示。

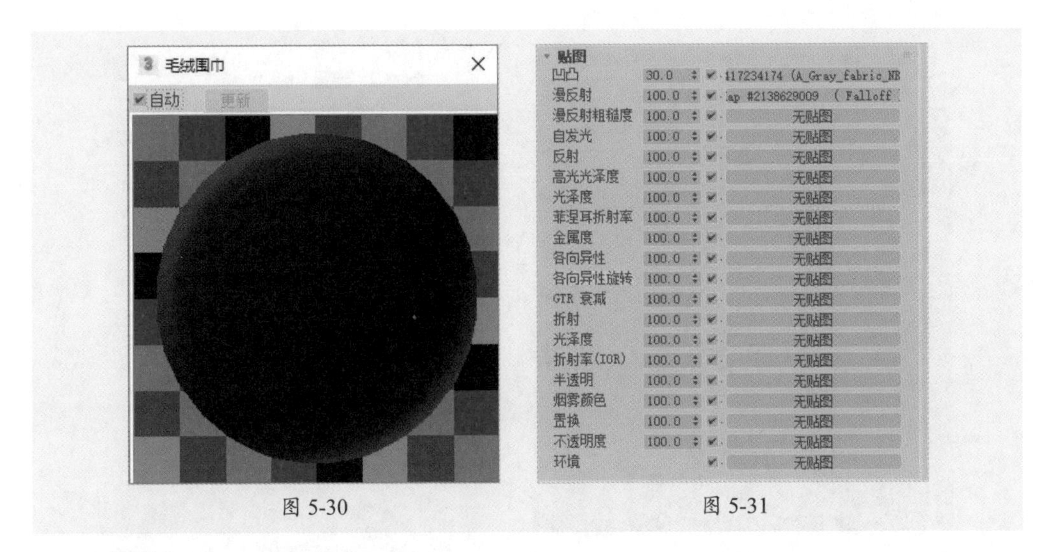

图 5-30　　　　图 5-31

步骤 30 凹凸通道的位图贴图如图5-32所示。

步骤 31 进入“衰减参数”面板，为衰减通道添加位图贴图和颜色校正贴图，如图5-33所示。

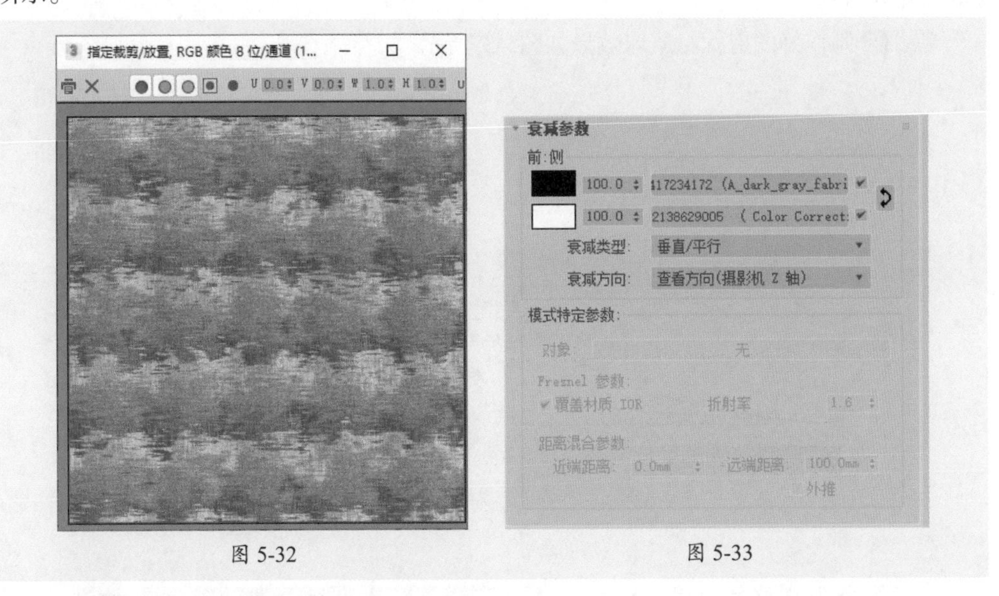

图 5-32　　　　图 5-33

步骤 32 衰减通道的位图贴图如图5-34所示。

步骤 33 复制该贴图，进入颜色校正贴图参数面板，再粘贴到贴图通道，在“颜色”卷展栏中调整“饱和度”，在“亮度”卷展栏中调整“高级”参数，如图5-35所示。

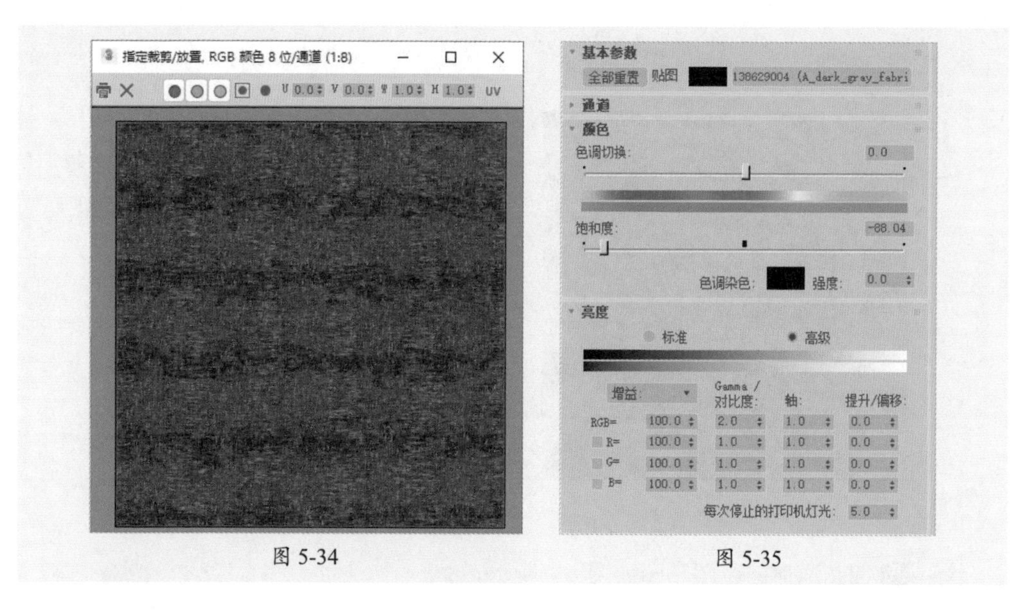

图 5-34　　　　图 5-35

步骤 34 返回到上一级衰减贴图参数面板，在“混合曲线”卷展栏中调整曲线，如图5-36所示。

步骤 35 制作好的抱枕材质球效果如图5-37所示。

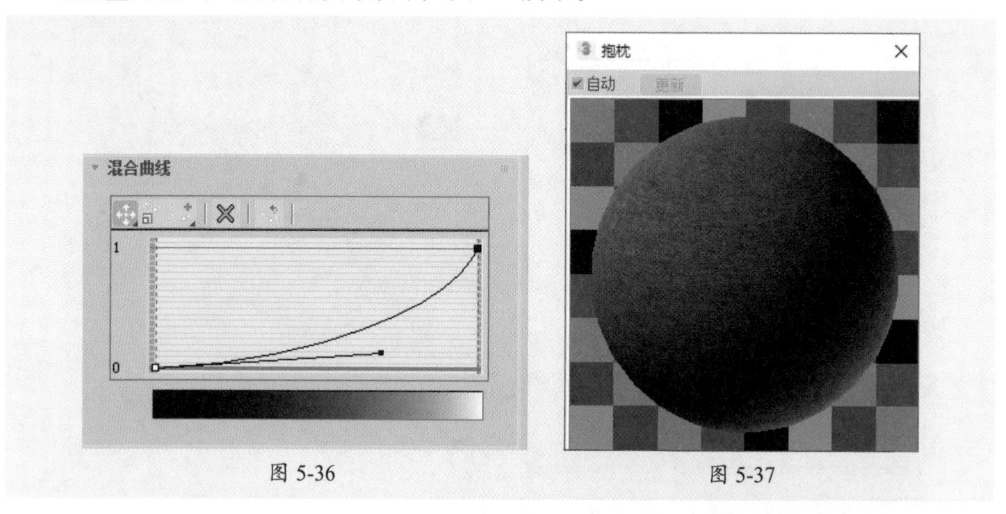

图 5-36　　　　图 5-37

步骤 36 将制作好的材质分别指定给模型对象，再渲染摄影机视口，效果如图5-38所示。

图 5-38

听我讲 Listen to me

5.1 材质概述

材质是描述对象如何反射或折射灯光的属性，可以模拟真实纹理。通过设置材质可以将现实生活中物体的质地与颜色效果在3ds Max系统中呈现出来，包括颜色、质感、反射光、折射光、透明性、自发光、表面粗糙程度、肌理纹理结构等诸多要素。

5.1.1 材质的构成

材质用于描述对象与光线的相互作用，在3ds Max中，材质可以分为基本材质和贴图与复合材质，材质最主要的属性是漫反射颜色、高光颜色、不透明度和反射折射，而其使用3种颜色呈现对象表面，即漫反射颜色、高光颜色及环境光颜色，如图5-39所示。

图 5-39

- **漫反射颜色：**又被称为对象的固有色。光照条件较好时，比如在太阳光和人工光照直射情况下，对象反射的颜色。
- **高光颜色：**反射亮点的颜色。高光颜色看起来比较亮，而且高光区的形状和尺寸可以控制。不同质地的对象，其高光区的大小及形状都会相应变化。
- **环境光颜色：**对象阴影处的颜色，它是环境光比直射光强时对象反射的颜色。

使用这三种颜色以及对高光区的控制，可以创建出基本反射材质。这种材质相当简单，可以生成有效的渲染效果，通过控制自发光与不透明度还可以模拟发光对象以及透明或半透明对象。

这三种颜色在边界处相互融合。在环境光颜色与漫反射颜色之间，融合根据标准的着色模型进行计算，高光和环境光颜色之间可使用材质编辑器控制融合数量。

5.1.2 材质编辑器

3ds Max中设置材质的过程都是在“材质编辑器”中进行的，用户可以通过单击主工具栏中的相关按钮或者选择“渲染”菜单中的命令打开“材质编辑器”对话框，如图5-40所示。可以看到“材质编辑器”分为菜单栏、材质示例窗、工具栏以及参数卷展栏4个组成。通过“材质编辑器”可以将材质赋予3ds Max 的场景对象。

> **知识点拨**
> 按快捷键M可以快速打开“材质编辑器”，若之前使用过“材质编辑器”，再次打开“材质编辑器”后，系统默认打开上次的“材质编辑器”类型。

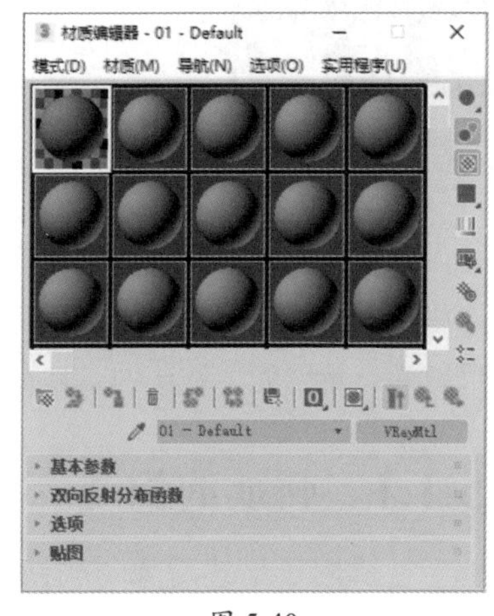

图 5-40

1. 工具栏

“材质编辑器”的工具位于示例窗的右侧和下侧，右侧是用于管理和更改贴图及材质的按钮。为了帮助记忆，通常将示例窗右侧的工具栏称为“垂直工具栏”，将位于示例窗下方的工具栏称为“水平工具栏”。

（1）垂直工具栏。

“垂直工具栏”主要用于对示例窗中的样本材质球进行控制，如显示背景或检查颜色等，如图5-41所示。下面将对“垂直工具栏”中的选项进行介绍。

图 5-41

- **采样类型**：使用该按钮可以选择要显示在活动示例窗中的几何体类型。长按该按钮，在展开的工具条上，系统提供了3种几何体显示类型，按住鼠标左键不放，直到移至所需类型图标上放开鼠标即可选择使用。
- **背光**：用于切换是否启用背光。
- **背景**：用于将多颜色的方格背景添加到活动示例窗中，该功能常用于观察透明材质的反射和折射效果。
- **采样UV平铺**：使用该功能可以设置平铺贴图显示，对场景中几何体的平铺没有影响。长按该按钮，将会打开展开工具条，可以看到4种贴图重复类型。
- **视频颜色检查**：用于检查示例对象上的材质颜色是否超过安全NTSC和PAL阈值。

> **知识点拨**
> 使用此选项设置的平铺图案只影响示例窗，对场景中几何体的平铺没有影响，效果由贴图自身坐标卷展栏中的参数进行控制。

- **生成预览**：可以使用动画贴图向场景添加运动。
- **选项**：单击该按钮可以打开“材质编辑器选项”对话框。
- **按材质选择**：该选项能够选择被赋予当前激活材质的对象。
- **材质/贴图导航器**：单击该按钮，即可打开“材质/贴图导航器”对话框。在该对话框中可以选择各编辑层级的名称，同时“材质编辑器”中的参数区也将跟着切换，随时切换到选择层级的参数区域。

（2）水平工具栏。

“水平工具栏”主要用于材质与场景对象的交互操作，如“将材质指定给选定对象”“在视口中显示明暗处理材质”等，如图5-42所示。下面将对“水平工具栏”中的选项进行介绍。

图 5-42

- **获取材质**：单击该按钮可以打开“材质/贴图浏览器”对话框。
- **将材质放入场景**：可以在编辑材质之后更新场景中的材质。
- **将材质指定给选定对象**：可以将活动示例窗中的材质应用于场景中当前选定的对象。
- **重置贴图/材质为默认设置**：用于清除当前活动示例窗中的材质，使其恢复到默认状态。
- **生成材质副本**：将当前选定材质生成副本，生成副本的材质将不再同步。
- **使唯一**：可以使贴图实例成为唯一的副本，还可以使一个实例化的材质成为唯一的独立子材质，可以为该子材质提供一个新的材质名。
- **放入库**：可以将选定的材质添加到当前库中。
- **材质ID通道**：长按该按钮，可以打开材质ID通道工具栏。
- **在视口中显示明暗处理材质**：将材质指定给选定对象之后单击该按钮，可以使贴图在视图中的对象表面显示。
- **显示最终效果**：可以查看所处级别的材质，而不查看所有其他贴图和设置的最终结果。
- **转到父对象**：可以在当前材质中向上移动一个层级。
- **转到下一个同级项**：将移动到当前材质中相同层级的下一个贴图或材质。
- **从对象拾取材质**：可以在场景中的对象上拾取材质。

知识点拨

移除材质颜色并设置灰色阴影，将光泽度、不透明度等重置为默认值。移除指定材质的贴图，如果处于贴图级别，该按钮重置贴图为默认值。

2. 菜单栏

菜单栏位于“材质编辑器”窗口的顶部，包括“模式”“材质”“导航”“选项”“实用程序”5个菜单。

- **“模式”菜单：**该菜单允许选择将某个“材质编辑器”界面置于活动状态，包括精简材质编辑器和Slate材质编辑器两种。
- **“材质”菜单：**该菜单提供了最常用的“材质编辑器”工具。
- **“导航”菜单：**该菜单提供了导航材质的层次工具。
- **“选项”菜单：**该菜单提供了一些附加的工具和显示选项。
- **“实用程序”菜单：**该菜单提供贴图渲染和按材质选择对象。

3. 材质示例窗

使用示例窗可以预览材质和贴图，每个窗口可以预览一个材质或贴图。将材质从示例窗拖动到视口中的对象，可以将材质赋予场景对象。

示例窗中样本材质的状态主要有3种。其中，实心三角形表示已应用于场景对象且该对象被选中，空心三角形则表示应用于场景对象但对象未被选中，无三角形表示未被应用的材质，如图5-43所示。

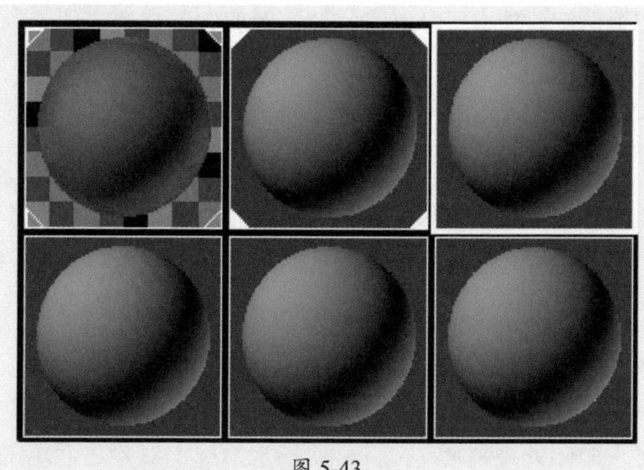

图 5-43

“材质编辑器”有24个示例窗。用户可以选择显示所有示例窗，也可以选择显示默认6个或15个示例窗。

下面将通过具体的操作，介绍如何在“材质编辑器”中将24个示例窗全部显示。

步骤01 按M键打开材质编辑器，在面板中执行“选项”|“选项”命令，如图5-44所示。

步骤02 在弹出的“材质编辑器选项”对话框的“示例窗数目”选项组中选中“6×4”单选按钮，如图5-45所示。

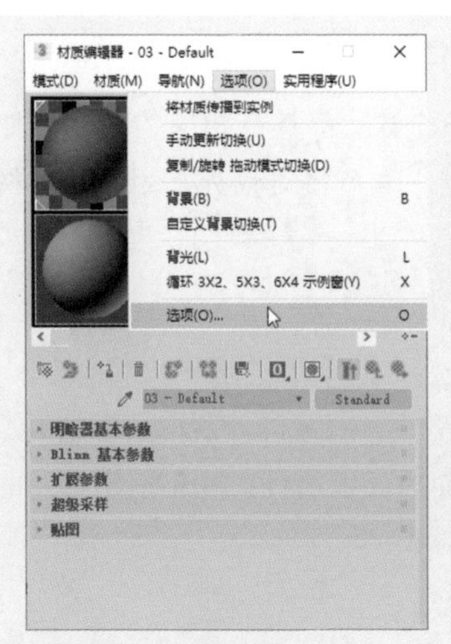

图 5-44

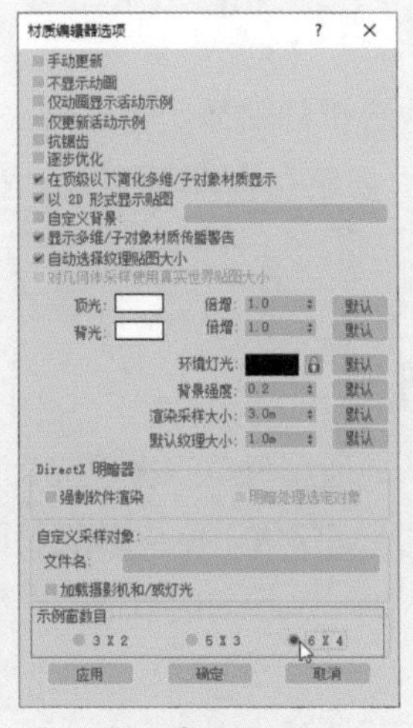

图 5-45

步骤 03 单击“确定”按钮关闭对话框，此时材质编辑器的实例窗口将被更改为“6×4”模式，如图5-46所示。

步骤 04 除以上操作外，用户还可以在任意材质球上单击鼠标右键，在弹出的快捷菜单中选择所需的示例窗数值命令，如图5-47所示。

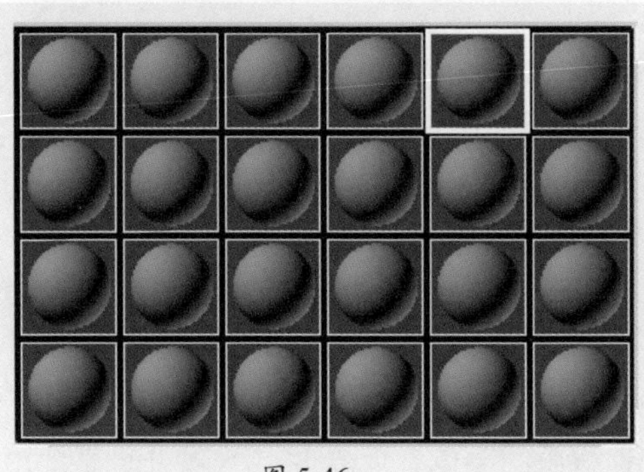

图 5-46

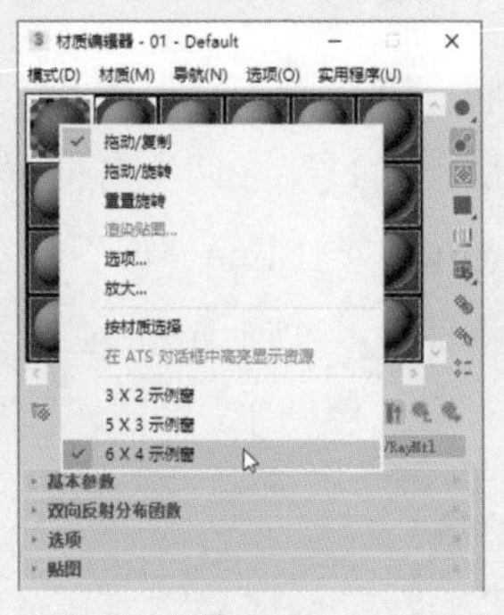

图 5-47

操作技巧

虽然“材质编辑器”可以一次编辑最多24种材质，但场景可包含无限数量的材质。如果要编辑一种材质，并已将其应用于场景中的对象，则可以使用该示例窗从场景中获取其他材质（或创建新材质），然后对其进行编辑。

4. 参数卷展栏

示例窗的下方是在3ds Max中使用最为频繁的区域——材质参数卷展栏，材质的明暗模式、着色及基本属性等都可以在这里进行设置，不同的材质类型具有不同的参数卷展栏。在各种贴图层级中，也会出现相应的卷展栏，这些卷展栏可以调整顺序。

5.2 常用材质类型

3ds Max有多种自带的材质类型，每一种材质都具有相应的功能，如默认的“标准”材质可以表现大多数真实世界中的材质。本节将对较为常用的几种材质类型进行介绍。

5.2.1 标准材质

标准材质是默认的通用材质，在现实生活中，对象的外观取决于它的反射光线。在3ds Max中，标准材质主要用于模拟对象表面的反射属性，在不适用特图的情况下，标准材质为对象提供了单一、均匀的表面颜色效果。

1. 明暗器

明暗器主要用于标准材质，可以选择不同的着色类型，以影响材质的显示方式，在“明暗器基本参数”卷展栏中可进行相关设置。下面将对各选项的含义进行介绍。

- **各向异性：**可以产生带有非圆、具有方向的高光曲面，适用于制作头发、玻璃或金属等材质。
- **Blinn：**与Phong明暗器具有相同的功能，但它在数学上更精确，是标准材质的默认明暗器。
- **金属：**有光泽的金属效果。
- **多层：**通过层级两个各向异性高光，创建比各向异性更复杂的高光效果。
- **Phong：**与Blinn类似，能产生带有发光效果的平滑曲面，但不处理高光。
- **半透明：**类似于Blinn明暗器，还可用于指定半透明度，光线将在穿过材质时散射，可以使用半透明来模拟被霜覆盖的和被侵蚀的玻璃。

2. 基本参数

“基本参数”卷展栏主要用于设置材质的颜色、反光度、不透明度等，并可以指定用于材质各种组件的贴图，参数面板如图5-48所示。下面将对各选项的含义进行介绍。

- **环境光：**环境光颜色是指对象在阴影中的颜色。
- **漫反射：**漫反射是指对象在直接光照条件下的颜色。
- **高光反射：**高光是指发亮部分的颜色。
- **自发光：**可以使材质从自身发光。
- **不透明度：**控制材质的透明程度。
- **高光级别：**设置物体的高光强度。
- **光泽度：**设置光线的扩散值。
- **柔化：**设置高光的柔化效果。

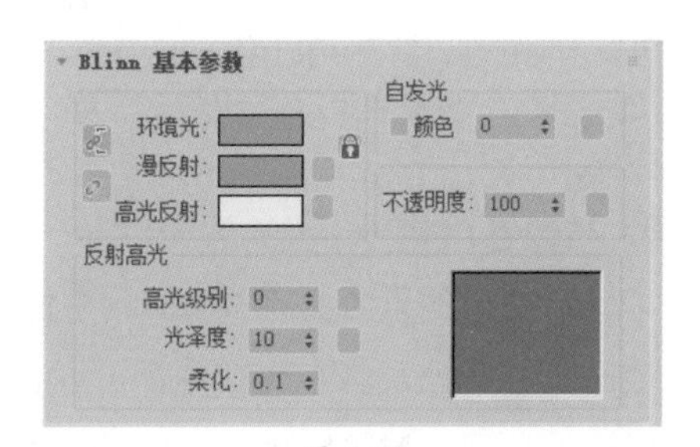

图 5-48

3. 扩展参数

在“扩展参数”卷展栏中提供了透明度和与反射相关的参数，通过该卷展栏可以制作出更具有真实效果的透明材质，如图5-49所示。下面将对各选项的含义进行介绍。

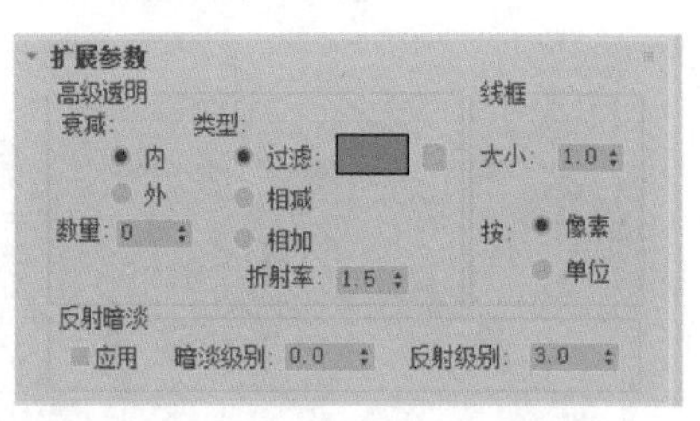

图 5-49

- **高级透明：**该选项组中提供的控件影响透明材质的不透明度衰减等效果。
- **内：**设置由中心向边缘增加透明的程度。
- **外：**设置由边缘向中心增加透明的程度。
- **折射率：**设置折射贴图和光线跟踪所使用的折射率。

4. 贴图通道

在“贴图”卷展栏中可以访问材质的各个组件，部分组件还能使用贴图代替原有的颜色，如图5-50所示。

贴图

	数量	贴图类型
环境光颜色	100	无贴图
漫反射颜色	100	无贴图
高光颜色	100	无贴图
高光级别	100	无贴图
光泽度	100	无贴图
自发光	100	无贴图
不透明度	100	无贴图
过滤颜色	100	无贴图
凹凸	30	无贴图
反射	100	无贴图
折射	100	无贴图
置换	100	无贴图

图 5-50

5. 其他

“标准”材质既可以通过高光控件组控制表面接受高光的强度和范围，也可以通过其他选项组制作特殊的效果，如线框等。

下面使用3ds Max自带的标准材质为螺栓模型制作生锈材质，在制作过程中需要调整“漫反射”“凹凸”“反射高光”等参数，让锈迹更加真实、生动，操作步骤介绍如下。

步骤01 打开准备好的模型文件，渲染摄影机视口，效果如图5-51所示。

步骤02 按M键打开材质编辑器，选择螺栓模型所在的材质球，重新将其设置为标准材质，在“贴图”卷展栏中分别为“漫反射颜色”通道和“凹凸”通道添加位图贴图，并设置“凹凸”参数，如图5-52所示。

图 5-51

贴图

	数量	贴图类型
环境光颜色	100	无贴图
✔ 漫反射颜色	100	贴图 #1 (218249.jpg)
高光颜色	100	无贴图
高光级别	100	无贴图
光泽度	100	无贴图
自发光	100	无贴图
不透明度	100	无贴图
过滤颜色	100	无贴图
✔ 凹凸	100	贴图 #2 (218249 - 副本.jpg
反射	100	无贴图
折射	100	无贴图
置换	100	无贴图

图 5-52

步骤 03 为“漫反射颜色”通道和“凹凸”通道添加的位图贴图如图5-53和图5-54所示。

图 5-53

图 5-54

步骤 04 切换到“Blinn基本参数”卷展栏，设置高光级别与光泽度值，如图5-55所示。

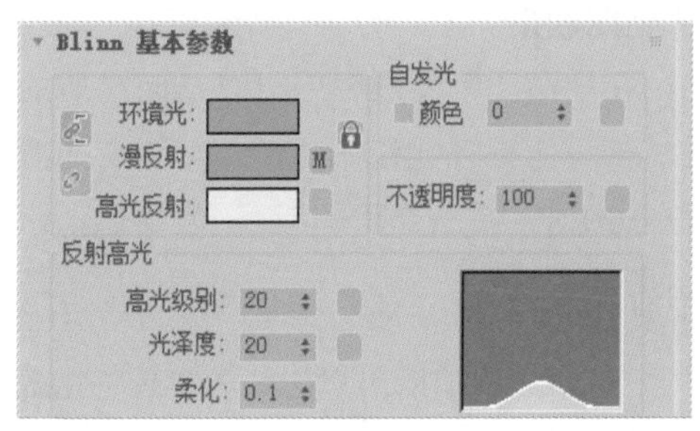

图 5-55

步骤 05 创建好的生锈材质球效果如图5-56所示。

步骤 06 将创建好的材质球赋予模型进行渲染，效果如图5-57所示。

图 5-56

图 5-57

5.2.2 多维/子对象材质

“多维/子对象”材质是将多个材质组合到一个材质中，为物体设置不同的ID后，使材质根据对应的ID号赋予到指定物体区域上，该材质常被用于包含许多贴图的复杂物体上。在使用多维/子对象后，参数卷展栏如图5-58所示。

知识点拨

如果该对象是可编辑网格，可以拖放材质到面的不同的选中部分，并随时构建一个多维/子对象材质。

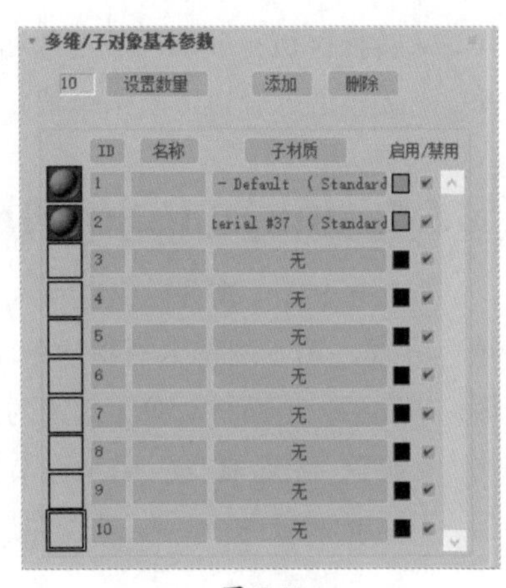

图 5-58

下面将对各选项的含义进行介绍。

- **设置数量：** 用于设置子材质的参数，单击该按钮，即可打开“设置材质数量”对话框，在其中可以设置材质数量。
- **添加：** 单击该按钮，在子材质下方将默认添加一个标准材质。
- **删除：** 删除子材质。单击该按钮，将从下向上逐一删除子材质。

5.2.3 混合材质

混合材质是指在曲面的单个面上将两种材质进行混合。用户可以通过设置“混合量”参数来控制材质的混合程度，能够实现两种材质之间的无缝混合，常用于制作诸如花纹玻璃、烫金布料等材质表现。

混合材质将两种材质以百分比的形式混合在曲面的单个面上，通过不同的融合度，控制两种材质表现出的强度，另外还可以指定一张图作为融合的蒙版，利用它本身的明暗度来决定两种材质融合的程度，设置混合发生的位置和效果。混合材质面板如图5-59所示。下面将对各选项的含义进行介绍。

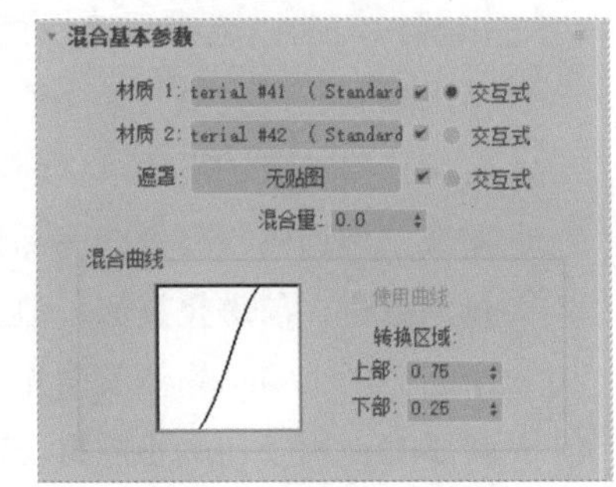

图 5-59

- **材质1/2：** 设置两个用以混合的材质，通过单击右侧的按钮来选择相应的材质，通过复选框来启用或禁用材质。
- **遮罩：** 该通道用于导入使两个材质进行混合的遮罩贴图，两个材质之间的混合度取决于遮罩贴图的强度。
- **混合量：** 决定两种材质混合的百分比，对无遮罩贴图的两个材质进行融合时，依据它来调节混合程度。
- **混合曲线：** 控制遮罩贴图中黑白过渡区造成的材质融合的尖锐或柔和程度，专用于使用Mask遮罩贴图的融合材质。
- **使用曲线：** 确定是否使用混合曲线来影响融合效果，只有指定并激活遮罩，该空间才可用。

- **转换区域：**分别调节上部和下部数值来控制混合曲线，两个值相近时会产生清晰尖锐的融合边缘，两个值差距很大时会产生柔和且模糊的融合边缘。

5.2.4 Ink'n Paint材质

Ink'n Paint材质提供的是一种带勾线的均匀填色方式，用于制作卡通材质效果，其参数面板如图5-60所示。下面将对较为常用的选项进行介绍。

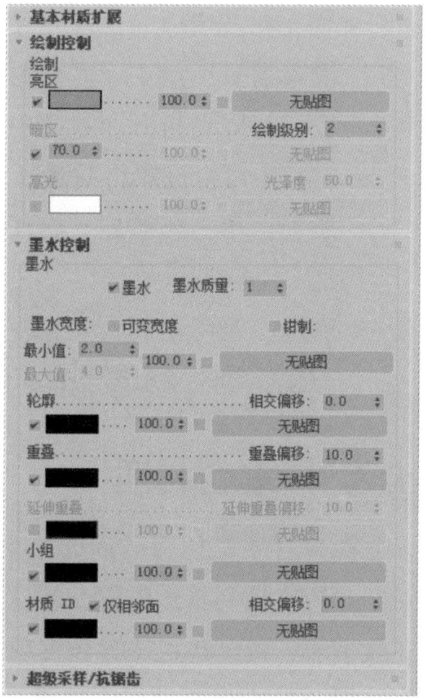

- **亮区/暗区/高光：**用来调节材质的亮区/暗区/高光区域的颜色，可以在后面的贴图通道中加载贴图。
- **绘制级别：**用来调整颜色的色阶。
- **墨水：**控制是否开启描边效果。
- **墨水质量：**控制边缘形状和采样值。
- **墨水宽度：**设置描边的宽度。
- **最小/大值：**设置墨水宽度的最小/大像素值。
- **可变宽度：**勾选该选项后可以使描边的宽度在最大值和最小值之间变化。
- **钳制：**勾选该选项后可以使描边宽度的变化范围限制在最大值与最小值之间。
- **轮廓：**勾选该选项后可以使物体外侧产生轮廓线。
- **重叠：**当物体与自身的一部分交叠时使用。
- **延伸重叠：**与重叠类似，但多用在较远的表面上。
- **小组：**用于勾画物体表面光滑组部分的边缘。
- **材质ID：**用于勾画不同材质ID之间的边界。

图 5-60

5.2.5 VRayMtl材质

VRayMtl材质是V-Ray渲染器的标准材质，大部分的材质效果都可以用这种材质类型来完成。VRayMtl材质的参数设置主要集中在“基本参数”卷展栏，如图5-61所示。下面将对较为常用的选项进行介绍。

- **漫反射：**控制材质的固有色。
- **粗糙度：**数值越大，粗糙效果越明显，可以用该选项来模拟绒布的效果。
- **反射：**反射颜色控制反射强度，颜色越深反射越弱，颜色越浅反射越强。
- **细分：**用来控制反射的品质，数值越大效果越好，但渲染速度越慢。
- **高光光泽度：**控制材质的高光大小。

- **反射光泽：** 该选项可以产生反射模糊的效果，数值越小反射模糊效果越强烈。

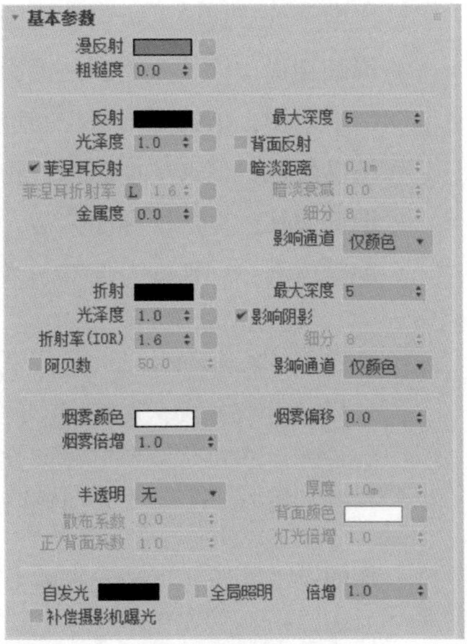

操作技巧

调整VRayMtl的反射光泽度参数，能够控制材质的反射模糊程度。该参数默认为1时，表示没有模糊。细分参数用来控制反射模糊的质量，只有当反射光泽度参数不为1时，该参数才起作用。

图 5-61

- **最大深度：** 是指反射的次数，数值越高，效果越真实，但渲染时间也越长。
- **菲涅耳反射：** 勾选该项后，反射强度减小。
- **背面反射：** 启用背面渲染反射。使玻璃对象更加现实，但要牺牲额外的计算。
- **菲涅耳折射率：** 在菲涅耳反射中，菲涅耳现象的强弱衰减率可以用该选项来调节。
- **暗淡距离：** 该选项用来控制暗淡距离的数值。
- **暗淡衰减：** 该选项用来控制暗淡衰减的数值。
- **影响通道：** 该选项用来控制是否影响通道。

操作技巧

默认状态下，VRayMtl材质的“高光光泽”处于不可编辑状态，当单击L按钮后，才可以解除锁定来对该参数进行设置。

- **折射：** 折射颜色控制折射的强度，颜色越深折射越弱，颜色越浅折射越强。
- **细分：** 控制折射的精细程度。
- **光泽度：** 控制折射的模糊效果。数值越小，模糊程度越明显。
- **折射率：** 可以调节折射的强弱衰减率。
- **最大深度：** 该选项控制反射的最大深度数值。
- **阿贝数：** 也称色散系数，用来衡量透明介质的光线色散程度。阿贝数就是用以表示透明介质色散能力的指数。一般来说，介质的折射率越大，色散越严重，阿贝数越小；反之，介质的折射率越小，色散越轻微。该选项控制是否使用色散。
- **退出颜色：** 当物体的折射次数达到最大次数时就会停止计算折射，这是由于折射次数不够造成的，折射区域的颜色用退出色来代替。

- **影响通道**：该选项控制是否影响通道效果。
- **影响阴影**：该选项用来控制透明物体产生的阴影。
- **烟雾颜色**：该选项控制折射物体的颜色。
- **烟雾偏移**：控制烟雾的偏移，较低的值会使烟雾向摄影机的方向偏移。
- **烟雾倍增**：可理解为烟雾的浓度。数值越大烟雾越浓，光线穿透物体的能力越差。

操作技巧

折射选项组中的“最大深度”用来控制反射的最大次数，次数越多反射越彻底，但是会延长渲染时间，通常保持默认的5就可以了。退出颜色在折射组中存在，当折射次数达到最大值时就会停止计算，这时由于计算次数不够的区域就会用该颜色来代替。

- **类型**：半透明效果的类型有3种，包括“硬（蜡）模型”“软（水）模型”和“混合模型”。
- **厚度**：用来控制光线在物体内部被追踪的深度，可理解为光线的最大穿透能力。
- **散射系数**：物体内部的散射总量。
- **背面颜色**：用来控制半透明效果的颜色。
- **正/背面系数**：控制光线在物体内部的散射方向。
- **灯光倍增**：设置光线穿透能力的倍增值。值越大，散射效果越强。

自发光

- **自发光**：该选项控制发光的颜色。
- **GI**：该选项控制是否开启全局照明。
- **倍增**：该选项控制自发光的强度。

下面将利用VRayMtl材质制作磨砂不锈钢材质，具体操作步骤介绍如下。

步骤01 打开准备好的素材模型，如图5-62所示。

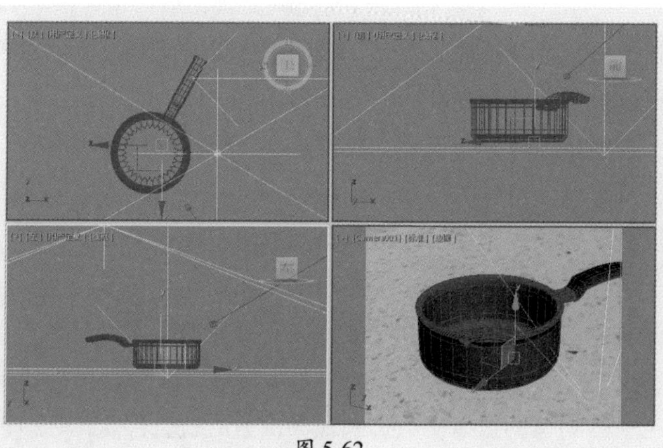

图 5-62

步骤 02 按M键打开材质编辑器，选择一个未使用的材质球，设置材质类型为VRayMtl，设置漫反射颜色、反射颜色及其他反射参数，如图5-63所示。

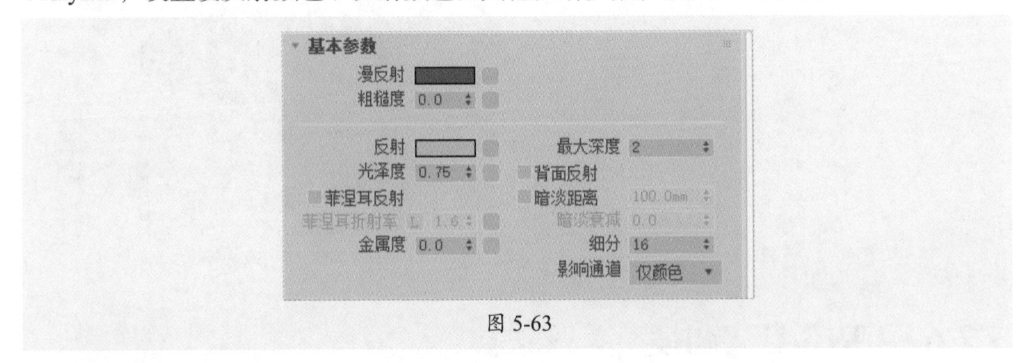

图 5-63

步骤 03 漫反射颜色和反射颜色设置参数如图5-64和图5-65所示。

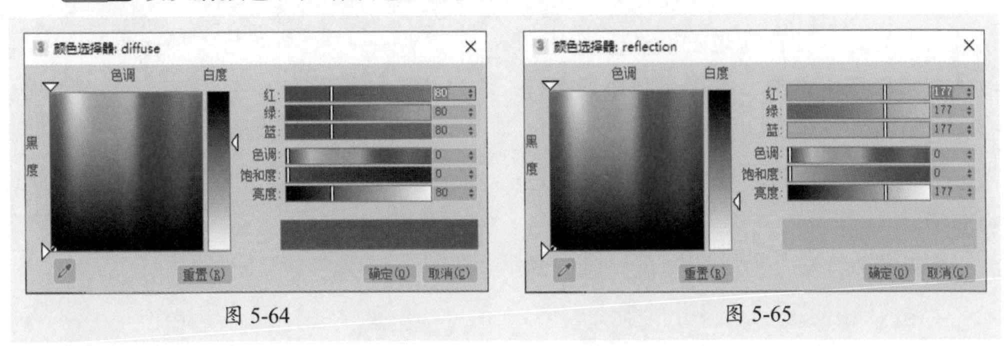

图 5-64　　图 5-65

步骤 04 打开“双向反射分布函数”卷展栏，设置反射类型为“沃德”，如图5-66所示。

步骤 05 设置好的材质预览效果如图5-67所示。

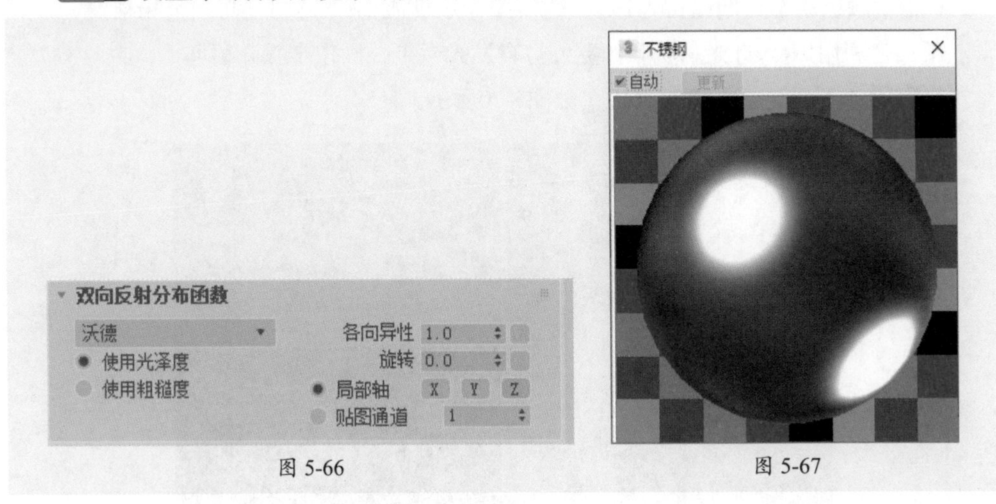

图 5-66　　图 5-67

步骤 06 将材质指定给锅体模型，然后渲染摄影机视口，材质效果如图5-68所示。

图 5-68

5.2.6 VRay灯光材质

VRay灯光材质可以模拟物体发光发亮的效果，并且这种自发光效果对场景中的物体也可以产生影响，常用来制作顶棚灯带、霓虹灯、火焰等。其参数设置面板如图5-69所示。下面将对较为常用的选项进行介绍。

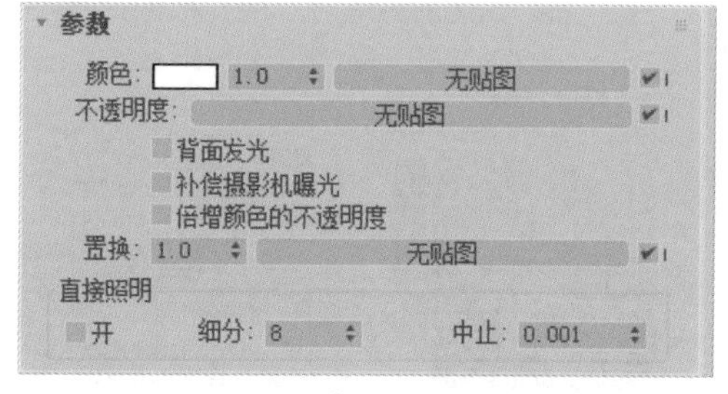

图 5-69

- **颜色：** 控制自发光的颜色，后面的输入框用来设置自发光的强度。
- **不透明度：** 可以为通道加载贴图。
- **背面发光：** 开启该选项后，物体会双面发光。
- **补偿摄影机曝光：** 控制相机曝光补偿的数值。
- **倍增颜色的不透明度：** 勾选该选项后，将按照控制不透明度与颜色相乘。

下面将利用VRay灯光材质制作霓虹灯自发光效果，操作步骤介绍如下。

步骤 01 打开准备好的素材文件，如图5-70所示。

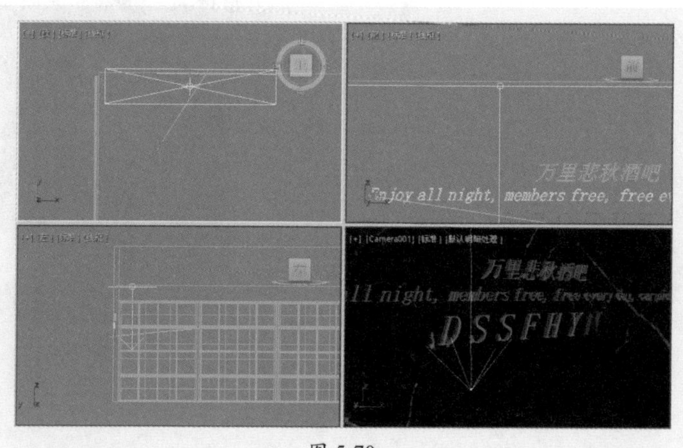

图 5-70

知识点拨

通常会使用“VRay灯光材质”来制作室内的灯带效果，这样可以避免场景中出现过多的VRay灯光，从而提高渲染的速度。

步骤 02 按M键打开材质编辑器，选择一个未使用的材质球，设置材质类型为VRay灯光材质，在“参数”卷展栏设置材质颜色和强度，如图5-71所示。

步骤 03 颜色参数设置如图5-72所示。

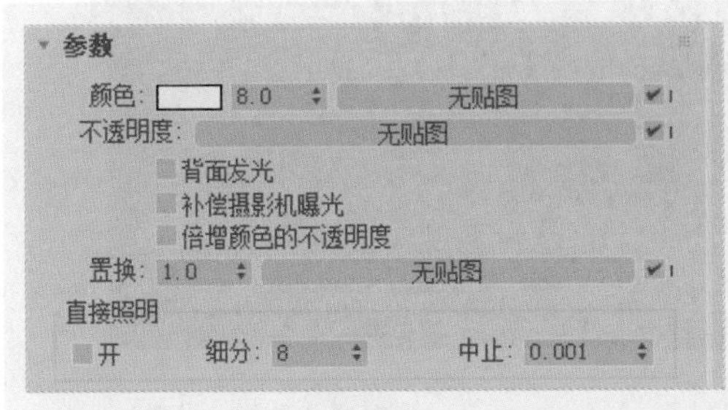

图 5-71

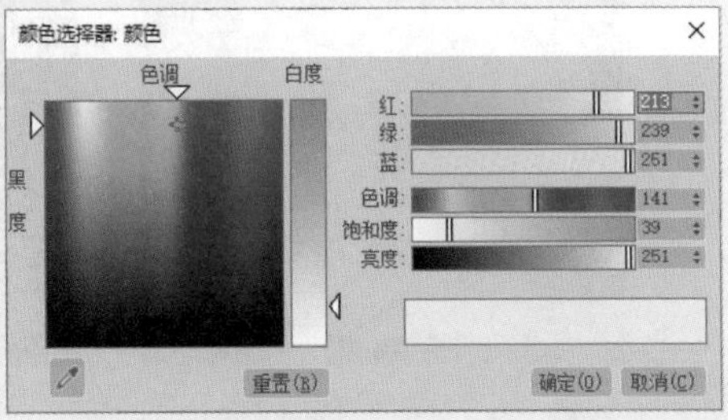

图 5-72

步骤 04 设置好的材质球效果如图5-73所示。

步骤 05 将材质赋予第一排文字模型，渲染摄影机视口，效果如图5-74所示。

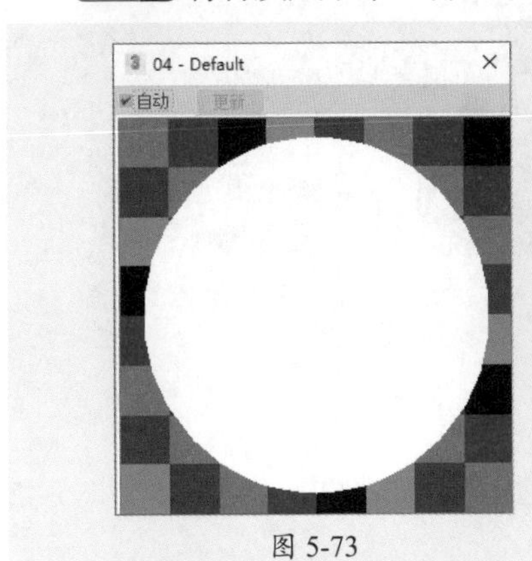

图 5-73

图 5-74

步骤 06 继续选择一个未使用的材质球，设置材质类型为VRay灯光材质，在其“参数”卷展栏中设置颜色与强度，如图5-75和图5-76所示。

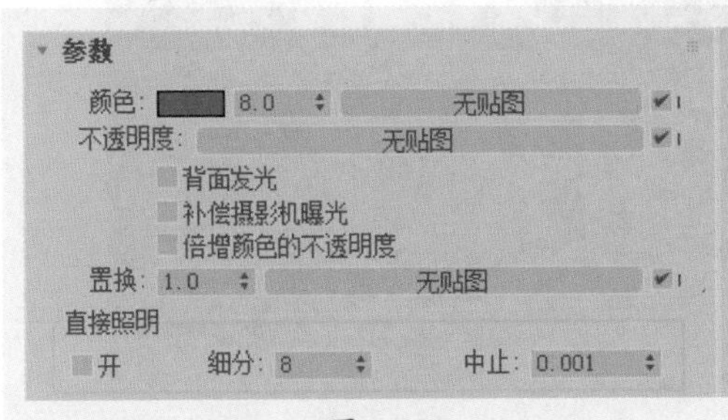

图 5-75

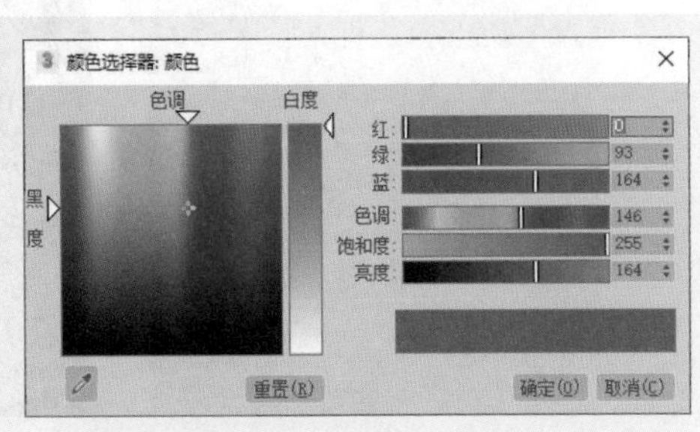

图 5-76

步骤07 设置好的材质球效果如图5-77所示。

步骤08 将制作好的材质赋予第二排文字模型，渲染摄影机视口，效果如图5-78所示。

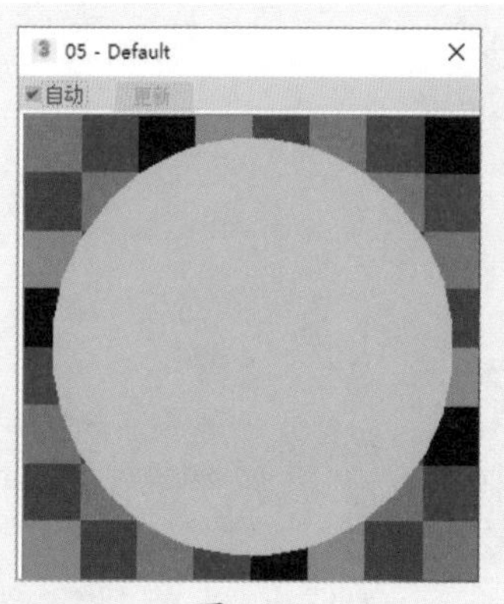

图 5-77

图 5-78

步骤09 再次选择一个未使用的材质球，设置材质类型为VRay灯光材质，在其“参数”卷展栏中设置颜色与强度，如图5-79和图5-80所示。

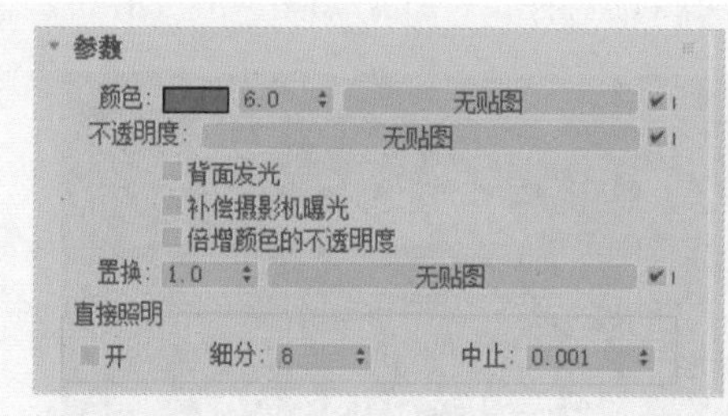

图 5-79

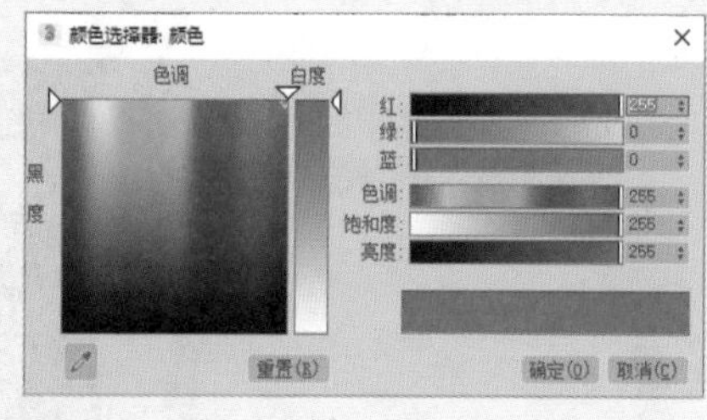

图 5-80

步骤10 设置好的材质球效果如图5-81所示。

步骤11 将制作好的材质赋予第二排文字模型，渲染摄影机视口，最终效果如图5-82所示。

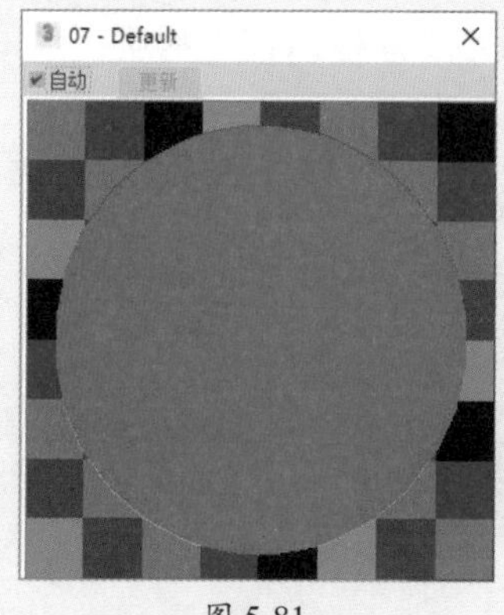

图 5-81

图 5-82

5.2.7 VRay材质包裹器

VRay材质包裹器主要用于控制材质的全局照明、焦散和不可见，根据需要对场景中的个别对象进行明暗调节。另外，通过修改材质可以将标准材质转换为VRay渲染器支持的材质类型。图5-83所示为“VRay材质包裹器参数”卷展栏。

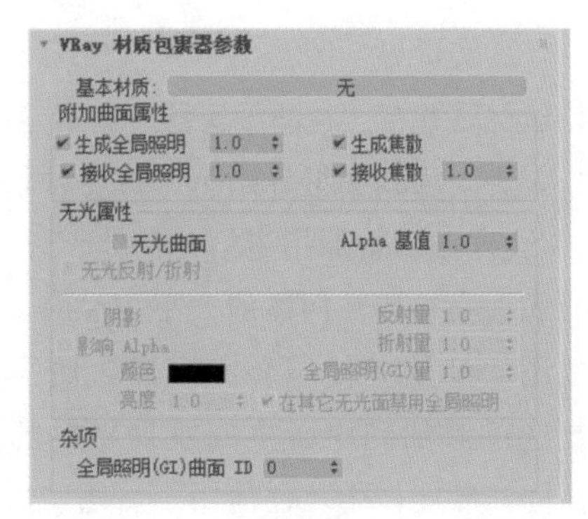

图 5-83

- **基本材质：**用来设置转换器中使用的基础材质参数。
- **生成全局照明/接收全局照明：**设置材质是否产生/接收全局光及其强度。
- **生成/接收焦散：**设置材质是否产生/接收焦散效果。
- **无光曲面：**设置物体表面为具有阴影遮罩属性的材质，使物体在渲染时不可见，但仍出现在反射/折射中，并仍然能产生间接照明。
- **Alpha基值：**设置物体在Alpha通道中显示的强度。数值为1时，表示物体在Alpha通道中正常显示；数值为0时，表示物体在Alpha通道中完全不显示。
- **阴影：**用于控制遮罩物体是否接收直接光照产生的阴影效果。
- **影响Alpha：**设置直接光照是否影响遮罩物体接收的阴影颜色。
- **颜色：**用于控制被包裹材质的物体接收的阴影颜色。
- **亮度：**用于控制遮罩物体接收阴影的强度。
- **反射量：**用于控制遮罩物体的反射程度。
- **折射量：**用于控制遮罩物体的折射程度。
- **全局照明(GI)量：**用于控制遮罩物体接收间接照明的程度。
- **全局照明(GI)曲面ID：**用于设置全局照明曲面ID的参数。

5.3 认识贴图

贴图是指给物体表面贴上一张图片，需要添加到相应的通道才可以使用。当然在3ds Max中的贴图不仅指图片（位图贴图），也可以是程序贴图。

5.3.1 贴图原理

贴图的原理非常简单，就是在材质表面包裹一层真实的纹理。将材质指定给对象后，对象的表面将会显示纹理并且被渲染，另外还可通过贴图的明度变化模拟出对象的凹凸效果、反射效果及折射效果。此外，还可以使用贴图创建环境或者创建灯光投射。

5.3.2 坐标和贴图修改器

真实世界贴图是一个默认情况下在3ds Max中禁用的替代贴图。真实世界贴图可以创建材质并在“材质编辑器”中指定纹理贴图的实际宽度和高度。

要使用真实世界贴图，首先须将正确的UV纹理贴图坐标指定给几何体，并且UV空间的大小要与几何体的大小相对应。其次，将用于启用“使用真实世界比例”功能的复选框添加到用于生成纹理坐标的多个对话框和卷展栏中。任何用于启用“生成贴图坐标”功能的对话框或卷展栏都可用于启用“使用真实世界比例”功能，如图5-84所示。

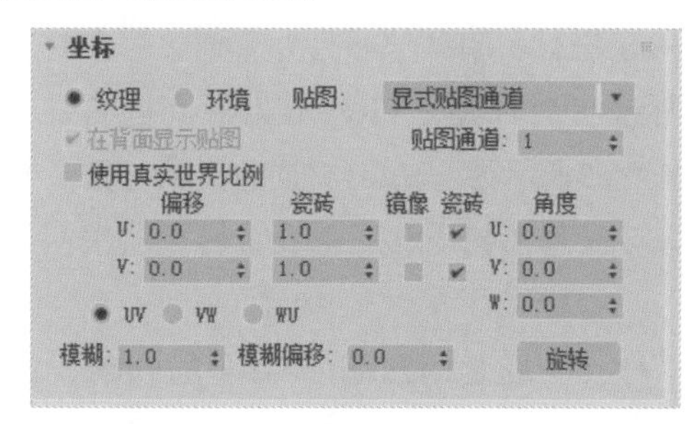

图 5-84

“UVW贴图”修改器用于指定对象表面贴图坐标，以确定如何使材质投射到对象的表面。对象在使用了“UVW贴图”修改器后，会自动覆盖以前指定的坐标。当用户想要控制贴图坐标、当前物体没有自己的建立坐标指定或者需要应用贴图到次物体级别时，都可以使用“UVW贴图”修改器。图5-85至图5-87所示为使用“UVW贴图”修改器后的几种效果。

图 5-85

图 5-86

图 5-87

在“修改器列表”中添加“UVW贴图”修改器后，即可看到其参数设置面板，如图5-88所示。下面介绍较为常用的参数。

- **平面：**在对象上的一个平面投影贴图，在某种程度上类似于投影幻灯片。
- **柱形：**从圆柱体投影贴图，用于包裹对象。位图结合处的缝是可见的，除非使用无缝贴图。
- **球形：**通过从球体投影贴图来包围对象。
- **收缩包裹：**使用球形贴图，但是它会截去贴图的各个角，然后在一个单独极点将它们全部结合在一起，仅创建一个奇点。
- **长方体：**从长方体的6个侧面投影贴图。每个侧面投影为一个平面贴图，且表面上的效果取决于曲面法线。

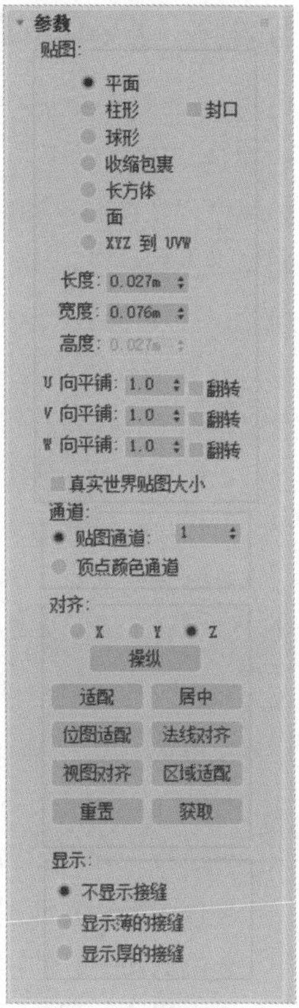

- **面：** 为对象的每个面应用贴图副本。使用完整矩形贴图来贴图共享隐藏边的成对面。
- **XYZ到UVW：** 将3D程序坐标贴图到UVW坐标。这会将程序纹理贴到表面。如果表面被拉伸，3D程序贴图也被拉伸。
- **长度/宽度/高度：** 指定UVW贴图gizmo的尺寸。
- **U向平铺/V向平铺/W向平铺：** 用于指定UVW贴图的尺寸以便平铺图像。
- **真实世界贴图大小：** 启用后，对应用于对象上的纹理贴图材质使用真实世界贴图。
- **操纵：** 启用时，gizmo出现在能改变视口中的参数的对象上。当启用“真实世界贴图大小”时，仅可对“平面与长方体”类型贴图使用操纵。
- **适配：** 将gizmo适配到对象的范围并居中，以使其锁定到对象的范围。
- **居中：** 移动gizmo，使其中心与对象中心一致。
- **位图适配：** 显示标准的位图文件浏览器，从而可以拾取图像。

图 5-88

- **法线对齐：** 单击并在要应用修改器的对象曲面上拖动。
- **视图对齐：** 将贴图 gizmo 重定向为面向活动视口。图标大小不变。
- **区域适配：** 激活一个模式，可在视口中拖动以定义贴图gizmo的区域。
- **重置：** 删除控制 gizmo 的当前控制器，并插入使用“拟合”功能初始化的新控制器。
- **获取：** 在拾取对象以从中获得 UVW 时，从其他对象有效复制 UVW 坐标，一个对话框会提示您选择是以绝对方式还是相对方式完成获取。

5.4 常用贴图类型

材质主要用于描述对象如何反射和传播光线，材质中的贴图则主要用于模拟独享质地，提供纹理图案、反射、折射等其他效果（贴图还可用于环境和灯光投影）。依靠各种类型的贴图可以制作出千变万化的材质。

3ds Max中包括三十多种贴图，在不同的贴图通道中使用不同的贴图类型，产生的效果也大不相同。

5.4.1 Color Correction

Color Correction（颜色校正）贴图为基本贴图的颜色修改提供了一类工具，包括颜色通道的调整、色调切换和饱和度的调整、亮度和对比度的调整等。图5-89所示为Color Correction贴图卷展栏，包括“基本参数”卷展栏、“通道”卷展栏、“颜色”卷展栏及“亮度”卷展栏。下面对常用选项的含义进行介绍。

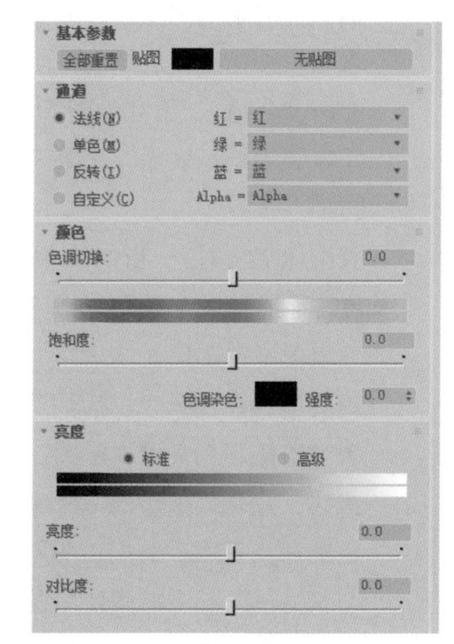

图 5-89

- **色块：**如果未指定贴图，则使用当前颜色。如果要调整颜色，可单击色块通过“颜色选择器”调整。
- **法线：**将未经改变的颜色通道传递到“颜色”卷展栏控件。
- **单色：**将所有的颜色通道转换为灰度明暗处理。
- **反转：**分别使用红、绿和蓝通道的反向通道替换各通道。
- **自定义：**允许用户使用卷展栏上的其余控件将不同的设置应用到每一个通道。
- **色调切换：**使用标准色调谱更改颜色。
- **饱和度：**调整贴图颜色的强度或纯度。
- **色调染色：**根据色样值色化所有非白色的贴图像素。
- **强度：**“色调染色”设置的程度影响贴图像素。
- **亮度：**设置贴图图像的总体亮度。
- **对比度：**设置贴图图像深、浅两部分的区别。

5.4.2 位图

“位图”贴图就是将位图图像文件作为贴图使用，它可以支持各种类型的图像和动画格式，包括AVI、BMP、CIN、JPG、TIF、TGA等。位图贴图的使用范围广泛，通常用在漫反射贴图通道、凹凸贴图通道、反射贴图通道、折射贴图通道中。图5-90所示为“位图”贴图卷展栏。

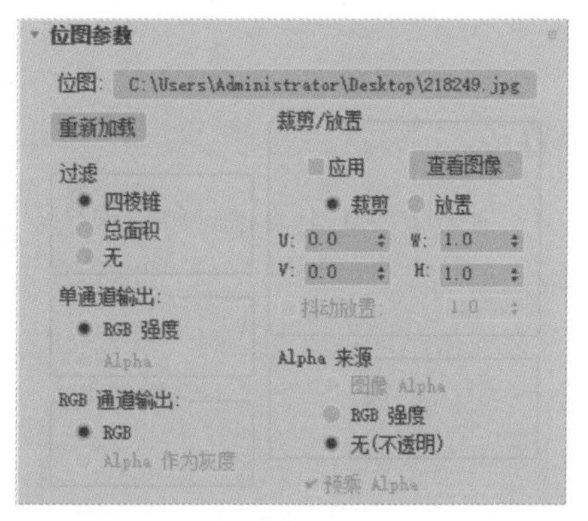

图 5-90

下面将对各选项的含义进行介绍。

- **过滤：**过滤选项组用于选择抗锯齿位图中平均使用的像素方法。
- **裁剪/放置：**该选项组中的控件可以裁剪位图或减小其尺寸，用于自定义放置。
- **单通道输出：**该选项组中的控件用于根据输入的位图确定输出单色通道的源。
- **Alpha来源：**该选项组中的控件根据输入的位图确定输出Alpha通道的来源。

> **知识拓展**
> 位图：用于选择位图贴图，通过标准文件浏览器选择位图，选中之后，该按钮上会显示所选位图的路径名称。重新加载：对使用相同名称和路径的位图文件进行重新加载。在绘图程序中更新位图后无需使用文件浏览器重新加载该位图。

5.4.3 棋盘格

“棋盘格”贴图可以产生类似棋盘的、由两种颜色组成的方格图案，并允许贴图替换颜色。图5-91所示为“棋盘格参数”卷展栏。

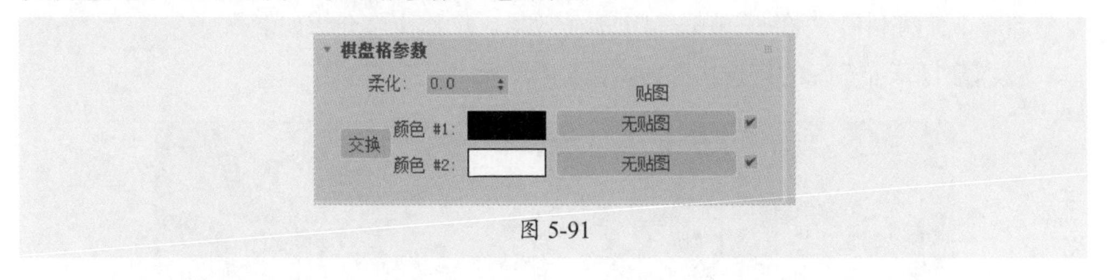

图 5-91

下面将对各选项的含义进行介绍。

- **柔化：**模糊方格之间的边缘，很小的柔化值就能生成很明显的模糊效果。
- **交换：**单击该按钮可交换方格的颜色。
- **颜色1/2：**用于设置方格的颜色，允许使用贴图代替颜色。

5.4.4 平铺

“平铺”贴图是专门用来制作砖块效果的，常用在漫反射通道中，有时也可以用在凹凸贴图通道中。

在“标准控制”卷展栏中，预设类型列表中列出了一些已定义的建筑砖图案，用户也可以自定义图案，设置砖块的颜色、尺寸以及砖缝的颜色、尺寸等，如图5-92所示。

> **知识拓展**
> 默认状态下平铺贴图的水平间距与垂直间距是锁定在一起的，用户可以根据需要解开锁定分别对它们进行设置。

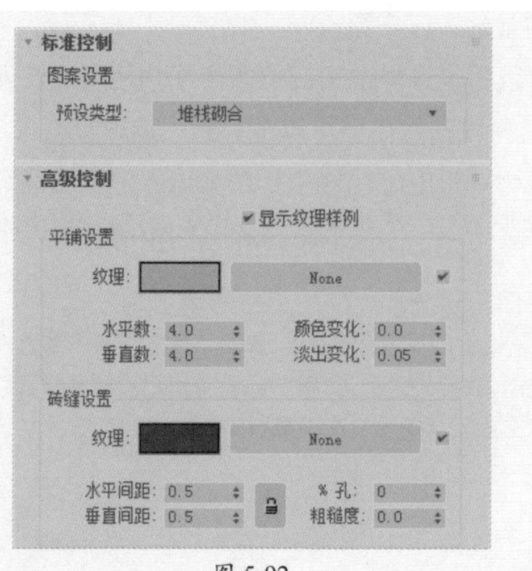

图 5-92

利用“平铺”贴图制作效果时，平铺与砖缝的“纹理”设置既可以是颜色，也可以是贴图。下面将利用“平铺”贴图制作地砖效果，操作步骤介绍如下。

步骤01 打开准备好的场景文件，如图5-93所示。

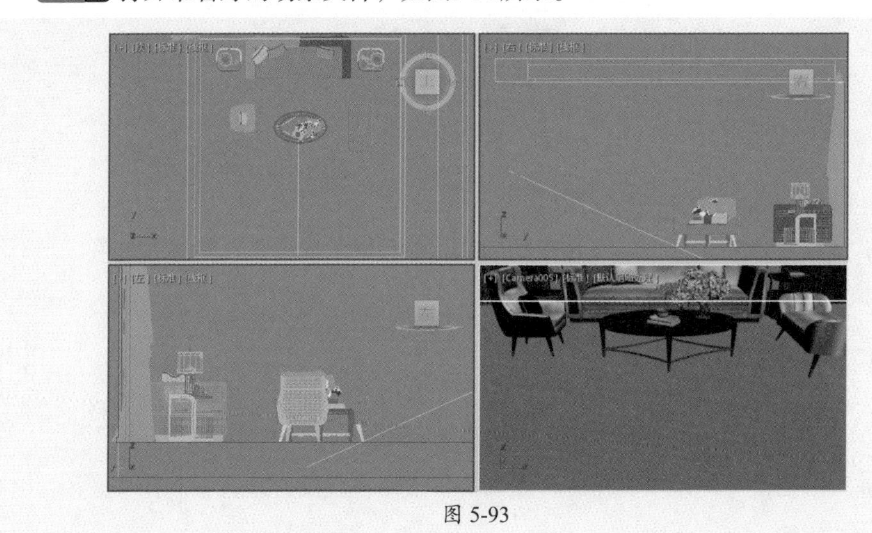

图 5-93

步骤02 按M键打开材质编辑器，选择一个未使用的材质球，设置材质类型为VRayMtl，为漫反射通道添加平铺贴图，进入平铺贴图参数面板，默认预设类型为“堆栈砌合”，在“高级控制”卷展栏添加位图贴图，并设置平铺参数和砖缝参数，如图5-94所示。

步骤03 位图贴图效果如图5-95所示。

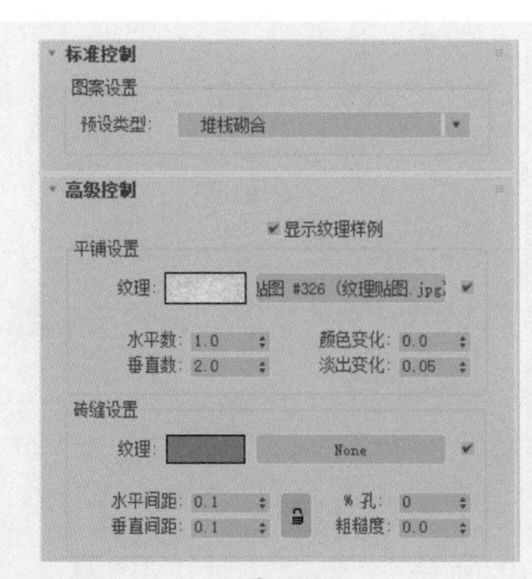

图 5-94

图 5-95

步骤 04 砖缝颜色设置如图5-96所示。

步骤 05 将平铺贴图复制到凹凸通道，如图5-97所示。

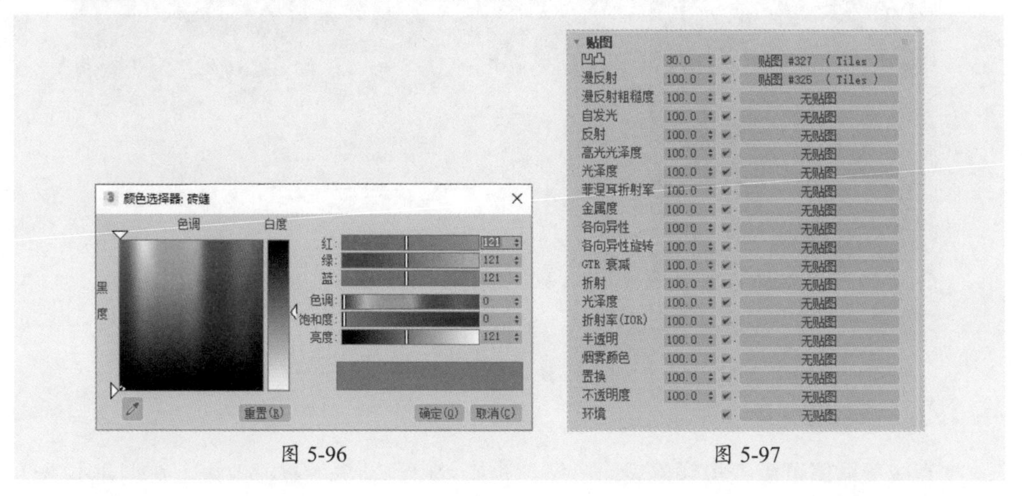

图 5-96　　　　图 5-97

步骤 06 进入凹凸通道的平铺贴图参数面板，清除位图贴图，如图5-98所示。

步骤 07 返回到“基本参数”卷展栏，设置反射颜色及其参数，如图5-99所示。

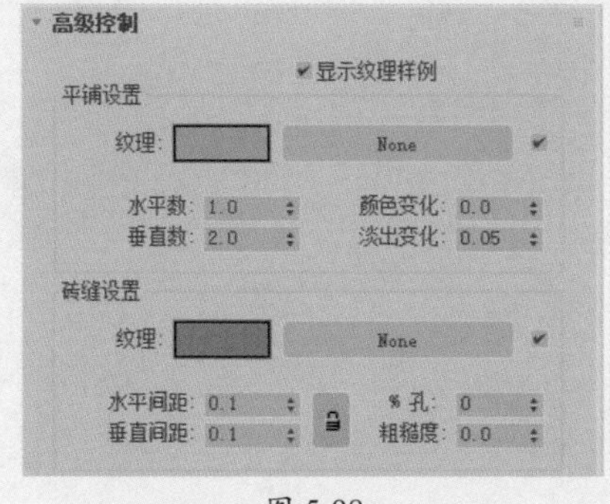

图 5-98

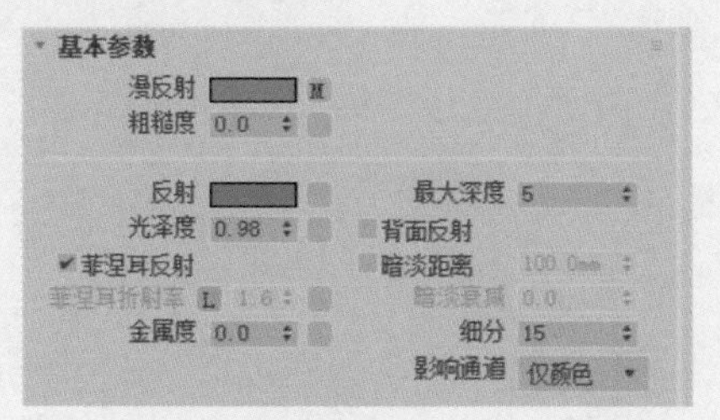

图 5-99

步骤 08 反射颜色设置如图5-100所示。

步骤 09 在“双向反射分布函数”卷展栏设置分布函数为“反射”，如图5-101所示。

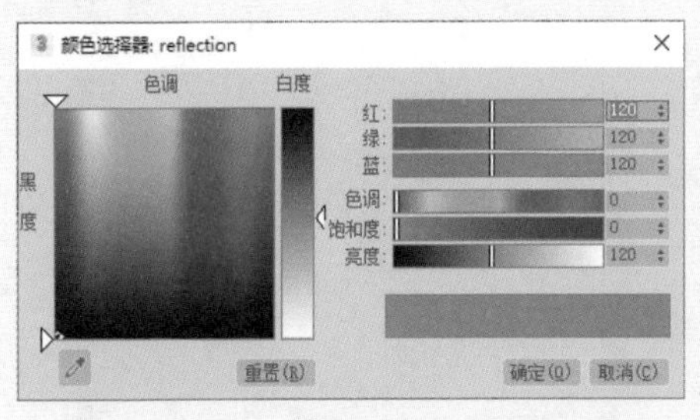

图 5-100

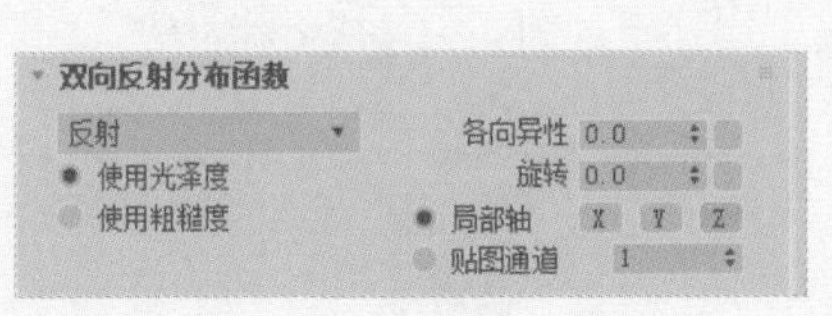

图 5-101

步骤 10 制作好的地砖材质球效果如图5-102所示。

步骤 11 将材质赋予地面模型对象，渲染摄影机视口，效果如图5-103所示。

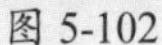

图 5-102

图 5-103

5.4.5 衰减

“衰减”贴图可以模拟对象表面由深到浅或者由浅到深的过渡效果，在创建不透明衰减效果时，衰减贴图提供了更大的灵活性。参数卷展栏如图5-104所示。

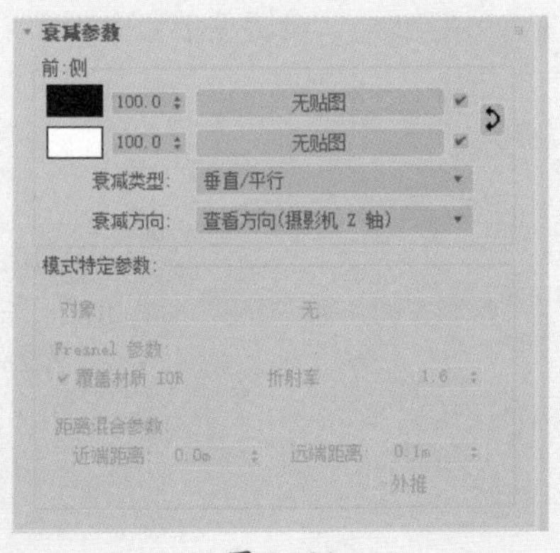

图 5-104

下面将对常用选项的含义进行介绍。

- **前/侧：** 用来设置衰减贴图的前和侧通道参数。
- **衰减类型：** 设置衰减的方式，包括垂直/平行、朝向/背离、Fresnel、阴影/灯光、距离混合5个选项。
- **衰减方向：** 设置衰减的方向。

知识拓展

Fresnel类型是基于折射率来调整贴图衰减效果的，它在面向视图的曲面上产生暗淡反射，在有角的面上产生较为明亮的反射，创建就像在玻璃面上一样的高光。

5.4.6 渐变

“渐变”贴图是指从一种颜色到另一种颜色进行着色，可以创建3种颜色的线性或径向渐变效果，其参数卷展栏如图5-105所示。

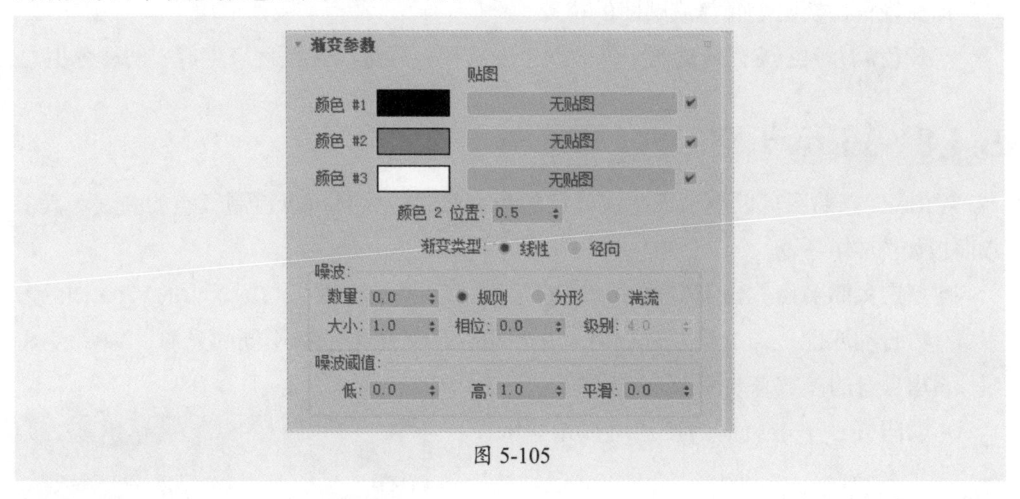

图 5-105

知识拓展

通过将一个色样拖动到另一个色样上可以交换颜色，单击“复制或交换颜色”对话框中的“交换”按钮即可完成操作。若需要反转渐变的总体方向，则可交换第一种和第三种颜色。

5.4.7 噪波

“噪波”贴图一般在凹凸通道中使用，用户可以通过设置“噪波参数”卷展栏来制作出紊乱不平的表面。“噪波”贴图基于两种颜色或材质的交互创建曲面的随机扰动，是三维形式的湍流图案，其参数卷展栏如图5-106所示。

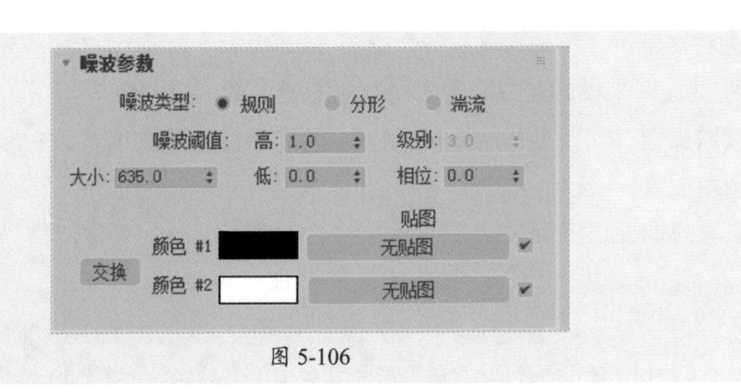

图 5-106

下面将对各选项的含义进行介绍。

- **噪波类型：** 共有3种类型，分别是“规则”“分形”和“湍流”。
- **大小：** 以3ds Max单位设置噪波函数的比例。
- **噪波阈值：** 控制噪波的效果。
- **交换：** 切换两个颜色或贴图的位置。
- **颜色#1/颜色#2：** 从这两个噪波颜色中选择，通过所选颜色来生成中间颜色值。

5.4.8 VRay天空

VRay天空贴图可以模拟天空浅蓝色的渐变效果，并且可以控制天空的亮度。其参数面板如图5-107所示。

- **指定太阳节点：** 当不勾选该复选框时，VR天空的参数将与场景中的VR太阳的参数自动匹配；勾选该复选框时，用户可以从场景中选择不同的光源，VR天空将用自身的参数来改变天光效果。
- **太阳光：** 单击后面的按钮可以选择太阳光源。
- **太阳浊度：** 控制太阳的浑浊度。
- **太阳臭氧：** 控制太阳臭氧层的厚度。
- **太阳强度倍增：** 控制太阳的亮点。
- **太阳大小倍增：** 控制太阳的阴影柔和度。
- **太阳过滤颜色：** 控制太阳的颜色。
- **太阳不可见：** 控制太阳本身是否可见。
- **天空模型：** 可以选择天空的模型类型。
- **间接水平照明：** 间接控制水平照明的强度。
- **地面反照率：** 控制地面反射的颜色。
- **地平线偏移：** 控制地平线位移的值。

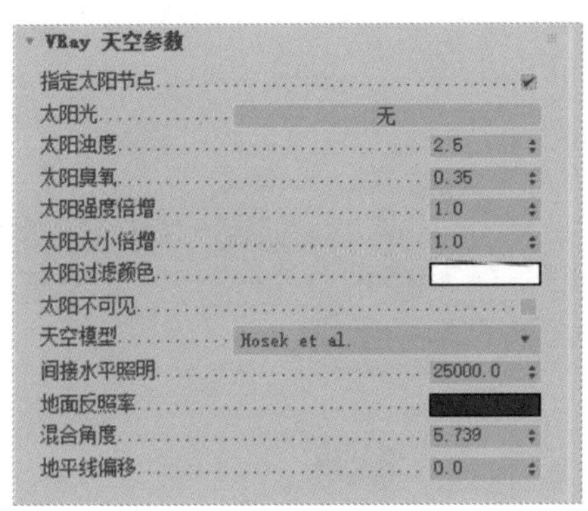

图 5-107

5.4.9 VRay边纹理

VRay边纹理贴图可以模拟制作物体表面的网格颜色效果，参数面板如图5-108所示。下面介绍面板中常用参数的含义。

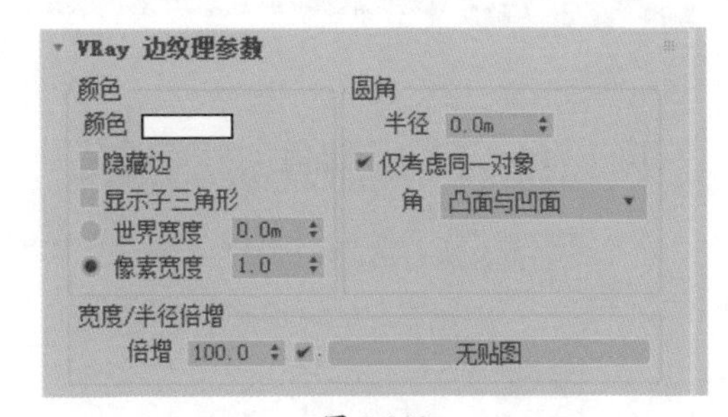

图 5-108

- **颜色：** 设置边线的颜色。
- **隐藏边：** 当勾选该复选框时，物体背面的边线也将被渲染出来。
- **世界宽度/像素宽度：** 决定边线的宽度，主要分为世界和像素两个单位。

5.4.10 VRay污垢

VRay污垢贴图作为一种程序贴图纹理，可以为单个的物体添加环境阻光效果，基于物体表面的凹凸细节混合任意两种颜色和纹理，参数面板如图5-109所示。下面介绍面板中较为常用的参数含义。

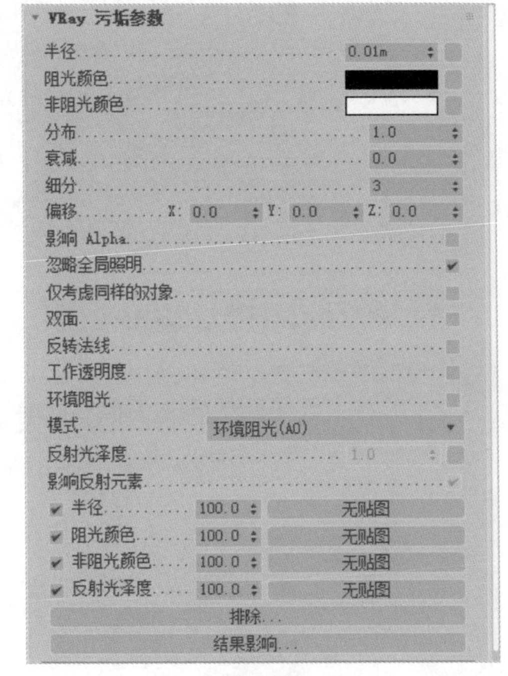

图 5-109

- **半径：** 设置投影的范围大小。
- **阻光颜色：** 设置投影区域的颜色。
- **非阻光颜色：** 类似漫反射颜色，设置阴影区域以外的颜色。
- **分布：** 设置投影的扩散程度。
- **衰减：** 设置投影边缘的衰减程度。
- **细分：** 设置投影污垢材质的采样数量。
- **偏移：** 分别设置投影在3个轴向上偏移的距离。
- **影响Alpha：** 开启后在Alpha通道中会显示阴影区域。
- **忽略全局照明：** 开启后忽略渲染设置对话框中的全局光设置。
- **仅考虑同样的对象：** 开启后只在模型自身产生投影。
- **反转法线：** 反转投影的方向。

自己练

项目练习1：制作瓷器材质

操作要领 ①选择一个材质球设置VRayMtl材质类型。

②为反射通道添加衰减贴图，设置反射参数，如图5-110所示。

图纸展示

图 5-110

项目练习2：制作边几材质

操作要领 ①使用VRayMtl材质，通过为漫反射通道、凹凸通道和反射通道添加位图贴图制作木质材质。

②使用VRayMtl材质，为漫反射通道添加位图贴图制作大理石材质，如图5-111所示。

图纸展示

图 5-111

3ds Max

第6章

灯光的应用

本章概述

光的种类很多，主要包括自然光、人造光。其中，自然光是指如太阳光、闪电、月光等自然形成的光，而人造光是指如吊灯、射灯、台灯等人为制造的光。本章将对3ds Max的灯光知识进行详细介绍，包括标准灯光、光度学灯光、VRay灯光以及灯光阴影类型等。

要点难点

- 标准灯光 ★☆☆
- 光度学灯光 ★☆☆
- 灯光阴影类型 ★☆☆
- VRay灯光 ★☆☆

跟我学 创建书房场景光源

学习目标 本案例将通过创建书房场景的光源，介绍如何利用“VRay灯光”相关类型来表现灯带、台灯光源效果，如何利用“目标平行光”来表现太阳光源效果，以让读者掌握各种光源在不同场景下的应用技巧。

案例路径 云盘\实例文件\第6章\跟我学\创建书房场景光源

实现过程

步骤 01 打开准备好的场景文件，如图6-1所示。

步骤 02 渲染摄影机视口，可以看到书房内比较暗，如图6-2所示。

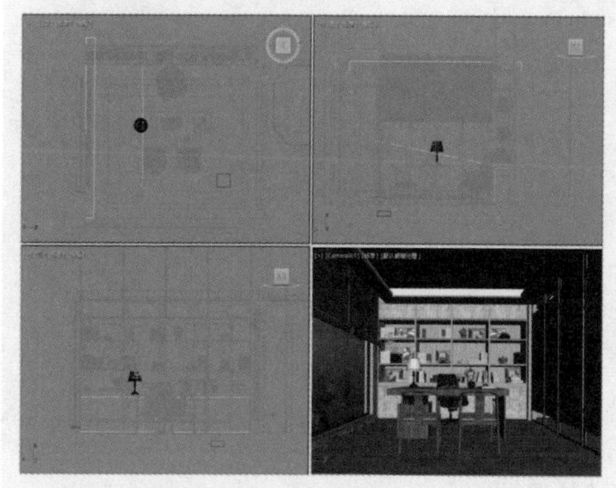

图 6-1

图 6-2

步骤 03 在顶视图中创建一盏VRay灯光，调整灯光位置到吊顶灯槽里，如图6-3所示。

步骤 04 按住Shift键拖动灯光进行实例复制，调整灯光位置，并使用缩放工具调整长度，如图6-4所示。

图 6-3

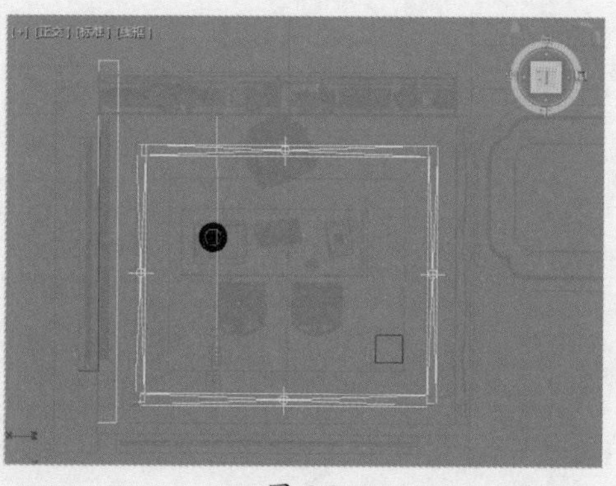

图 6-4

步骤 05 渲染摄影机视口，效果如图6-5所示，可以看到灯光过亮。

步骤 06 选中创建的灯光，在参数面板中调整灯光参数，如图6-6所示。

图 6-5

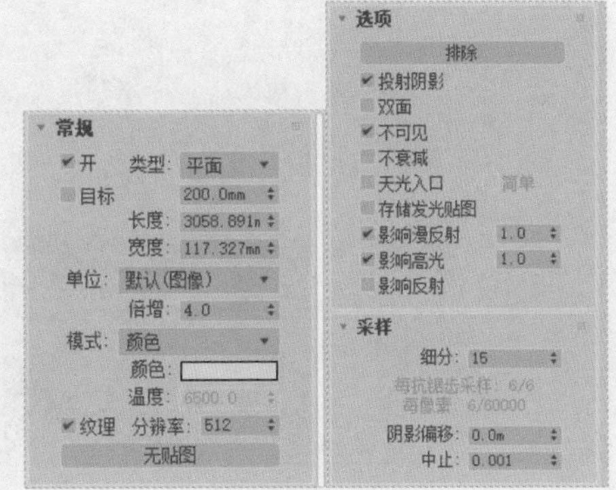

图 6-6

步骤 07 颜色设置如图6-7所示。

步骤 08 再次渲染摄影机视图，效果如图6-8所示。

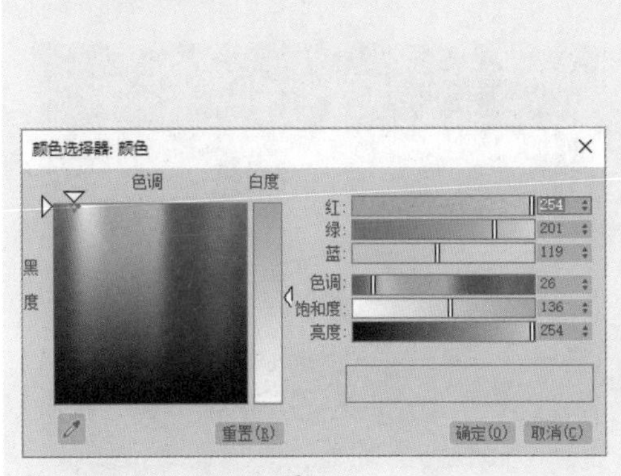

图 6-7

图 6-8

步骤 09 复制灯光到书柜槽，旋转灯光方向，调整灯光的尺寸、强度等参数，如图6-9和图6-10所示。

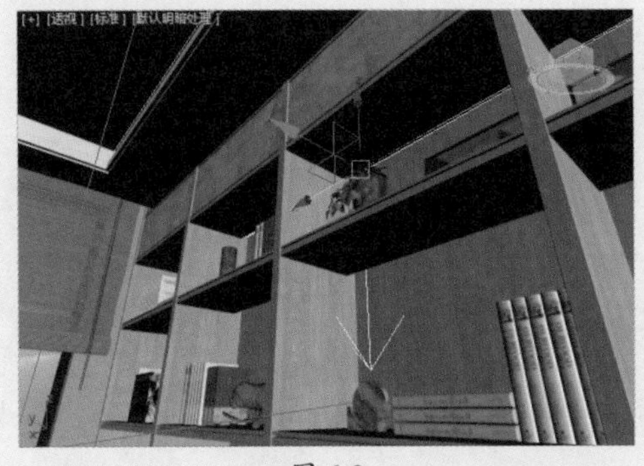

图 6-9

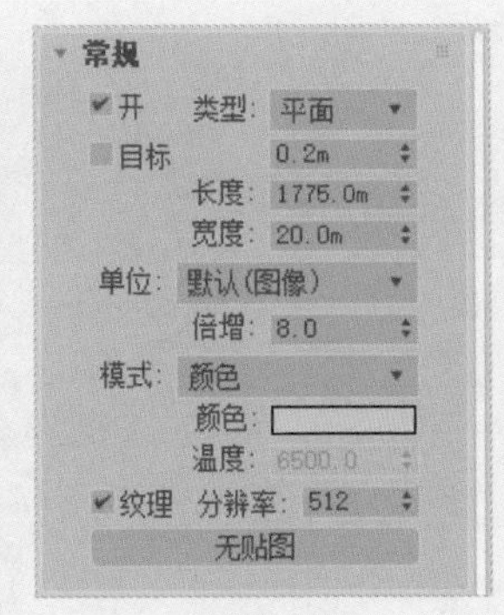

图 6-10

步骤 10 实例复制灯光，调整灯光位置，如图6-11所示。

步骤 11 渲染摄影机视口，效果如图6-12所示。

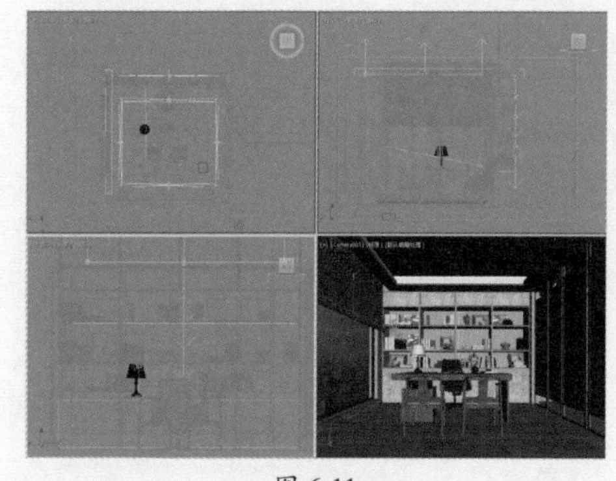

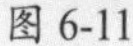

图 6-11

图 6-12

步骤 12 在顶视图中创建VRay灯光，设置灯光类型为“球体”，并调整到合适的位置，如图6-13所示。

步骤 13 渲染场景效果，如图6-14所示。

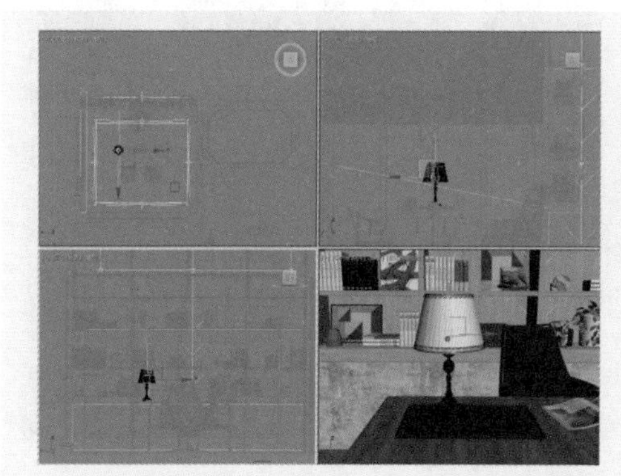

图 6-13

图 6-14

步骤 14 在参数面板调整灯光参数，如图6-15所示。

步骤 15 灯光“颜色”设置如图6-16所示。

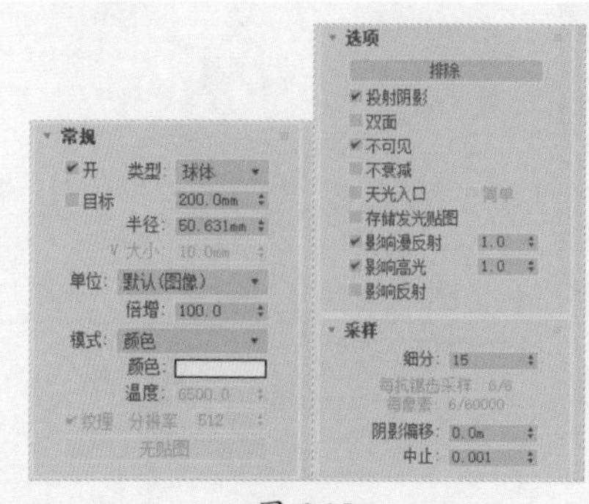

图 6-15

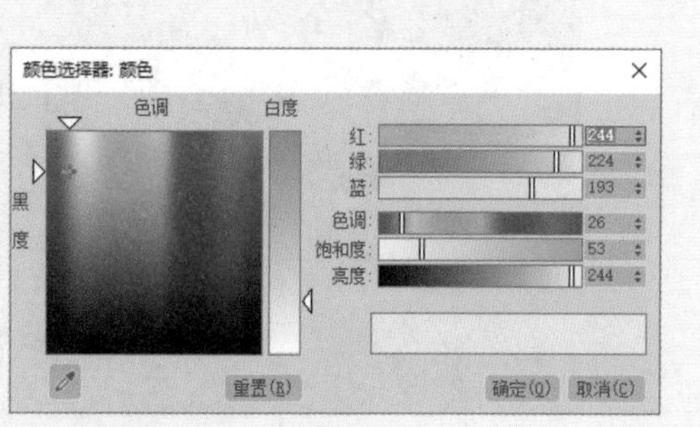

图 6-16

步骤 16 再次渲染摄影机视口，效果如图6-17所示，这时的光源效果较为柔和。

步骤 17 在顶视图创建一盏目标平行光，并通过多个视图调整平行光射入角度，如图6-18所示。

图 6-17

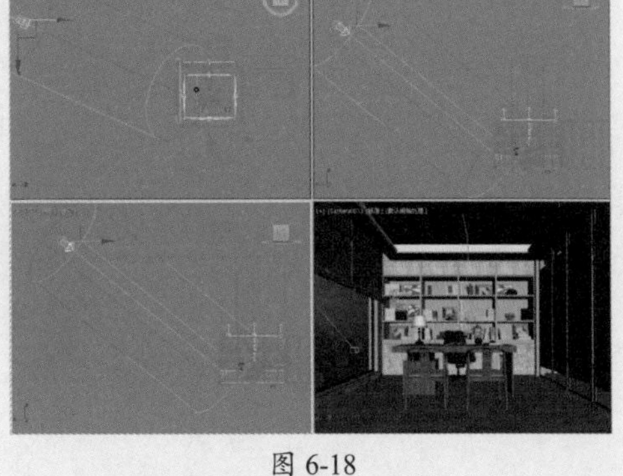

图 6-18

步骤 18 在“常规参数”卷展栏中启用“阴影”，设置阴影类型为“VRay阴影”，如图6-19所示。

步骤 19 在“强度/颜色/衰减”参数卷展栏里设置光源强度、颜色参数，如图6-20所示。

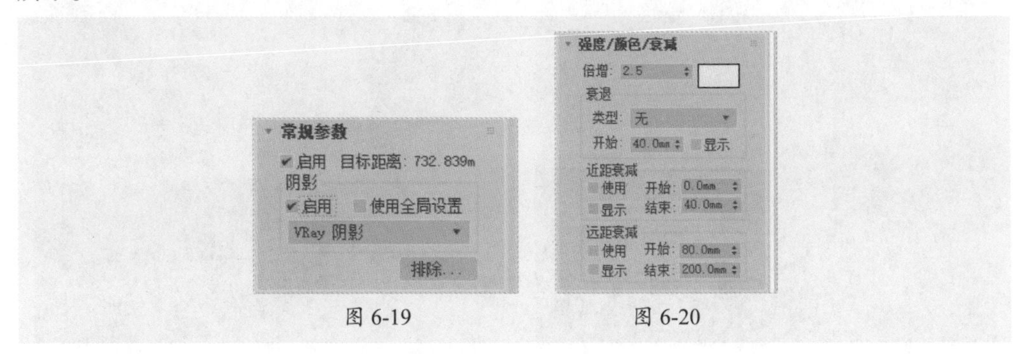

图 6-19　　图 6-20

步骤 20 “颜色”设置如图6-21所示。

步骤 21 在其“VRay阴影参数”卷展栏中勾选“区域阴影”复选框，并设置阴影大小和细分，如图6-22所示。

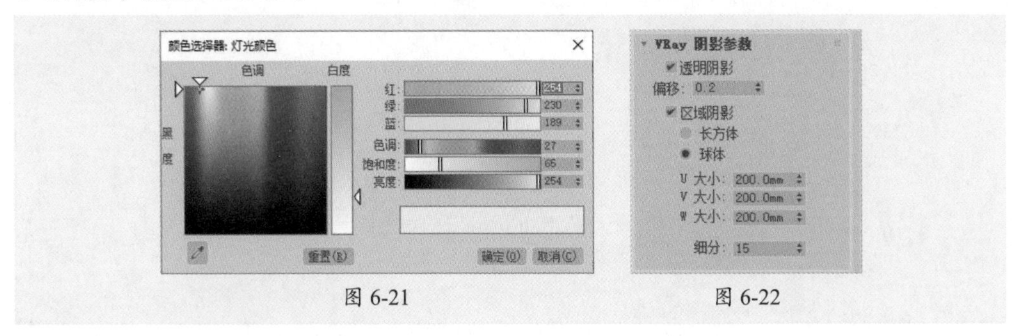

图 6-21　　图 6-22

步骤22 在视图创建“VRay灯光”并调整其位置，用来模拟室外环境光对室内的影响，如图6-23所示。

步骤23 灯光的参数设置如图6-24所示。

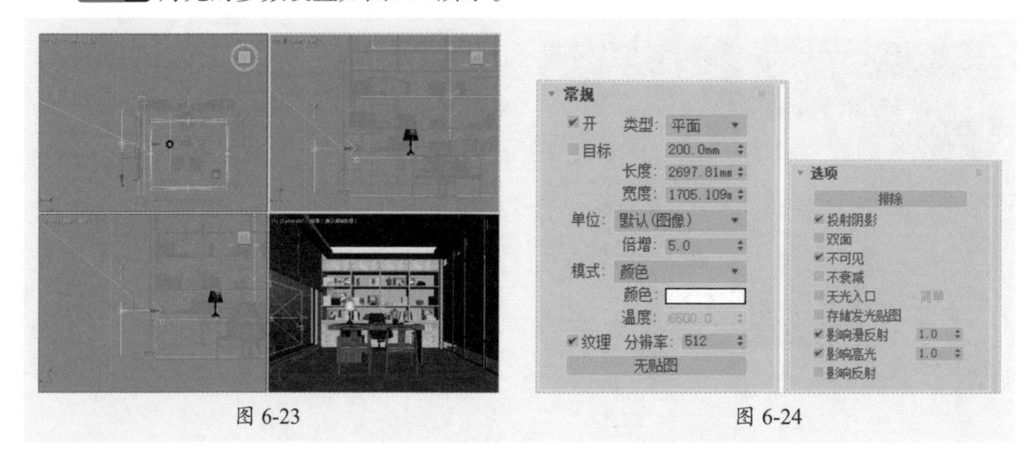

图 6-23　　图 6-24

步骤24 最后在顶视图创建VRay灯光并调整位置，设置灯光强度为4，作为室内补光，如图6-25所示。

步骤25 再次渲染摄影机视口，最终效果如图6-26所示。

图 6-25　　图 6-26

听我讲 Listen to me

6.1 标准灯光

标准灯光是3ds Max软件自带的灯光，包括“目标聚光灯”“自由聚光灯”“目标平行光”“自由平行光”“泛光”“天光”6种类型。下面具体介绍常用灯光的基础知识。

6.1.1 聚光灯

聚光灯是3ds Max中最常用的灯光类型，包括“目标聚光灯”和“自由聚光灯”两种。二者都是由一个点向一个方向照射，其中“目标聚光灯”有目标点，“自由聚光灯”没有目标点。

聚光灯的主要参数包括“常规参数”“强度/颜色/衰减”“聚光灯参数”“高级效果”“阴影参数”“阴影贴图参数”。下面将以“目标聚光灯”为例对其主要参数进行详细介绍。

1. 常规参数

“常规参数”卷展栏主要控制标准灯光的开启与关闭以及阴影，如图6-27所示。其中各选项的含义介绍如下。

- **“灯光类型”选项组中的启用：**控制是否开启灯光。
- **目标距离：**是指光源到目标对象的距离。
- **“阴影”选项组中的启用：**控制是否开启灯光阴影。
- **使用全局设置：**如果启用该选项，灯光投射的阴影将影响整个场景的阴影效果。如果关闭该选项，则必须选择渲染器使用哪种方式来生成特定的灯光阴影。
- **阴影类型：**切换阴影类型以得到不同的阴影效果。阴影类型有6种，选择不同的类型，就会有相应的参数设置，如图6-28所示。
- **“排除”按钮：**将选定的对象排除在灯光效果之外。

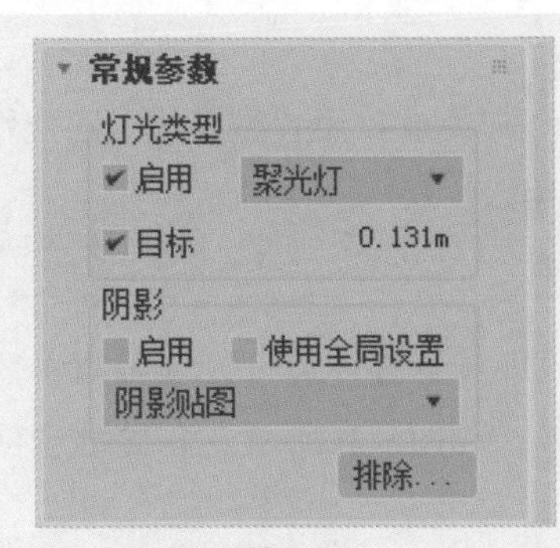

图 6-27

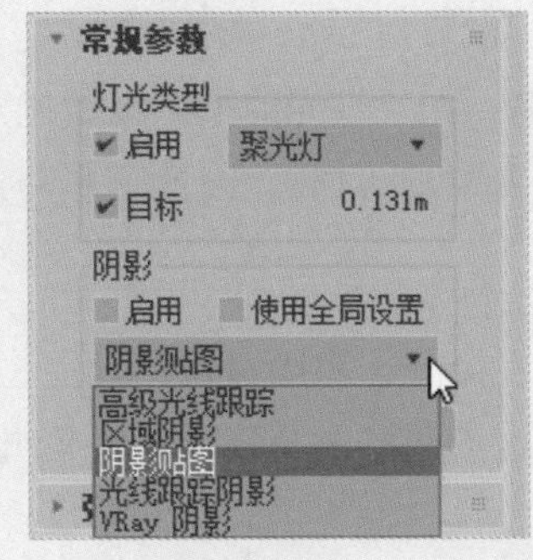

图 6-28

2. 强度 / 颜色 / 衰减

在目标聚光灯的“强度/颜色/衰减”卷展栏中，可以对灯光最基本的属性进行设置，如图6-29所示。其中各选项的含义介绍如下。

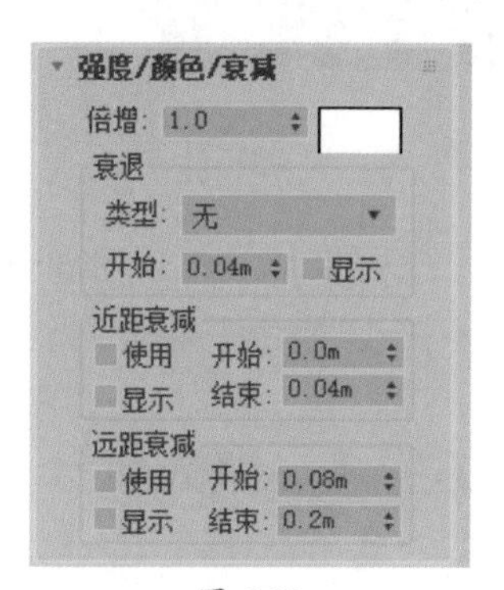

图 6-29

- **倍增：**可以将灯光功率放大一个正或负的量。
- **颜色：**单击色块，可以设置灯光发射光线的颜色。
- **类型：**指定灯光的衰退方式，有“无”“倒数”“平方反比”3种。
- **开始：**设置灯光开始衰退的距离。
- **显示：**在视口中显示灯光衰退的效果。
- **近距衰减：**该选择项组中提供了控制灯光强度淡入的参数。
- **远距衰减：**该选择项组中提供了控制灯光强度淡出的参数。

> **知识点拨**
>
> 灯光衰减时，距离灯光较近的对象表面可能过亮，距离灯光较远的对象表面可能过暗。这种情况可通过不同的曝光方式解决。

3. 聚光灯参数

“聚光灯参数”卷展栏主要控制聚光灯的聚光区及衰减区，如图6-30所示。其中各选项的含义介绍如下。

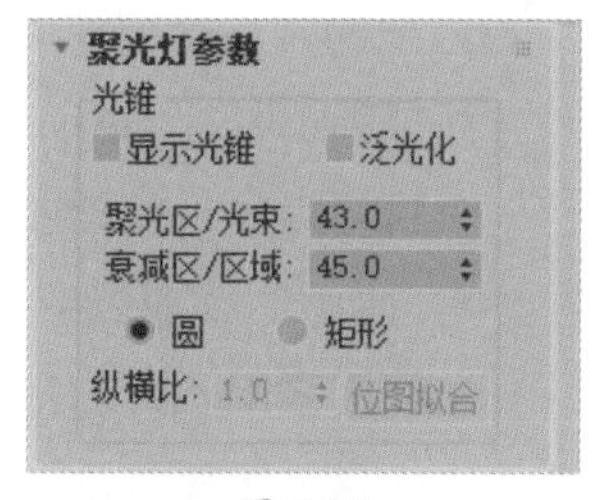

图 6-30

- **显示光锥：**启用或禁用圆锥体的显示。
- **泛光化：**启用该选项后，将在所有方向上投影灯光。但是投影和阴影只发生在其衰减圆锥体内。
- **聚光区/光束：**调整灯光圆锥体的角度。
- **衰减区/区域：**调整灯光衰减区的角度。
- **圆/矩形：**确定聚光区和衰减区的形状。如果想要一个标准圆形的灯光，应选择圆；如果想要一个矩形的光束（如灯光通过窗户或门投影），应选择矩形。
- **纵横比：**设置矩形光束的纵横比。
- **位图拟合：**如果灯光的投影纵横比为矩形，应该设置纵横比以匹配特定的位图。当灯光用作投影灯时，该选项非常有用。

4. 阴影参数

阴影参数直接在“阴影参数”卷展栏中进行设置，通过设置阴影参数，可以使对象投影产生密度不同或颜色不同的阴影效果，如图6-31所示。各参数选项的含义介绍如下。

- **颜色：**单击色块，可以设置灯光投射的阴影颜色，默认为黑色。

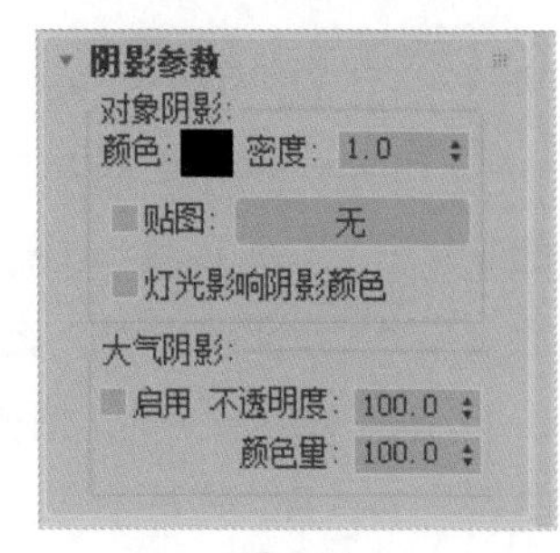

图 6-31

- **密度：** 用于控制阴影的密度，值越小阴影越淡。
- **贴图：** 可以应用各种程序贴图与阴影颜色进行混合，产生更复杂的阴影效果。
- **灯光影响阴影颜色：** 灯光颜色将与阴影颜色混合在一起。
- **大气阴影：** 应用该选项组中的参数，可以使场景中的大气效果也产生投影，并且能够控制投影的不透明度和颜色量。
- **不透明度：** 调节阴影的不透明度。
- **颜色量：** 调整颜色和阴影颜色的混合量。

知识点拨

“自由聚光灯”和“目标聚光灯”的参数基本是一致的，唯一区别在于“自由聚光灯”没有目标点，因此只能通过旋转来调节灯光的角度。

6.1.2 平行光

平行光包括“目标平行光”和“自由平行光”两种，主要用于模拟太阳在地球表面投射的光线，即以一个方向投射的平行光。目标平行光是具体方向性的灯光，常用来模拟太阳光的照射效果，当然也可以模拟美丽的夜色。

平行光的主要参数包括“常规参数”“强度/颜色/衰减”“平行光参数”“高级效果”“阴影参数”“阴影贴图参数”，如图6-32所示。其参数含义与聚光灯参数基本一致，这里不再赘述。

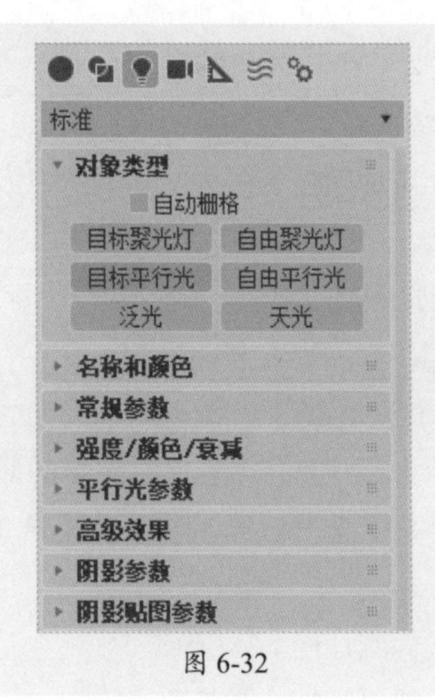

图 6-32

6.1.3 泛光灯

“泛光”的特点是以一个点为发光中心，向外均匀地发散光线，常用来制作灯泡灯光、蜡烛光等。“泛光”的主要参数包括“常规参数”“强度/颜色/衰减”“高级效果”“阴影参数”“阴影贴图参数”，如图6-33所示。其参数含义与聚光灯参数基本一致，这里不再赘述。

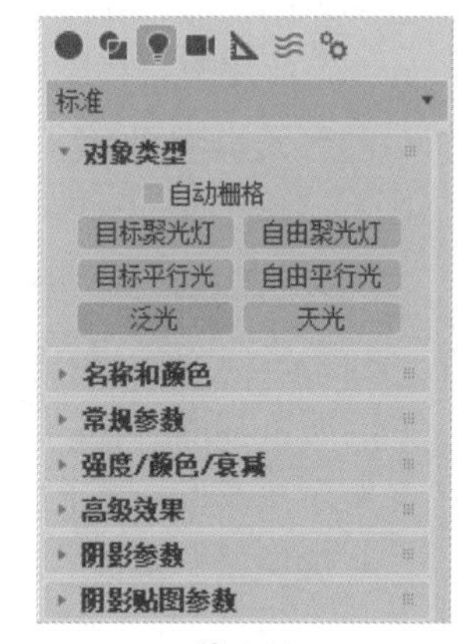

图 6-33

知识点拨

当“泛光”应用光线跟踪阴影时，渲染速度比聚光灯要慢，但渲染效果一致，在场景中应尽量避免这种情况。

6.1.4 天光

“天光”灯光通常用来模拟较为柔和的灯光效果，也可以设置天空的颜色或将其指定为贴图，对天空建模作为场景上方的圆屋顶。图6-34所示为“天光参数”卷展栏，其中各选项的含义介绍如下。

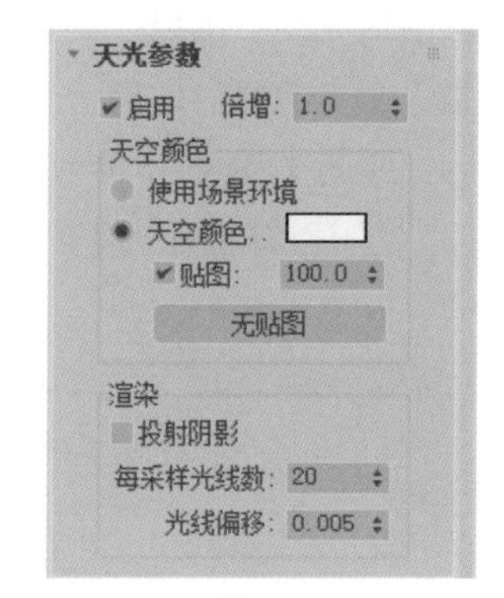

图 6-34

- **启用：** 启用或禁用灯光。
- **倍增：** 将灯光的功率放大一个正或负的量。
- **使用场景环境：** 使用环境面板上设置的环境给光上色。
- **天空颜色：** 单击色样可显示颜色选择器，并选择为天光染色。
- **贴图：** 使用贴图影响天光颜色。
- **投射阴影：** 使天光投射阴影。默认为禁用。
- **每采样光线数：** 用于计算落在场景中指定点上天光的光线数。
- **光线偏移：** 对象可以在场景中指定点上投射阴影的最短距离。

下面利用目标平行光表现太阳光源效果，使场景效果变成白天的阳光效果，具体操作步骤介绍如下。

步骤 01 打开平行光素材文件，如图6-35所示。

步骤 02 渲染摄影机视角，效果如图6-36所示。

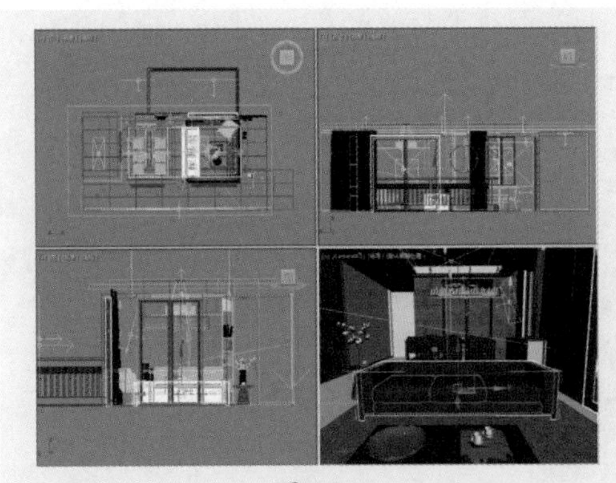

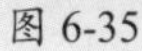

图 6-35

图 6-36

步骤 03 在顶视图中创建“目标平行光”，如图6-37所示。

步骤 04 通过多个视图调整平行光射入，如图6-38所示。

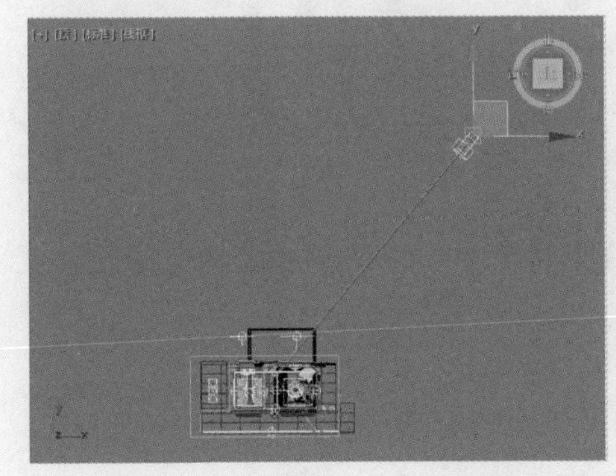

图 6-37

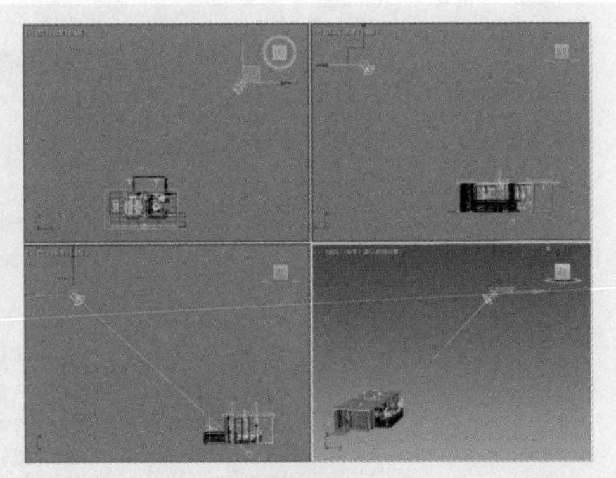

图 6-38

步骤 05 在“常规参数”卷展栏中启用“阴影”，设置为“VRay阴影”模式，在“平行光参数”卷展栏中设置光锥的形状与大小，如图6-39所示。

步骤 06 渲染场景，添加了“目标平行光”后的效果如图6-40所示。

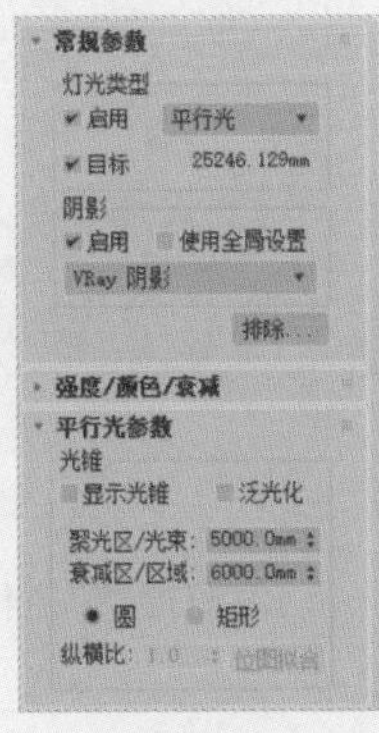

图 6-39

图 6-40

步骤 07 在“强度/颜色/衰减”卷展栏调整灯光强度及灯光颜色，如图6-41所示。

步骤 08 “灯光颜色”参数设置如图6-42所示。

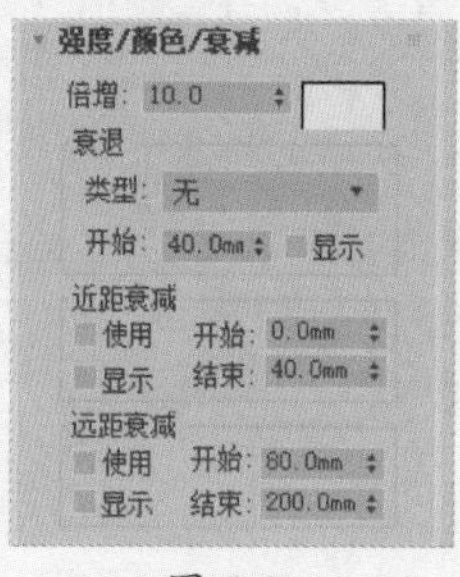

图 6-41

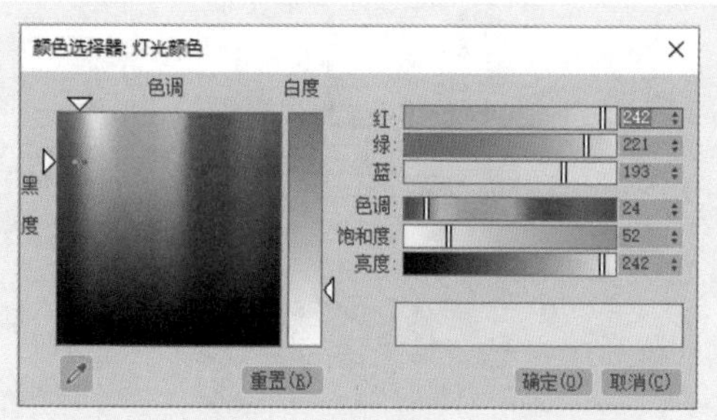

图 6-42

步骤 09 再次渲染场景，效果如图6-43所示。

图 6-43

6.2 光度学灯光

“光度学”灯光和“标准”灯光的创建方法基本相同，在“参数”卷展栏中可以设置灯光的类型，并可导入外部灯光文件模拟真实灯光效果。光度学灯光包括目标灯光、自由灯光和太阳定位器3种灯光类型。

6.2.1 目标灯光

“目标灯光”是效果图制作中常用的一种灯光类型，常用来模拟制作射灯、筒灯等，可以增加画面的灯光层次。

“目标灯光”的主要参数包括“常规参数”“分布”“强度/颜色/衰减”“图形/区域阴影”“阴影参数”“阴影贴图参数”和“高级效果”。下面对主要参数进行详细介绍。

1. 常规参数

该卷展栏中的参数用于启用和禁用灯光及阴影，以及排除或包含场景中的对象。通过它们，用户还可以设置灯光分布的类型。图6-44所示为“常规参数”卷展栏，其中各选项的含义介绍如下。

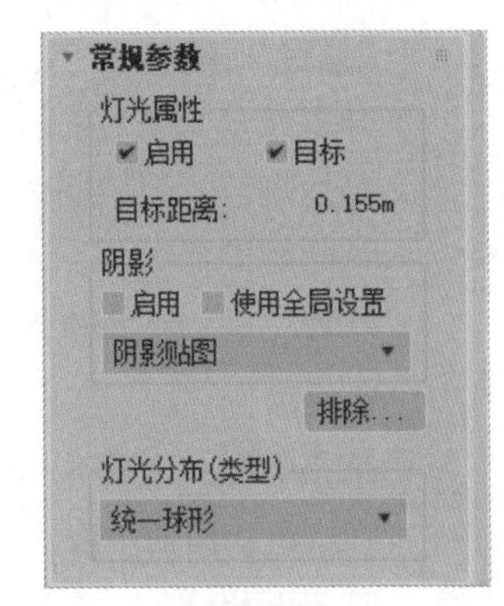

图 6-44

- **启用：** 启用或禁用灯光。
- **目标：** 启用该选项后，目标灯光才有目标点。
- **目标距离：** 用来显示目标的距离。
- **（阴影）启用：** 控制是否开启灯光的阴影效果。
- **使用全局设置：** 启用该选项后，灯光投射的阴影将影响整个场景的阴影效果。
- **阴影类型：** 设置渲染场景时使用的阴影类型，包括“高级光线跟踪”“区域阴影”“阴影贴图”“光线跟踪阴影”和“VRay阴影”几种类型。
- **排除：** 将选定的对象排除在灯光效果之外。
- **灯光分布（类型）：** 设置灯光的分布类型，包括“光度学Web”“聚光灯”“统一漫反射”“统一球形”4种类型。

2. 分布（光度学 Web）

光度学Web分布是以3D的形式表示灯光的强度，当使用光域网分布创建或选择光度学灯光时，“修改”面板上将显示“分布(光度学Web)”卷展栏，使用这些参数可以选择光域网文件并调整 Web 的方向。图6-45所示为“分布(光度学Web)”卷展栏，其中各选项的含义介绍如下。

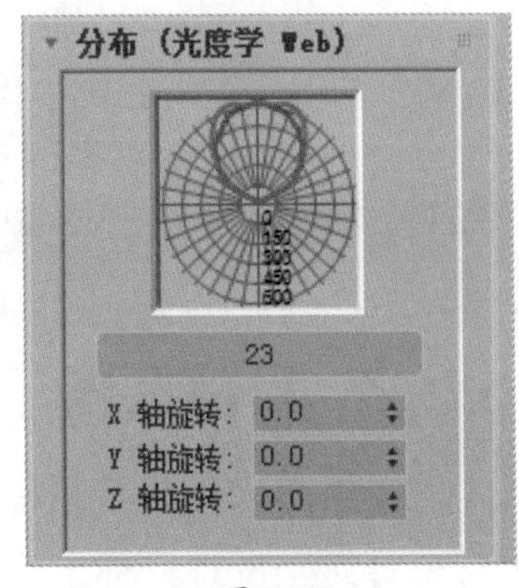

图 6-45

- **Web图：** 选择光度学文件之后，该缩略图将显示灯光分布图案的示意图。
- **选择光度学文件：** 单击此按钮，可选择用作光度学Web的文件，该文件可采用IES、LTLI或CIBSE格式。一旦选择某个文件，该按钮上会显示文件名。
- **X轴旋转：** 沿着X轴旋转光域网。
- **Y轴旋转：** 沿着Y轴旋转光域网。
- **Z轴旋转：** 沿着Z轴旋转光域网。

3. 强度 / 颜色 / 衰减

通过“强度/颜色/衰减”卷展栏可以设置灯光的颜色和强度，以及选择设置衰减极限。图6-46所示为“强度/颜色/衰减”卷展栏，其中各选项的含义介绍如下。

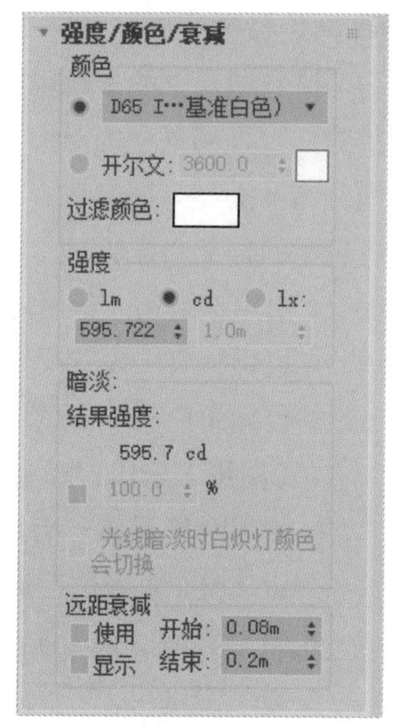

图 6-46

- **灯光选项：**拾取常见灯规范，使之近似于灯光的光谱特征。默认为“D65 Illuminant基准白色”。
- **开尔文：**通过调整色温微调器设置灯光的颜色。
- **过滤颜色：**使用颜色过滤器模拟置于光源上的过滤色的效果。
- **强度：**在物理数量的基础上指定光度学灯光的强度或亮度。
- **结果强度：**用于显示暗淡所产生的强度，并使用与强度组相同的单位。
- **暗淡百分比：**启用该切换后，该值会指定用于降低灯光强度的倍增。如果值为100%，则灯光具有最大强度；百分比值较低时，灯光较暗。
- **远距衰减：**用户可以设置光度学灯光的衰减范围。
- **使用：**启用灯光的远距衰减。
- **开始：**设置灯光开始淡出的距离。
- **显示：**在视口中显示远距衰减范围。
- **结束：**设置灯光减为0.2m的距离。

知识拓展

如果场景中存在大量的灯光，则使用“远距衰减”可以限制每个灯光照射场景的比例。例如，如果办公区域存在几排顶上照明，则通过设置“远距衰减”范围，可在处于渲染接待区域而非主办公区域时，保持无需计算灯光照明。

6.2.2 自由灯光

“自由灯光”与“目标灯光”相似，唯一的区别就是“自由灯光”没有目标点。图6-47所示为“自由灯光”的“常规参数”卷展栏。

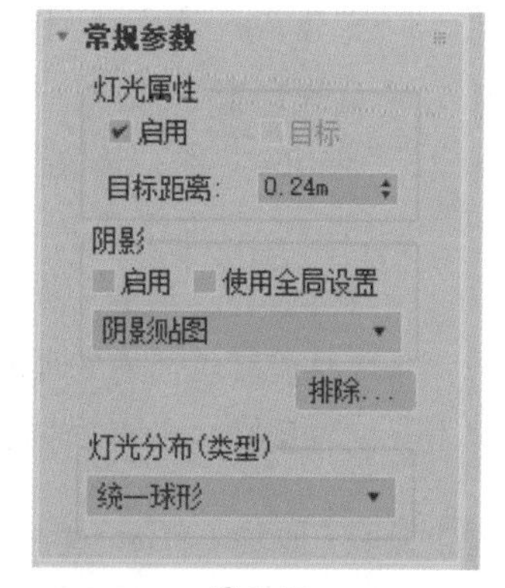

图 6-47

操作技巧

用户可以使用变换工具或者灯光视口定位灯光对象和调整其方向；也可以使用“放置高光”命令来调整灯光的位置。

6.2.3 太阳定位器

“太阳定位器”是指通过设置太阳的距离、日期和时间、气候等参数模拟现实生活中真实的太阳光照。

1. 显示

“显示”卷展栏控制太阳的半径、北向偏移的角度和太阳的距离等基本参数，如图6-48所示，其中各选项的含义介绍如下。

- **显示：** 控制是否在视图中用指南针显示方向。
- **半径：** 控制指南针显示方向的半径。
- **北向偏移：** 控制指南针方向相对于北向的偏移（这里的北向遵循“上北下南”规定）。
- **距离：** 控制太阳与目标之间的距离。

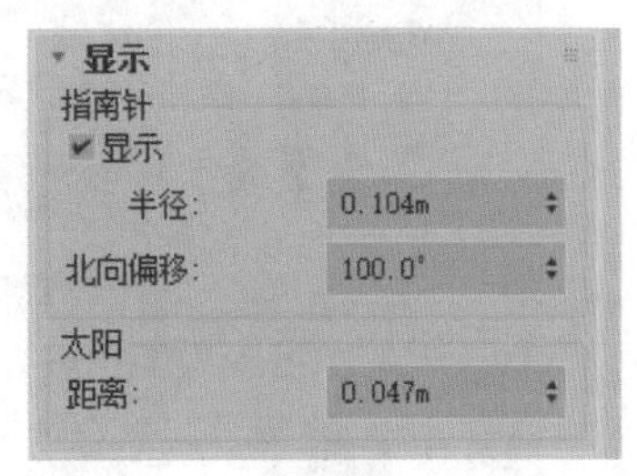

图 6-48

2. 太阳位置

“太阳位置”卷展栏用于设置太阳的日期和时间、气候等参数，以模拟真实的太阳光照，如图6-49所示。

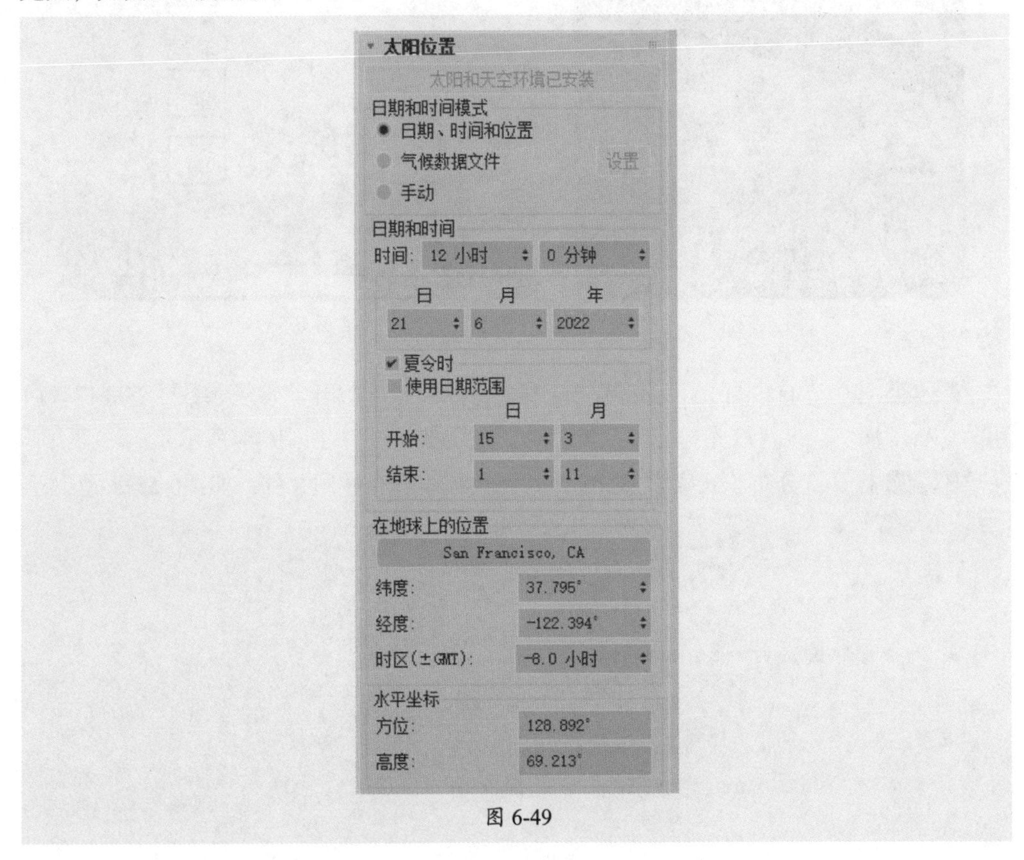

图 6-49

下面利用“自由灯光”结合光域网来表现射灯光源效果，这在室内设计效果图的制作中应用非常广泛，具体的操作步骤如下。

步骤 01 打开准备好的场景文件，可看到场景中已创建了部分光源，如图6-50所示。

步骤 02 渲染摄影机视角，效果如图6-51所示。

图 6-50

图 6-51

步骤 03 在“创建”命令面板中执行“灯光”|“光度学”|“自由灯光”命令，在场景中创建一盏自由灯光，调整灯光的角度及位置，如图6-52所示。

步骤 04 渲染场景，效果如图6-53所示。场景中的光源出现了曝光。

图 6-52

图 6-53

步骤 05 选中“自由灯光”，在其“修改”命令面板中打开“常规参数”卷展栏，启用“VRay阴影”，设置灯光“分布”类型为“光度学Web”，如图6-54所示。

步骤 06 打开“分布（光度学 Web）”卷展栏，添加光域网文件，如图6-55所示。

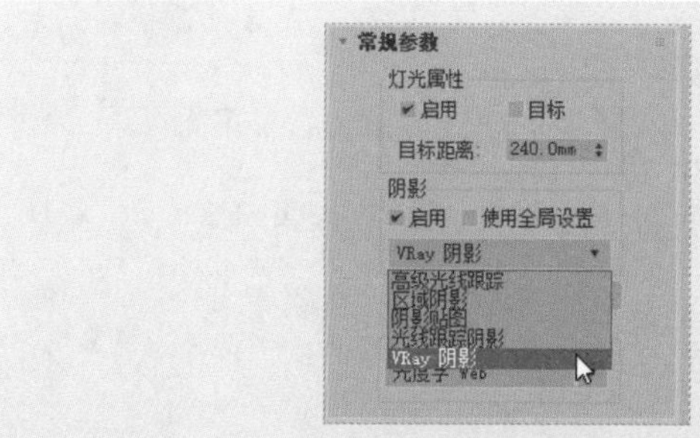

图 6-54

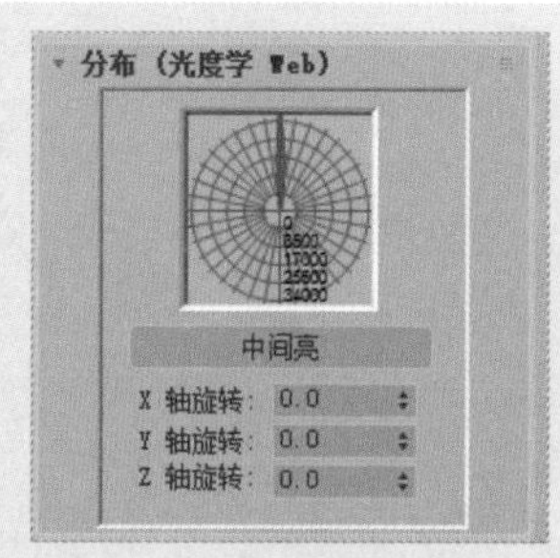

图 6-55

步骤 07 在“强度/颜色/衰减”卷展栏中调整灯光强度和灯光颜色，如图6-56和图6-57所示。

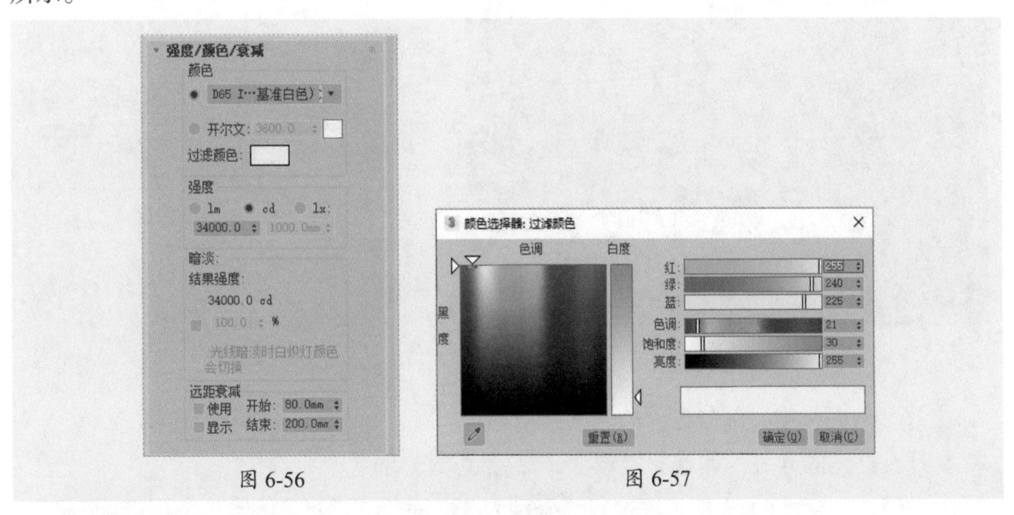

图 6-56　　图 6-57

步骤 08 渲染摄影机视口，射灯光源效果如图6-58所示。

步骤 09 向两侧复制灯光，调整位置，再渲染最终效果，如图6-59所示。

图 6-58　　图 6-59

6.3 VRay光源系统

VRay渲染器是最常用的渲染器，VR-灯光是 VRay渲染器的专属灯光类型，VRay灯光包括VRayLight、VRayIES、VR-环境灯光、V-Ray太阳4种类型，其中VRayLight和V-Ray太阳最为常用。

6.3.1 VRayLight

VRayLight是“VRay渲染器”自带的灯光之一，它的使用频率比较高。默认的光源形状为具有光源指向的矩形光源，如图6-60所示。VRayLight参数控制面板如图6-61所示。

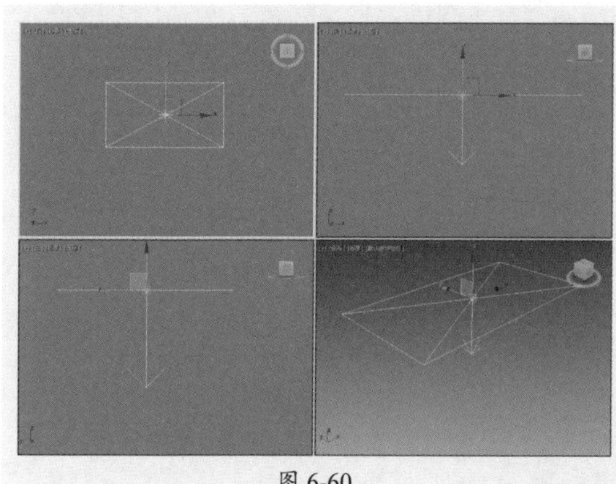

图 6-60

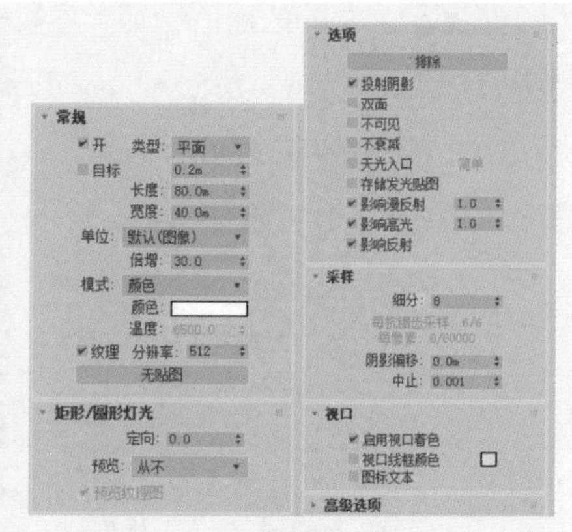

图 6-61

上述参数面板中，部分选项的含义介绍如下。

- **开：**灯光的开关。勾选此复选框，灯光才被开启。
- **类型：**有5种灯光类型可以选择，分别为“平面”“穹顶”“球体”“网格”“圆形”。
- **目标：**其微调框设置指向目标箭头的长度。
- **长度：**面光源的长度。
- **宽度：**面光源的宽度。
- **单位：**VRay的默认单位，以灯光的亮度和颜色来控制灯光的光照强度。
- **倍增：**用于控制光照的强弱。
- **模式：**可选择颜色或者色温。
- **颜色：**光源发光的颜色。
- **温度：**光源的温度控制，温度越高，光源越亮。
- **纹理：**可以给灯光添加纹理贴图。
- **投射阴影：**控制灯光是否投射阴影，默认为勾选。
- **双面：**控制是否在面光源的两面都产生灯光效果。
- **不可见：**用于控制是否在渲染时显示VRay灯光的形状。
- **不衰减：**勾选此复选框，灯光强度将不随距离而减弱。
- **天光入口：**勾选此复选框，将把VRay灯光转换为天光。
- **存储发光贴图：**勾选此复选框，同时为发光贴图命名并指定路径，这样VR灯光的光照信息将保存。
- **影响漫反射：**控制灯光是否影响材质属性的漫反射。
- **影响高光：**控制灯光是否影响材质属性的高光。
- **影响反射：**控制灯光是否影响材质属性的反射。
- **细分：**控制VRay灯光的细分采样。
- **阴影偏移：**控制物体与阴影的偏移距离。

下面通过简单的场景测试来对VR-灯光的一些重要参数进行说明。图6-62所示为灯光测试场景。

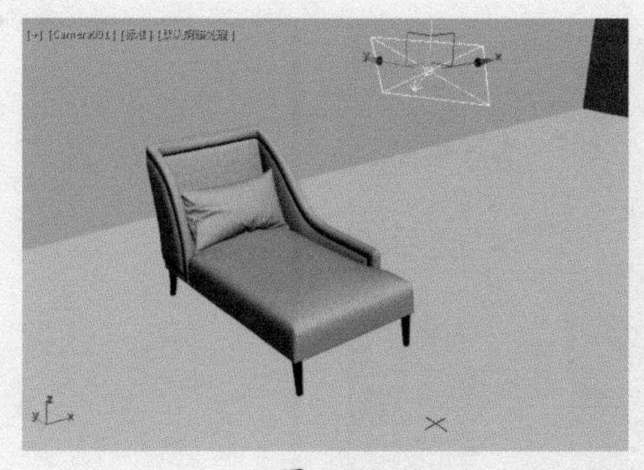

图 6-62

渲染场景，图6-63和图6-64所示分别为未勾选“双面”选项和勾选了“双面”选项的对比效果。该选项用来控制灯光是否双面发光。

图 6-63

图 6-64

图6-65和图6-66所示分别为未勾选“不可见”选项和勾选了“不可见”选项的对比效果。该选项用于控制是否显示VRayLight的形状。

图 6-65

图 6-66

图6-67和图6-68所示分别为未勾选“不衰减”选项和勾选了“不衰减”选项的对比效果。勾选该选项后，光线没有衰减，整个场景非常明亮且不真实。

图 6-67

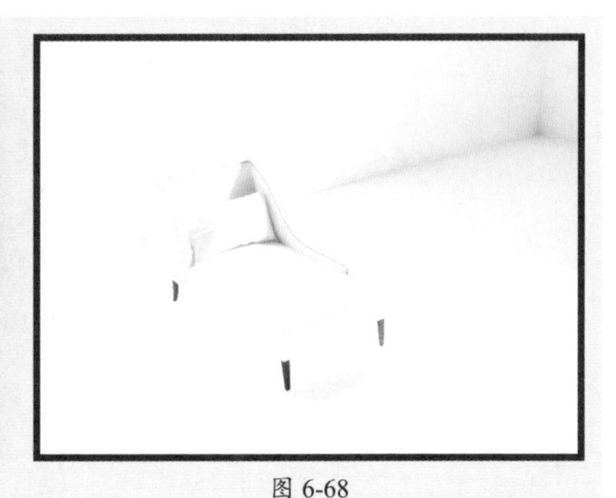

图 6-68

知识拓展

关于其他选项的应用，读者可以自己进行测试，通过测试就会更深刻地理解它们的用途。测试，是学习VRay最有效的方法，只有通过不断测试，才能真正理解每个参数的含义，这样才能作出逼真的效果。所以，读者在学习VRay时，应避免死记硬背，要从原理层次去理解参数，这才是学习VRay的方法。

6.3.2 VRayIES

VRayIES是室内设计中常用到的灯光，效果如图6-69所示。VRayIES是VRay渲染器提供用于添加IES光域网文件的光源。选择了光域网文件（*.IES），那么在渲染过程中光源的照明就会按照选择的光域网文件中的信息来表现，就可以实现普通照明无法生成的散射、多层反射、日光灯等效果。

“VRay光域网（IES）参数”卷展栏如图6-70所示，其中各参数的含义与VRayLight和VRaySun类似。

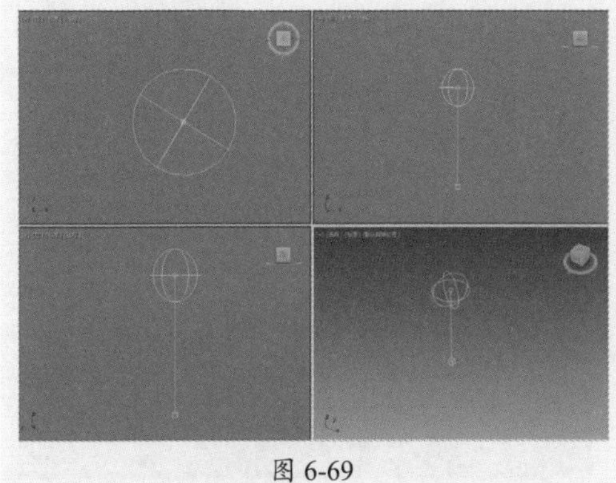

图 6-69

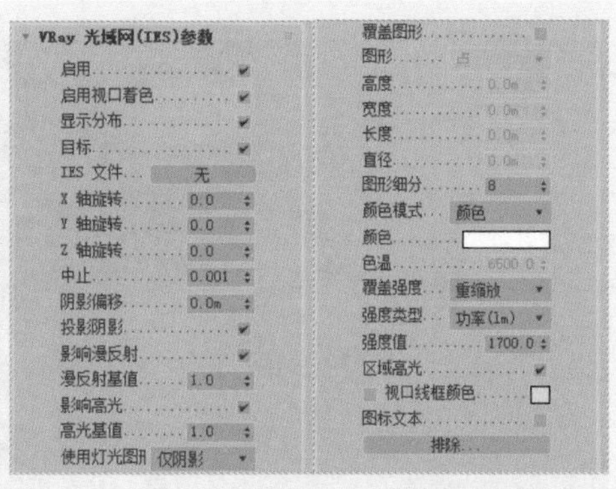

图 6-70

6.3.3 V-Ray太阳

V-Ray太阳可以模拟物理世界里的真实阳光效果，阳光的变化会随着V-Ray太阳位置的变化而变化。

V-Ray太阳是VRay渲染器用于模拟太阳光的，创建V-Ray太阳时，会自动弹出添加环境贴图选择框，如图6-71所示。“VRay太阳参数”卷展栏如图6-72所示。

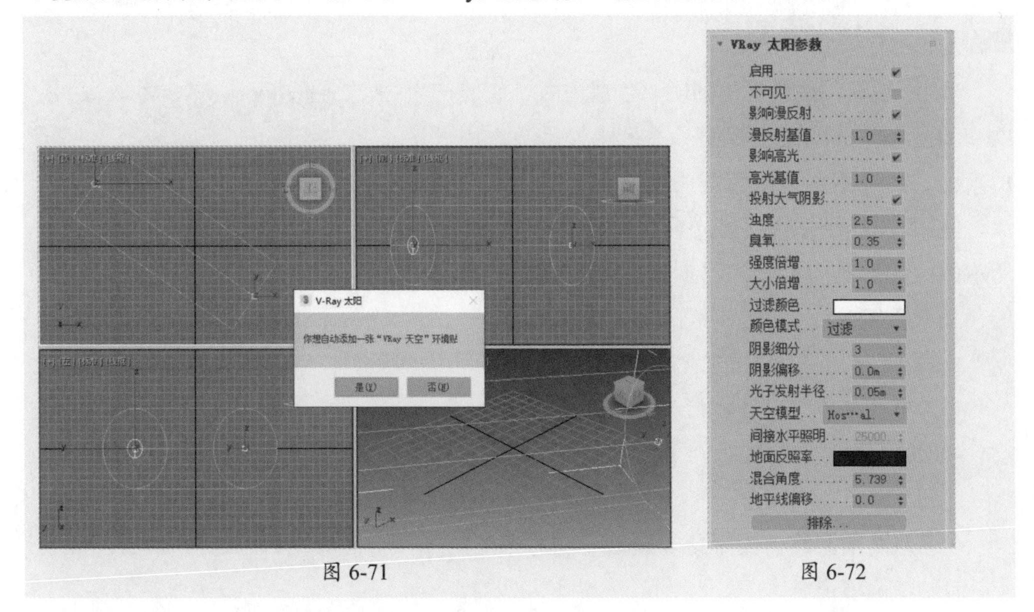

图 6-71　　　　图 6-72

“VRay太阳参数”卷展栏中常用选项的含义介绍如下。

- **启用：** 此选项用于控制阳光的开关。
- **不可见：** 用于控制在渲染时是否显示V-Ray太阳的形状。
- **浊度：** 影响太阳和天空的颜色倾向。当数值较小时，空气晴朗干净，颜色倾向为蓝色；当数值较大时，空气浑浊，颜色倾向为黄色甚至橘黄色。
- **臭氧：** 表示空气中的氧气含量。较小的值阳光会发黄，较大的值阳光会发蓝。
- **强度倍增：** 用于控制阳光的强度。
- **大小倍增：** 控制太阳的大小，主要表现在控制投影的模糊程度。若值较大，则阴影会比较模糊。
- **阴影细分：** 用于控制阴影的品质。若值较大，模糊区域的阴影将会比较光滑，没有杂点。
- **阴影偏移：** 用来控制物体与阴影偏移的距离，若值较高，会使阴影向灯光的方向偏移。如果该值为1.0，阴影无偏移；如果该值大于1.0，阴影远离投影对象；如果该值小于1.0，阴影靠近投影对象。
- **光子发射半径：** 用于设置光子发射的半径。这个参数和Photon map计算引擎有关。

6.4 灯光阴影类型

对于标准灯光中的“目标/自由聚光灯”“目标/自由平行光”“泛光”和光度学灯光中的“目标灯光”“自由灯光”，在“常规参数”卷展栏中，除了可对灯光进行开关设置外，还可选择不同形式的阴影方式，使对象投影产生密度不同或颜色不同的阴影效果。

6.4.1 阴影贴图

“阴影贴图”是最常用的阴影生成方式，它能产生柔和的阴影，且渲染速度快。不足之处是会占用大量的内存，并且不支持使用透明度或不透明度贴图的对象。使用“阴影贴图”，灯光参数面板中会出现图6-73所示的“阴影贴图参数”卷展栏。该卷展栏中各选项的含义介绍如下。

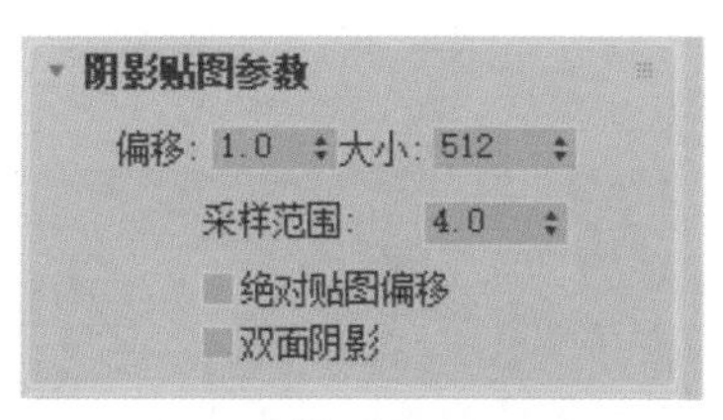

图 6-73

- **偏移：**位图偏移面向或背离阴影投射对象移动阴影。
- **大小：**设置用于计算灯光的阴影贴图大小。
- **采样范围：**决定阴影内平均有多大区域，影响柔和阴影边缘的程度。范围为0.01 ~ 50.0。
- **绝对贴图偏移：**勾选该复选框，阴影贴图的偏移未标准化，以绝对方式计算阴影贴图偏移量。
- **双面阴影：**勾选该复选框，计算阴影时不忽略背面。

6.4.2 区域阴影

所有类型的灯光都可以使用“区域阴影”参数。创建“区域阴影”，需要设置“虚设”区域阴影的虚拟灯光的尺寸。使用“区域阴影”后，会出现相应的参数卷展栏，在卷展栏中可以选择产生阴影的灯光类型并设置阴影参数，如图6-74所示。卷展栏中常用选项的含义介绍如下。

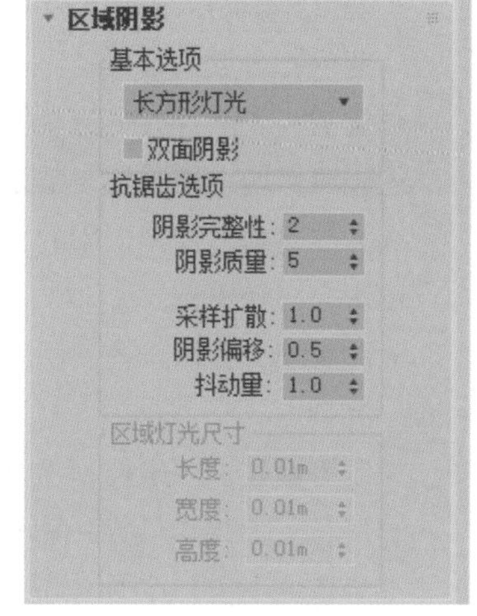

图 6-74

- **基本选项：**在该选项组中可以选择生成区域阴影的方式，包括简单的矩形灯光、圆形灯光、长方体形灯光、球形灯等多种方式。
- **阴影完整性：**用于设置初始光束投射中的光线数。
- **阴影质量：**用于设置在半影区域（柔化区域）中投射的光线总数。

- **采样扩散：**用于设置模糊抗锯齿边缘的半径。
- **阴影偏移：**用于控制阴影和物体之间的偏移距离。
- **抖动量：**用于向光线位置添加随机性。
- **区域灯光尺寸：**该选项组提供尺寸参数来计算区域阴影，该组参数并不影响实际的灯光对象。

6.4.3 光线跟踪阴影

使用“光线跟踪阴影”功能可以支持透明度和不透明度贴图，产生清晰的阴影。但该阴影类型渲染计算速度较慢，不支持柔和的阴影效果。选择“光线跟踪阴影”选项后，参数面板中会出现相应的卷展栏，如图6-75所示，选项的含义介绍如下。

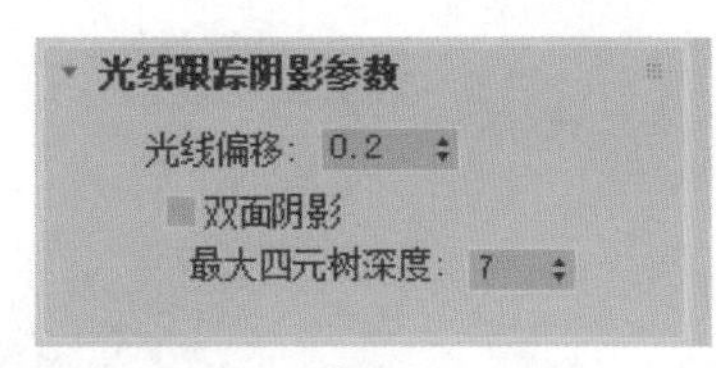

图 6-75

- **光线偏移：**用于设置光线跟踪偏移，面向或背离阴影投射对象移动阴影的距离。
- **双面阴影：**勾选该复选框，计算阴影时其背面将不被忽略。
- **最大四元树深度：**该参数可调整四元树的深度。增大四元树深度值可以缩短光线跟踪时间，但却要占用大量的内存空间。四元树是一种用于计算光线跟踪阴影的数据结构。

6.4.4 VRay阴影

在3ds Max标准灯光中，VRay阴影是其中一种阴影模式。在室内外等场景的渲染过程中，通常是将3ds Max的灯光设置为主光源，配合“VR阴影”进行画面的制作，因为“VR阴影”产生的模糊阴影的计算速度要比其他类型的阴影速度快。

选择“VR阴影”选项后，参数面板中会出现相应的卷展栏，如图6-76所示，选项的含义介绍如下。

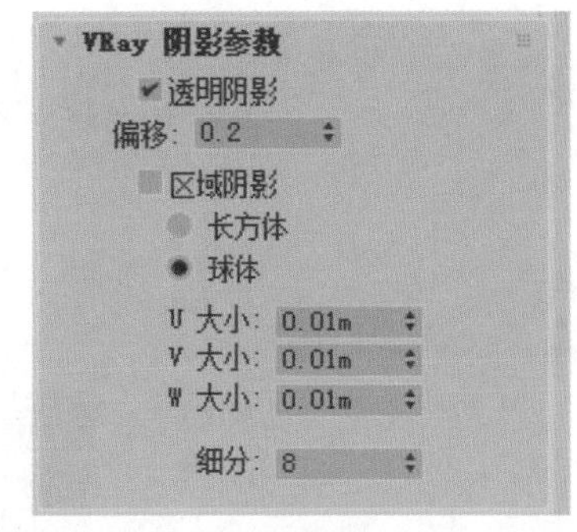

图 6-76

- **透明阴影：**当物体的阴影由一个透明物体产生时，该选项十分有用。
- **偏移：**给顶点的光线追踪阴影偏移。
- **区域阴影：**打开或关闭面阴影。
- **长方体：**假定光线是由一个长方体发出的。
- **球体：**假定光线是由一个球体发出的。

自己练

项目练习1：模拟台灯光源

操作要领 ①创建一盏球形的VRayLight，设置灯光半径并调整到台灯中心位置；

②设置灯光强度、颜色及选项参数，如图6-77所示。

图纸展示

图 6-77

项目练习2：模拟射灯光源

操作要领 ①创建一盏目标灯光，调整其位置及角度。

②选择光度学Web灯光类型，添加光域网文件，再设置光源颜色及强度。

③复制光源，调整其角度及位置，如图6-78所示。

图纸展示

图 6-78

3ds Max

第7章 摄影机的应用

本章概述

本章将介绍摄影机技术。在3ds Max中，通过创建摄影机可以确定画面的角度、景深、运动模糊、增强透视等各种效果。摄影机的应用是效果图制作过程中一个重要的环节，在设计创作中，可以通过切换透视和摄影机视角来观察局部与整体的效果。本章将详细介绍关于摄影机的知识，从而为以后的创作奠定良好的基础。

要点难点

- 摄影机的理论 ★☆☆
- 标准摄影机的应用 ★☆☆
- VRay摄影机的应用 ★☆☆

跟我学 为茶室场景创建摄影机

学习目标 本案例将为准备好的茶室场景创建一盏摄影机，通过摄影机的调整与参数的设置，渲染出最合适的场景效果。学习本案例后，读者可以学会目标摄影机的布局与参数设置，掌握“镜头”参数对布局效果的影响。

案例路径 云盘\实例文件\第7章\跟我学\为茶室场景创建摄影机

实现过程

步骤01 打开“茶室场景”素材文件，如图7-1所示。

步骤02 在“创建”命令面板中单击“目标摄影机”按钮，如图7-2所示。

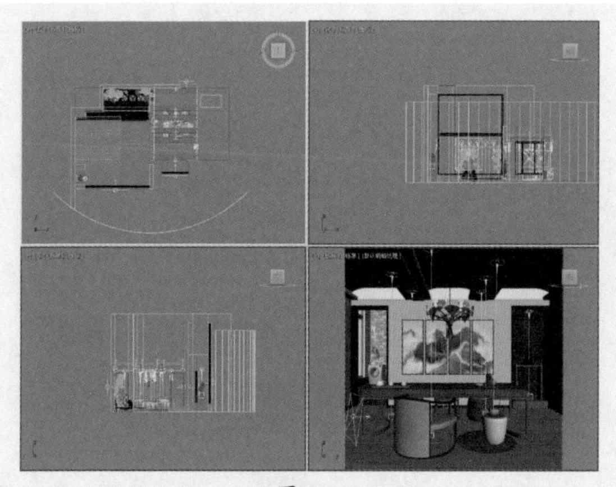

图 7-1

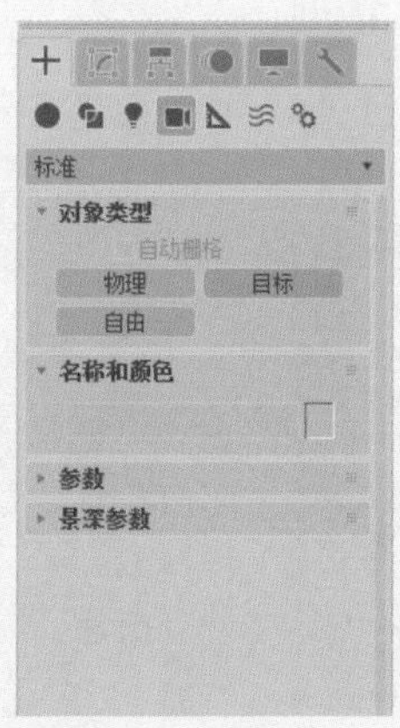

图 7-2

步骤03 在顶视图中创建一个目标摄影机，如图7-3所示。

步骤04 设置摄影机“镜头”参数为35.0，如图7-4所示。

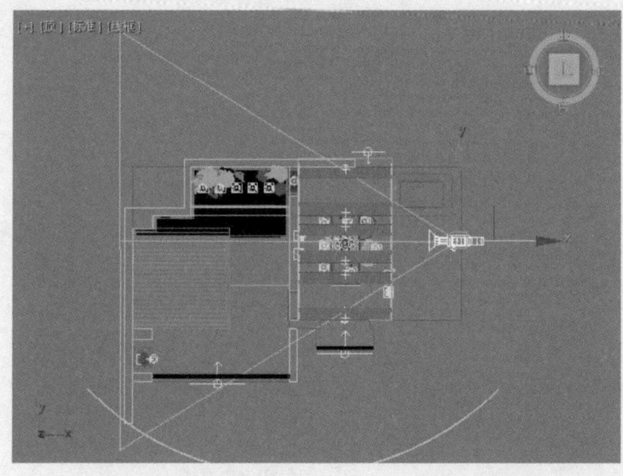

图 7-3

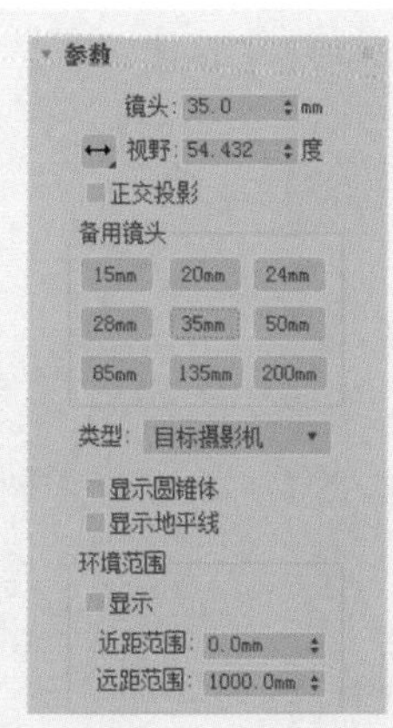

图 7-4

步骤 05 通过多个视口调整摄影机的位置及角度，如图7-5所示。

步骤 06 切换到摄影机视图，如图7-6所示。

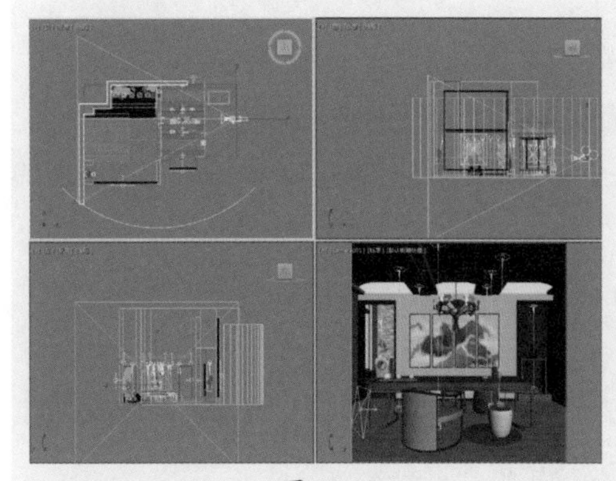

图 7-5

图 7-6

步骤 07 尝试调整“镜头”参数，观察摄影机视图变化。“镜头”参数设置为50，可以清楚地看到“镜头”参数变大，视图内物品变少，如图7-7所示。

步骤 08 “镜头”参数设置为35，渲染摄影机视图，最终渲染效果如图7-8所示。

图 7-7

图 7-8

听我讲 Listen to me

7.1 摄影机基础知识

在学习摄影机的具体类型和参数之前，首先需要了解一下摄影机的相关理论知识。摄影机是通过光学成像原理形成影像并使用底片记录影像的设备，摄影机是记录画面的主要工具。

7.1.1 摄影机基本知识概述

真实世界中的摄影机是使用镜头将环境反射的灯光聚焦到具有灯光敏感性曲面的焦点平面，3ds Max中与摄影机相关的参数主要包括焦距和视野。

1. 焦距

焦距是指镜头和灯光敏感性曲面的焦点平面之间的距离。焦距影响成像对象在图片上的清晰度。焦距越小，图片中包含的场景越多。焦距越大，图片中包含的场景越少，但会显示远距离成像对象的更多细节。

2. 视野

视野控制摄影机可见场景的数量，以水平线度数进行测量。视野与镜头的焦距直接相关，如35mm的镜头显示水平线约为54°。焦距越大，视野越窄；焦距越小，则视野越宽。

7.1.2 构图原理

构图无论是在摄影还是在设计的创作中，都是尤为重要的。构图是设置的第一步，构图的合理与否直接影响整个作品的冲击力、作品情感。

（1）聚焦构图。

聚焦构图即指多个物体聚焦在一点的构图方式。会令人产生刺激、冲击的画面效果。

（2）对称构图。

对称构图是最常见的构图方式，是指画面的上下对称或左右对称，会产生较为平衡的画面效果。

（3）曲线构图。

曲线构图是指画面中的主体物以曲线的位置划分，可以让画面产生唯美的效果。

（4）对角线构图。

水平线构图给人一种静态、平静的感觉，而倾斜的对角线构图给人一种戏剧性的感觉。

（5）黄金分割构图。

黄金比又称黄金律，是指事物各部分间有一定的数学比例关系，即将整体分为两部分，较大部分占据整体的61.8%。

（6）三角形构图。

三角形构图是指以3个视觉中心为景物的主要位置，形成一个稳定的三角形，给人一种稳定、平稳的感觉。

7.2 标准摄影机

3ds Max中的标准摄影机共分为3种类型，即物理摄影机、目标摄影机和“自由”摄影机。摄影机可以从特定的观察点来观察场景，模拟真实世界中的静止图像、运动图像或视频，并能够制作某些特殊的效果，如景深和运动模糊等。本节主要介绍摄影机的相关基础知识与实际应用操作等。

7.2.1 物理摄影机

物理摄影机可以模拟用户熟悉的真实摄影机设置，如快门速度、光圈、景深和曝光等。物理摄影机借助增强的控件和额外的视口内反馈，让创建逼真的图像和动画变得更加容易。它将场景的帧设置与曝光控制和其他效果集成在一起，是用于真实照片级渲染的最佳摄影机类型。

1. 基本参数

物理摄影机的“基本”参数面板如图7-9所示，其中各个参数的含义介绍如下。

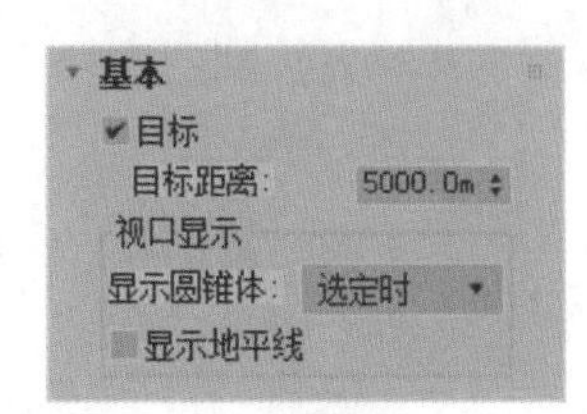

图 7-9

- **目标：**默认开启，启用该选项后，摄影机包括目标对象，并与目标摄影机的行为相似。
- **目标距离：**设置目标与焦点平面之间的距离，会影响聚焦、景深等。
- **显示圆锥体：**在显示摄影机圆锥体时选择“选定时”“始终”或“从不”。
- **显示地平线：**启用该选项后，地平线在摄影机视口中显示为水平线（假设摄影机帧包括地平线）。

2. 物理摄影机参数

“物理摄影机”参数面板如图7-10所示，其中各个参数的含义如下。

- **预设值：**选择胶片模型或电荷耦合传感器。选项包括35mm胶片及多种行业标准传感器设置。每个设置都有其默认宽度值。“自定义”选项用于选择任意宽度。
- **宽度：**可以手动调整帧的宽度。

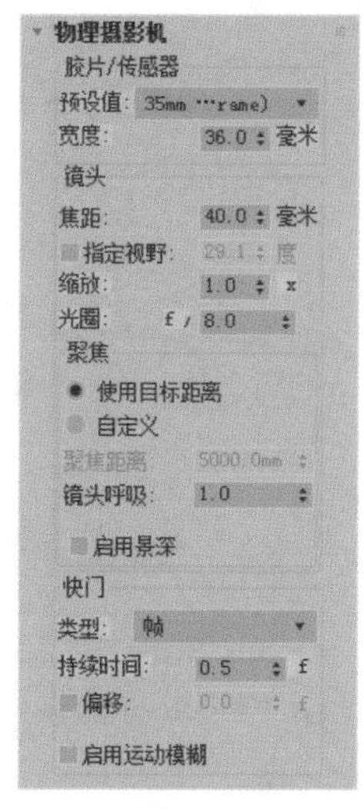

图 7-10

- **焦距：** 设置镜头的焦距，默认值为40mm。
- **指定视野：** 启用该选项时，可以设置新的视野值。默认的视野值取决于所选的胶片/传感器预设值。
- **缩放：** 在不更改摄影机位置的情况下缩放镜头。
- **光圈：** 将光圈设置为光圈数，或“F制光圈”。此值将影响曝光和景深。光圈值越低，则光圈越大且景深越窄。
- **镜头呼吸：** 通过将镜头向焦距方向移动或远离焦距方向来调整视野。镜头呼吸值为1.0表示禁用此效果。
- **启用景深：** 启用该选项时，摄影机在不等于焦距的距离上生成模糊效果。景深效果的强度基于光圈设置。
- **类型：** 选择测量快门速度使用的单位：帧（默认设置），通常用于计算机图形；分或分秒，通常用于静态摄影；度，通常用于电影摄影。
- **持续时间：** 根据所选的单位类型设置快门速度。该值可能影响曝光、景深和运动模糊。
- **偏移：** 启用该选项时，指定相对于每帧开始时间的快门打开时间，更改此值会影响运动模糊。
- **启用运动模糊：** 启用该选项后，摄影机可以生成运动模糊效果。

3. 曝光参数

“曝光”参数面板如图7-11所示，其中各个参数的含义如下。

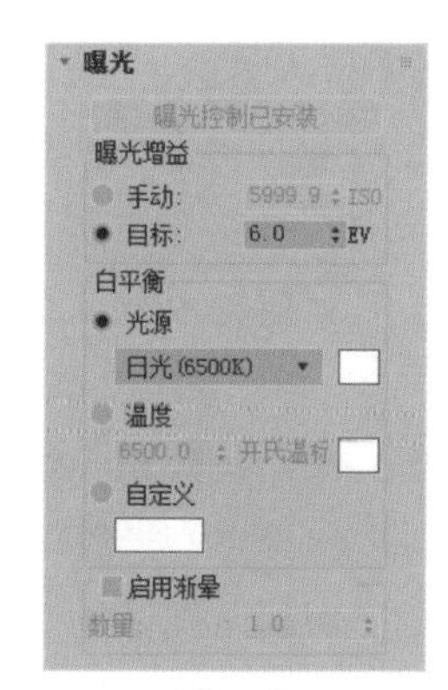

图 7-11

- **曝光控制已安装：** 单击可以使物理摄影机曝光控制处于活动状态。
- **手动：** 通过ISO值设置曝光增益。当此选项处于活动状态时，通过此值、快门速度和光圈设置计算曝光时间。该数值越大，曝光时间越长。
- **目标：** 设置与3个摄影曝光值的组合相对应的单个曝光值。每次增加或降低EV值，对应地也会分别减少或增加有效的曝光，如快门速度值中所做的更改表示的一样。因此，值越高，生成的图像越暗；值越低，生成的图像越亮。默认设置为6.0。
- **光源：** 按照标准光源设置色彩平衡。
- **温度：** 以色温形式设置色彩平衡，以开尔文度表示。
- **自定义：** 用于设置任意色彩平衡。单击色样可打开“颜色选择器”，可以从中设置希望使用的颜色。

- **启用渐晕：** 启用时，渲染模拟出现在胶片平面边缘的变暗效果。
- **数量：** 设置此数量可以添加渐晕效果。

4. 散景（景深）参数

“散景（景深）”参数面板如图7-12所示，其中各个参数的含义如下。

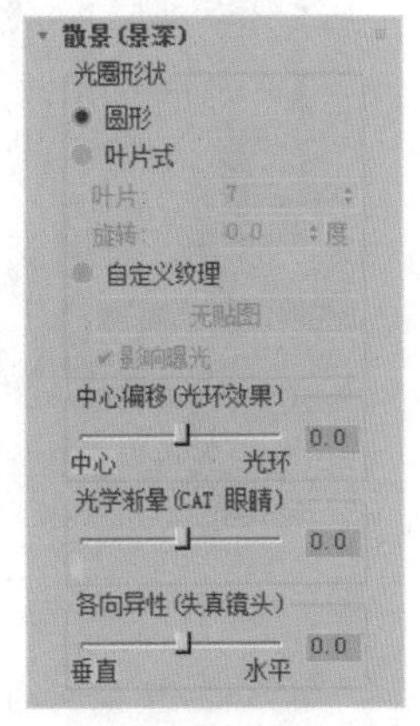

图 7-12

- **圆形：** 散景效果基于圆形光圈。
- **叶片式：** 散景效果使用带有边的光圈。使用“叶片”值设置每个模糊圈的边数，使用“旋转”值设置每个模糊圈旋转的角度。
- **自定义纹理：** 使用贴图替换模糊圈。将纹理映射到与镜头纵横比相匹配的矩形，会忽略纹理的初始纵横比。
- **中心偏移（光环效果）：** 使光圈透明度向中心（负值）或边（正值）偏移。正值会增加焦点区域的模糊量，而负值会减小模糊量。
- **光学渐晕（CAT眼睛）：** 通过模拟猫眼效果使帧呈现渐晕效果。
- **各向异性（失真镜头）：** 通过垂直（负值）或水平（正值）拉伸光圈模拟失真镜头。

> **知识拓展**
>
> 物理摄影机作为3ds Max自带的目标摄影机，具有很多优秀的功能，如焦距、光圈、白平衡、快门速度和曝光等，这些参数与单反相机非常相似，因此想要熟练地应用物理摄影机，可以适当学习一些与单反相机相关的知识。

物理摄影机是比较常用的摄影机，它由摄影机和目标点组成。下面介绍利用物理摄影机制作光圈效果的操作步骤。

步骤 01 打开“创建物理摄影机”素材文件，如图7-13所示。

步骤 02 执行“创建”|“摄影机”|“标准”命令，在“对象类型”卷展栏中单击“物理”按钮，如图7-14所示。

图 7-13

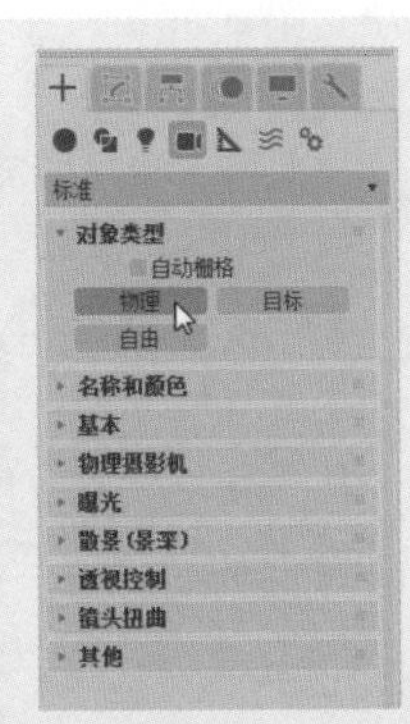

图 7-14

步骤 03 在顶视图中创建物理摄影机，如图7-15所示。

步骤 04 调整摄影机的角度，如图7-16所示。

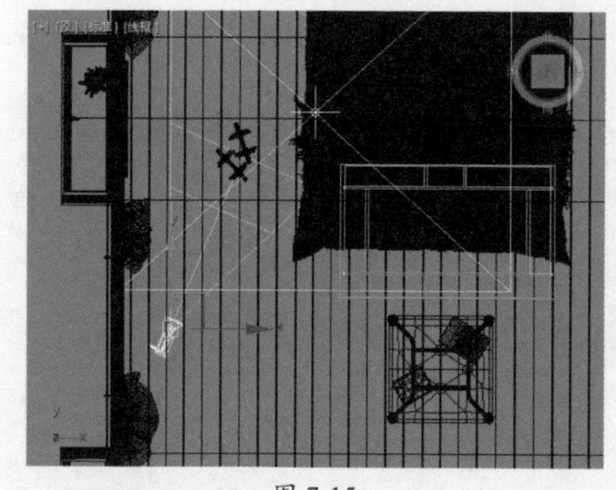

图 7-15

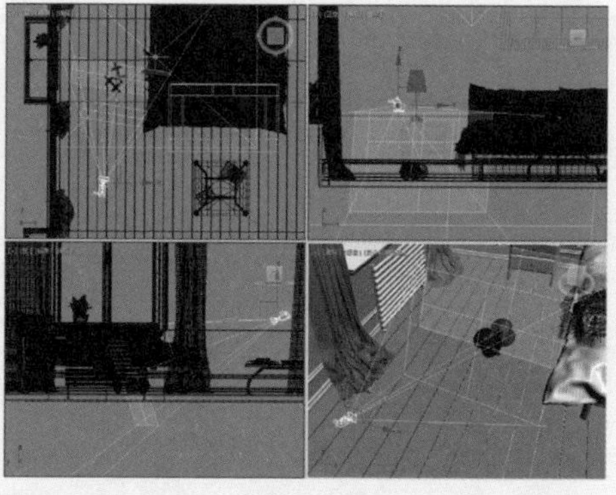

图 7-16

步骤 05 切换到透视视图，再按键盘上的C键切换到摄影机视图，如图7-17所示。

步骤 06 渲染摄影机视角，渲染效果如图7-18所示。

图 7-17

图 7-18

步骤 07 在“物理摄影机”卷展栏中调整“焦距”值为47.0，如图7-19所示。

步骤 08 此时摄影机视图如图7-20所示。焦距越大，镜头越近。

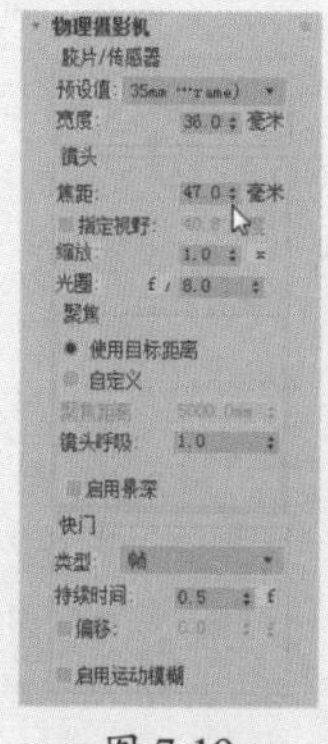

图 7-19

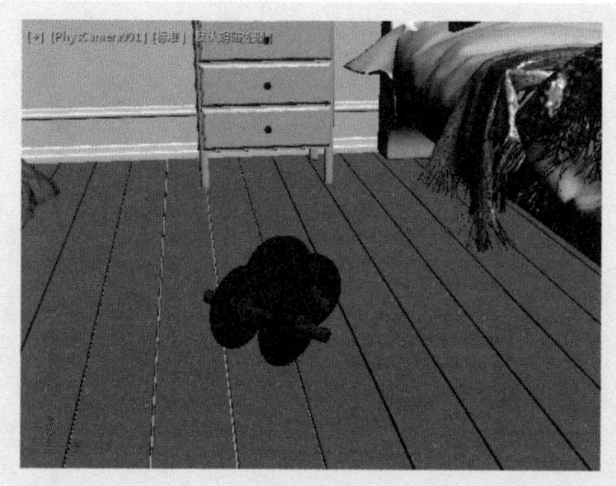

图 7-20

步骤 09 在“物理摄影机”卷展栏中勾选“启用景深”复选框，在“散景（景深）”卷展栏中设置“中心偏移”为100、“光学渐晕（CAT眼睛）”为3，如图7-21所示。

步骤 10 渲染摄影机视图，效果如图7-22所示。可以看到中心较清楚，边缘模糊。

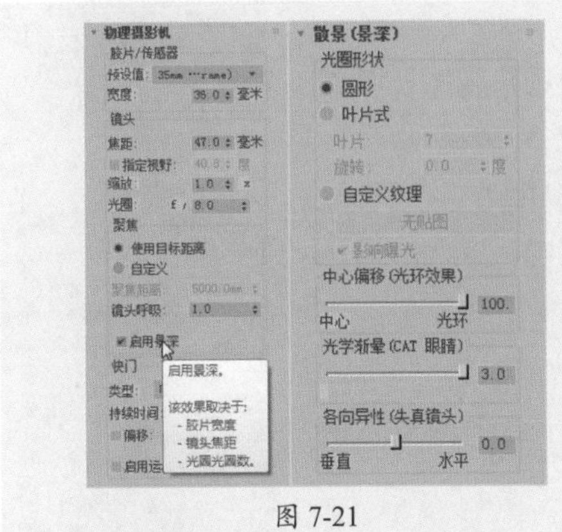

图 7-21

图 7-22

步骤 11 在“散景（景深）”卷展栏中设置“中心偏移（光环效果）”为0、“光学渐晕（CAT眼睛）”为3，如图7-23所示。

步骤 12 渲染摄影机视图，效果如图7-24所示。这里不做最终效果渲染，用户只有亲自调试各个参数，才能真正了解参数的意义，才能制作出更优秀的作品。

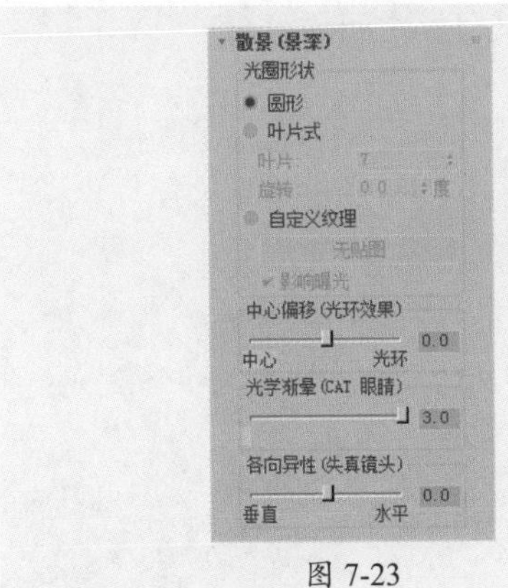

图 7-23

图 7-24

7.2.2 目标摄影机

目标摄影机用于观察目标点附近的场景内容，常用于目标固定、视角有待改变的情况，它有摄影机、目标两部分，可以很容易地单独进行控制调整，并分别设置动画。

1. 常用参数

摄影机的常用参数主要包括镜头的选择、视野的设置、大气范围和裁剪范围的控制等。图7-25所示为与摄影机对象相应的参数面板。

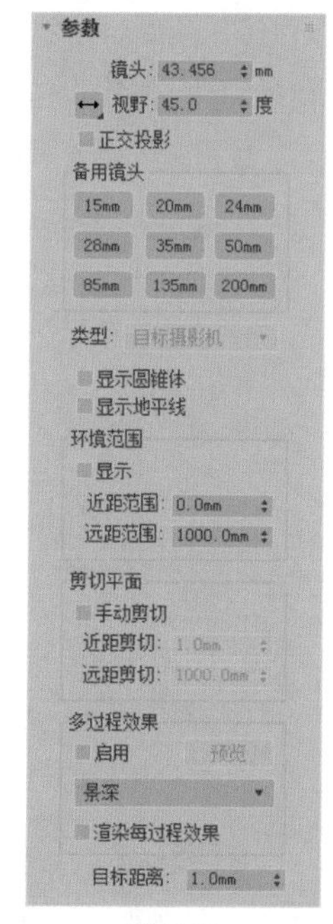

图 7-25

“参数”面板中各个参数的含义如下。

- **镜头：**以毫米为单位设置摄影机的焦距。
- **视野：**用于决定摄影机查看区域的宽度，可以通过水平、垂直和对角线这3种方式测量应用。
- **正交投影：**启用该选项后，摄影机视图为用户视图；关闭该选项后，摄影机视图为标准的透视图。
- **备用镜头：**该选项组用于选择各种常用预置镜头。
- **类型：**切换摄影机的类型，包含“目标摄影机”和“自由摄影机”两种。
- **显示圆锥体：**显示摄影机视野定义的锥形光线。
- **显示地平线：**在摄影机中的地平线上显示一条深灰色的线条。
- **显示：**显示在摄影机锥形光线内的矩形。
- **近距/远距范围：**设置大气效果的近距范围和远距范围。
- **手动剪切：**启用该选项可以定义剪切的平面。
- **近距/远距剪切：**设置近距和远距平面。
- **多过程效果：**该选项组中的参数主要用来设置摄影机的景深和运动模糊效果。
- **目标距离：**当使用目标摄影机时，设置摄影机与其目标之间的距离。

2. 景深参数

景深是多重过滤效果，通过模糊到摄影机焦点某距离处的帧区域，使图像焦点之外的区域产生模糊效果。

景深的启用和控制，主要在摄影机参数面板的“多过程效果”选项组和“景深参数”卷展栏中进行设置，如图7-26所示，各个参数的含义如下。

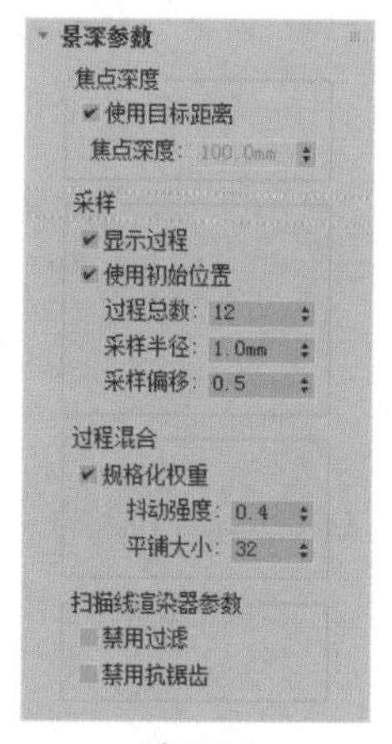

图 7-26

- **使用目标距离：**启用该选项后，系统会将摄影机的目标距离用作每个过程偏移摄影机的点。
- **焦点深度：**当关闭“使用目标距离”选项时，该选项可以用来设置摄影机的偏移深度。
- **显示过程：**启用该选项后，“渲染帧窗口”对话框中将显示多个渲染通道。
- **使用初始位置：**启用该选项后，第一个渲染过程将位于摄影机的初始位置。
- **过程总数：**设置生成景深效果的过程数。增大该值可以提高效果的真实度，但会增加渲染时间。

- **采样半径：** 设置生成的模糊半径。数值越大，模糊越明显。
- **采样偏移：** 设置模糊靠近或远离“采样半径”的权重。增加该值将增加景深模糊的数量级，从而得到更加均匀的景深效果。
- **规格化权重：** 启用该选项可以产生平滑的效果。
- **抖动强度：** 设置应用于渲染通道的抖动程度。
- **平铺大小：** 设置图案的大小。
- **禁用过滤：** 启用该选项，系统将禁用过滤的整个过程。
- **禁用抗锯齿：** 启用该选项，可以禁用抗锯齿功能。

3. 运动模糊参数

运动模糊可以通过模拟实际摄影机的工作方式，增强渲染动画的真实感。摄影机有快门速度，如果在打开快门时物体出现明显的移动情况，胶片上的图像将变模糊。

在摄影机的参数面板中选择“运动模糊”选项时，会打开相应的参数卷展栏，用于控制运动模糊效果，如图7-27所示，各个选项的含义如下。

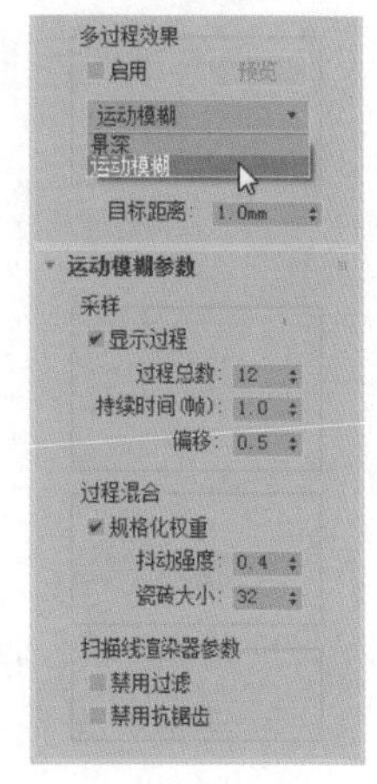

图 7-27

- **显示过程：** 启用该选项，“渲染帧窗口”对话框中将显示多个渲染通道。
- **过程总数：** 用于设置生成效果的过程数。增加此值可以提高效果的精确性，但渲染时间会更长。
- **持续时间（帧）：** 用于设置在动画中将应用运动模糊效果的帧数。
- **偏移：** 设置模糊的偏移距离。
- **抖动强度：** 用于控制应用于渲染通道的抖动程度，增加此值会增加抖动量，且生成颗粒状效果，尤其在对象的边缘上。
- **瓷砖大小：** 设置图案的大小。

知识拓展

场景中只有一个摄影机时，按快捷键C，视图将会自动转换为摄影机视图；如果场景中有多个摄影机，按快捷键C，系统将会弹出“选择摄影机”对话框，用户从中选择需要的摄影机即可，如图7-28所示。

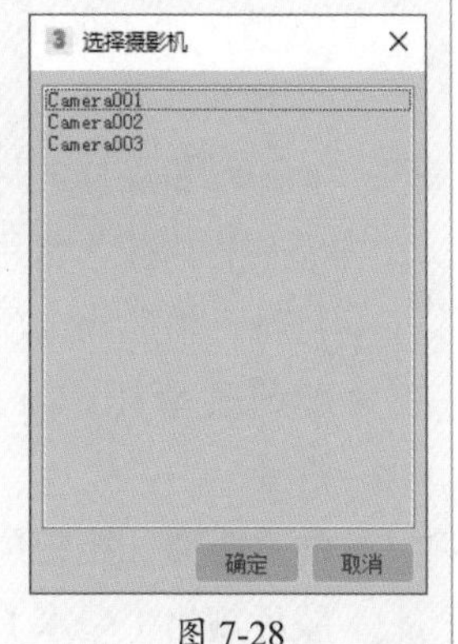

图 7-28

7.2.3 自由摄影机

自由摄影机在摄影机指向的方向查看区域，与目标摄影机非常相似，就像“目标聚光灯”和“自由聚光灯”的区别。不同的是，自由摄影机比目标摄影机少了一个目标点，自由摄影机由单个图标表示，可以更轻松地设置摄影机动画。

7.3 VRay摄影机

VRay摄影机是安装了VR渲染器后新增加的一种摄影机。本节将对其相关知识进行简单介绍。VRay渲染器提供了VRay穹顶摄影机和VRay物理摄影机两种类型。

7.3.1 VRay穹顶摄影机

VRay穹顶摄影机通常被用于渲染半球圆顶效果，它的参数设置面板如图7-29所示。

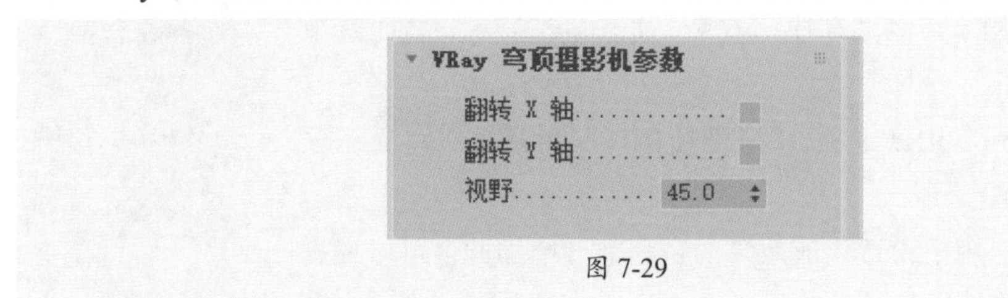

图 7-29

- **翻转X轴：** 使渲染的图像在X 轴上进行翻转。
- **翻转Y轴：** 使渲染的图像在Y 轴上进行翻转。
- **视野：** 设置视角的大小。

7.3.2 VRay物理摄影机

VRay物理摄影机与3ds Max本身自带的摄影机相比，能模拟真实成像，更轻松地调节透视关系。单靠摄影机就能控制曝光，另外还有许多非常不错的其他特殊功能和效果。普通摄影机不带任何属性，如白平衡、曝光值等。VRay物理摄影机就具有这些功能，简单地讲，如果发现灯光不够亮，直接修改VRay 摄影机的部分参数就能提高画面质量，而不用重新修改灯光的亮度，其参数面板如图7-30所示。

各卷展栏中较为常用的参数含义介绍如下。

- **目标：** 勾选此选项，摄影机的目标点将放在焦点平面上。
- **相机类型：** VRay物理摄影机内置了3种类型的摄影机，用户可以在这里进行选择。
- **焦点距离：** 控制焦距的大小。
- **胶片规格（毫米）：** 控制摄影机看到的范围，数值越大，看到的范围也就越大。

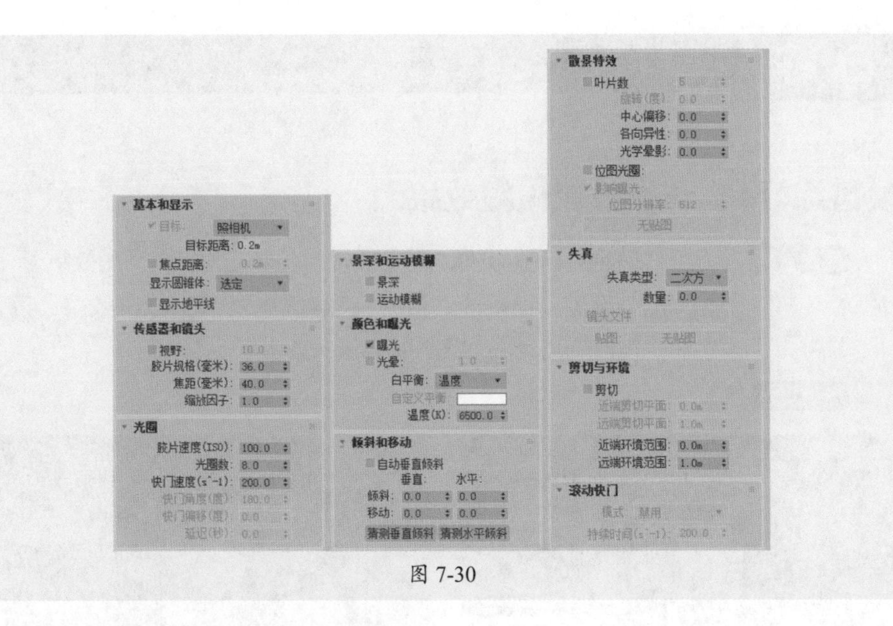

图 7-30

- **焦距（毫米）：**控制摄影机的焦距。
- **缩放因子：**控制摄影机视口的缩放。
- **胶片速度（ISO）：**控制渲染图片亮暗的程度。数值越大，表示感光系数越大，图片也就越暗。
- **光圈数：**用于设置摄影机光圈的大小。数值越小，渲染图片亮度越高。
- **快门速度（S*-1）：**控制进光时间，数值越小，进光时间越长，渲染图片越亮。
- **快门角度（度）：**只有选择电影摄影机类型此项才激活，用于控制图片的明暗程度。
- **快门偏移（度）：**只有选择电影摄影机类型此项才激活，用于控制快门角度的偏移。
- **延迟（秒）：**只有选择视频摄影机类型此项才激活，用于控制图片的明暗程度。
- **景深：**勾选该复选框后，会开启景深效果。
- **运动模糊：**勾选该复选框后，会开启运动模糊。
- **曝光：**勾选该复选框后，光圈、快门速度和胶片感光度设置才会起作用。
- **光晕：**模拟真实摄影机的渐晕效果。
- **白平衡：**控制渲染图片的色偏。
- **叶片数：**控制散景产生的小圆圈的边，默认值为5，表示散景的小圆圈为正五边形。
- **旋转（度）：**散景小圆圈的旋转角度。
- **中心偏移：**散景偏移源物体的距离。
- **各向异性：**控制散景的各向异性，值越大，散景的小圆圈拉得越长，即变成椭圆。
- **剪切：**勾选该复选框后，可以设置摄影机的剪切范围。

自己练

项目练习1：制作景深模糊效果

操作要领 ①为场景创建目标摄影机，渲染场景，观察正常视角下的效果。

②在“渲染设置”面板的“摄影机”卷展栏中开启景深效果，设置参数，再渲染场景，如图7-31和图7-32所示。

图纸展示

图 7-31

图 7-32

项目练习2：为客厅场景创建摄影机

操作要领 ①为客厅场景创建一盏自由摄影机，调整摄影机的角度和位置。

②调整摄影机镜头参数，切换到摄影机视口，再渲染场景，如图7-33所示。

图纸展示

图 7-33

3ds Max

第8章

场景渲染技术

本章概述

渲染是3ds Max制作中的最后一个流程，这个过程直接决定了一幅作品的好坏。渲染器的设置不仅会影响作品的风格，还会影响作品的精细度。本章将全面讲解有关渲染的相关知识，如渲染命令、渲染类型以及各种渲染方法的关键设置。通过对本章内容的学习，读者可以掌握有关渲染的操作方法与技巧。

要点难点

- 渲染器类型 ★☆☆
- 渲染帧窗口 ★☆☆
- VRay渲染器的知识 ★☆☆

跟我学 渲染书房场景

学习目标 本案例使用VRay渲染器渲染一个书房小场景，让读者熟悉各种较为常用的渲染参数，掌握测试渲染和最终渲染时参数的变化，以及改变参数后对场景效果的影响。

案例路径 云盘 \ 实例文件 \ 第8章 \ 跟我学 \ 渲染书房场景

实现过程

步骤01 打开“书房素材”文件，场景中的灯光、材质、摄影机等已经创建完毕，渲染器也已经设置成VRay渲染器，只需要调整渲染器参数进行渲染即可，如图8-1所示。

步骤02 切换到摄影机视角，在未设置“VRay渲染器”参数的情况下渲染摄影机视图效果如图8-2所示。

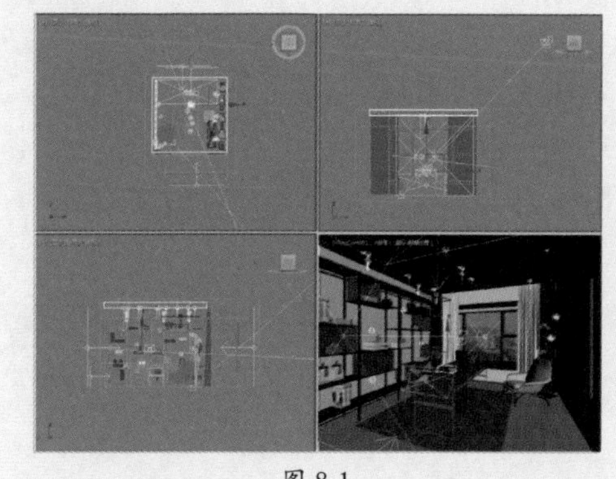

图 8-1

图 8-2

步骤03 打开“渲染设置”对话框，在“VRay”面板中打开“帧缓冲区”卷展栏，取消勾选“启用内置帧缓冲区”复选框，如图8-3所示。

步骤04 再次渲染摄影机视图，效果如图8-4所示。

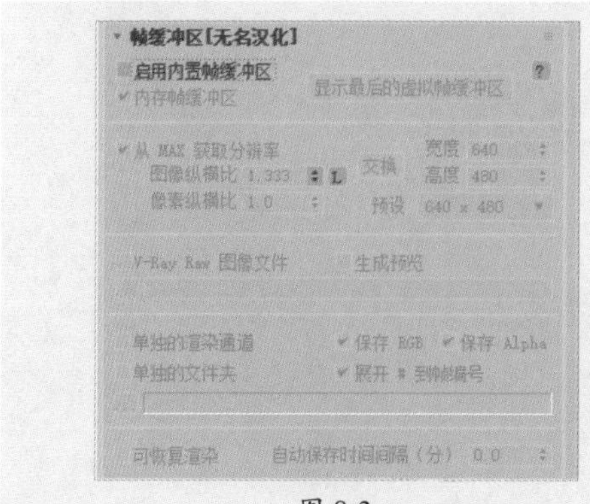

图 8-3

图 8-4

步骤 05 打开“颜色贴图”卷展栏，设置颜色贴图“类型”为“指数”，如图8-5所示。

步骤 06 在GI面板中的“全局照明”卷展栏中勾选“启用全局照明”复选框，并设置“首次引擎”为“发光贴图”，“二次引擎”为“灯光缓存”，如图8-6所示。

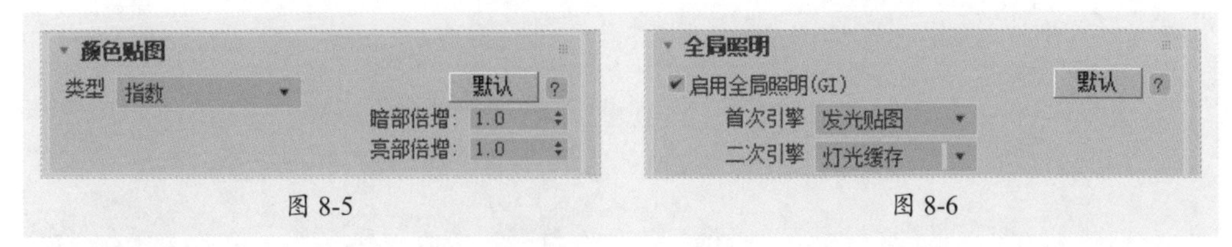

图 8-5　　图 8-6

步骤 07 在“发光贴图”卷展栏中设置“当前预设”模式为“低”，并设置“细分”值，如图8-7所示。

步骤 08 在“灯光缓存”卷展栏中设置“细分”值等参数，如图8-8所示。

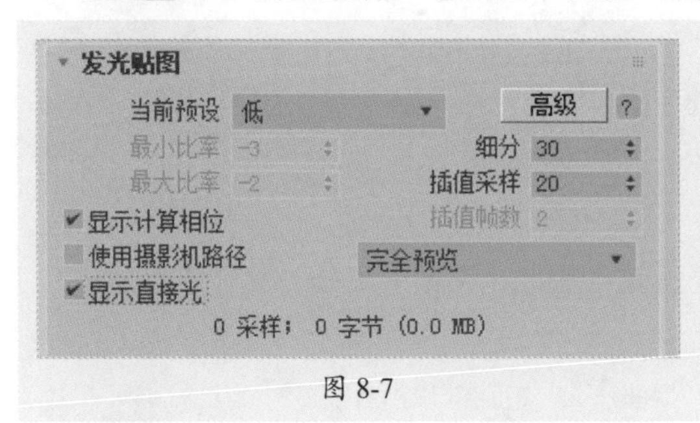

图 8-7

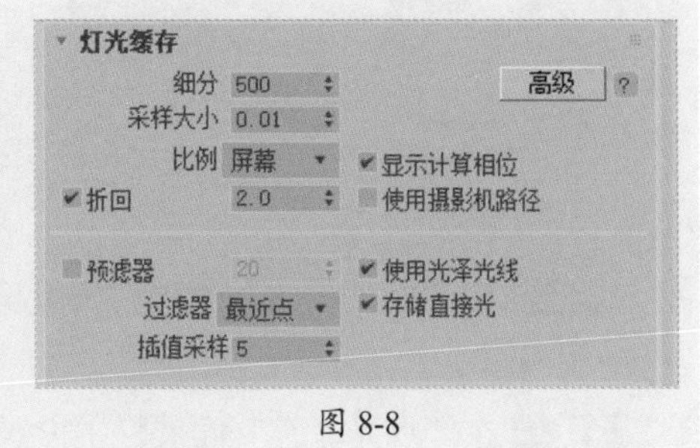

图 8-8

步骤 09 渲染摄影机视图，此为测试效果，如图8-9所示。

步骤 10 下面进行最终效果的渲染设置。在“公用参数”面板中设置出图大小，如图8-10所示。

图 8-9

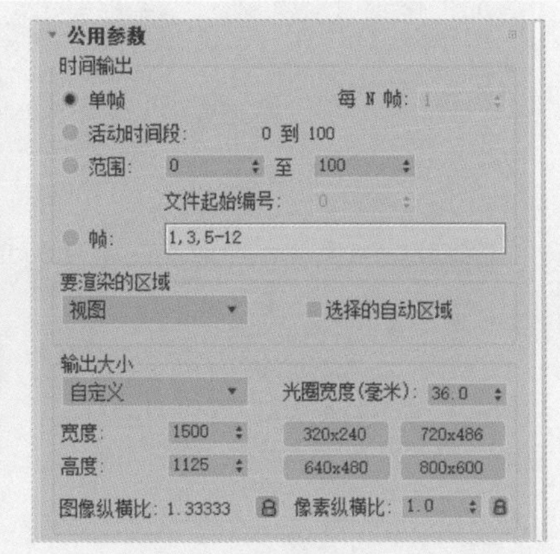

图 8-10

步骤 11 切换到“VRay”面板，在“全局开关”卷展栏中切换到“高级”模式，灯光采样方式设置为“全光求值”，如图8-11所示。

步骤 12 在“图像采样器（抗锯齿）”卷展栏中设置“类型”为“渲染块”，在“图像过滤器”卷展栏中选择常用的Catmull-Rom过滤器，在“渲染块图像采样器”卷展栏中设置“最大细分”为12，如图8-12所示。

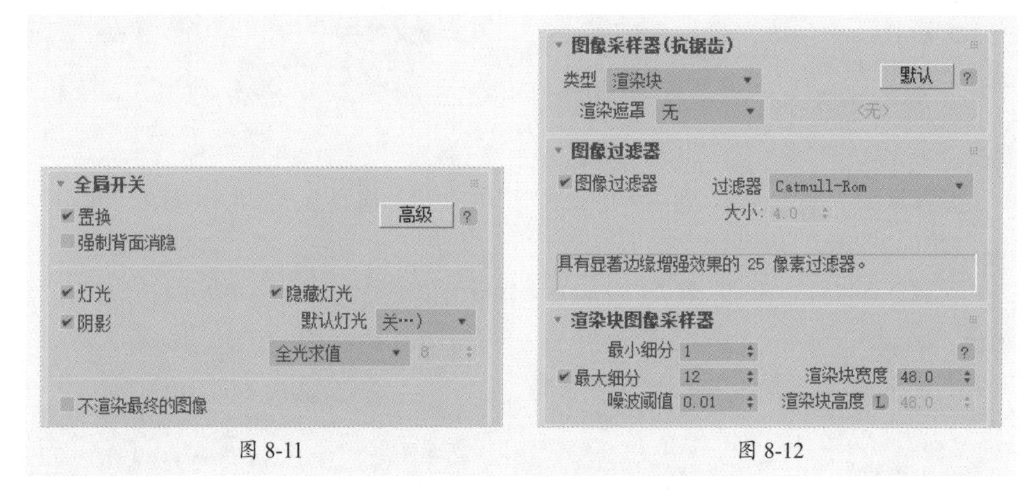

图 8-11　　图 8-12

步骤 13 在“发光贴图”卷展栏中设置预设级别，并设置“细分”及“插值采样”，如图8-13所示。

步骤 14 在“灯光缓存”卷展栏中设置“细分”，如图8-14所示。

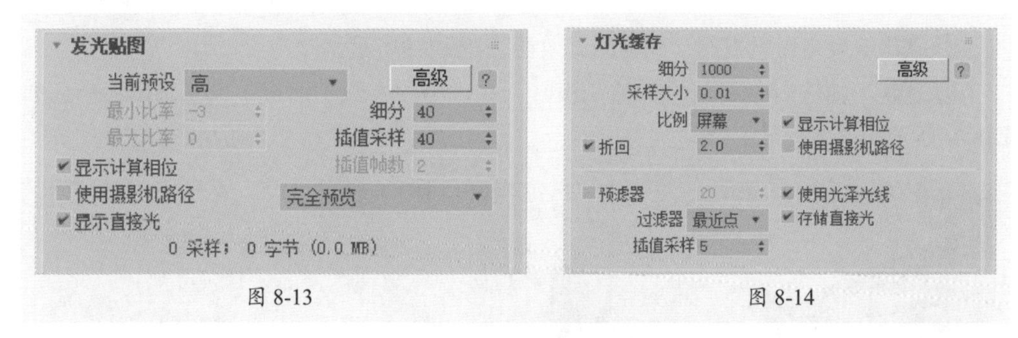

图 8-13　　图 8-14

步骤 15 渲染摄影机视图，最终效果如图8-15所示。

图 8-15

听我讲 Listen to me

8.1 渲染基础知识

渲染器可以通过对参数的设置，使设置的灯光、所应用的材质及环境设置产生的场景呈现出最终的效果。渲染器技术相对比较简单，用户只要熟练掌握其中的一款或两款渲染器，即能够完成较为优秀的作品。

8.1.1 认识渲染器

使用Photoshop制作作品时，可以实时看到最终的效果，而3ds Max由于是三维软件，对系统要求很高，无法实现实时预览，这时就需要一个渲染步骤才能看到最终效果。当然渲染不仅仅是单击渲染这么简单，还需要适当的参数设置，使渲染的速度和质量都能达到我们的需求。

8.1.2 渲染器类型

渲染器的类型很多，3ds Max自带了多种渲染器，包括默认扫描线渲染器、Arnold、ART渲染器、Quicksilver硬件渲染器和VUE文件渲染器，如图8-16所示。此外，还有很多外置的渲染器插件，如VRay渲染器。

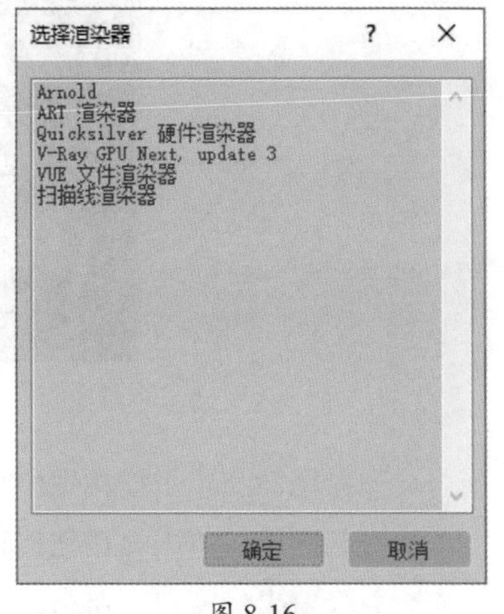

图 8-16

下面将对各渲染器的含义进行介绍。

（1）Arnold渲染器。

Arnold渲染器是基于物理算法的电影级别渲染引擎，支持平滑的抗锯齿、运动模糊、景深等功能。

（2）ART渲染器。

ART渲染器可以为任意的三维空间工程提供真实的基于硬件的灯光现实仿真技术，各部分独立，互不影响，实时预览功能强大，支持尺寸和dpi格式。

（3）Quicksilver硬件渲染器。

Quicksilver硬件渲染器使用图形硬件生成渲染。Quicksilver硬件渲染器的一个优点是速度快。默认设置提供快速渲染。

（4）VUE文件渲染器。

VUE文件渲染器可以创建VUE(.vue)文件。VUE文件使用可编辑ASCII格式。

（5）扫描线渲染器。

扫描线渲染器是默认的渲染器，默认情况下，通过“渲染场景”对话框或者Video Post渲染场景时，可以使用扫描线渲染器。扫描线渲染器是一种多功能渲染器，可以将场景渲染为从上到下生成的一系列扫描线。默认扫描线渲染器的渲染速度是最快的，但是真实度一般。

（6）VRay渲染器。

VRay渲染器是渲染效果相对比较优质的渲染器，也是本书重点讲解的渲染器。

8.1.3 渲染帧窗口

在3ds Max中，都是通过“渲染帧窗口”来查看和编辑渲染结果的。要渲染的区域也在“渲染帧窗口”中设置，如图8-17所示。

图 8-17

- **保存图像：** 单击该按钮，可保存在渲染帧窗口中显示的渲染图像。
- **复制图像：** 单击该按钮，可将渲染图像复制到系统后台的剪贴板中。
- **克隆渲染帧窗口：** 单击该按钮，将创建另一个包含显示图像的渲染帧窗口。
- **打印图像：** 单击该按钮，可调用系统打印机打印当前渲染图像。
- **清除：** 单击该按钮，可将渲染图像从渲染帧窗口中删除。
- **颜色通道：** 可控制红、绿、蓝以及单色和灰色等颜色通道的显示。
- **切换UI叠加：** 激活该按钮后，当使用渲染范围类型时，可以在渲染帧窗口中渲染范围框。
- **切换UI：** 激活该按钮后，将显示渲染的类型、视口的选择等功能面板。

下面介绍渲染效果的保存方法，操作步骤介绍如下。

步骤01 打开准备好的场景模型，如图8-18所示。

步骤02 渲染摄影机视口，效果如图8-19所示。

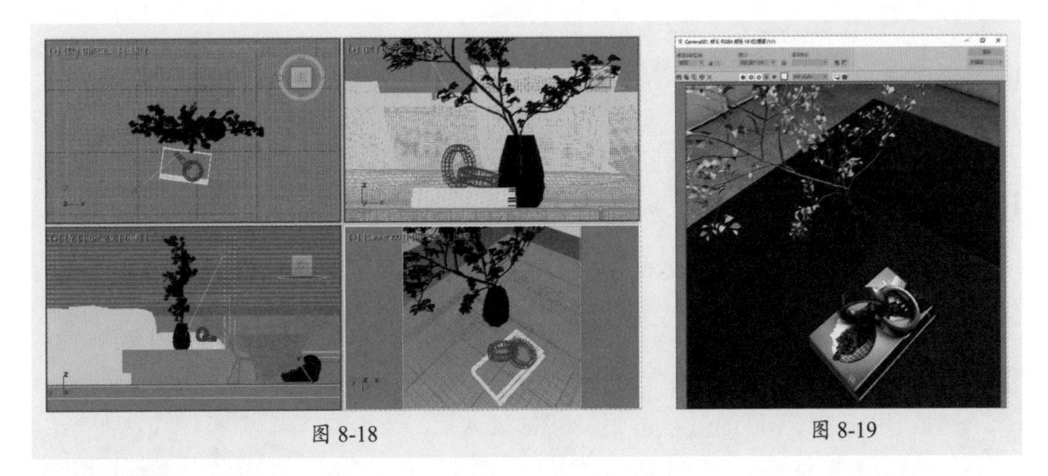

图 8-18　　　　图 8-19

步骤03 在渲染帧窗口单击“保存图像”按钮，会弹出“保存图像”对话框，输入图像名称，设置“保存类型”为PNG，再指定存储路径，如图8-20所示。

步骤04 单击“保存”按钮，接着会弹出“PNG配置”对话框，直接单击“确定”按钮关闭对话框，即可将图像保存，如图8-21所示。

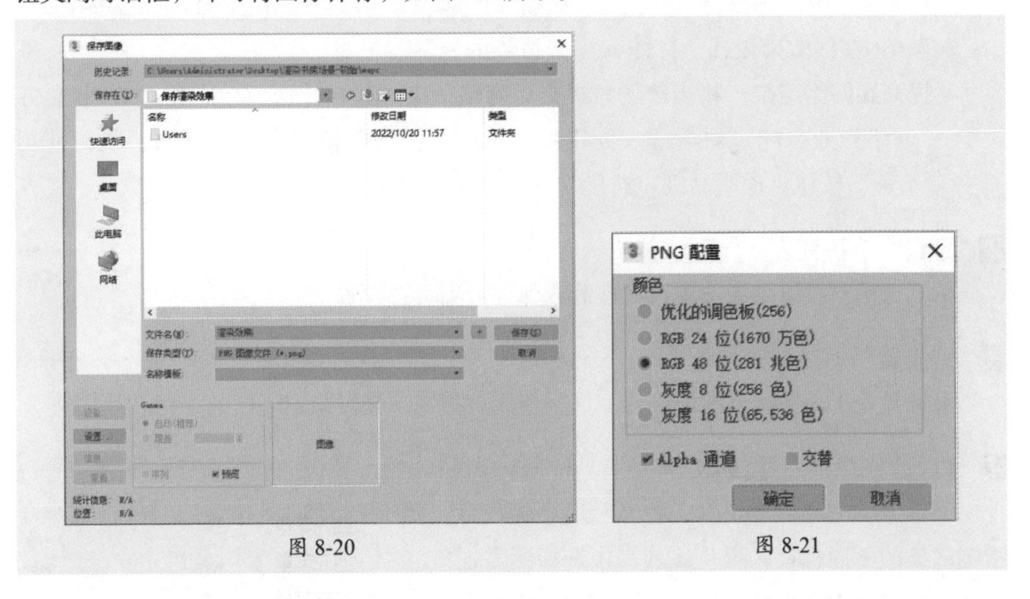

图 8-20　　　　图 8-21

8.2　VRay渲染器

VRay渲染器是最常用的外挂渲染器之一，支持的软件偏向于建筑和表现行业，如3ds Max、SketchUp、Rhino等软件。该渲染器渲染速度快、渲染质量高的特点已被大多数行业设计师所认同。VRay渲染器设置面板中主要包括公用、VRay、GI、设置和Render Elements共5个选项卡，本节中将会对较为重要的参数面板进行介绍。

使用VRay渲染器渲染场景，需要同时使用VRay的灯光和材质，才能达到最理想的效果。

8.2.1 控制选项

在渲染设置对话框的顶部会有一些控制选项，如目标、预设、渲染器以及查看到渲染，它们可应用于所有渲染器，具体介绍如下。

1.“目标”下拉列表

该选项用于选择不同的渲染选项，如图8-22所示。

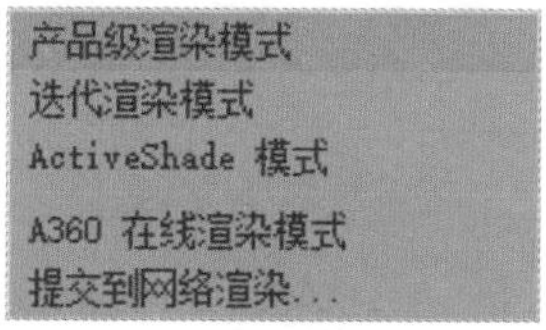

产品级渲染模式
迭代渲染模式
ActiveShade 模式
A360 在线渲染模式
提交到网络渲染...

图 8-22

- **产品级渲染模式：** 当处于活动状态时，单击“渲染”可使用产品级模式。
- **迭代渲染模式：** 当处于活动状态时，单击“渲染”可使用迭代模式。
- **ActiveShade模式：** 当处于活动状态时，单击“渲染”可使用ActiveShade模式。
- **A360在线渲染模式：** 打开A360云渲染的控制。
- **提交到网络渲染：** 将当前场景提交到网络渲染。选择此选项后，3ds Max将打开“网络作业分配”对话框。此选择不影响“渲染”按钮本身的状态，仍可使用“渲染”按钮启动产品级、迭代或 ActiveShade渲染。

2.“预设”下拉列表

用于选择预设渲染参数集，或加载或保存渲染参数设置。

3.“渲染器”下拉列表

可选择处于活动状态的渲染器，这是使用“指定渲染器”卷展栏的一种替代方法。

4.“查看到渲染”下拉列表

当单击“渲染”按钮时，将显示渲染的视口。要指定渲染的不同视口，可从该列表中选择所需视口，或在主用户界面中将其激活。该下拉列表中包含所有视口布局中可用的视口，每个视口都先列出了布局名称，如图8-23所示。如果“锁定到视口”处于关闭状态，则激活主界面中不用的视口会自动更新该设置。

四元菜单 4 - 顶
四元菜单 4 - 前
四元菜单 4 - 左
四元菜单 4 - 透视

图 8-23

锁定到视口：启用时，会将视图锁定到“视口”列表中显示的一个视图，从而可以调整其他视口中的场景（这些视口在使用时处于活动状态），然后单击“渲染”按钮即可渲染最初选择的视口；如果仅用此选项，单击“渲染”按钮将始终渲染活动视口。

8.2.2 帧缓冲

“帧缓冲区”卷展栏主要用来设置VRay自身的图形帧渲染窗口，可以设置渲染图的大小以及保存渲染图形，如图8-24所示。具体参数含义介绍如下。

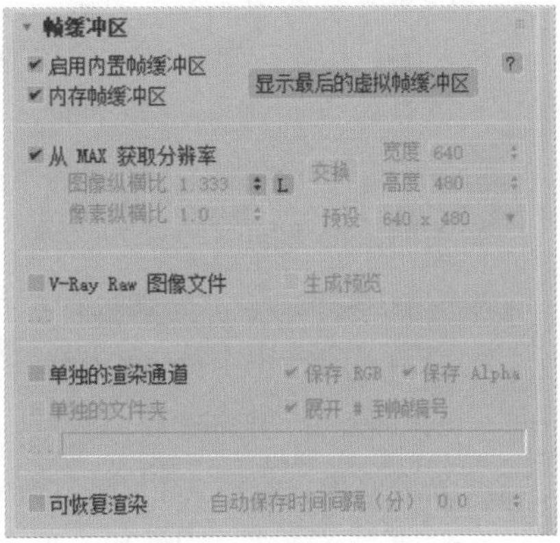

图 8-24

- **启用内置帧缓冲区：** 勾选该复选框，可以使用VRay自身的渲染窗口。同时要注意，应该把3ds Max默认的渲染窗口关闭，即把“公用参数”卷展栏下的“渲染帧窗口”功能禁用。
- **内存帧缓冲区：** 启用时，软件将显示VRay帧缓冲器，禁用则不显示。
- **显示最后的虚拟帧缓冲区：** 单击此按钮，可以看到上次渲染的图形。
- **从MAX获取分辨率：** 启用时，渲染输出图像的尺寸为3ds Max默认设置的尺寸大小。
- **V-Ray Raw图像文件：** 勾选该复选框时，VRay将图像渲染为img格式的文件。
- **单独的渲染通道：** 勾选该复选框后，可以保存RGB图像通道或者Alpha通道。
- **可恢复渲染：** 勾选该复选框后，可以自动保存渲染的文件。

8.2.3 全局开关

该卷展栏主要是对场景中的灯光、材质、置换等进行全局设置，如是否使用默认灯光、是否打开阴影、是否打开模糊等，如图8-25所示。重要参数的含义介绍如下。

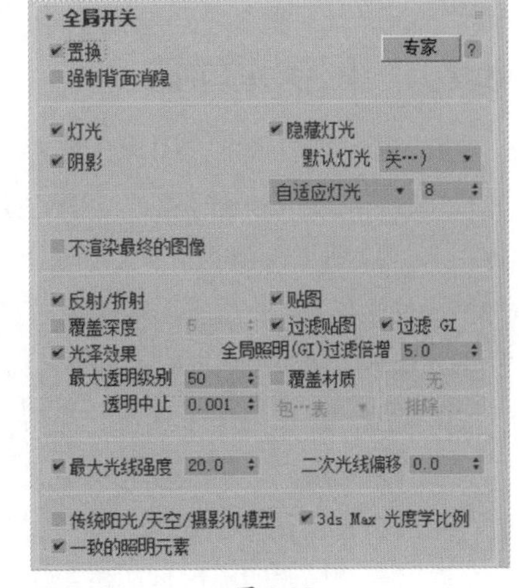

图 8-25

- **置换：** 用于控制场景中的置换效果是否打开。在VRay的置换系统中有两种置换方式：一种是材质的置换；另一种是VRay置换的修改器方式。当取消勾选该项时，场景中的这两种置换都没有效果。
- **强制背面消隐：** 与“创建对象时背面消隐”选项相似，“强制背面消隐”是针对渲染而言的，勾选该复选框后反法线的物体将不可见。
- **灯光：** 勾选复选框时，VRay将渲染场景的光影效果；反之则不渲染。默认为勾选状态。

- **隐藏灯光：** 用于控制场景是否让隐藏的灯光产生照明。
- **阴影：** 用于控制场景是否产生投影。
- **默认灯光：** 选择“开”时，VRay将会对软件默认提供的灯光进行渲染，选择“关闭全局照明”选项时则不渲染。
- **不渲染最终的图像：** 勾选该复选框后，系统将不会渲染最终效果。
- **反射/折射：** 用于设置是否打开场景中材质的反射和折射效果。
- **覆盖深度：** 用于控制整个场景中的反射、折射的最大深度，其输入框中的数值表示反射、折射的次数。
- **光泽效果：** 设置是否开启反射或折射模糊效果。
- **贴图：** 不勾选，则模型不显示贴图，只显示漫反射通道内的颜色。
- **过滤贴图：** 这个选项用来控制“VRay渲染器”是否使用贴图纹理过滤。
- **全局照明(GI)过滤倍增：** 控制是否在全局照明中过滤贴图。
- **最大透明级别：** 控制透明材质被光线追踪的最大深度，值越高，效果越好，速度越慢。
- **覆盖材质：** 用于控制是否给场景赋予一个全局材质。单击右侧按钮，选择一个材质后场景中所有的物体都将使用该材质渲染。在测试灯光时，这个选项非常有用。
- **最大光线强度：** 控制最大光线的强度。
- **二次光线偏移：** 控制场景中的颜色重面不产生黑斑，一般只给很小的一个值，数给得过大会使GI（全局照明）变得不正常。

8.2.4 图像采样器

在VRay渲染器中，图像采样器（抗锯齿）是指采样和过滤的一种算法，并产生最终的像素数组来完成图形的渲染。VRay渲染器提供了几种不同的采样算法，尽管会增加渲染时间，但是所有的采样器都支持3ds Max的抗锯齿过滤算法，其参数面板如图8-26所示。

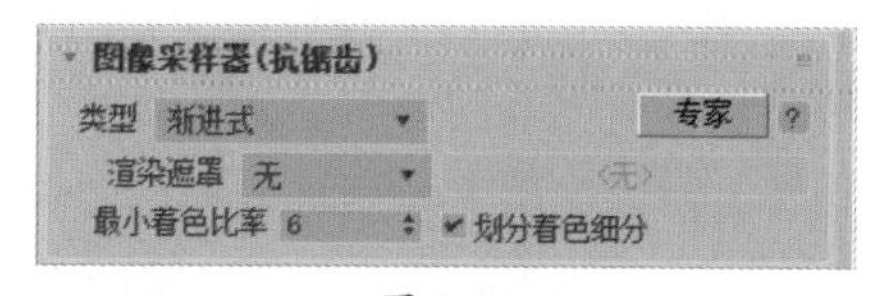

图 8-26

- **类型：** 设置图像采样器的类型，包括渲染块和渐进式两种。
- **渲染遮罩：** 渲染遮罩允许定义计算图像的像素。其余像素不变。
- **最小着色比率：** 该选项允许控制投射光线的抗锯齿数目和其他效果，如光泽反射、全局照明、区域阴影等。
- **划分着色细分：** 当关闭抗锯齿过滤器时，常用于测试渲染，渲染速度非常快，但质量较差。

1. 渐进式

选择“渐进式”图像采样器时，会出现“渐进式图像采样器”卷展栏，如图8-27所示。

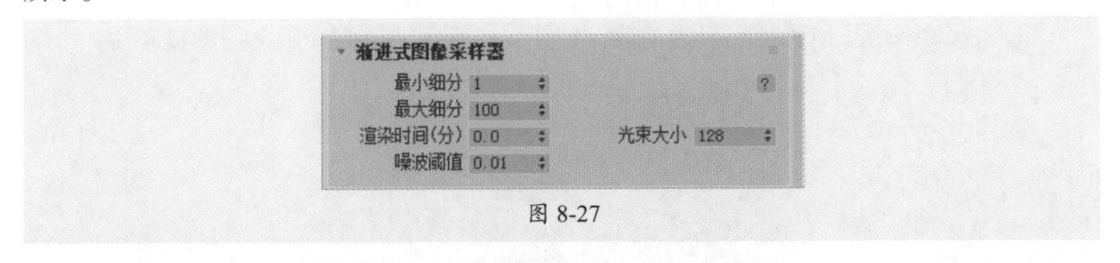

图 8-27

- **最小细分：**默认参数为1，一般情况下不需要设置该参数小于1，除非有一些细小的线条无法正确表现。
- **最大细分：**默认为100，通常用24即可，使用黑色背景、有非常强烈的运动模糊时可增加细分值。
- **渲染时间（分）：**控制渲染最长时间。
- **噪波阈值：**默认为0.01，值越小噪波越小。较低的阈值会让图像看起来更干净，但也需要更长的时间。
- **光束大小：**默认参数为128。

2. 渲染块

选择“渲染块”图像采样器时，会出现“渲染块图像采样器”卷展栏，如图8-28所示。“渲染块”图像采样器独有的属性有渲染块宽度和高度，用于决定渲染块的大小，其他属性与“渐进式”图像采样器相同。

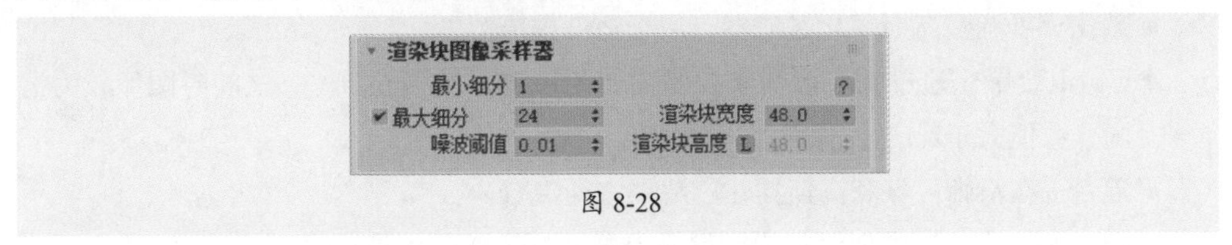

图 8-28

8.2.5 图像过滤器

抗锯齿过滤器可以平滑渲染时产生的对角线或弯曲线条的锯齿状边缘。在最终渲染和需要保证图像质量的样图渲染时，都需要启用该选项，参数面板如图8-29所示。

图 8-29

- **图像过滤器**：设置渲染场景的抗锯齿过滤器。
- **过滤器**：选择抗锯齿过滤器的类型。
- **大小**：设置过滤器的大小。

3ds Max共提供了17种抗锯齿过滤器，如图8-30所示。下面介绍常用的过滤器。

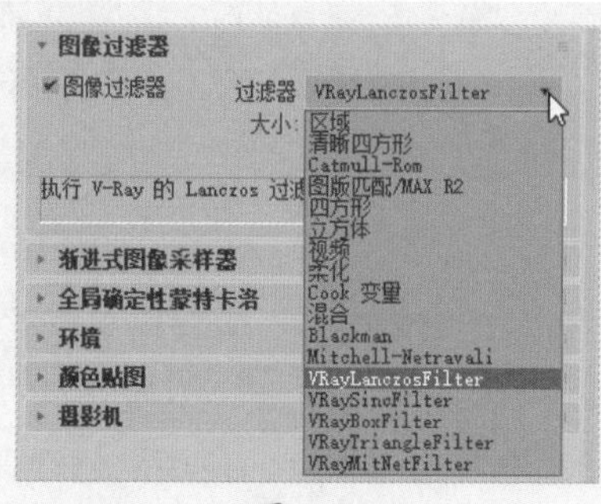

图 8-30

- **区域**：通过模糊边缘来实现抗锯齿效果。
- **清晰四方形**：来自Nesion Max的清晰9像素重组过滤器。
- **Catmull-Rom**：具有轻微边缘增强效果的25像素重组过滤器。
- **图版匹配/MAX R2**：使用3ds Max R2.x的方法（无贴图过滤），将摄影机和场景或无光/投影元素与未过滤的背景图像相匹配。
- **四方形**：基于四方形样条线的9像素模糊过滤器。
- **立方体**：基于立方体样条线的25像素模糊过滤器。
- **视频**：针对NTSC和PAL视频应用程序进行了优化的25像素模糊过滤器。
- **柔化**：可调整高斯柔化过滤器，用于适度模糊。
- **Cook变量**：通过大小参数来控制图像的过滤，数值在1～2.5之间时图像较为清晰，数值大于2.5后图像较为模糊。
- **混合**：在清晰区域和高斯柔化过滤器之间混合。
- **Blackman**：清晰但没有边缘增强效果的25像素过滤器。
- **Mitchell-Netravali**：两个参数的过滤器；在模糊、圆环化和各向异性之间交替使用。
- **VRayLanczosFilter/VRaySincFilter**：可以很好地平衡渲染速度和渲染质量。
- **VRayBoxFilter/VRayTriangleFilter**：以盒子和三角形的方式进行抗锯齿。
- **VRayMitNetFilter**：可以执行VRayMitNetFilter过滤器。

8.2.6 全局确定性蒙特卡洛

“全局确定性蒙特卡洛”采样器可以说是VRay渲染器的核心，贯穿于每一种“模糊”计算中（抗锯齿、景深、间接照明、面积灯光、模糊反射/折射、半透明、运动模糊等），一般用于确定获取什么样的样本，最终哪些样本被光线追踪。与那些任意一个“模糊”计算使用分散的方法来采样不同的是，VRay渲染器根据一个特定的值，使用一种独特的统一的标准框架来确定有多少以及多精确的样本被获取，这个标准框架就是“全局确定性蒙特卡洛”采样器，其参数面板如图8-31所示。

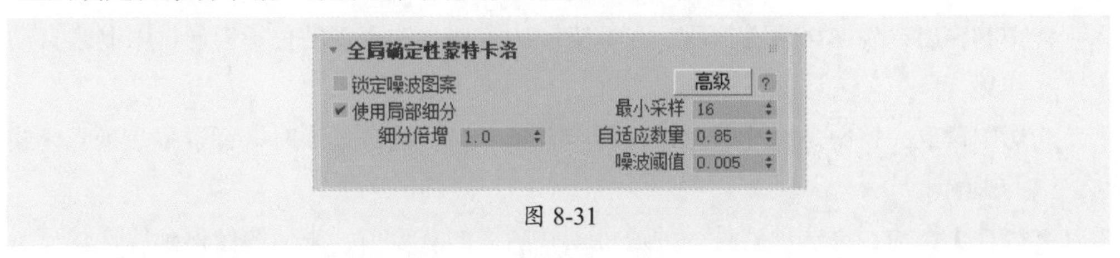

图 8-31

- **锁定噪波图案：** 将动画的所有帧强制使用相同的噪波图案。如果渲染的动画在“下”的噪波图案下移动，设置这个选项为关闭。
- **使用局部细分：** VRay渲染器将自动计算着色效果的细分。当启用时，材质/灯光/全局照明引擎可以指定自己的细分值。
- **最小采样：** 确定在使用早期终止算法之前必须获得的最少的样本数量。较高的取值将会减慢渲染速度，但同时会使早期终止算法更可靠。
- **细分倍增：** 在渲染过程中，这个选项会倍增任何地方任何参数的细分值。可以使用这个参数来快速增加或减少任何地方的采样质量。在使用DMC采样器的过程中，可以将它作为全局的采样质量控制。
- **自适应数量：** 用于控制重要性采样使用的范围。默认值为1，表示在尽可能大的范围内使用重要性采样，为0时则表示不进行重要性采样。
- **噪波阈值：** 在计算一种模糊效果是否足够好时，控制VRay渲染器的判断能力。在最后的结果中直接转化为噪波。较小的值意味着更少的噪波、更多的采样和更高的质量。

8.2.7 颜色贴图

该卷展栏中的参数用来控制整个场景的色彩和曝光方式，如图8-32所示。

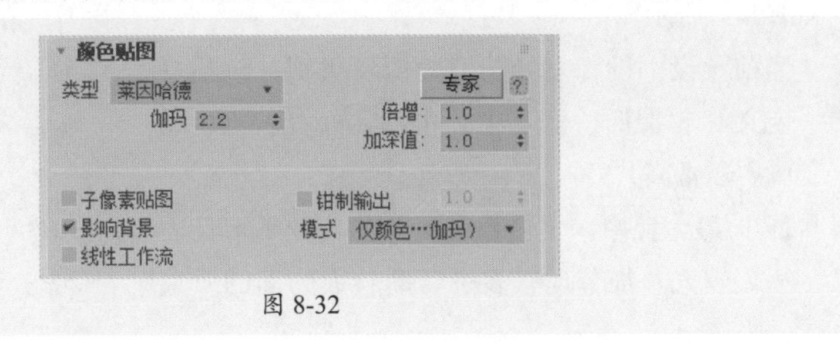

图 8-32

- **类型：** 提供了线性倍增、指数、HSV指数、强度指数、伽玛校正、强度伽玛、莱因哈德7种模式。
- **子像素贴图：** 勾选该复选框后，物体的高光区与非高光区的界限处不会有明显的黑边。
- **钳制输出：** 勾选该复选框后，在渲染图中有些无法表现的色彩会通过限制来自动纠正。
- **影响背景：** 控制是否让曝光模式影响背景。当关闭该选项时，背景不受曝光模式的影响。
- **线性工作流：** 该选项就是一种通过调整图像的灰度值，来使图像得到线性化显示的技术流程。

知识点拨

下面具体介绍颜色贴图的几种类型。

- 线性倍增：这种模式将基于最终色彩亮度来进行线性的倍增，容易产生曝光效果，不建议使用。
- 指数：这种曝光采用指数模式，可以降低靠近光源处表面的曝光效果，产生柔和效果。
- HSV指数：与指数相似，不同于可保持场景的饱和度。
- 强度指数：这种方式是对上面两种指数曝光的结合，既抑制曝光效果，又保持物体的饱和度。
- 伽玛校正：采用伽玛来修正场景中的灯光衰减和贴图色彩，其效果和线性倍增曝光模式类似。
- 强度伽玛：这种曝光模式不仅拥有伽玛校正的优点，同时还可以修正场景灯光的亮度。
- 莱因哈德：这种曝光方式可以把线性叠加和指数曝光结合起来。

8.2.8 发光贴图

当“全局照明引擎”的类型改为“发光贴图”时，软件便出现“发光贴图”卷展栏，它描述了三维空间中的任意一点以及全部可能照射到这一点的光线，如图8-33所示。

- **当前预设：** 设置发光贴图的预设级别，包括自定义、非常低、低、中、中-动画、高、高-动画、非常高共8种。
- **最小/最大比率：** 主要控制场景中比较平坦且面积比较大、细节比较多、弯曲较大的面的质量受光。
- **使用摄影机路径：** 勾选该复选框将会使用摄影机的路径。

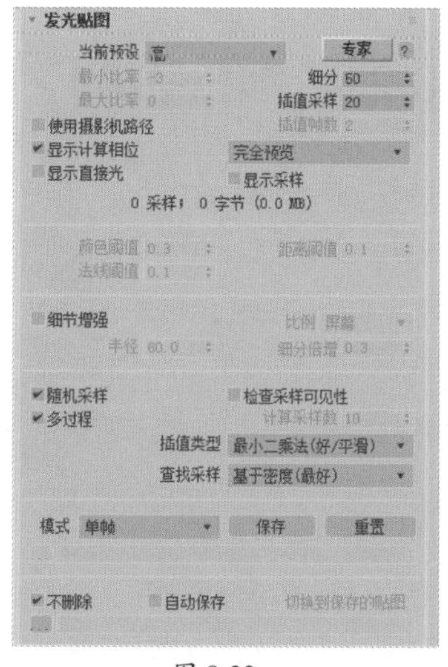

图 8-33

- **显示计算相位：** 勾选后，可以看到渲染帧里的GI预算过程。建议勾选。
- **显示直接光：** 在预计算时显示直接光，方便用户观察直接光照的位置。
- **细分：** 数值越高，表现光线越多，精度也就越高，渲染的品质也越好。
- **插值采样：** 这个参数是对样本进行模糊处理，数值越大渲染越精细。
- **插值帧数：** 该数值用于控制插补的帧数。
- **显示采样：** 显示采样的分布以及分布的密度，帮助用户分析GI的精度够不够。
- **细节增强：** 勾选后细节非常精细，但是渲染速度非常慢。
- **随机采样：** 该选项可使图像采样随机抖动。禁用它会产生对齐在屏幕的网格上，并可能致使按常规采样所导致的伪影采样。
- **多过程：** 勾选该复选框时，VRay会根据最大比率和最小比率进行多次计算。
- **模式：** 提供了单帧、多帧增量、从文件、添加到当前贴图、增量添加到当前贴图、块模式、动画（预处理）、动画（渲染）共8种模式。
- **不删除：** 当光子渲染完以后，不把光子从内存中删掉。
- **自动保存：** 光子渲染完以后，自动保存在硬盘中。
- **切换到保存的贴图：** 勾选“自动保存”选项后，在渲染结束时会自动进入“从文件”模式并调用光子图。

知识点拨

下面介绍颜色贴图模式的选择类型。

- 单帧：一般用来渲染静帧图像。
- 多帧增量：用于渲染有摄影机移动的动画，当VRay计算完第一帧的光子后，后面的帧根据第一帧里没有的光子信息进行计算，节约了渲染时间。
- 从文件：渲染完光子后，可以将其保存起来，这个选项就是调用保存的光子图进行动画计算。
- 添加到当前贴图：当渲染完一个角度时，可以把摄影机转一个角度再计算新角度的光子，最后把这两次的光子叠加起来，这样的光子信息更加丰富、准确，可以进行多次叠加。
- 增量添加到当前贴图：这个模式和“添加到当前贴图”相似，只不过它不是重新计算新角度的光子，而是只对没有计算过的区域进行新的计算。
- 块模式：把整个图分成块来计算，渲染完一个块再进行下一个块的计算，在低GI的情况下，渲染出来的块会出现错位的情况，主要用于网络渲染，速度比其他方式要快一些。
- 动画（预处理）：适合动画预览，使用这种模式要预先保存好光子贴图。
- 动画（渲染）：适合最终动画渲染，这种模式要预先保存好光子贴图。

8.2.9 灯光缓存

当“全局照明引擎”的类型改为“灯光缓存”时，软件便出现“灯光缓存”卷展栏，如图8-34所示。它采用了发光贴图的部分特点，在摄像机可见部分跟踪光线的发射和衰减，然后把灯光信息存储在一个三维数据结构中。

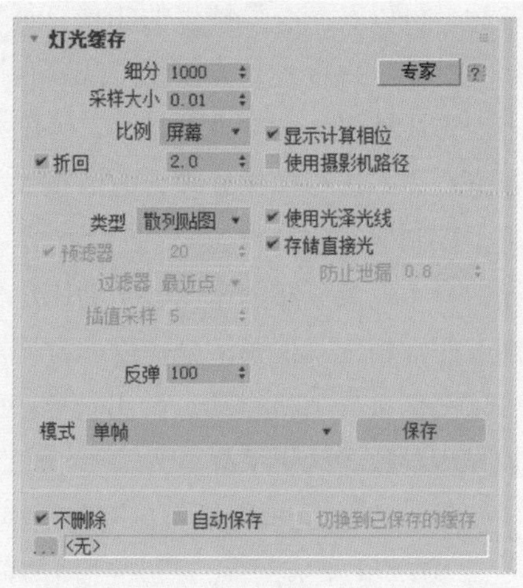

图 8-34

- **细分：**用来决定灯光缓存的样本数量。数值越高，样本总量越多，渲染效果越好，渲染速度越慢。
- **采样大小：**控制灯光缓存的样本大小，小的样本可以得到更多的细节，但是需要更多的样本。
- **比例：**在效果图中使用“屏幕”选项，在动画中使用“世界”选项。
- **显示计算相位：**勾选该复选框后，可以显示灯光缓存的计算过程，以方便观察。
- **使用摄影机路径：**勾选该复选框后，将使用摄影机作为计算的路径。
- **预滤器：**勾选该复选框后，可以对灯光缓存的样本进行提前过滤，主要是查找样本边界，然后对其进行模糊处理。后面的值越高，对样本处理的程度越深。
- **使用光泽光线：**是否使用平滑的灯光缓存，开启该选项后会使渲染效果更加平滑，但是会影响到细节效果。
- **存储直接光：**勾选该复选框后，灯光缓存将储存直接光照信息。当场景中有很多灯光时，使用该选项会提高渲染速度。
- **使用摄影机路径：**勾选该复选框后，将使用摄影机作为计算的路径。
- **过滤器：**该选项是在渲染最后成图时对样本进行过滤。
- **插值采样：**当过滤类型为“相近”时，灯光缓存、采样数目混合在一起。较大的值将需要更长的时间来计算渲染阶段。
- **防止泄漏：**启用额外的计算，以防止灯光泄漏并减少闪烁的灯光缓存。0.0表示禁止防止泄漏。0.8的默认值应该对所有情况下的案例足够用。
- **反弹：**当计算指定的全局照明（GI）反弹数量时计算灯光缓存。通常无需更改此设置。

自己练

项目练习1：局部渲染场景

操作要领 ①先对创建好的场景进行渲染，修改局部物体的材质。

②在渲染帧窗口中设置要渲染的区域类型为“区域”，调整区域选框，渲染局部场景，如图8-35和图8-36所示。

图纸展示

图 8-35

图 8-36

项目练习2：渲染客厅场景

操作要领 ①创建白模材质，在“全局开关”卷展栏中选择“覆盖材质”，渲染白模效果，如图8-37所示。

②取消勾选“覆盖材质”，设置渲染参数，渲染最终效果如图8-38所示。

图纸展示

图 8-37

图 8-38

3ds Max

第9章

玄关场景效果制作

本章概述

玄关是入户的第一道风景线，经典雅致的设计会在一进门时就吸引人们的目光，在墙面上进行相应的装饰，如装饰品、造型墙等，会让整个别墅空间显得很有层次感。通过本章的学习，读者可以了解欧式风格的特点以及别墅入户玄关的设计要点。

要点难点

- 摄影机的搭建 ★☆☆
- 场景灯光的模拟设置 ★★★
- 场景材质的创建 ★★★
- 批量渲染设置 ★★☆

9.1 案例介绍

玄关是从室外到室内的一个缓冲空间，是进出住宅的必经之处，其设计风格和陈设可以反映出主人的文化素养和兴趣爱好。

本案例将为读者介绍古典欧式风格玄关场景效果的制作。古典欧式风格的玄关设计是比较讲究的，宽敞的玄关地面采用石材拼花铺设，造型墙采用石材造型与花纹壁纸相结合，吊顶处采用金箔饰面，精美的棕色实木家具加以雕花描金工艺，实木护墙板、古典欧式壁纸等硬装设计与家具在色彩、质感与品位上完美地融合在一起，很好地展现出古典欧式风格的厚重凝练和高雅尊贵。

9.2 创建摄影机

创建好场景模型后，首先应为场景创建摄影机，以确认渲染场景范围。具体操作步骤介绍如下。

步骤 01 打开创建好的场景模型，如图9-1所示。

步骤 02 在摄影机创建面板中单击“目标”按钮，在顶视图中创建一盏摄影机，如图9-2所示。

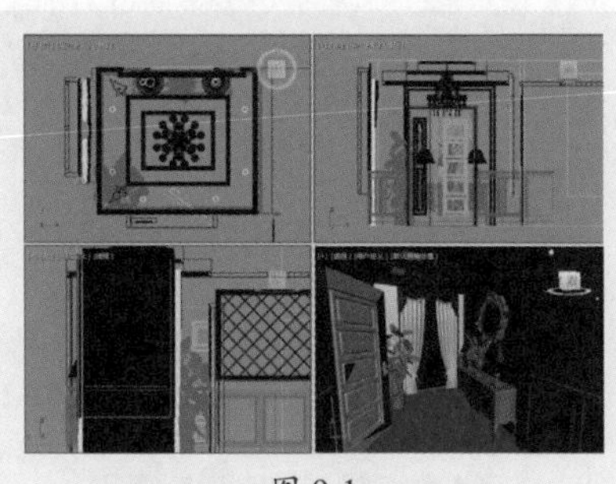

图 9-1

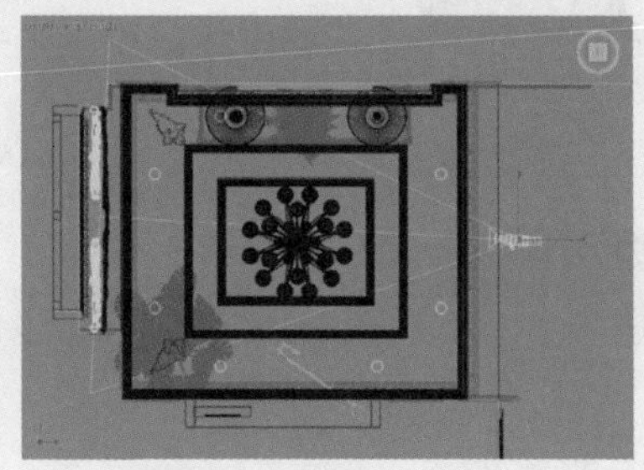

图 9-2

步骤 03 在“参数”卷展栏中设置“镜头”为20，在视口中调整摄影机的位置和角度，最后选择透视，如图9-3所示。

步骤 04 选择透视视口，按C键切换到摄影机视口，如图9-4所示。

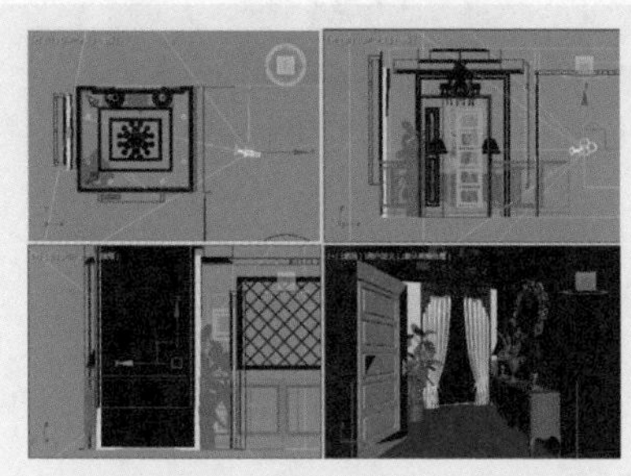

图 9-3

图 9-4

9.3 设置场景灯光

场景中的光源包括窗户采光、室内吊灯、台灯、射灯等，由于场景中的物体颜色较暗，在调整光源亮度时要考虑适当调高。下面将对光源的创建以及参数设置进行详细介绍。

9.3.1 设置白模预览参数

使用白模材质可以观察模型中的漏洞，还可以很好地预览灯光效果。下面介绍白模材质的创建。

步骤 01 按M键打开材质编辑器，选择一个空白材质并设置为VRayMtl材质类型，命名为“白模”，设置漫反射颜色为灰白色，如图9-5所示。

步骤 02 为漫反射通道添加VRay边纹理贴图，并在参数面板设置纹理颜色，如图9-6所示。

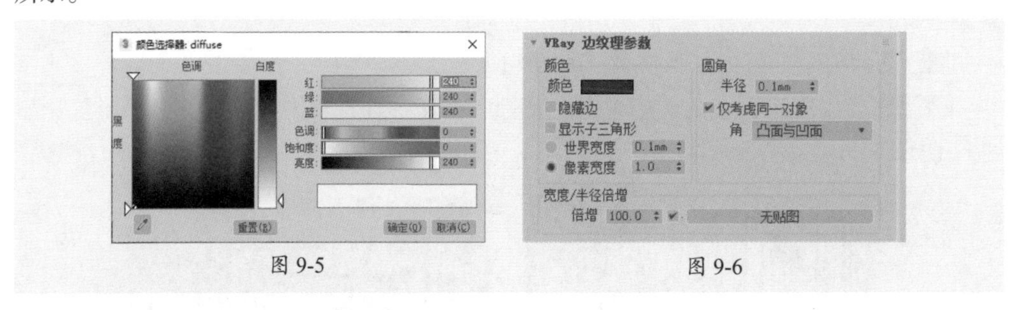

图 9-5　　图 9-6

步骤 03 纹理颜色设置如图9-7所示。

步骤 04 制作好的白模材质球效果如图9-8所示。

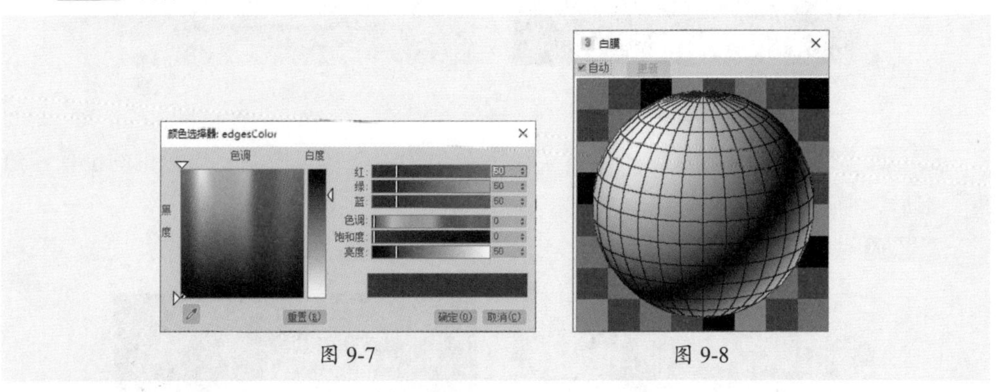

图 9-7　　图 9-8

步骤 05 按F10键打开“渲染设置”面板，在VRay选项卡中展开“全局开关”卷展栏，设置为高级模式，勾选“覆盖材质”复选框，从材质编辑器将“白模”材质拖到“覆盖材质”右侧的按钮上，选择“实例”复制，再设置灯光采样类型为“全光求值”，如图9-9所示。

步骤 06 在“帧缓冲区”卷展栏中取消勾选“启用内置帧缓冲区”复选框，如图9-10所示。

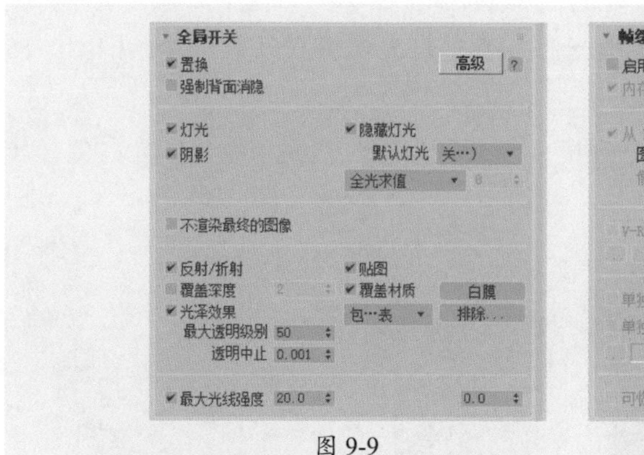

图 9-9　　图 9-10

步骤 07 在“颜色贴图”卷展栏中设置“类型”为“指数”，如图9-11所示。

图 9-11

步骤 08 在“发光贴图”卷展栏中设置预设等级和细分等参数，如图9-12所示。

步骤 09 在“灯光缓存”卷展栏中设置“细分”值和其他参数，如图9-13所示。

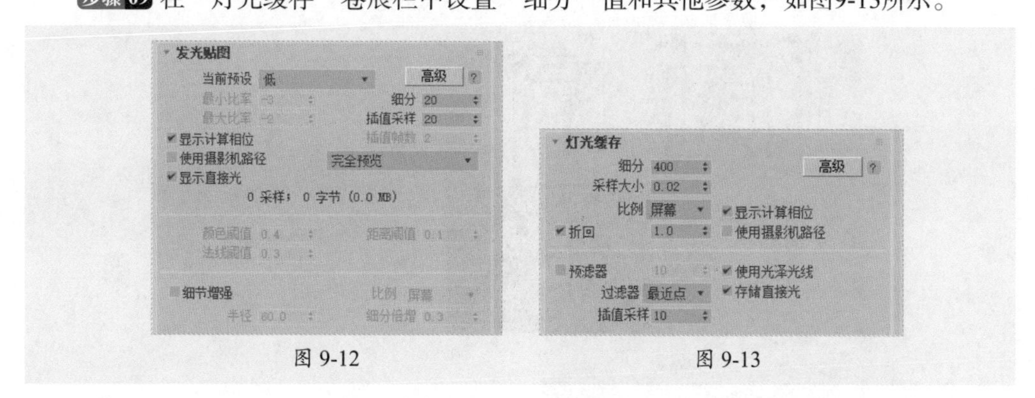

图 9-12　　图 9-13

步骤 10 最后在“公用参数”卷展栏设置输出尺寸，如图9-14所示。

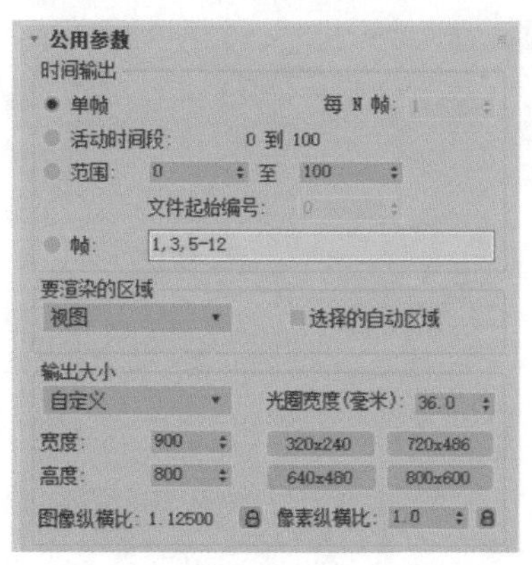

图 9-14

9.3.2 模拟窗户光源

为场景模拟创建来自窗户的光源，操作步骤介绍如下。

步骤 01 在左视图中创建VRay灯光面光源，调整灯光到窗户外侧位置，如图9-15所示。

步骤 02 在修改面板设置灯光尺寸、强度、细分等参数，灯光“颜色”为白色，如图9-16所示。

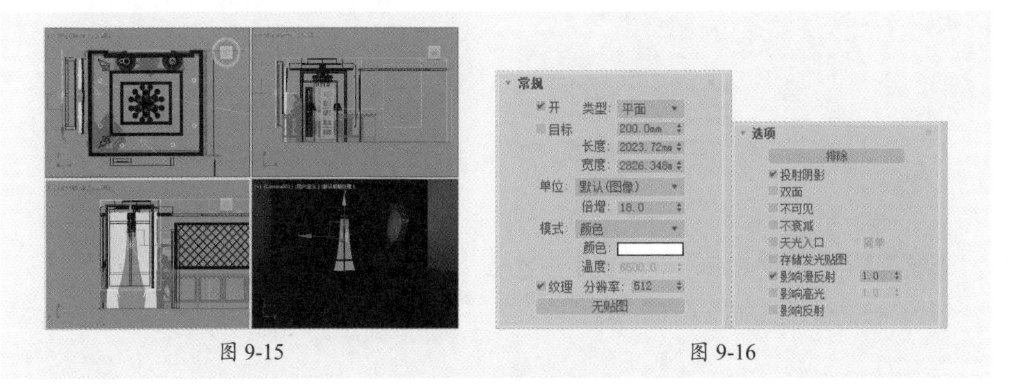

图 9-15　　　　图 9-16

步骤 03 复制光源并调整尺寸，将其放置在窗帘位置，如图9-17所示。

步骤 04 在修改面板设置灯光的强度等参数，如图9-18所示。

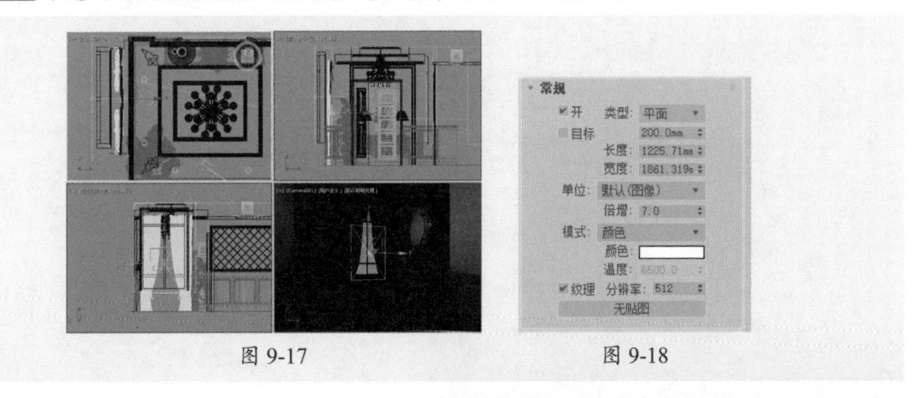

图 9-17　　　　图 9-18

步骤 05 隐藏纱帘模型，如图9-19所示。

图 9-19

步骤 06 渲染场景，观察窗户光源效果（这里可以忽略由于隐藏纱帘引起的漏光），如图9-20所示。

步骤 07 从模型可以看到，场景中的入户门是打开的，这样就需要在门外也创建一盏灯，用于模拟门外的光源，如图9-21所示。

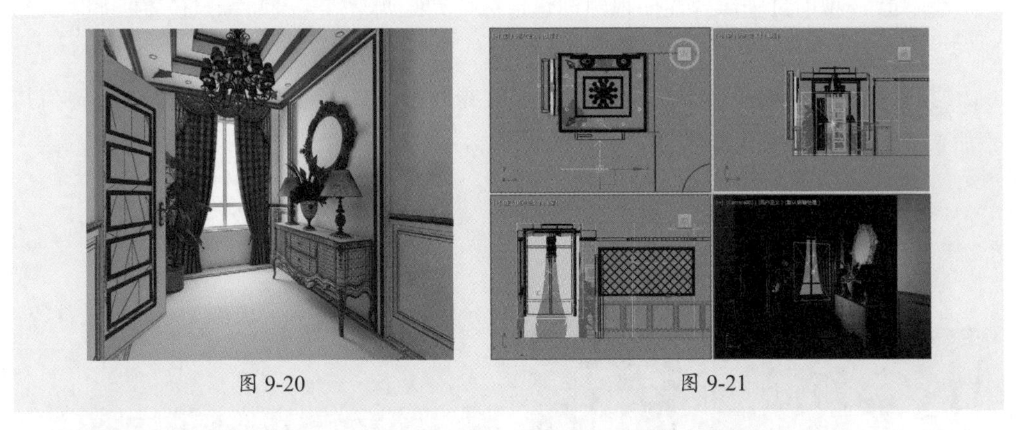

图 9-20　　图 9-21

步骤 08 在修改面板设置灯光尺寸、强度与颜色，如图9-22所示。

步骤 09 光源颜色设置参数如图9-23所示。

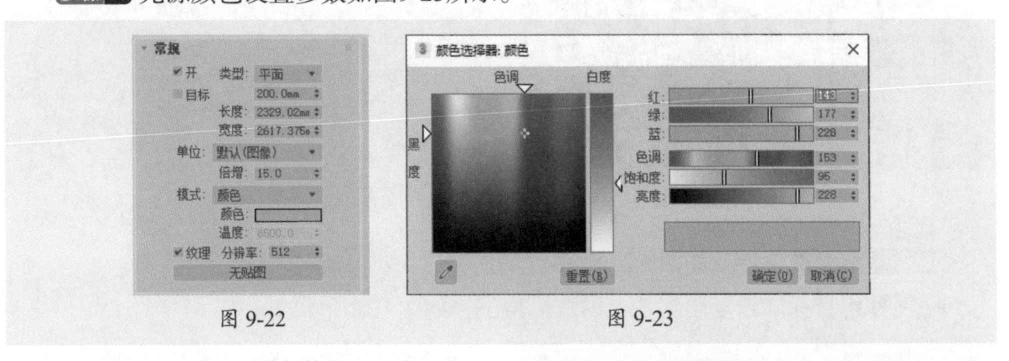

图 9-22　　图 9-23

步骤 10 再次渲染场景，可以看到从门外透进的光，效果如图9-24所示。

图 9-24

9.3.3 模拟室内光源

场景中的室内光源包括吊灯光源、台灯光源、射灯光源及灯带光源。下面介绍具体的制作方法。

步骤 01 模拟射灯光源。在前视图创建目标灯光，调整灯光及目标点位置，如图9-25所示。

步骤 02 在修改面板设置灯光阴影类型、灯光分布类型、灯光颜色及强度等，再为其添加光度学文件，如图9-26所示。

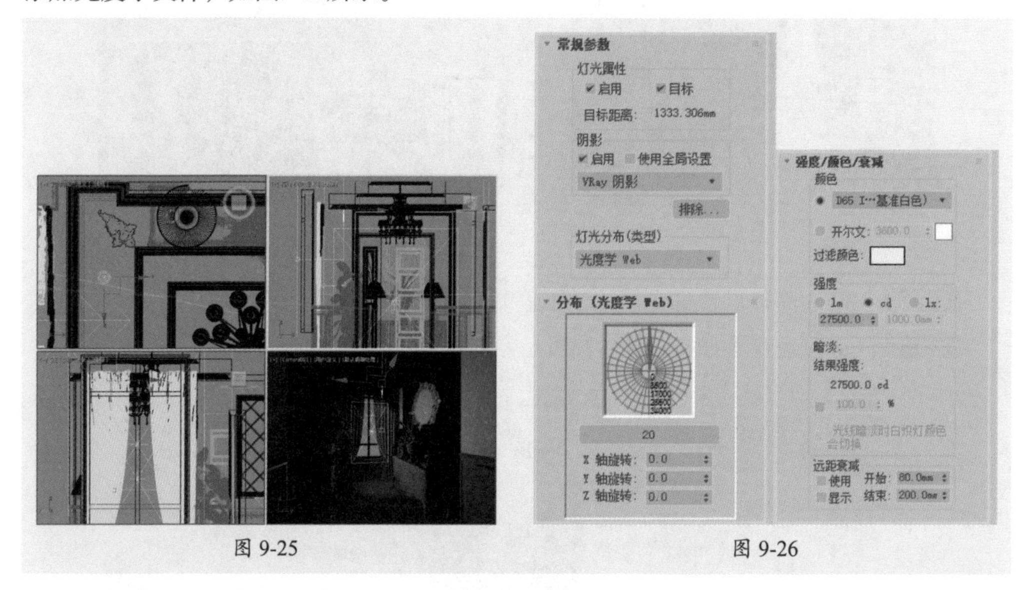

图 9-25　　图 9-26

步骤 03 灯光颜色参数如图9-27所示。

步骤 04 将目标灯光复制到各个射灯模型下，如图9-28所示。

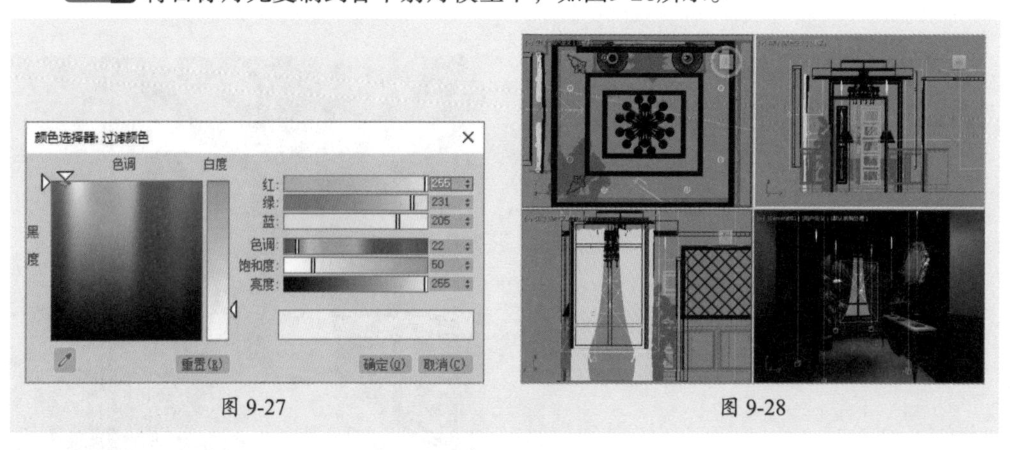

图 9-27　　图 9-28

步骤 05 渲染场景，射灯光源效果如图9-29所示。

步骤 06 模拟台灯光源。在顶视图创建VRay球体灯光，调整到台灯位置，如图9-30所示。

图 9-29

图 9-30

步骤07 在修改面板设置灯光半径、强度、颜色等参数，如图9-31所示。

步骤08 复制VRay球体灯光到另一个台灯位置，如图9-32所示。

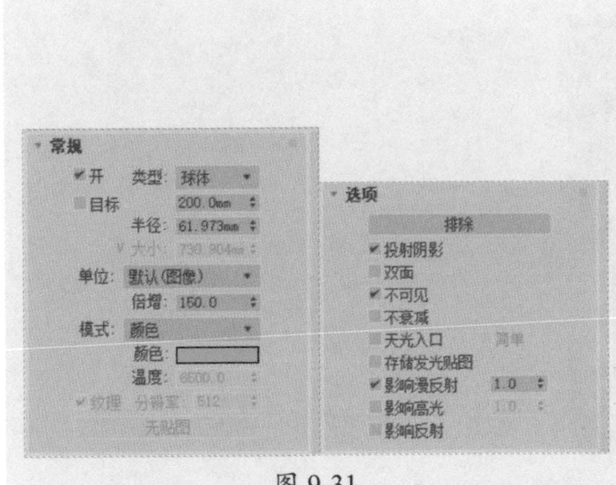

图 9-31

图 9-32

步骤09 渲染场景，台灯光源效果如图9-33所示。复制台灯光源到另一侧。

步骤10 模拟吊灯光源。继续复制VRay球体灯光，重新设置灯光的半径和强度，如图9-34所示。

图 9-33

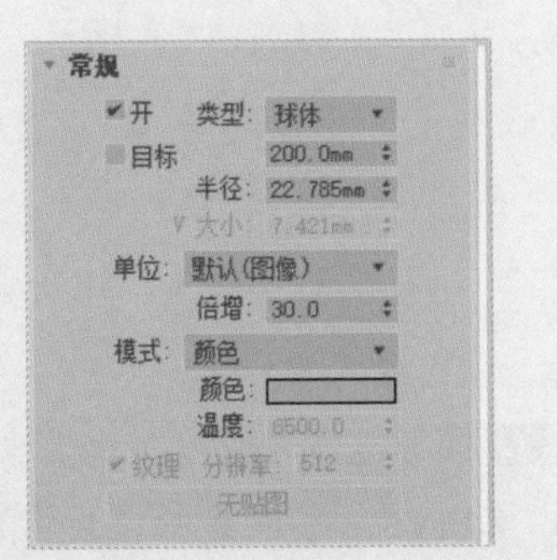

图 9-34

步骤 11 将光源放置到吊灯灯罩内部，并用实例方式复制多个光源，如图9-35所示。

图 9-35

步骤 12 创建VRay平面光源作为吊灯补光，设置光源的尺寸和强度，将其放置在吊灯下方，如图9-36和图9-37所示。

图 9-36

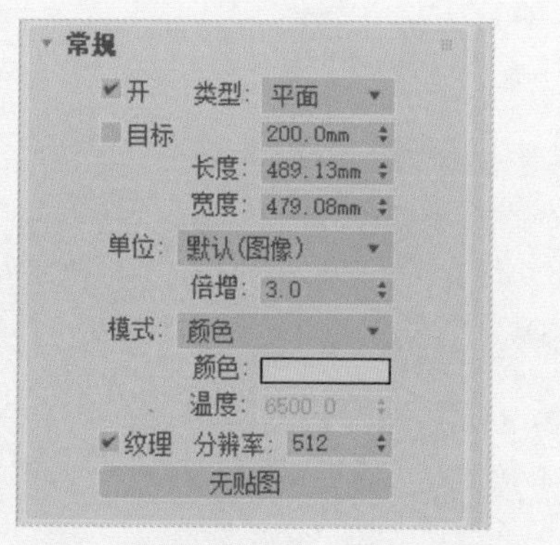

图 9-37

步骤 13 渲染场景，可以看到吊灯光源效果，如图9-38所示。

图 9-38

步骤 14 模拟灯带光源。在背景墙位置还有一处凹槽，用于放置灯带光源。创建并用实例方式复制VRay平面光源，设置光源的尺寸、强度和颜色，利用缩放工具缩放对象的长度，放置到凹槽中再旋转对象，如图9-39和图9-40所示。

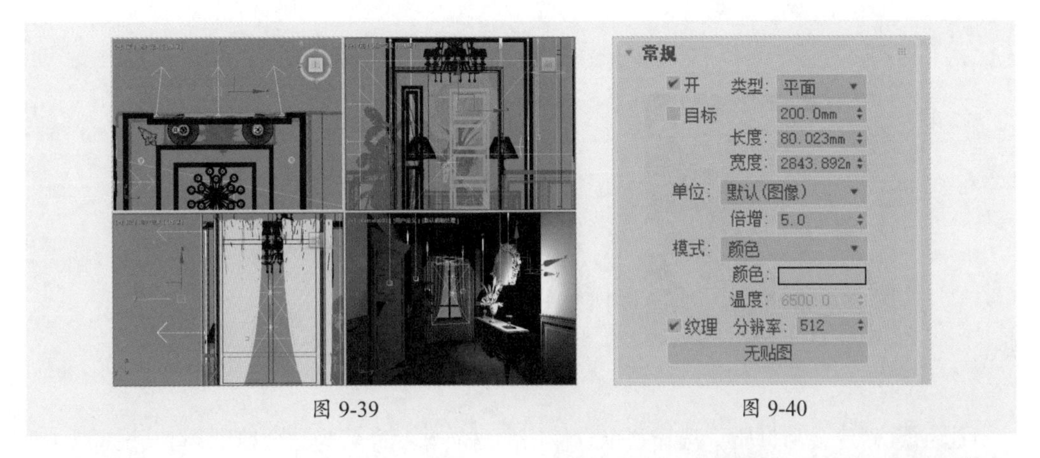

图 9-39　　　　图 9-40

步骤 15 渲染场景，可以看到灯带光源效果，如图9-41所示。

图 9-41

9.4 设置场景材质

场景中的材质类型包括乳胶漆、金箔、壁纸、石材、木板、古铜、镜面、窗帘等，下面详细介绍材质的创建过程。

9.4.1 创建墙、顶、地材质

本案例中建筑的墙面、顶面和地面采用的材质包括乳胶漆、壁纸、石材、木板等。下面介绍材质的创建过程。

步骤 01 创建乳胶漆材质。按M键打开“材质编辑器”，选择一个未使用的材质球，命名为“乳胶漆”，为其设置VRayMtl材质类型和漫反射颜色，如图9-42和图9-43所示。

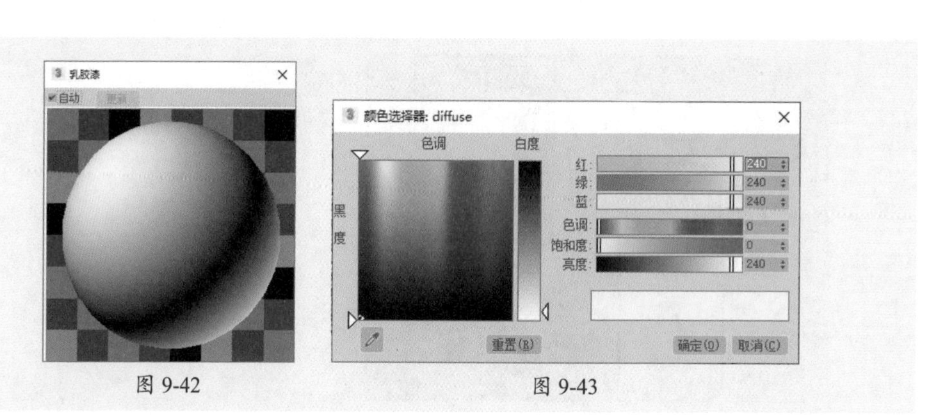
图 9-42　　图 9-43

步骤 02 创建金箔材质。选择一个未使用的材质球，命名为“金箔”，将其设置为3ds Max自带的混合材质，设置材质1和材质2都为VRayMtl材质类型，再为遮罩通道添加位图贴图，如图9-44所示。

步骤 03 位图贴图如图9-45所示。

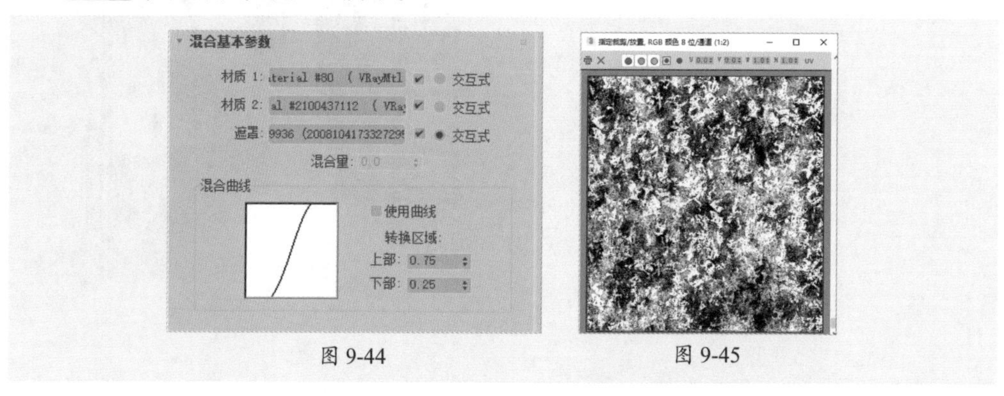
图 9-44　　图 9-45

步骤 04 打开材质1的“基本参数”面板，设置“漫反射”颜色和“反射”颜色，再设置反射光泽度，如图9-46和图9-47所示。

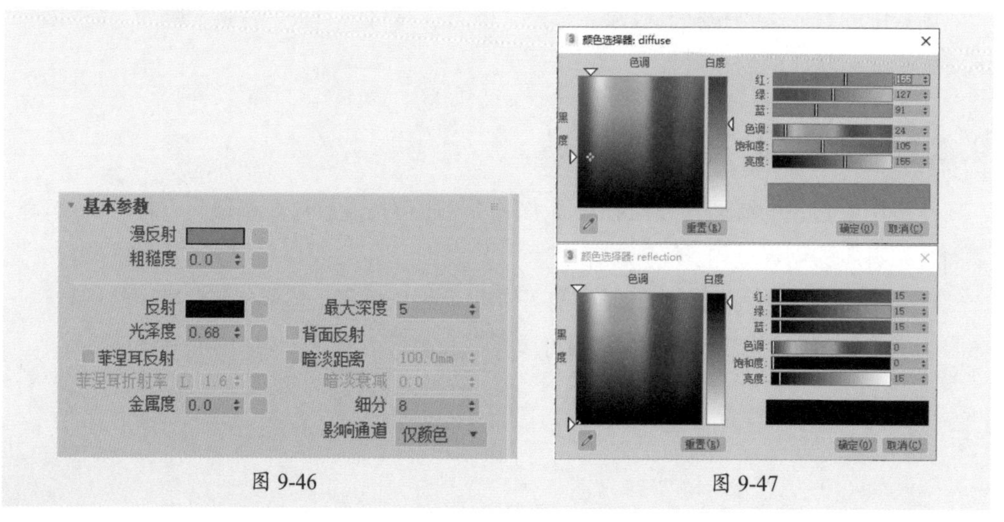
图 9-46　　图 9-47

步骤 05 打开材质2的“基本参数”面板，设置“漫反射”颜色和“反射”颜色，再设置反射高光光泽度和反射光泽度，如图9-48所示。

步骤 06 漫反射颜色和反射颜色的设置如图9-49所示。

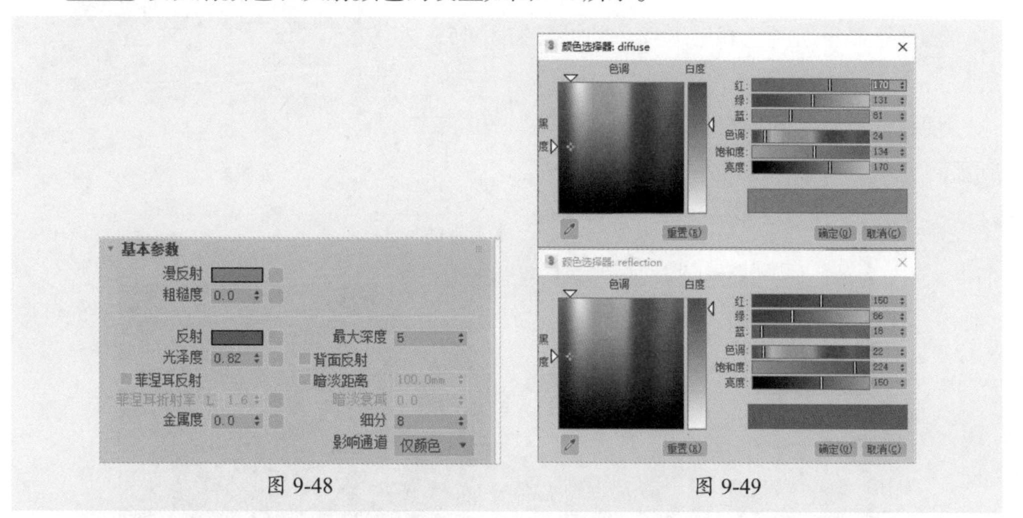

图 9-48　　　　图 9-49

步骤 07 创建好的金箔材质球预览效果如图9-50所示。

步骤 08 创建壁纸材质。本案例中壁纸材质同样使用3ds Max自带的混合材质，设置材质1和材质2都为VRayMtl材质类型，再为遮罩通道添加位图贴图，如图9-51所示。

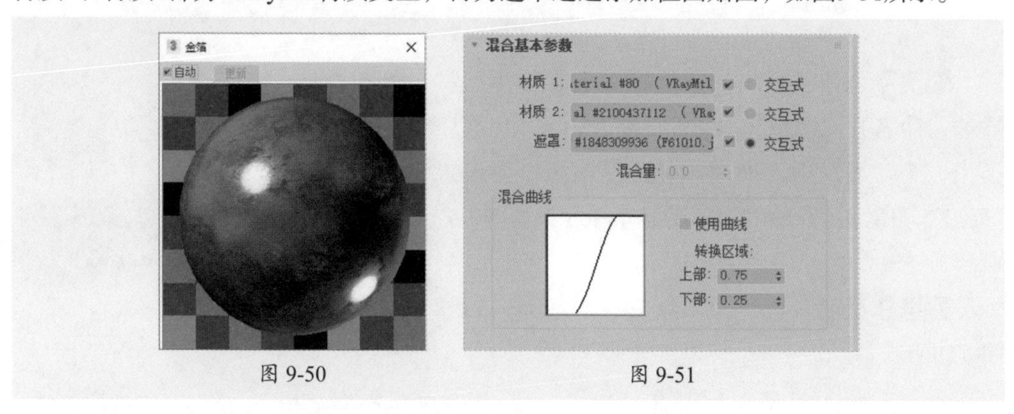

图 9-50　　　　图 9-51

步骤 09 在材质1参数面板中设置“漫反射”颜色，如图9-52和图9-53所示。

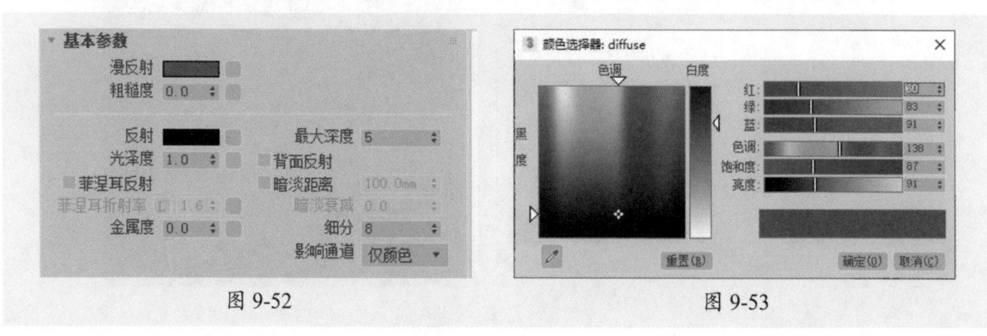

图 9-52　　　　图 9-53

步骤 10 在材质2参数面板中设置“漫反射”颜色和“反射”颜色，再设置高光光泽度和反射光泽度，如图9-54所示。

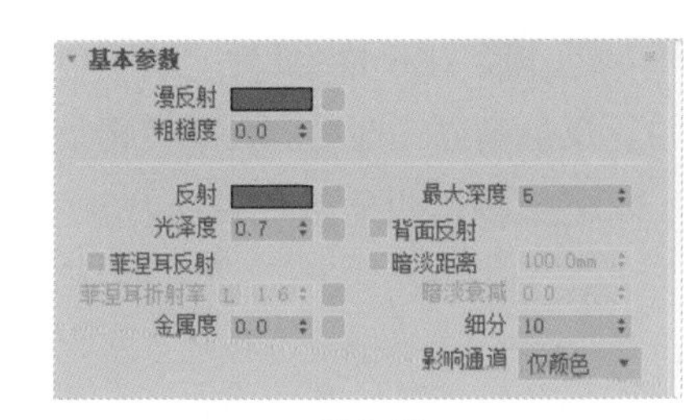

图 9-54

步骤 11 漫反射颜色和反射颜色的设置如图9-55所示。

步骤 12 设置好的壁纸材质球预览效果如图9-56所示。

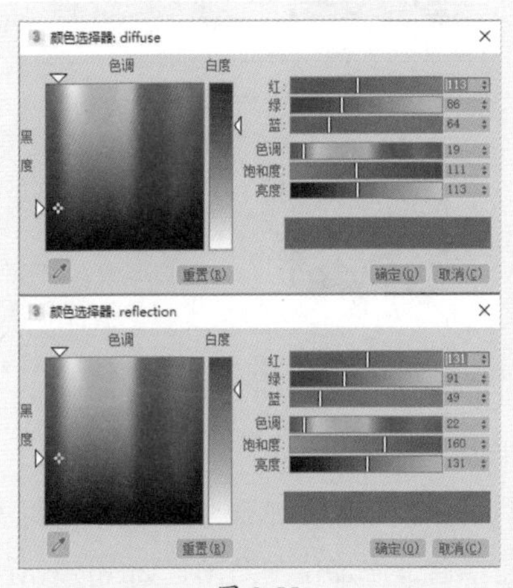

图 9-55

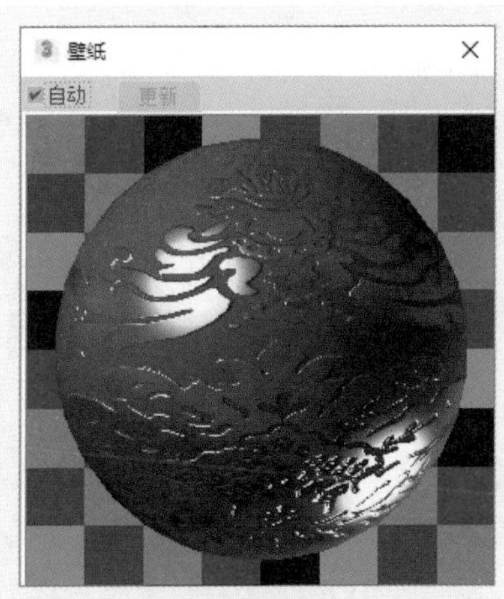

图 9-56

步骤 13 创建木板材质。选择一个未使用的材质球，命名为“木板”，将其设置为VRayMtl材质类型，为“漫反射”通道添加位图贴图，再设置“反射”颜色和“光泽度”、反射光泽度，如图9-57所示。

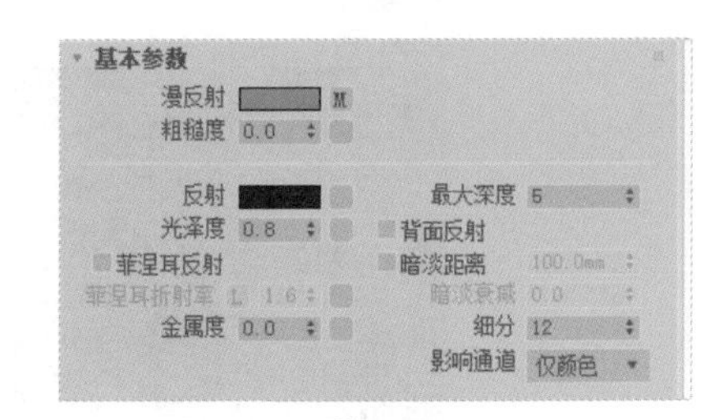

图 9-57

步骤 14 反射颜色以及木纹理材质如图9-58和图9-59所示。

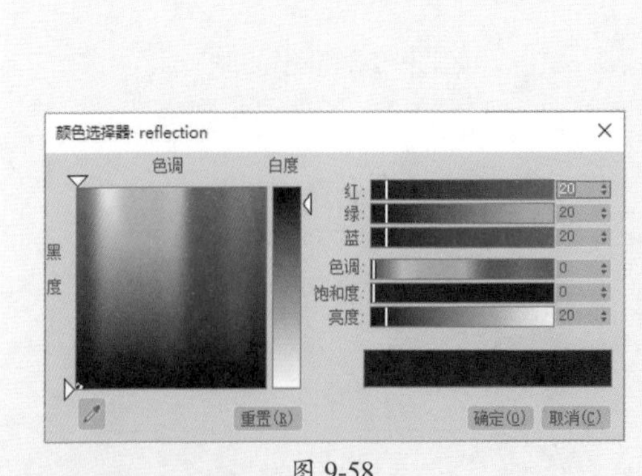

图 9-58

图 9-59

步骤 15 设置好的材质球预览效果如图9-60所示。

步骤 16 创建石材材质。首先创建地面石材的材质，选择一个未使用的材质球，命名为“石材1”，设置为VRayMtl材质类型，为“漫反射”通道添加位图贴图，并设置“反射”颜色及“细分”值，如图9-61所示。

步骤 17 反射颜色设置如图9-62所示。

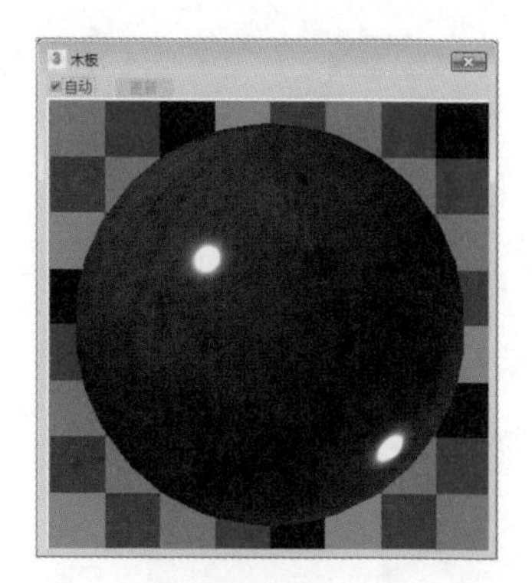

图 9-60

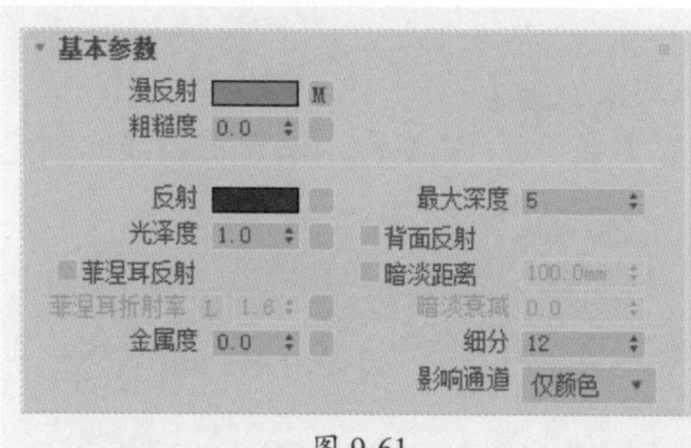

图 9-61

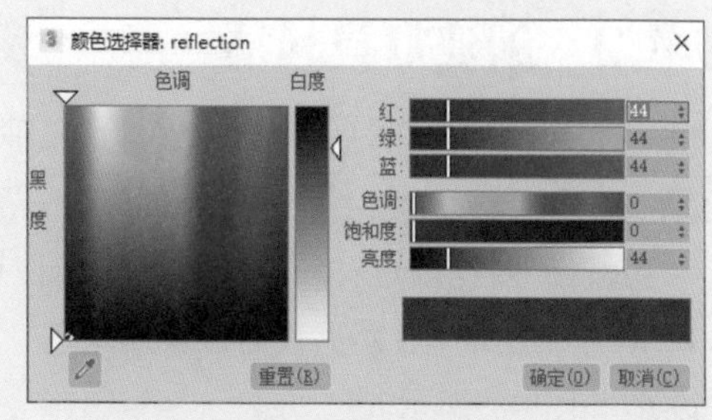

图 9-62

步骤 18 设置好的石材材质球效果如图9-63所示。

步骤 19 按照同样的设置参数创建“石材2”材质，效果如图9-64所示。

图 9-63

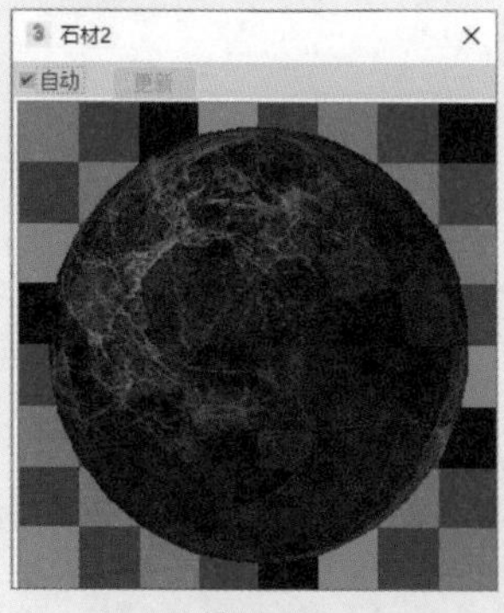

图 9-64

步骤 20 接下来创建墙面石材材质。复制“石材2”材质球并修改名称为“石材3”，更改“漫反射”通道的位图贴图，修改“光泽度”，如图9-65所示。

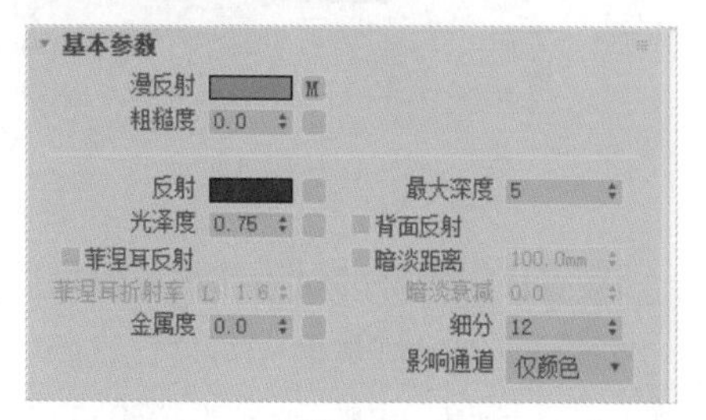

图 9-65

步骤 21 “石材3”材质球预览效果如图9-66所示。

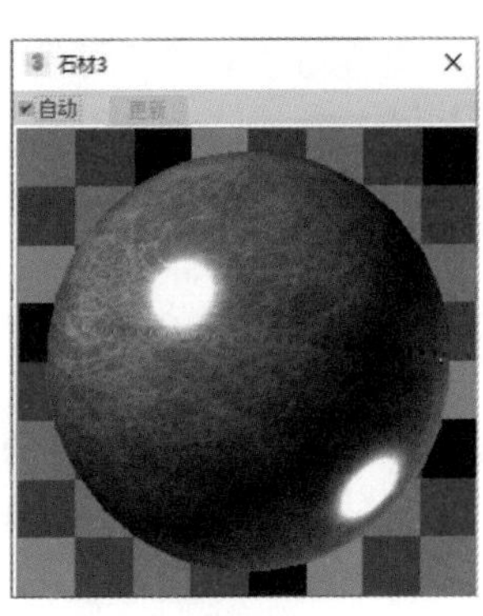

图 9-66

9.4.2 创建灯具材质

场景中使用了吊灯、台灯、射灯这几种灯具类型，下面介绍灯具各部分材质的创建过程。

步骤 01 创建灯罩材质。选择一个未使用的材质球，命名为“灯罩”，将其设置为VRayMtl材质类型，然后设置漫反射颜色、反射颜色与折射颜色，再设置反射参数，如图9-67和图9-68所示。

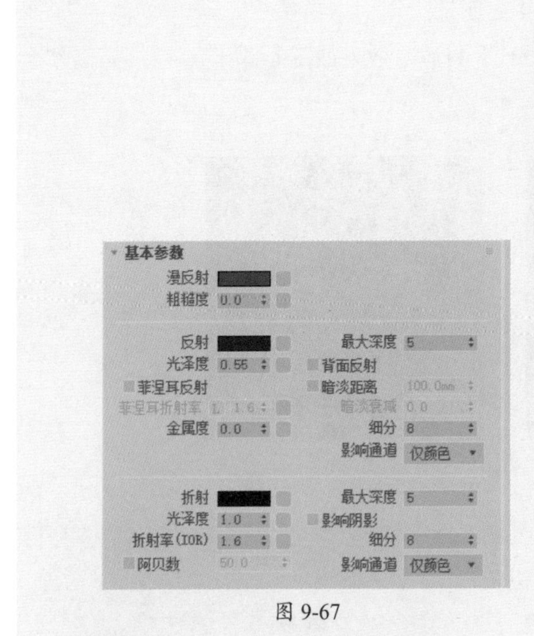

图 9-67

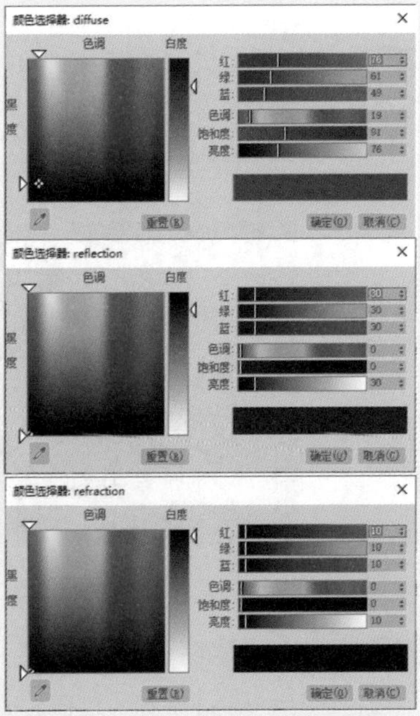

图 9-68

步骤 02 设置好的材质球预览效果如图9-69所示。

步骤 03 创建灯具内壳材质。选择一个未使用的材质球，命名为“内壳”，将其设置为VRayMtl材质类型，然后设置漫反射颜色、反射颜色和折射颜色，如图9-70所示。

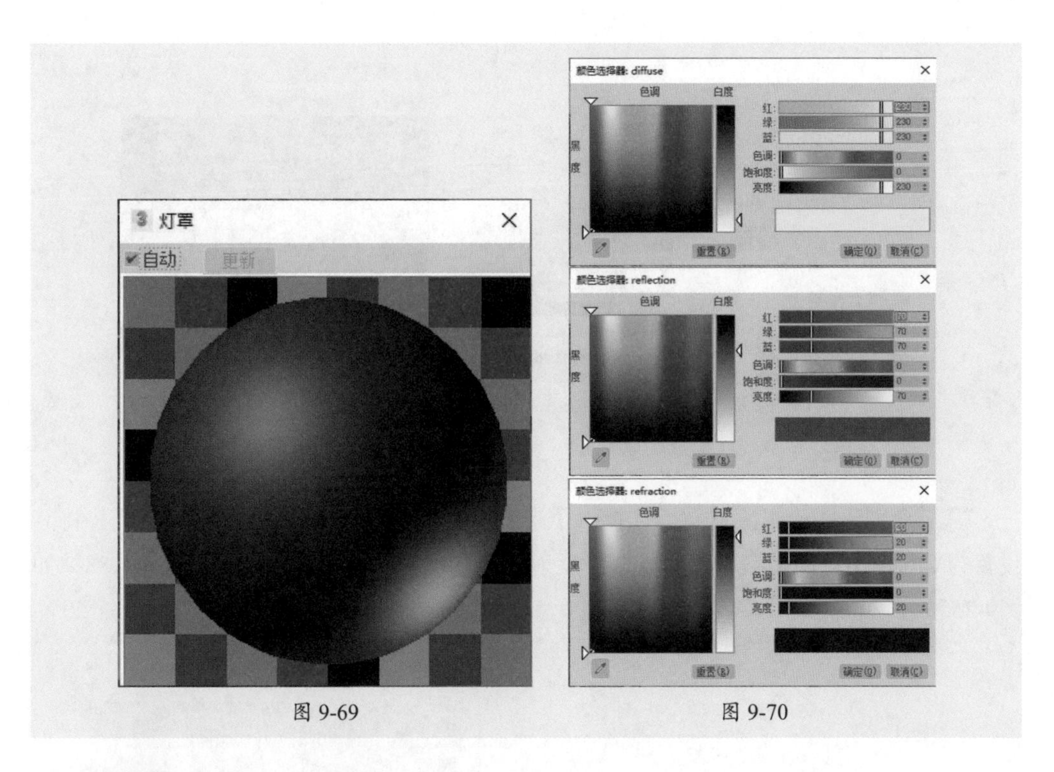

图 9-69　　图 9-70

步骤 04 材质球预览效果如图9-71所示。

步骤 05 创建水晶材质。选择一个未使用的材质球，命名为“水晶”，将其设置为VRayMtl材质类型，然后设置漫反射颜色和折射颜色为白色，再设置折射率（IOR）为1.55，如图9-72所示。

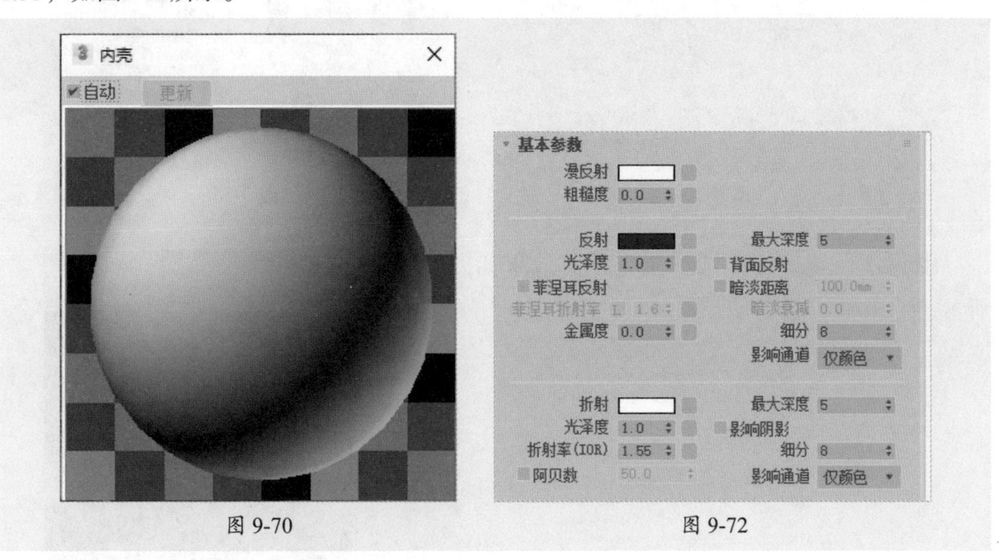

图 9-70　　图 9-72

步骤 06 反射颜色参数设置如图9-73所示。

步骤 07 设置好的水晶材质球预览效果如图9-74所示。

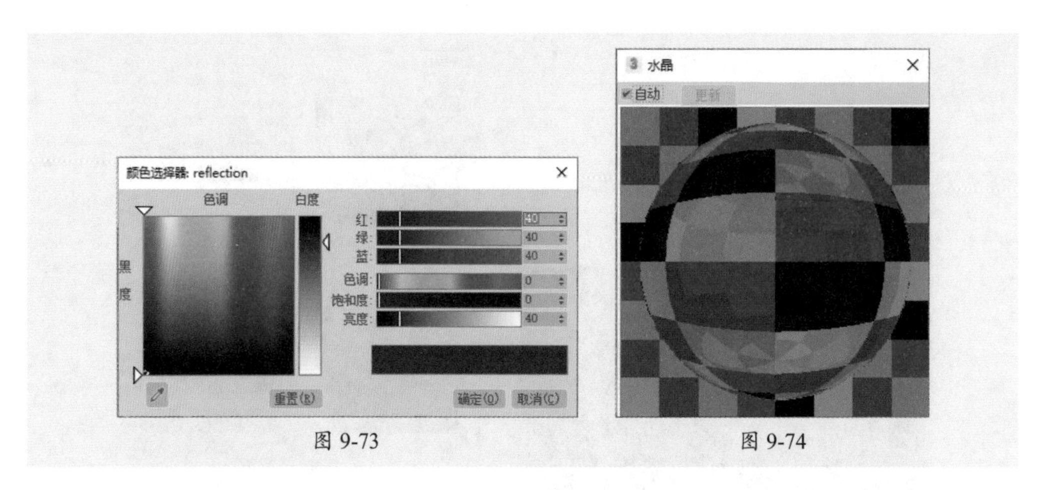

图 9-73　　图 9-74

步骤 08 创建哑光银漆材质。选择一个未使用的材质球，命名为“哑光银漆”，将其设置为VRayMtl材质类型，然后设置漫反射颜色和反射颜色，再设置光泽度为0.88，如图9-75和图9-76所示。

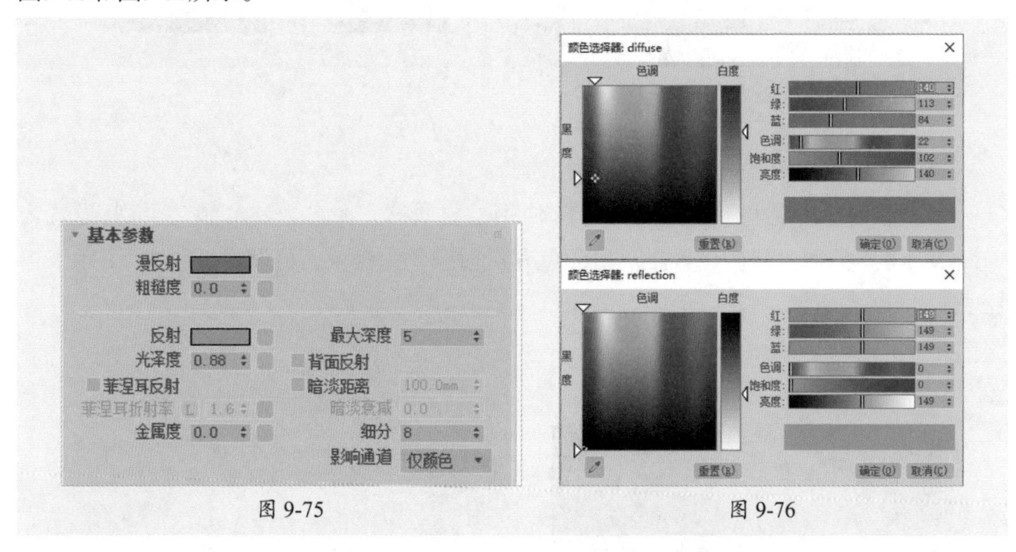

图 9-75　　图 9-76

步骤 09 设置好的银漆材质球预览效果如图9-77所示。

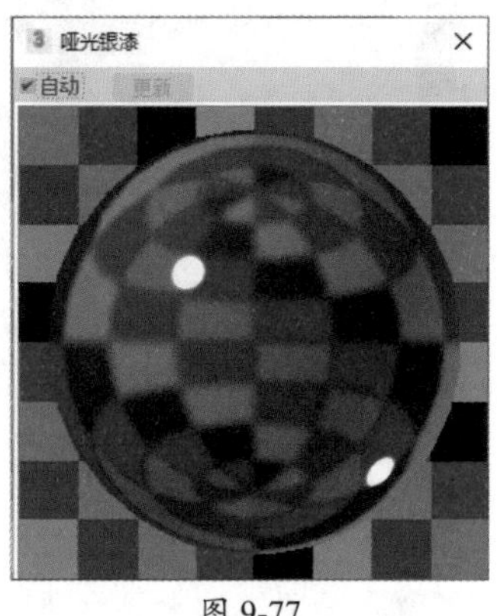

图 9-77

9.4.3 创建窗帘材质

场景中的窗帘包括纱帘和遮光帘两种类型，下面介绍其材质的创建步骤。

步骤 01 创建纱帘材质。选择一个未使用的材质球，命名为“纱帘”，将其设置为VRayMtl材质类型，然后设置漫反射颜色为白色，再设置折射颜色和折射率，如图9-78所示。

步骤 02 折射颜色参数设置如图9-79所示。

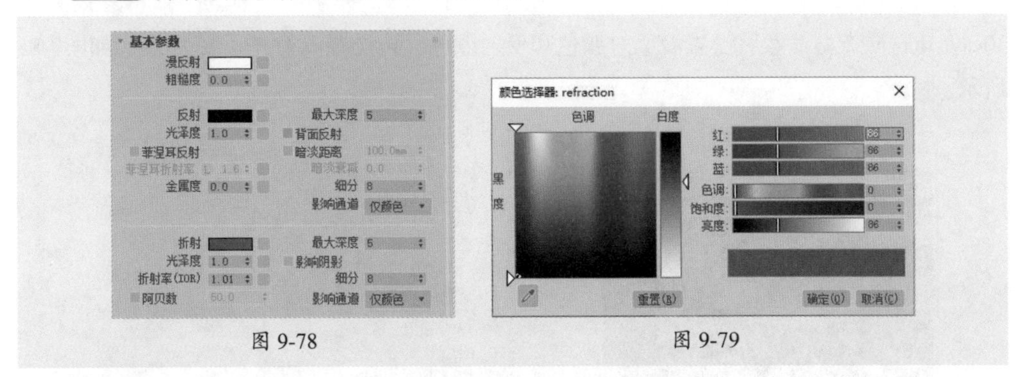

图 9-78　　图 9-79

步骤 03 创建好的纱帘材质球预览效果如图9-80所示。

步骤 04 创建遮光帘材质。选择一个未使用的材质球，命名为“遮光帘”，将其设置为VRayMtl材质类型，然后设置漫反射颜色和反射颜色，再设置反射光泽度为0.58，如图9-81所示。

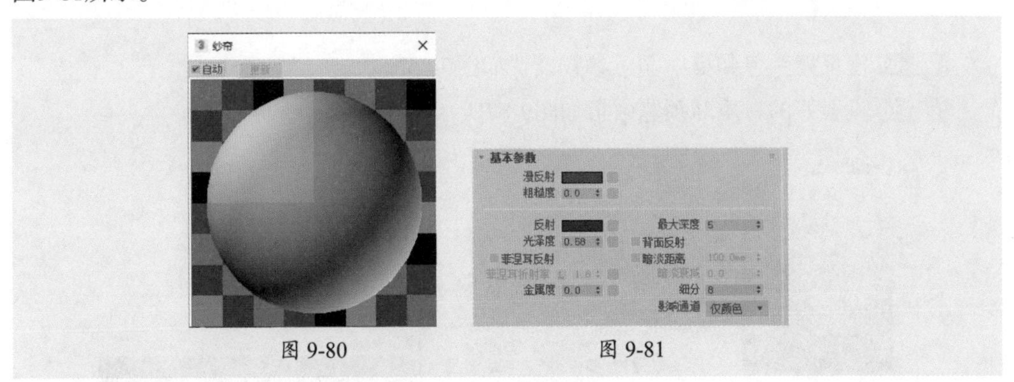

图 9-80　　图 9-81

步骤 05 漫反射颜色和反射颜色参数设置如图9-82所示。

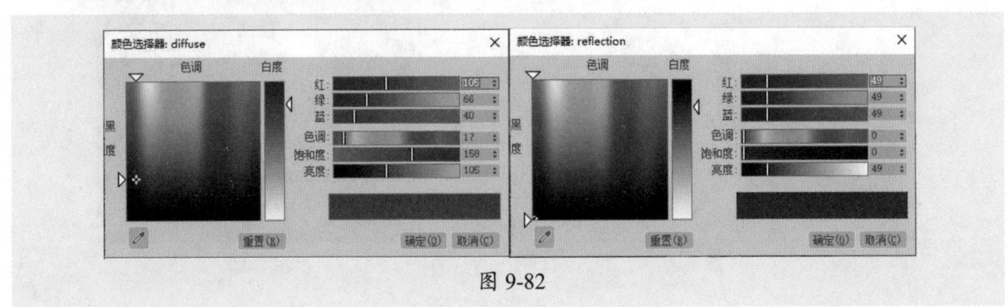

图 9-82

步骤 06 在“双向反射分布函数”卷展栏中设置分布类型为“反射”，再设置“各向异性”参数，如图9-83所示。

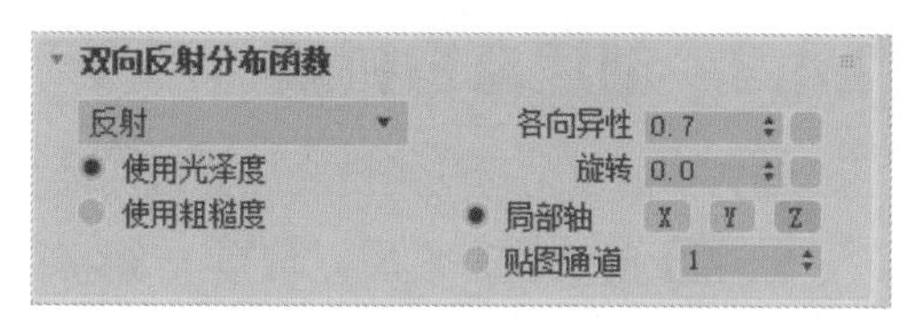

图 9-83

步骤 07 设置好的遮光帘材质球预览效果如图9-84所示。

步骤 08 创建流苏材质。选择一个未使用的材质球，命名为“流苏”，将其设置为VRayMtl材质类型，然后设置漫反射颜色和反射颜色，再设置反射光泽度为0.8，如图9-85所示。

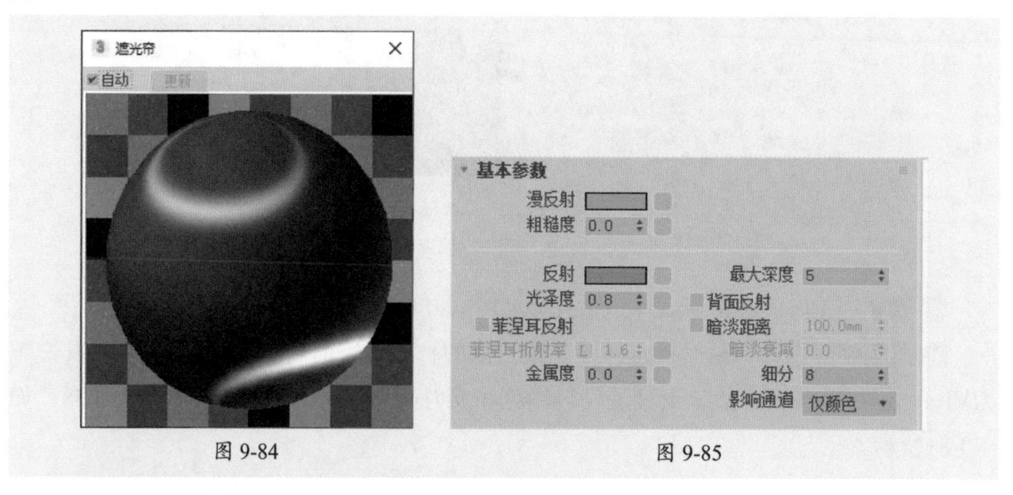

图 9-84　　图 9-85

步骤 09 漫反射颜色和反射颜色参数设置如图9-86所示。

步骤 10 设置好的材质球预览效果如图9-87所示。

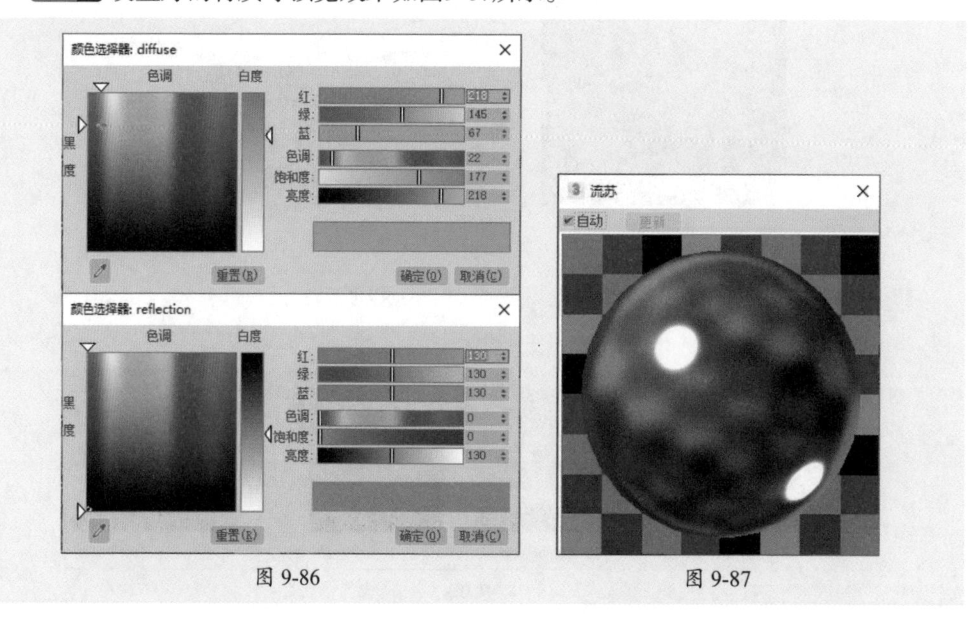

图 9-86　　图 9-87

9.4.4 创建装饰物品材质

场景中有铜镜、花瓶、盆栽等装饰物品，下面介绍金属、镜面等材质的制作过程。

步骤 01 创建装饰镜材质。选择一个未使用的材质球，命名为“金属漆”，将其设置为VRayMtl材质类型，然后设置漫反射颜色和反射颜色，再设置反射光泽度为0.58，如图9-88所示。

步骤 02 漫反射颜色与反射颜色参数设置如图9-89所示。

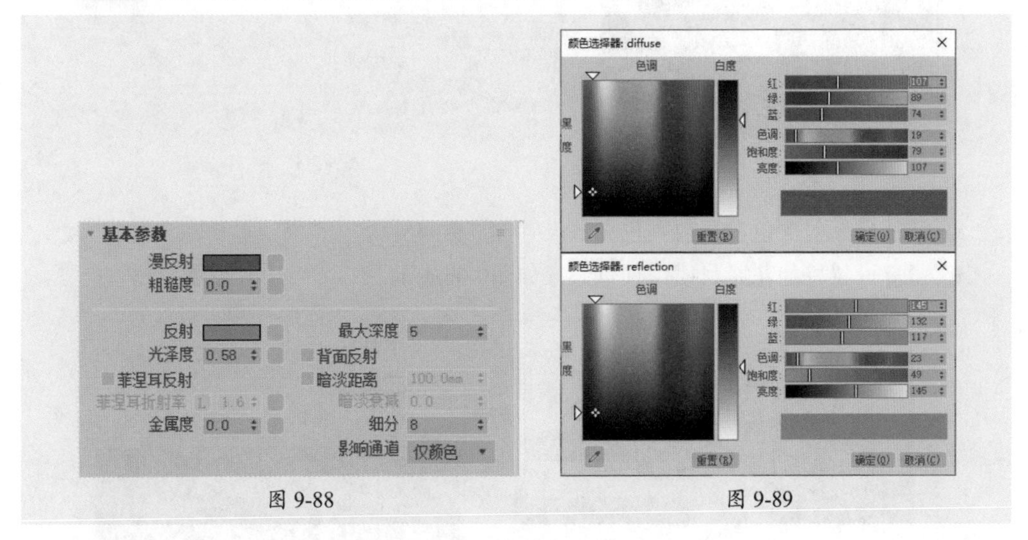

图 9-88　　　　图 9-89

步骤 03 设置好的材质球预览效果如图9-90所示。

步骤 04 创建镜子材质。选择一个未使用的材质球，命名为“镜子”，将其设置为VRayMtl材质类型，然后设置漫反射颜色和反射颜色都为白色，如图9-91所示。

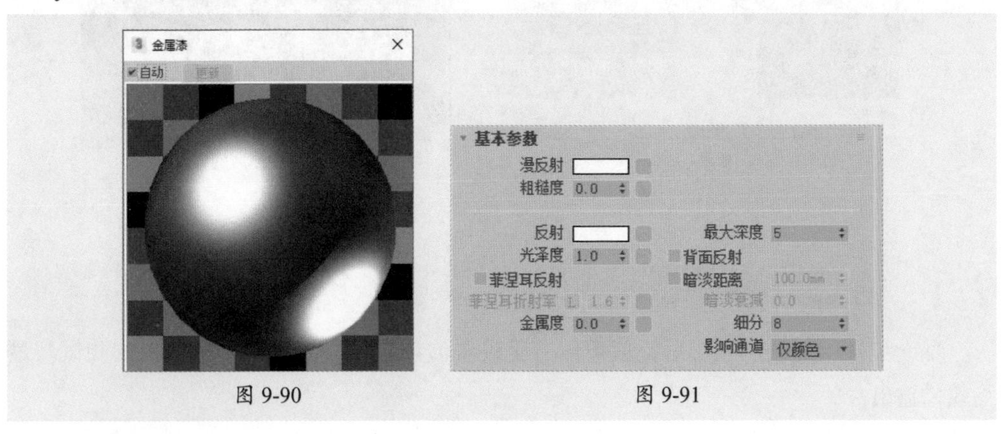

图 9-90　　　　图 9-91

步骤 05 设置好的材质球预览效果如图9-92所示。

步骤 06 创建花瓶材质。选择一个未使用的材质球，命名为“金属花瓶”，将其设置为VRayMtl材质类型，然后设置漫反射颜色和反射颜色，再设置高光光泽度和反射光泽度，如图9-93所示。

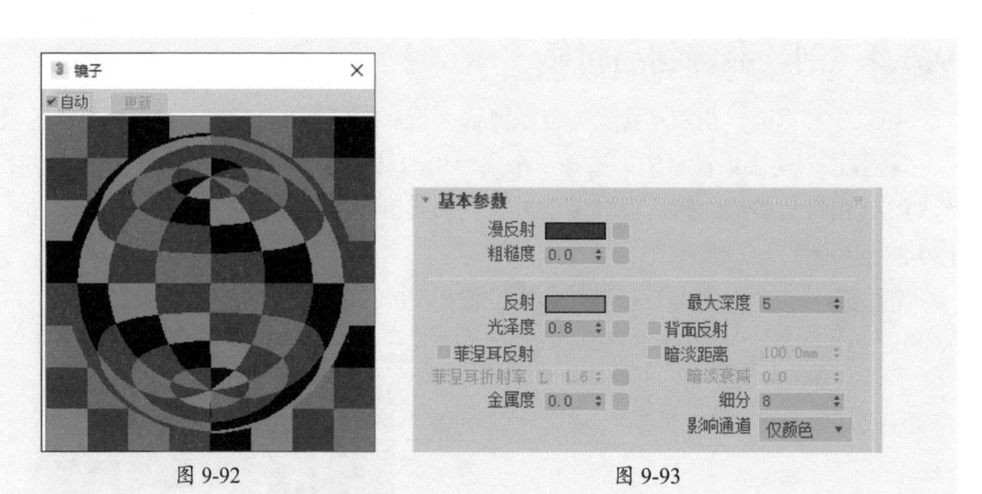

图 9-92　　图 9-93

步骤 07 漫反射颜色和反射颜色参数设置如图9-94所示。

步骤 08 设置好的花瓶材质球预览效果如图9-95所示。

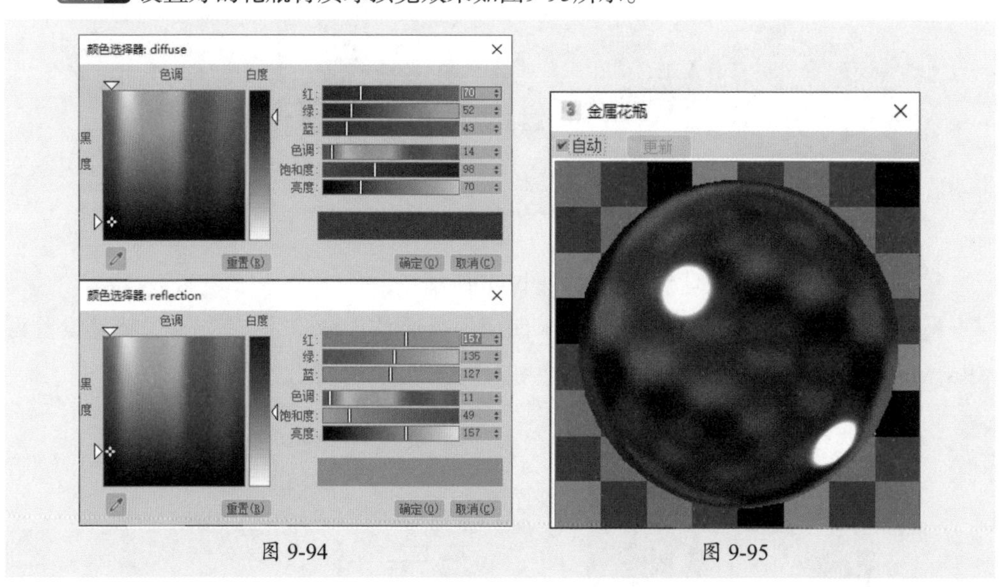

图 9-94　　图 9-95

9.5　场景渲染效果

灯光与材质都创建完毕后，就可以着手设置渲染参数，并进行场景效果的测试及最终效果输出。

9.5.1　测试渲染

首先设置测试渲染参数，观察测试渲染效果，达到预期效果后再进行下一步设置。

步骤 01 按F10键打开“渲染设置”面板，在“公用参数”卷展栏中设置效果图输出尺寸，如图9-96所示。

步骤 02 在“帧缓冲区”卷展栏取消勾选“启用内置帧缓冲区”复选框，如图9-97所示。

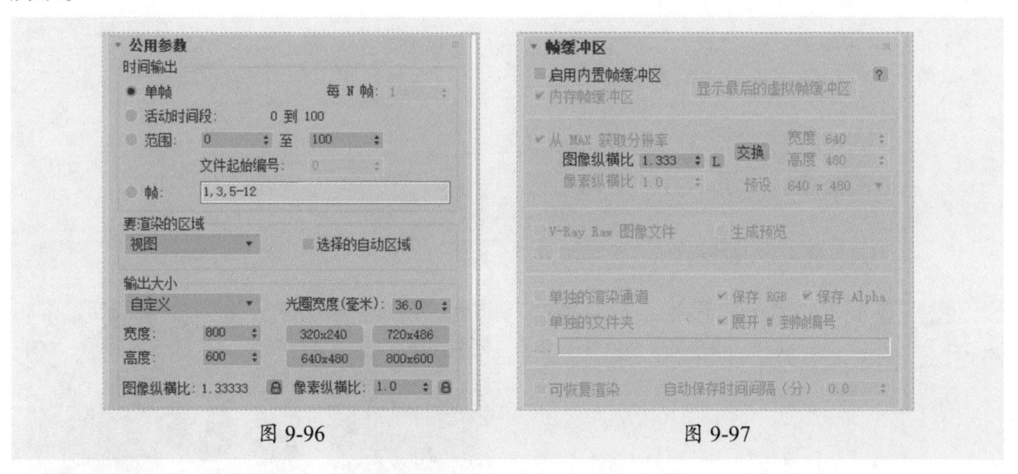

图 9-96　　图 9-97

步骤 03 在“全局开关”卷展栏中设置灯光采样类型为“全光求值”，取消勾选“覆盖材质”复选框，如图9-98所示。

步骤 04 在“图像过滤器”卷展栏取消勾选“图像过滤器”复选框，如图9-99所示。

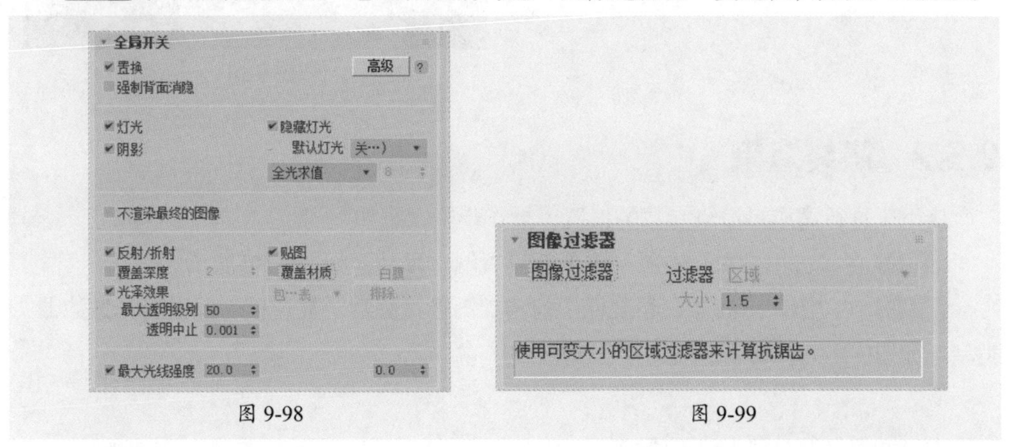

图 9-98　　图 9-99

步骤 05 在“颜色贴图”卷展栏中设置“类型”为“指数”，如图9-100所示。

步骤 06 在“全局照明”卷展栏中设置“首次引擎”为“发光贴图”，“二次引擎”为“灯光缓存”，如图9-101所示。

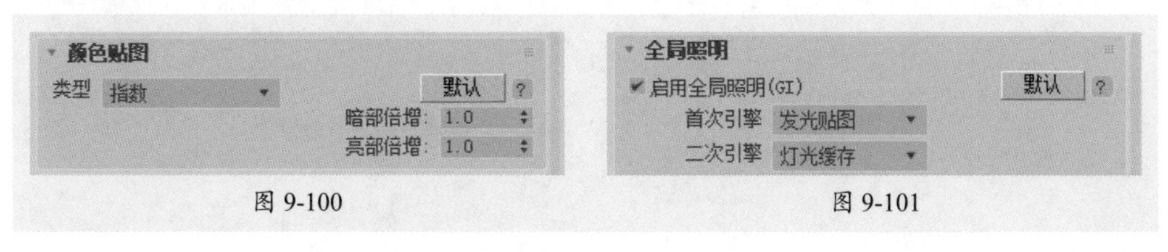

图 9-100　　图 9-101

步骤 07 在“发光贴图”卷展栏中设置预设级别为“低”，然后设置“细分”和“插值采样”参数，勾选“显示直接光”复选框，如图9-102所示。

步骤 08 在“灯光缓存”卷展栏中设置“细分”值，勾选“使用光泽光线”和“存储直接光”复选框，如图9-103所示。

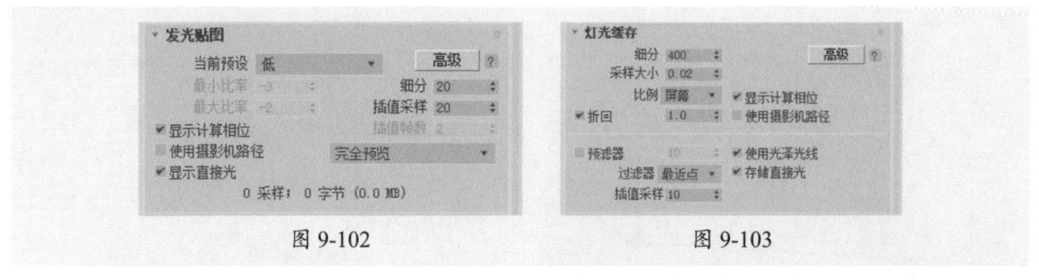

图 9-102　　图 9-103

步骤 09 取消隐藏纱帘模型，渲染摄影机视口，测试渲染效果如图9-104所示。

图 9-104

9.5.2 最终渲染

接下来进行高质量渲染参数的设置，操作步骤介绍如下。

步骤 01 在“公用参数”卷展栏中重新设置输出尺寸，如图9-105所示。

步骤 02 在“图像过滤器”卷展栏中勾选“图像过滤器”复选框，并设置“过滤器”类型，如图9-106所示。

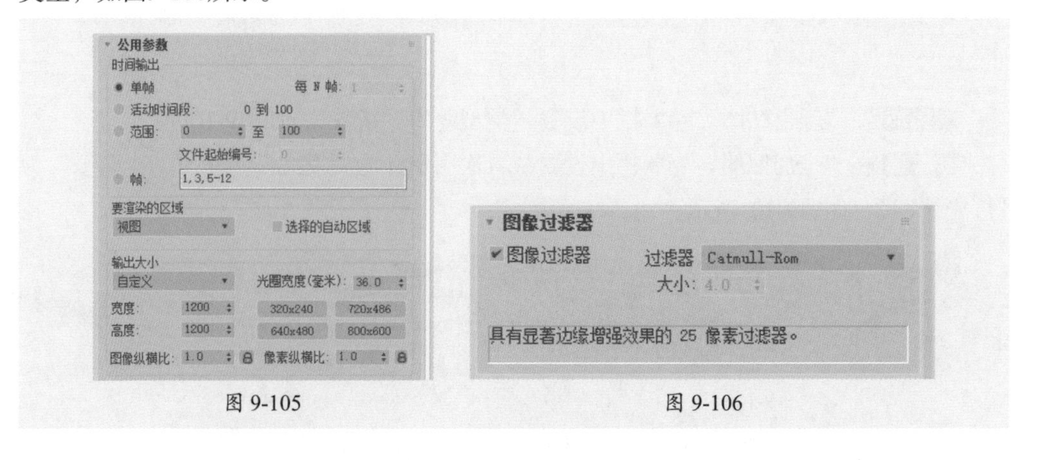

图 9-105　　图 9-106

步骤03 在“全局确定性蒙特卡洛”卷展栏中勾选“使用局部细分”复选框，再设置“最小采样”“自适应数量”以及“噪波阈值”，如图9-107所示。

步骤04 在“发光贴图”卷展栏中设置预设级别，再设置“细分”和“插值采样”参数，如图9-108所示。

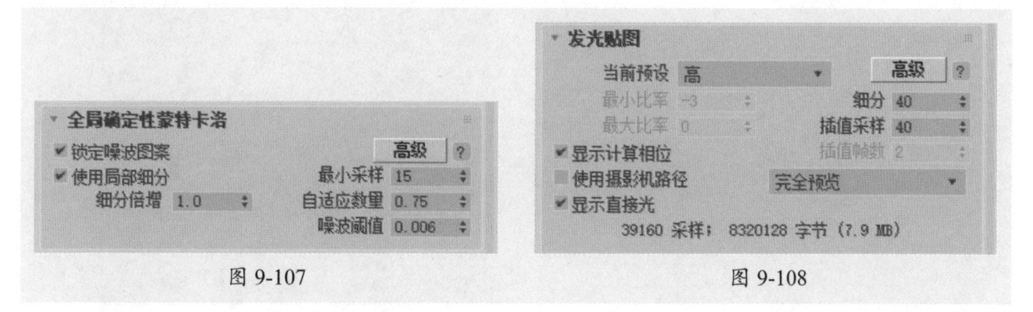

图 9-107　　图 9-108

步骤05 在“灯光缓存”卷展栏中设置“细分”值，如图9-109所示。

步骤06 为场景再创建3个摄影机，分别调整其位置和角度，如图9-110所示。

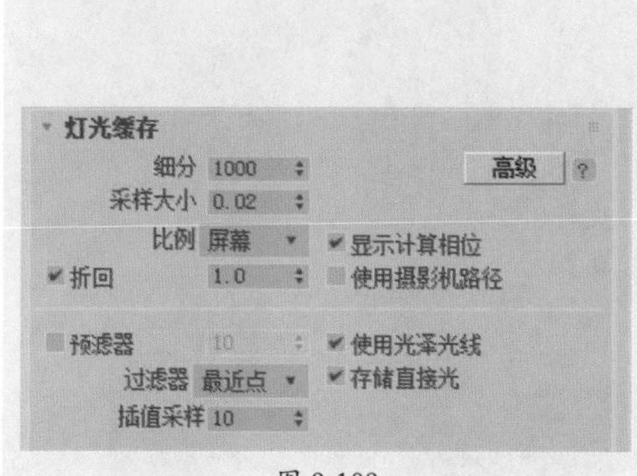

图 9-109

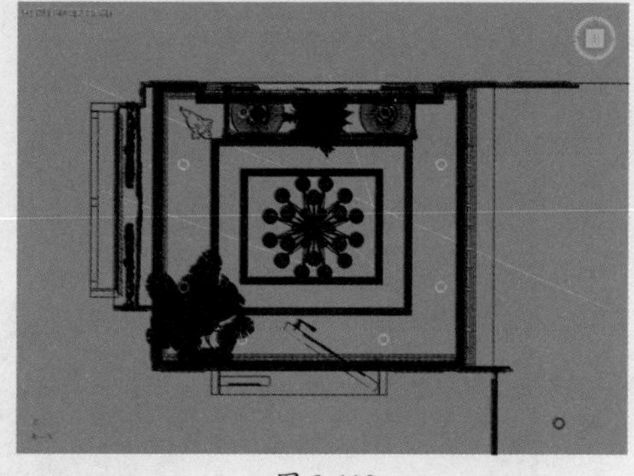

图 9-110

步骤07 执行“渲染”|“批处理渲染”命令，打开“批处理渲染”对话框，单击“添加”按钮，即可添加第一个摄影机，在“摄影机”下拉列表中选择Camera01，并设置“输出路径”，如图9-111所示。

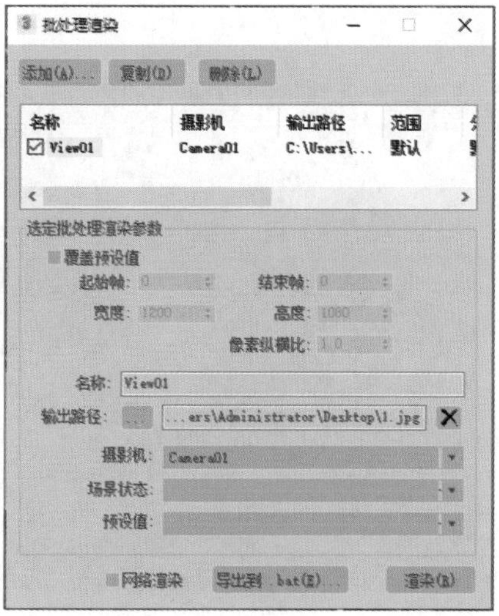

图 9-111

步骤 08 按照此方式分别添加其他几个摄影机，并设置输出路径，如图9-112所示。单击“渲染”按钮即可开始批量渲染。

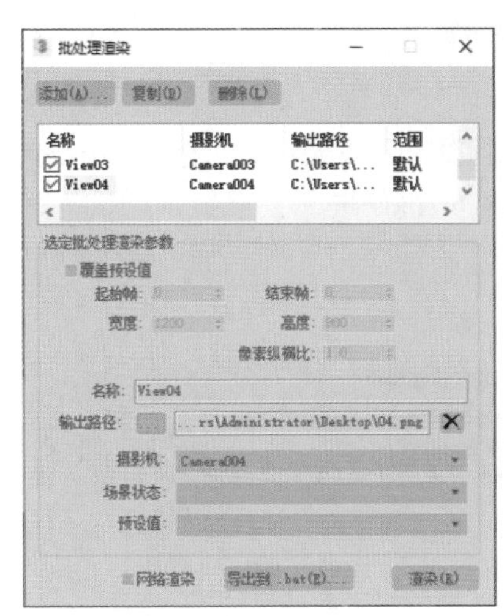

图 9-112

步骤 09 最终各个角度的效果如图9-113至图9-116所示。

图 9-113

图 9-114

图 9-115

图 9-116

3ds Max

第10章

卧室场景效果制作

本章概述

近年来在室内设计中，不少人喜欢东南亚风格，既结合了东南亚民族岛屿特色，又颇显精致文化品位。取材上以实木为主，软装饰品颜色较深且绚丽，在卧室中表现得尤为彻底。本章就为读者介绍一个东南亚风格的卧室场景的创建，通过本案例的学习，可以让读者回顾前面所介绍的知识内容，并进行综合利用，以达到学以致用、举一反三的目的。

要点难点

- 摄影机的创建 ★☆☆
- 场景灯光的创建 ★★☆
- 场景材质的创建 ★★★
- 渲染参数的设置 ★☆☆

10.1 案例介绍

本案例场景是一个东南亚风格的卧室空间，采光充足，但由于装饰风格的影响，室内装饰颜色较暗，这里就需要添加较为明亮的室内光源，并结合室外阳光来打造一个较为明亮的场景效果。

10.2 创建摄影机

对于创建好的场景模型，首先应为场景创建摄影机，以确认渲染场景范围，具体操作步骤介绍如下。

步骤 01 打开创建好的卧室场景模型，如图10-1所示。

步骤 02 在摄影机创建面板中单击“目标”按钮，在顶视图中创建一盏摄影机，设置镜头为22，调整摄影机的角度和位置，如图10-2所示。

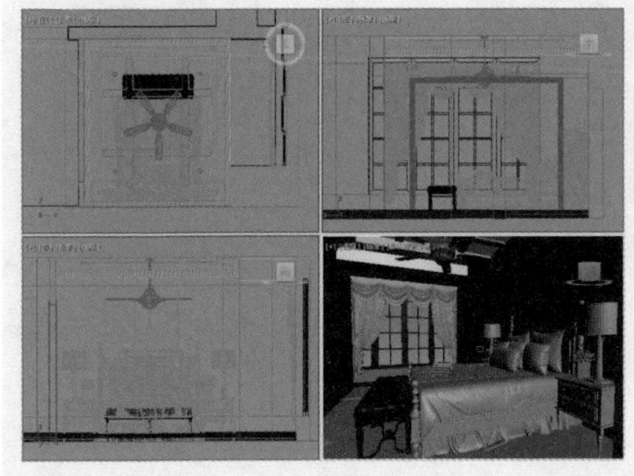

图 10-1

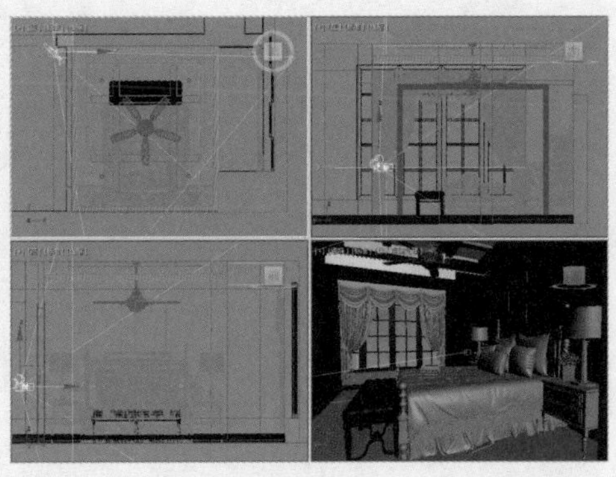

图 10-2

步骤 03 在参数面板中勾选“手动剪切”复选框，设置近距值和远距值，如图10-3所示。

步骤 04 选择透视视口，按C键切换到摄影机视口，再次调整摄影机的位置和角度，如图10-4所示。

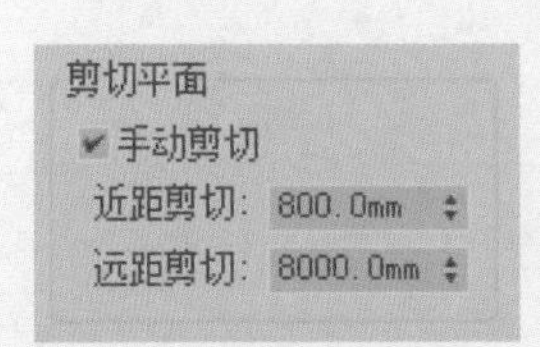

图 10-3

图 10-4

10.3 设置场景灯光

本案例表现的是采光丰富的卧室效果，室内有充足的光照，这里将使用目标平行光源来模拟室外天光，在窗口位置创建VRay的面光源来为场景补光，并利用VR-灯光来模拟台灯灯光和吊灯灯光。

10.3.1 设置白模预览参数

使用白模材质可以观察模型中的漏洞，还可以很好地预览灯光效果。下面介绍白模材质的创建过程。

步骤 01 按M键打开材质编辑器，选择一个空白材质，设置为VRayMtl材质类型，命名为“白模”，设置漫反射颜色为白色，再为漫反射通道添加VRay边纹理贴图，然后设置纹理颜色，如图10-5和图10-6所示。

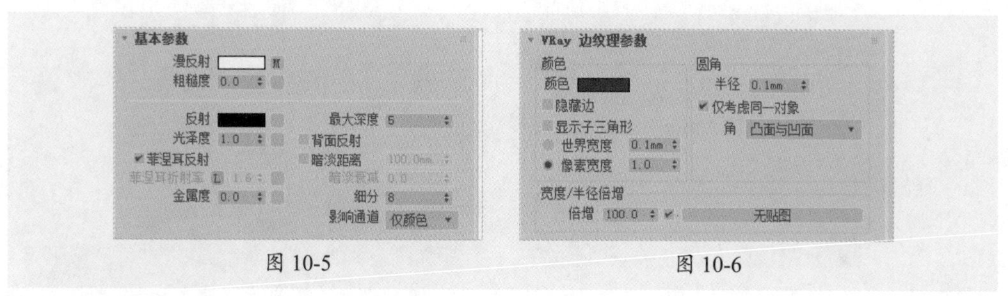

图 10-5　　图 10-6

步骤 02 创建好的白模材质效果如图10-7所示。

步骤 03 按F10键打开“渲染设置”面板，设置“全局开关”卷展栏为高级模式，设置灯光采样类型为“全光求值”，再勾选“覆盖材质”复选框，将制作好的“白模”材质拖到其右侧的按钮上，进行“实例”复制，如图10-8所示。

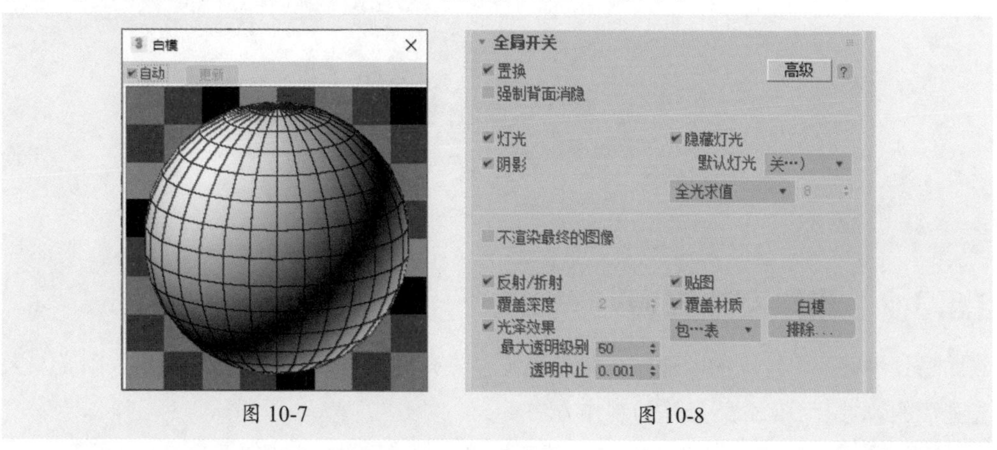

图 10-7　　图 10-8

步骤 04 在“帧缓冲”卷展栏中取消勾选“启用内置帧缓冲区”复选框，如图10-9所示。

步骤 05 在“颜色贴图”卷展栏中设置“类型”为“指数”，如图10-10所示。

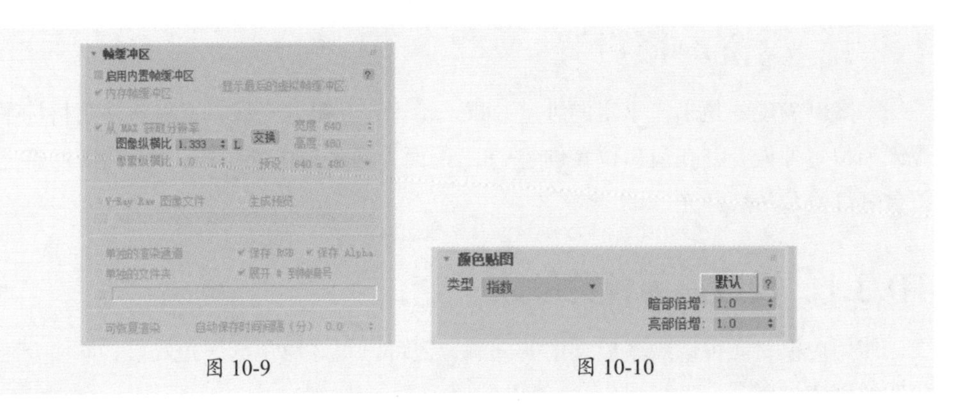

图 10-9　　图 10-10

步骤 06 在“发光贴图”卷展栏中设置预设等级和细分等参数，如图10-11所示。

步骤 07 在“灯光缓存”卷展栏中设置细分值和其他参数，如图10-12所示。

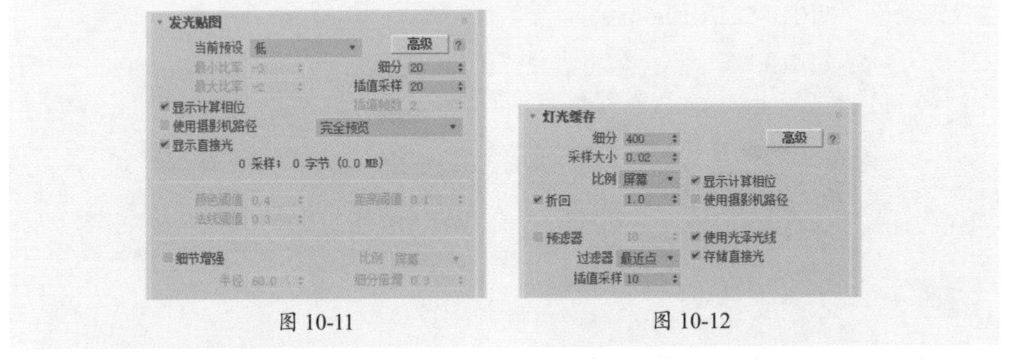

图 10-11　　图 10-12

步骤 08 在“公用参数”卷展栏中选择一个默认的输出大小，如图10-13所示。

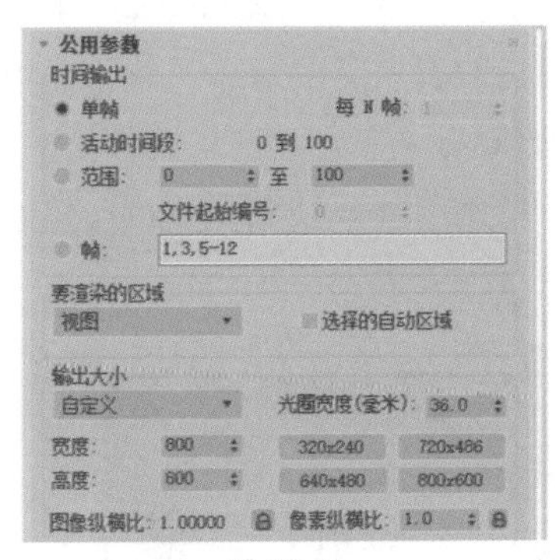

图 10-13

10.3.2 模拟室外光源

场景中有一个较大的落地窗，室外光源十分充足，本小节就需要表现出太阳光及天光光源的效果。下面介绍具体的制作方法。

步骤 01 在左视图中创建一束VRay平面灯光，移动到窗户外侧，如图10-14所示。

步骤 02 在“常规”卷展栏中设置灯光尺寸、强度和颜色，然后在“选项”卷展栏中勾选“不可见”和“影响漫反射”复选框，如图10-15所示。

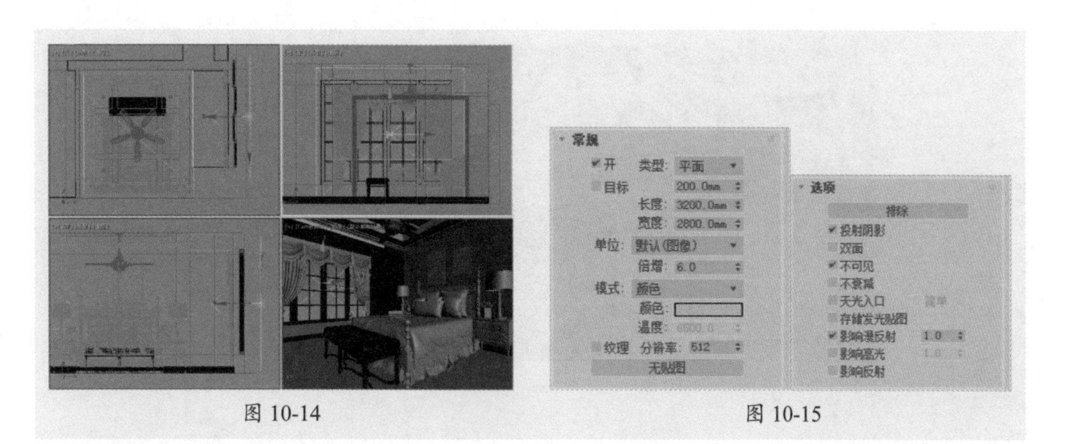

图 10-14　　　　图 10-15

步骤 03 光源颜色参数设置如图10-16所示。

步骤 04 渲染摄影机视口，光源效果如图10-17所示。

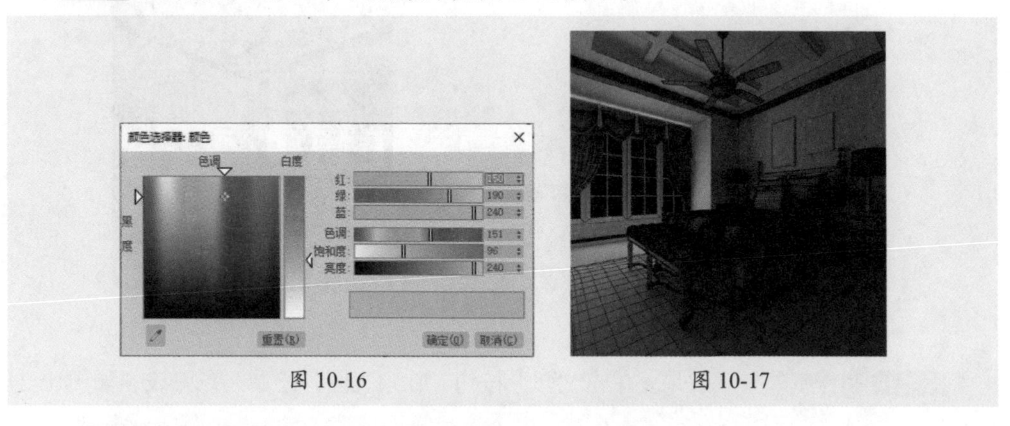

图 10-16　　　　图 10-17

步骤 05 在前视图复制灯光，调整灯光强度为8，如图10-18所示。

步骤 06 渲染摄影机视口，光源效果如图10-19所示。

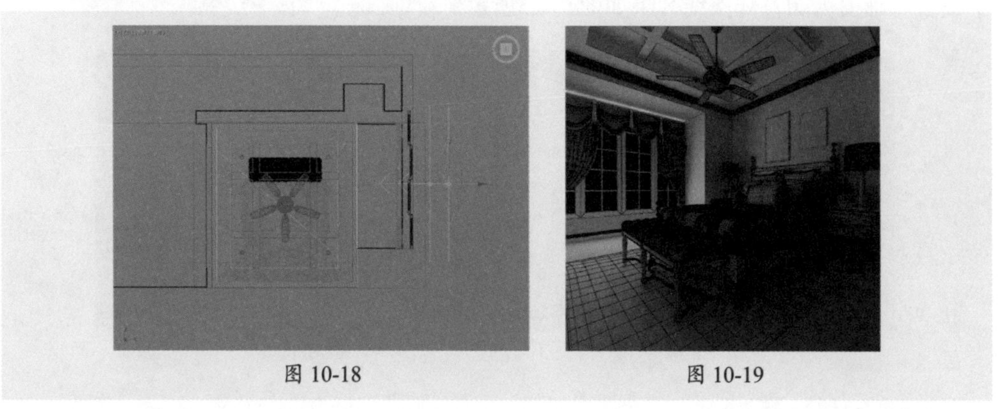

图 10-18　　　　图 10-19

步骤 07 在左视图中创建一束VRay平面灯光，并设置光源的大小、强度及颜色，将其移动到窗户位置，并在前视图中适当地进行旋转，如图10-20和图10-21所示。

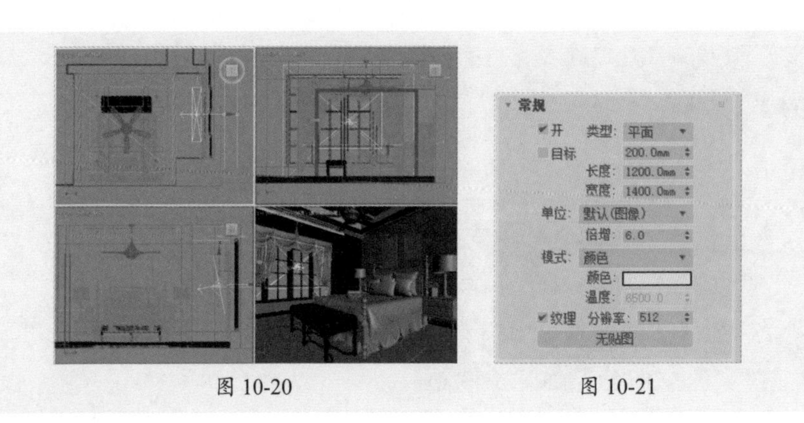

图 10-20　　图 10-21

步骤08 光源颜色参数设置如图10-22所示。

步骤09 再次渲染场景，室外光源效果如图10-23所示。

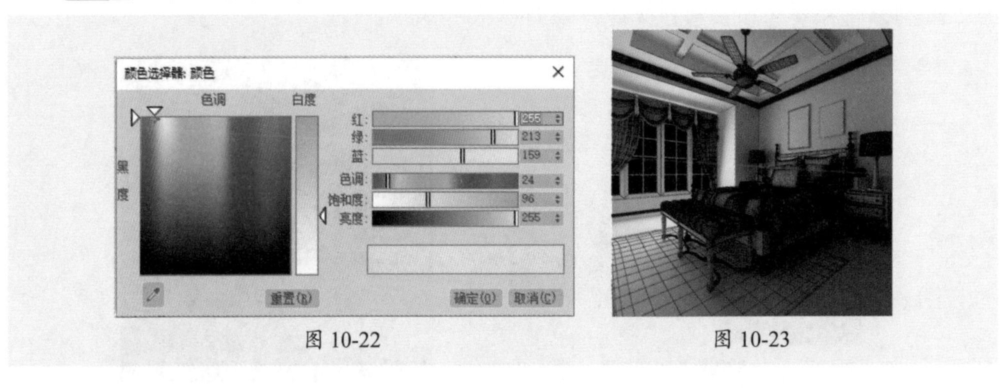

图 10-22　　图 10-23

步骤10 制作室外景观效果。单击“弧”按钮，在顶视图中绘制一条弧线，如图10-24所示。

步骤11 将弧线转换为可编辑样条线，激活“样条线”子层级，在“几何体”卷展栏中设置轮廓值为20，样条线效果如图10-25所示。

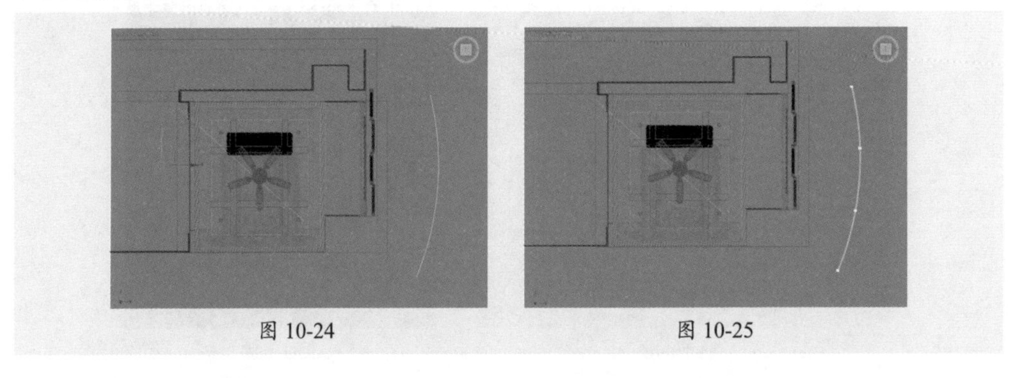

图 10-24　　图 10-25

步骤12 为样条线添加“挤出”修改器，并设置挤出值为4000mm，如图10-26所示。

步骤13 按M键打开“材质编辑器”，选择一个空白材质球，将其设置为VRay灯光材质，设置颜色强度为2，并添加位图贴图，如图10-27所示。

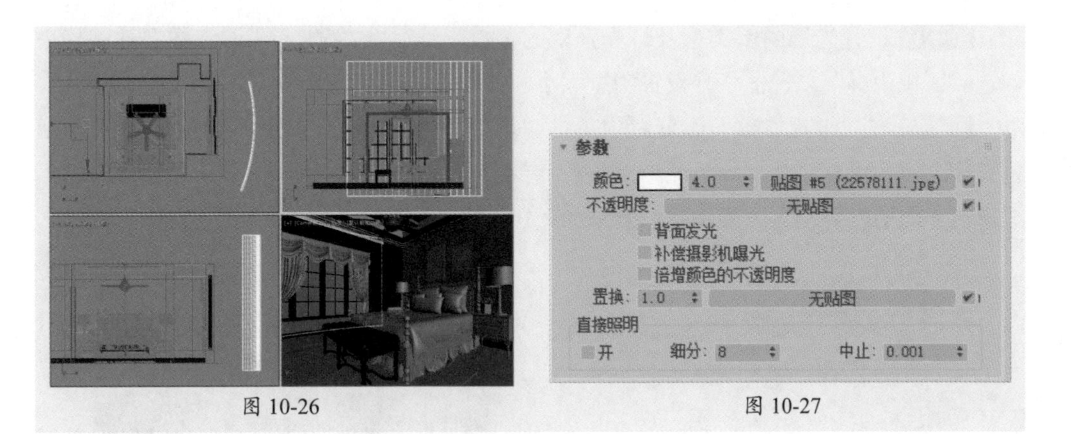

图 10-26　　图 10-27

步骤 14 设置好的材质球效果如图10-28所示。

步骤 15 打开“渲染设置”对话框，在“全局开关”卷展栏中单击“排除”按钮，打开“排除/包含”对话框，从左侧列表框中选择室外景观模型，将其排除在覆盖材质范围之外，如图10-29所示。

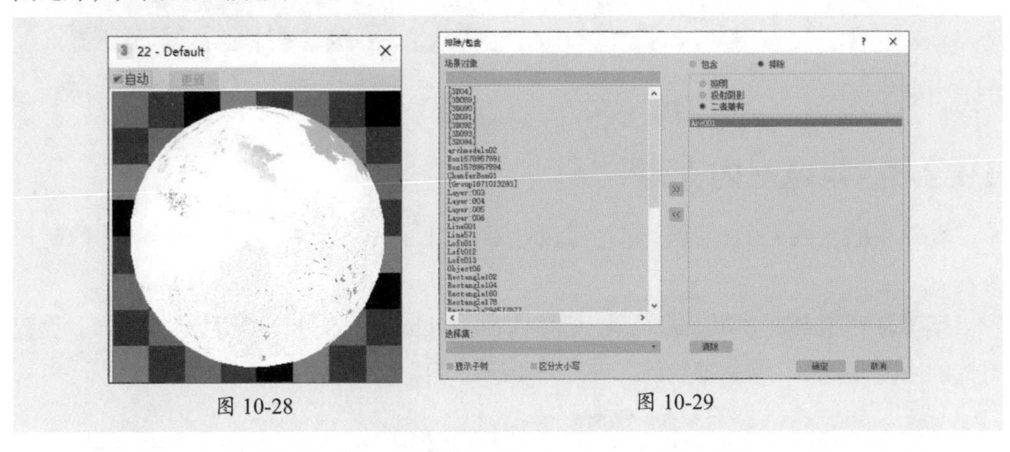

图 10-28　　图 10-29

步骤 16 再次渲染场景，光源效果如图10-30所示。

步骤 17 在顶视图创建一束目标平行光，调整光源的位置及角度，如图10-31所示。

图 10-30

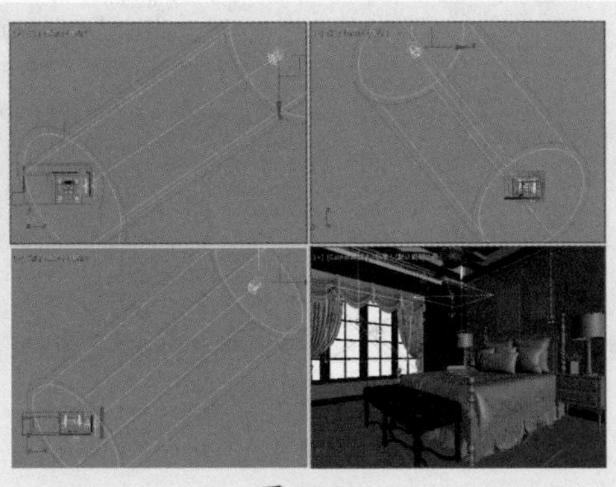

图 10-31

步骤 18 设置光源阴影类型及灯光强度等参数，然后在“VRay阴影参数”卷展栏中勾选“区域阴影”复选框，并设置阴影大小，如图10-32所示。

步骤 19 在“常规参数”卷展栏中单击“排除”按钮，也会打开“排除/包含”对话框，从左侧列表框中选择室外景观模型，将其排除在阴影投射范围之外，使室外模型不会影响光源的投射，再渲染场景，效果如图10-33所示。

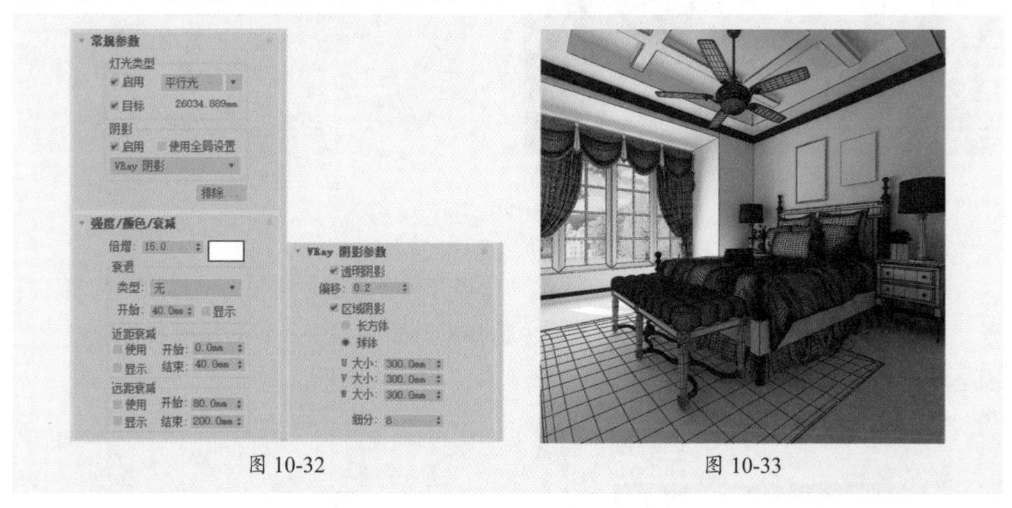

图 10-32　　图 10-33

10.3.3 模拟室内光源

场景中的主要光源包括射灯光源和灯带光源，偏暖色调。下面介绍具体的制作方法。

步骤 01 模拟台灯光源。在场景中创建VRayLight，设置灯光类型为“球体”，设置灯光的半径及亮度、颜色等参数，将其放置到台灯位置，如图10-34和图10-35所示。

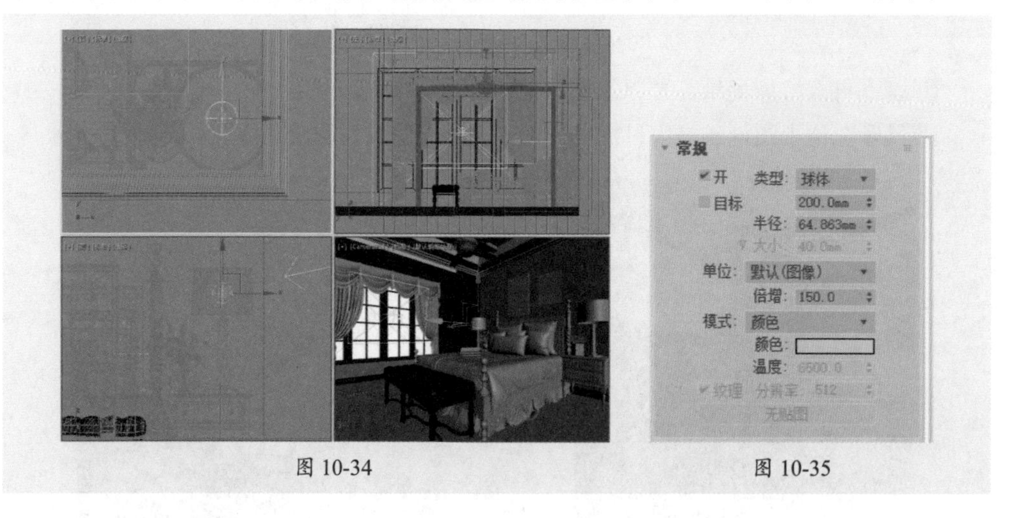

图 10-34　　图 10-35

步骤 02 光源颜色参数设置如图10-36所示。

步骤 03 渲染摄影机视口，台灯光源效果如图10-37所示。

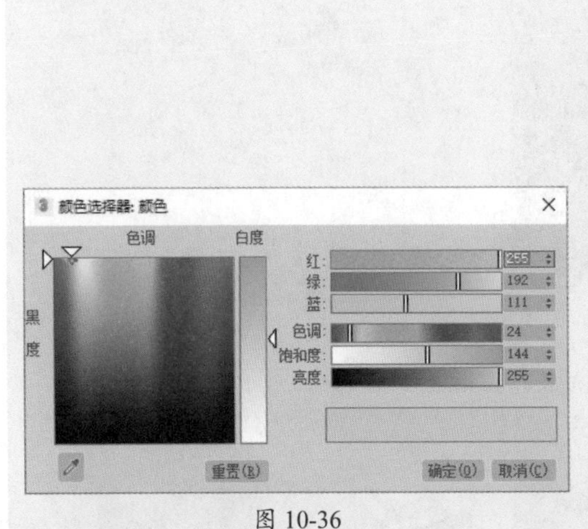

图 10-36

图 10-37

步骤 04 复制光源到另一侧台灯处，再次渲染场景，效果如图10-38所示。

步骤 05 模拟吊灯光源。继续复制VRay球形灯光，缩小灯光半径，放置到吊灯灯罩内，如图10-39所示。由于灯光位于灯罩内部，在覆盖材质情况下渲染看不出光源效果。

图 10-38

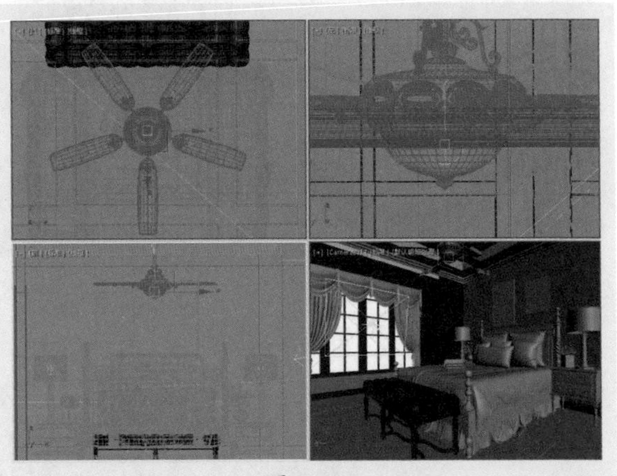

图 10-39

步骤 06 模拟射灯光源。在前视图中创建一束目标灯光，然后调整灯光的位置及目标点，如图10-40所示。

步骤 07 选择灯光阴影类型、灯光分布类型，为其添加光域网文件，再设置灯光的颜色和强度，如图10-41所示。

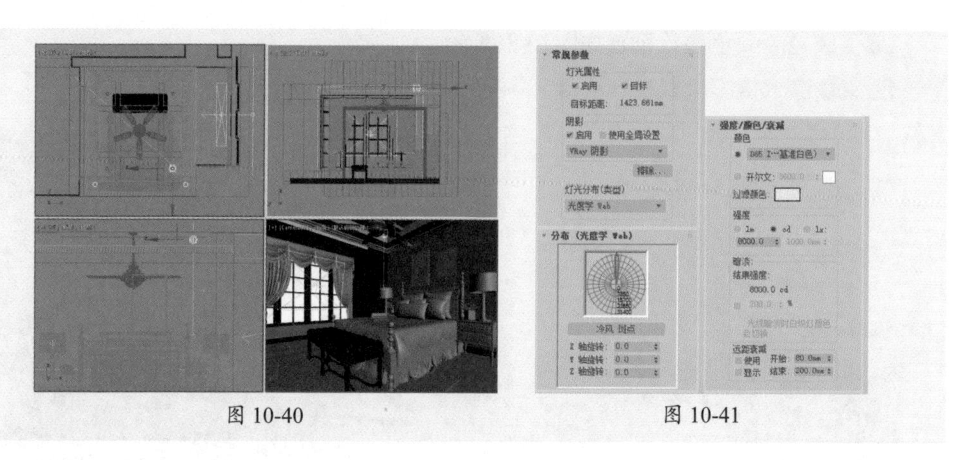

图 10-40　　　　图 10-41

步骤 08 用实例方式复制目标光源，并调整其位置，如图10-42所示。

步骤 09 渲染场景，效果如图10-43所示。

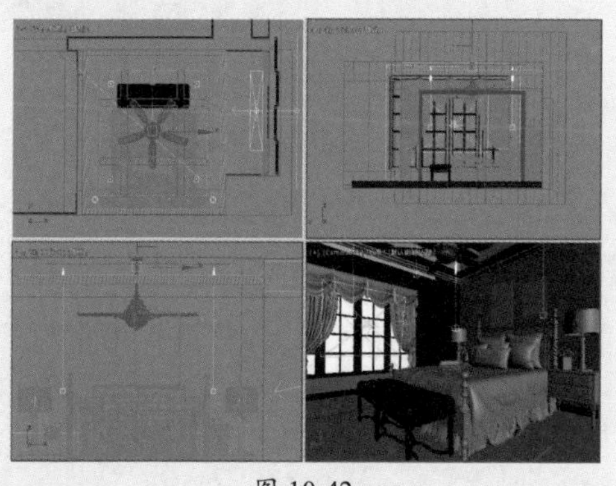

图 10-42

图 10-43

步骤 10 添加补光。创建VRay平面光源，设置尺寸和灯光强度，放置到吊灯下方，如图10-44所示。

步骤 11 灯光参数如图10-45所示。

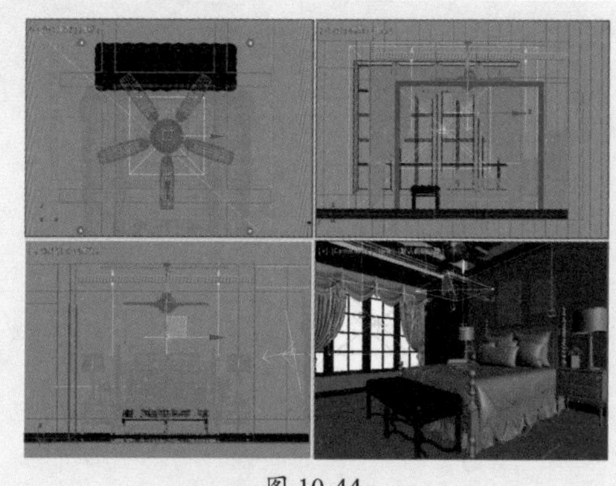

图 10-44

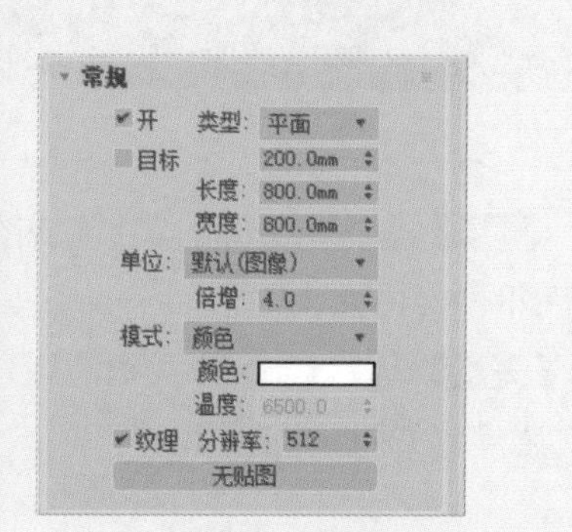

图 10-45

步骤 12 渲染场景，当前场景光源效果如图10-46所示。

图 10-46

10.4 设置场景材质

本节需要着重表现的多是织物材质，如床品布料、地毯等，另外就是墙面装饰、家具等物品，下面详细介绍材质的创建过程。

10.4.1 创建墙、顶、地材质

本场景的建筑结构采用乳胶漆与深色实木的搭配方式。下面介绍各材质的创建过程。

步骤 01 制作乳胶漆材质。按M键打开“材质编辑器”，选择一个空白的材质球，设置材质类型为VRayMtl，设置漫反射颜色为白色，漫反射颜色和材质球预览效果如图10-47所示。

步骤 02 再为乳胶漆材质添加一层VRay材质包裹器，在参数面板设置“接收全局照明”为0.6，如图10-48所示。

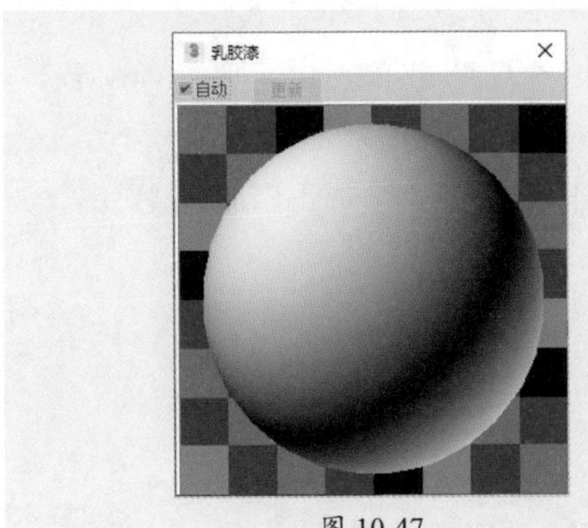

图 10-47

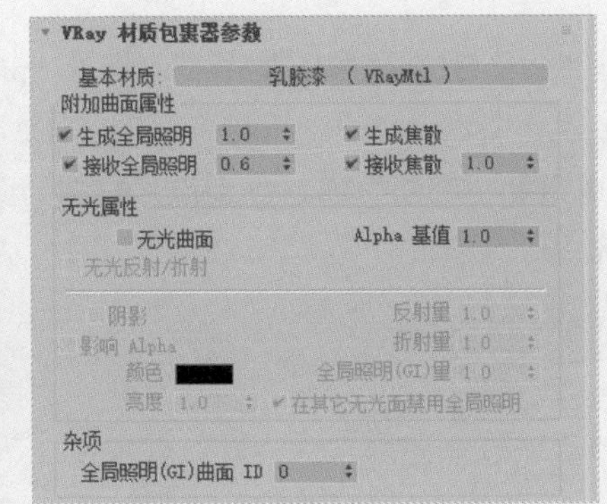

图 10-48

步骤 03 制作深色木纹材质。选择一个空白的材质球，设置材质类型为VRayMtl，为漫反射通道添加位图贴图，为反射通道添加衰减贴图，设置反射参数，如图10-49所示。

步骤 04 漫反射通道贴图如图10-50所示。

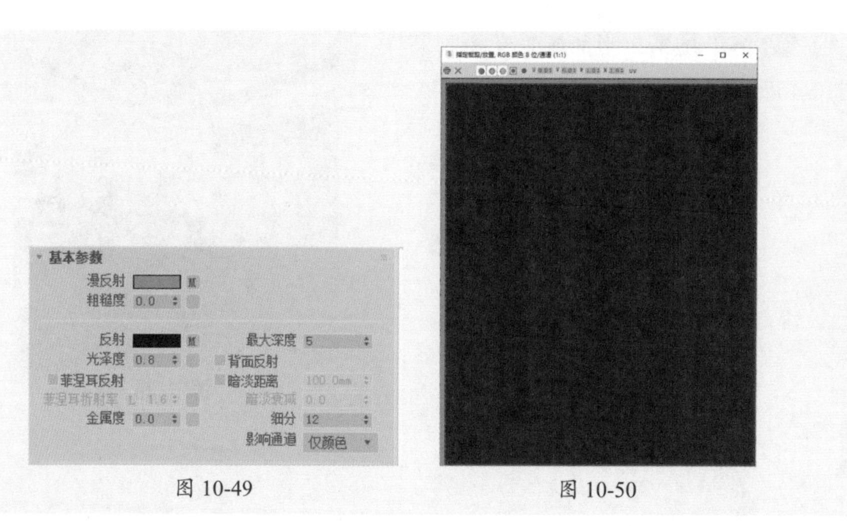

图 10-49　　图 10-50

步骤 05 进入衰减贴图参数面板，设置“衰减类型”为Fresnel，如图10-51所示。

步骤 06 制作好的材质球预览效果如图10-52所示。

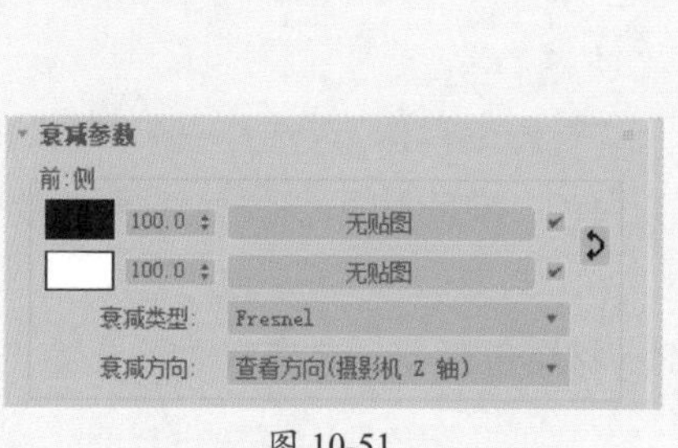

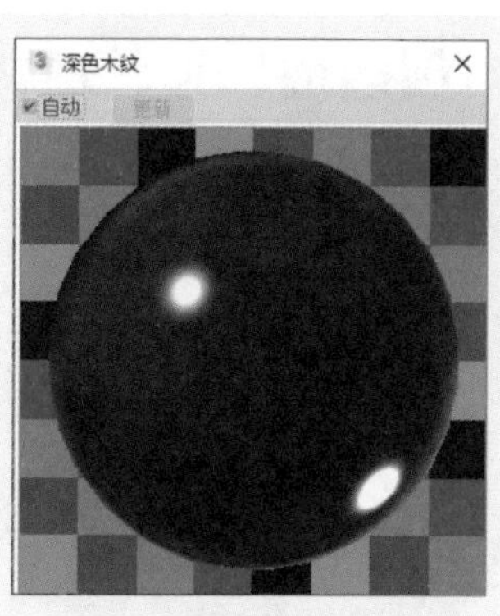

图 10-51　　图 10-52

步骤 07 再为该材质添加材质包裹器，设置“生成全局照明”值为0.7，如图10-53所示。

步骤 08 制作旧木纹材质。选择一个空白材质球，将其设置为VRayMtl材质类型，为“漫反射”通道和“凹凸”通道分别添加位图贴图，为“反射”通道添加衰减贴图，如图10-54所示。

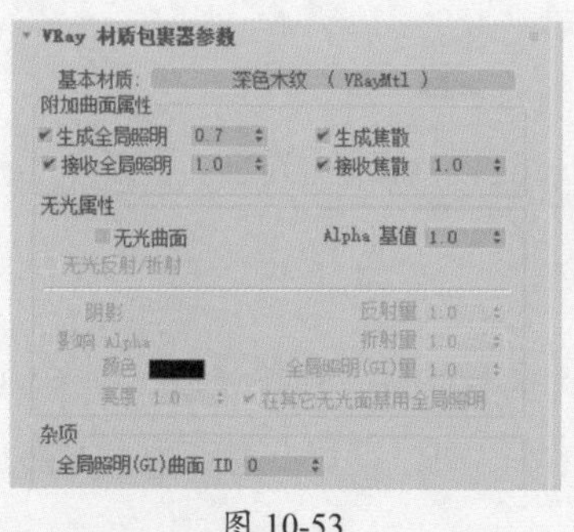

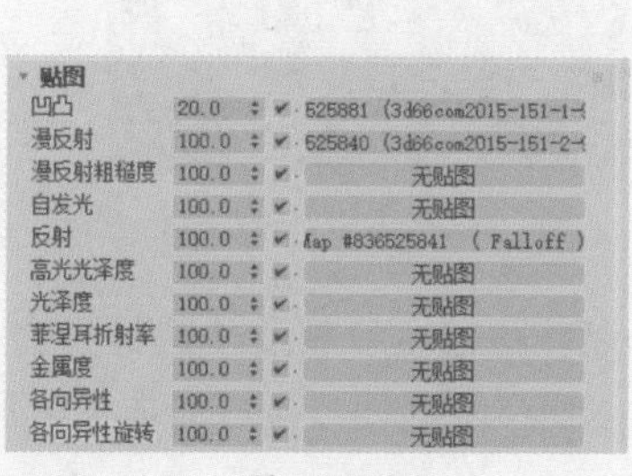

图 10-53　　图 10-54

步骤 09 两个通道的位图贴图分别如图10-55和图10-56所示。

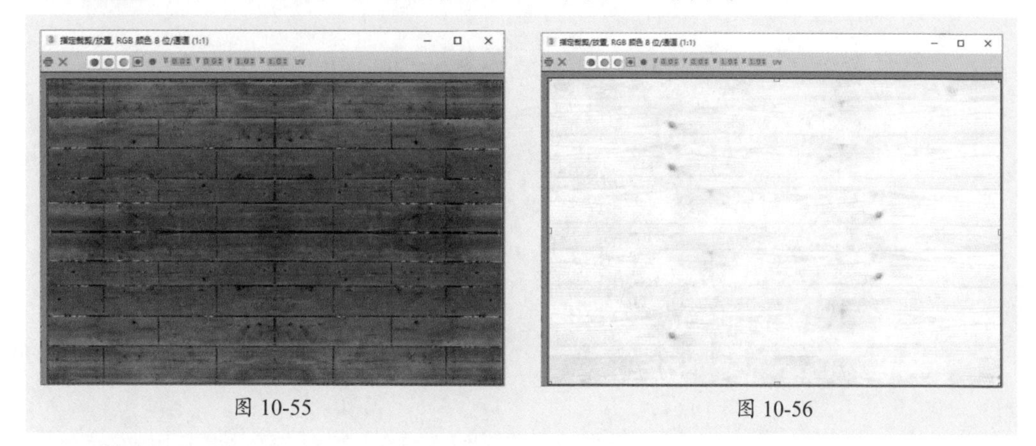

图 10-55　　　　图 10-56

步骤 10 在“基本参数”卷展栏中设置“反射”参数，如图10-57所示。

步骤 11 制作好的材质球预览效果如图10-58所示。

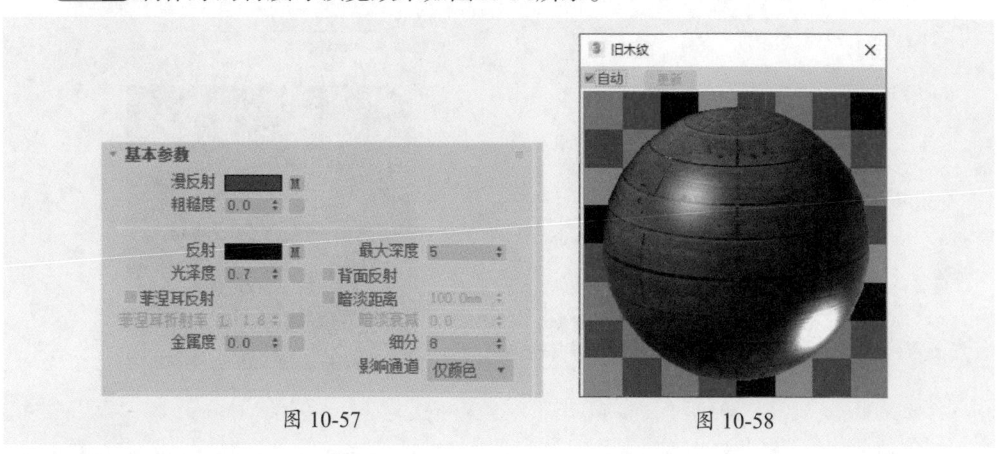

图 10-57　　　　图 10-58

步骤 12 再为该材质添加材质包裹器，设置“生成全局照明”值为0.5，如图10-59所示。

步骤 13 制作拼花木地板材质。复制旧木纹材质，更改位图贴图，重新设置衰减颜色，“衰减参数”面板如图10-60所示。

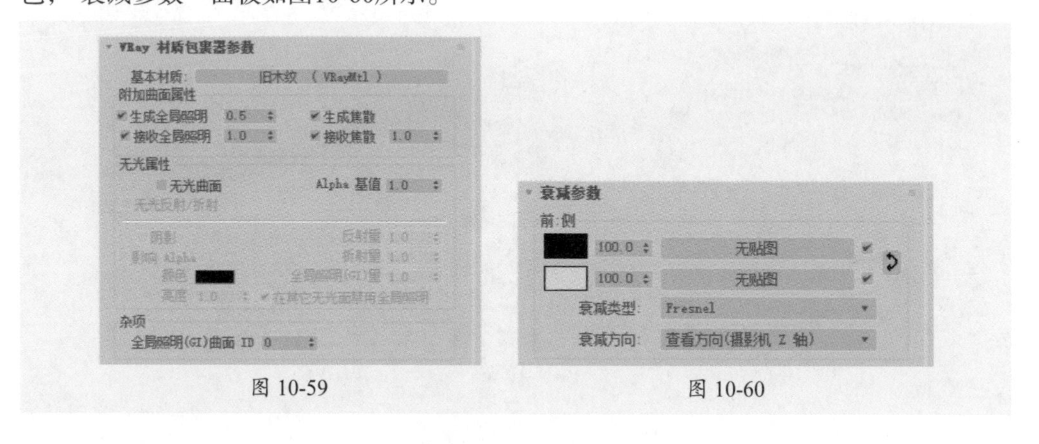

图 10-59　　　　图 10-60

步骤14 更改的位图贴图如图10-61和图10-62所示。

图 10-61

图 10-62

步骤15 返回“基本参数”卷展栏，调整参数如图10-63所示。

步骤16 制作好的拼花木地板材质效果如图10-64所示。

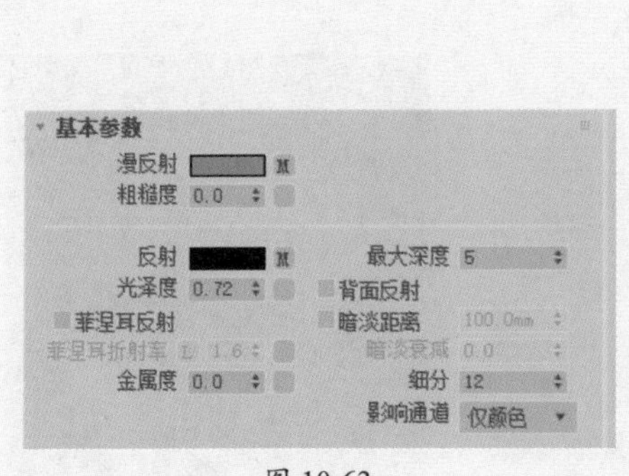

图 10-63

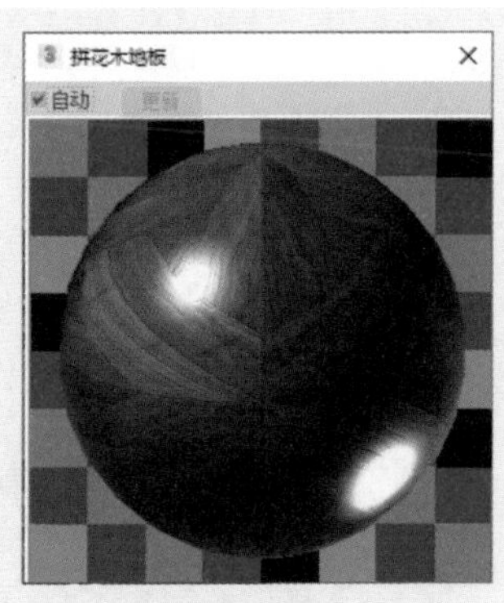

图 10-64

步骤17 为材质添加材质包裹器，设置“生成全局照明”值为0.5，如图10-65所示。

步骤18 制作地毯材质。选择一个空白材质球，将其设置为VRayMtl材质类型，为“漫反射”通道和“凹凸”通道添加位图贴图，如图10-66所示。

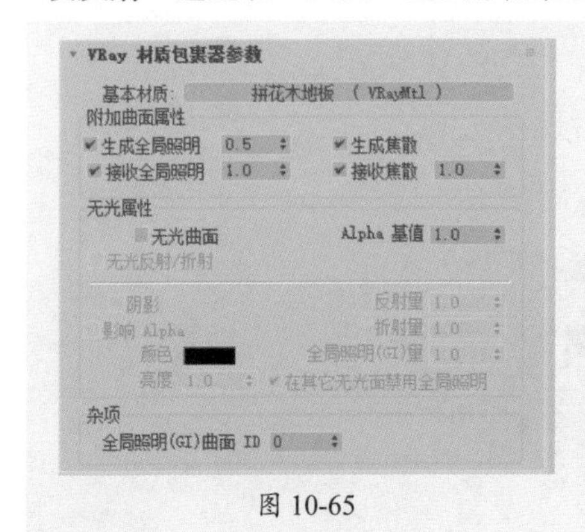

图 10-65

贴图		
凹凸	15.0	贴图 #8 (226854.jpg)
漫反射	100.0	#5 (3d66com2015-158-57-218.
漫反射粗糙度	100.0	无贴图
自发光	100.0	无贴图
反射	100.0	无贴图
高光光泽度	100.0	无贴图
光泽度	100.0	无贴图
菲涅耳折射率	100.0	无贴图
金属度	100.0	无贴图
各向异性	100.0	无贴图
各向异性旋转	100.0	无贴图

图 10-66

步骤19 漫反射通道和凹凸通道的位图贴图分别如图10-67和图10-68所示。

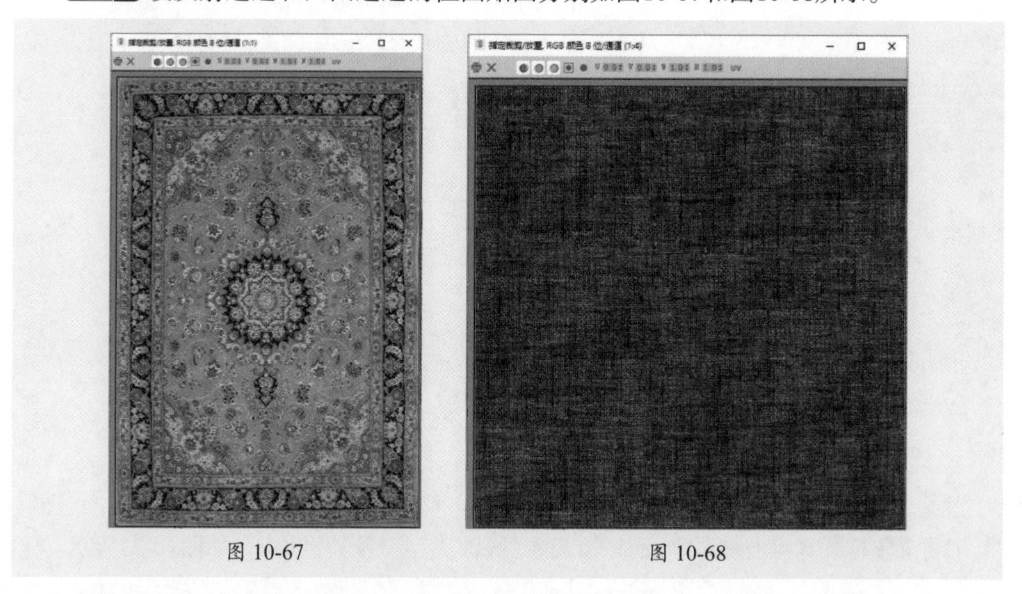

图 10-67　　图 10-68

步骤20 设置好的材质球预览效果如图10-69所示。

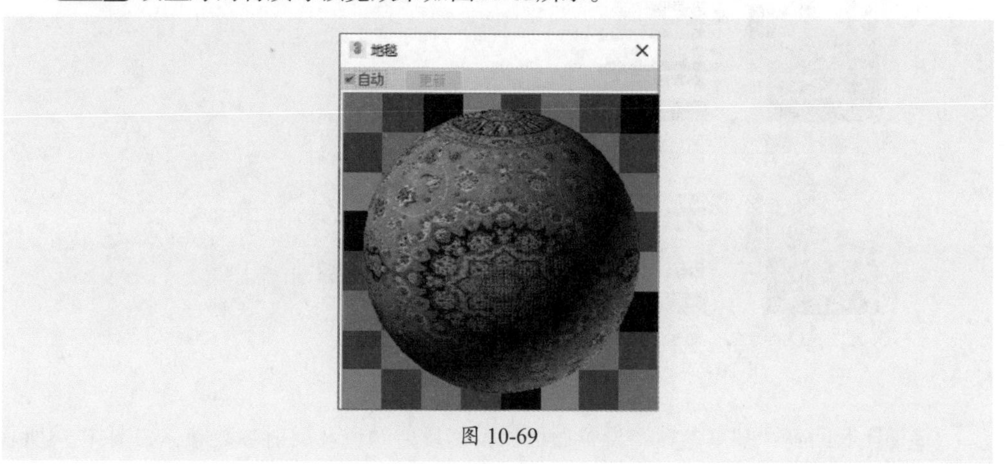

图 10-69

10.4.2　创建灯具材质

场景中的吊灯是一个风扇吊灯模型，将用到金属材质、木材质、玻璃灯罩材质，台灯则是采用水晶装饰。下面介绍各种材质的创建。

步骤01 设置吊灯古铜材质。选择一个空白材质球，设置为VRayMtl材质类型，在“贴图”卷展栏中为“漫反射”通道添加VRay污垢贴图，为“凹凸”通道添加噪波贴图并设置凹凸值，如图10-70所示。

步骤02 进入VRay污垢参数面板，设置阻光颜色及非阻光颜色等参数，如图10-71所示。

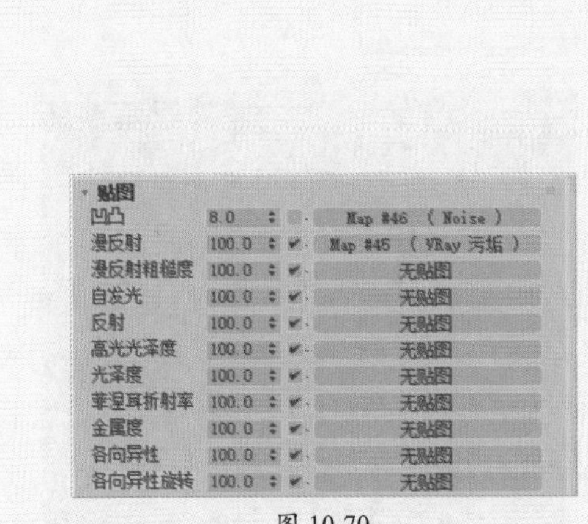

图 10-70

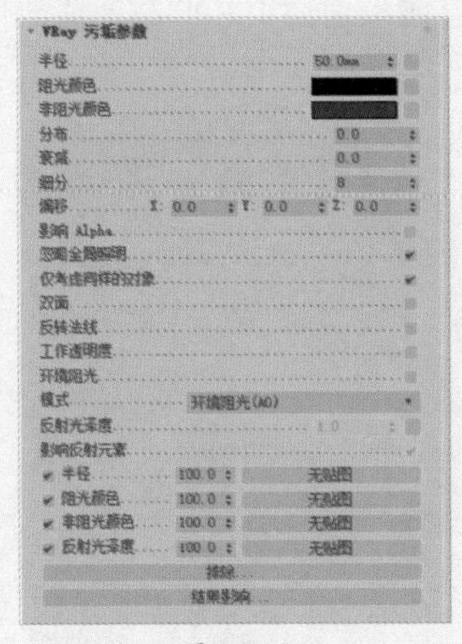

图 10-71

步骤03 阻光颜色与非阻光颜色的设置如图10-72所示。

步骤04 打开“噪波参数”面板，设置“噪波类型”及“大小”，如图10-73所示。

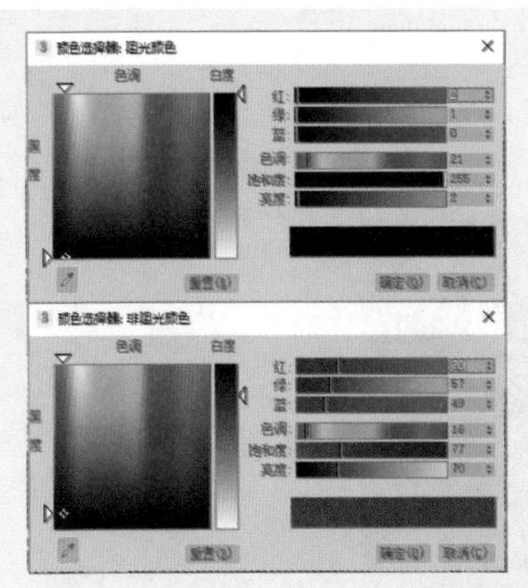

图 10-72

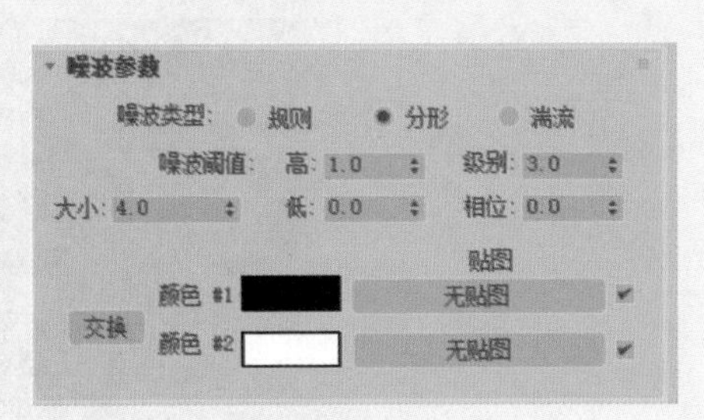

图 10-73

步骤05 返回到“基本参数”设置面板，设置反射颜色及反射参数等，如图10-74所示。

步骤06 反射颜色参数设置如图10-75所示。

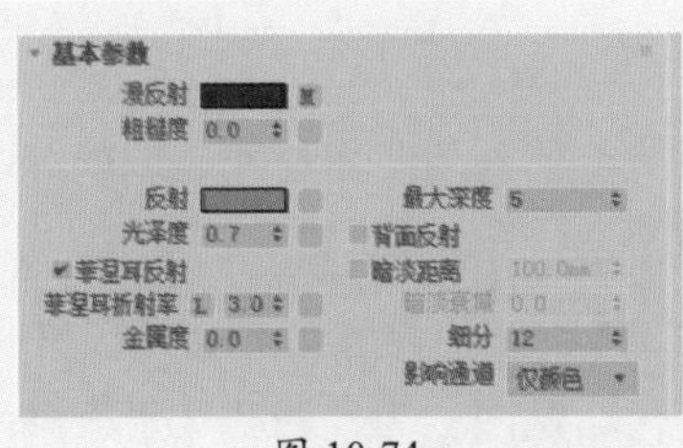

图 10-74

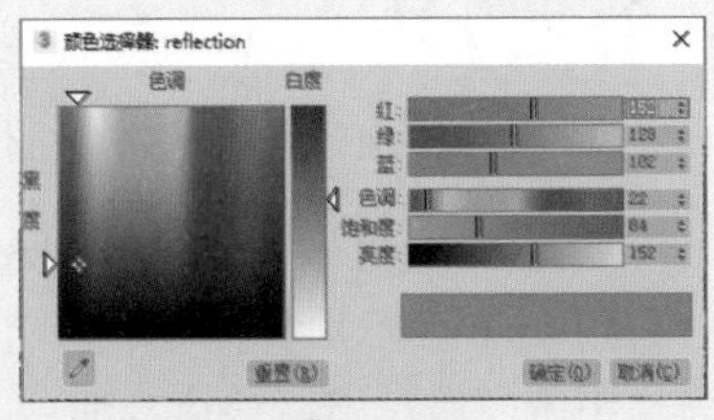

图 10-75

步骤07 在“双向反射分布函数”卷展栏中设置“各向异性”及“旋转”参数，如图10-76所示。

步骤08 设置好的材质球预览效果如图10-77所示。

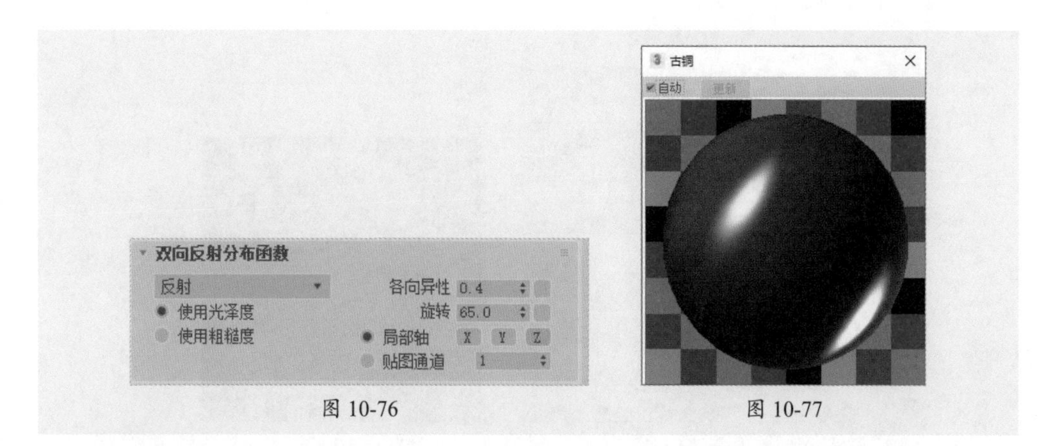

图 10-76　　图 10-77

步骤 09 设置木器漆材质。选择一个空白材质球，设置材质类型为VRayMtl，设置“漫反射”颜色和“反射”颜色，反射颜色为白色，再设置反射参数，如图10-78所示。

步骤 10 漫反射颜色及反射颜色参数设置如图10-79所示。

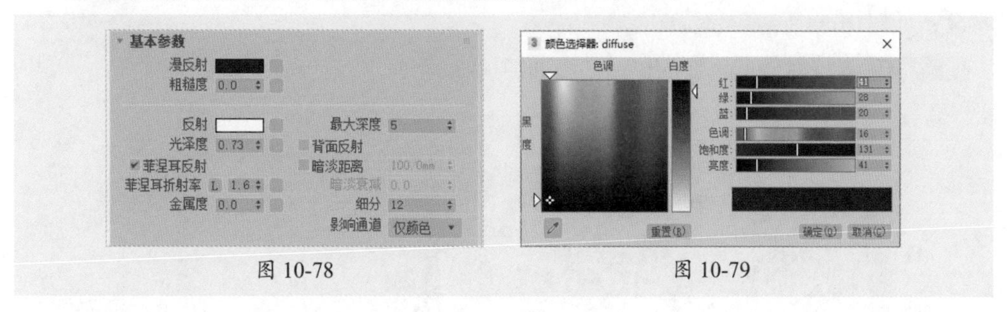

图 10-78　　图 10-79

步骤 11 设置好的材质球预览效果如图10-80所示。

步骤 12 设置吊灯灯罩材质。选择一个空白材质球，设置为VRayMtl材质类型，设置“漫反射”颜色、“反射”颜色及“折射”颜色，反射颜色为白色，再设置反射参数和折射参数，如图10-81所示。

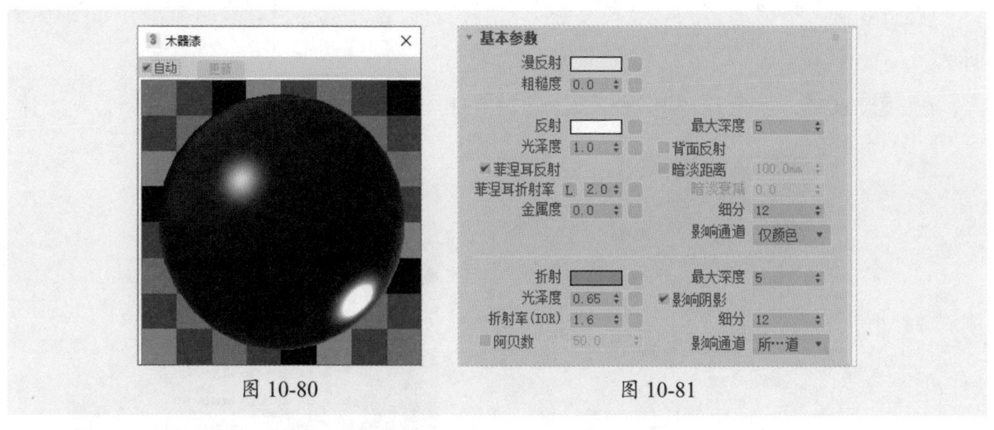

图 10-80　　图 10-81

步骤 13 漫反射颜色及折射颜色参数设置如图10-82所示。

步骤 14 设置好的灯罩材质球预览效果如图10-83所示。

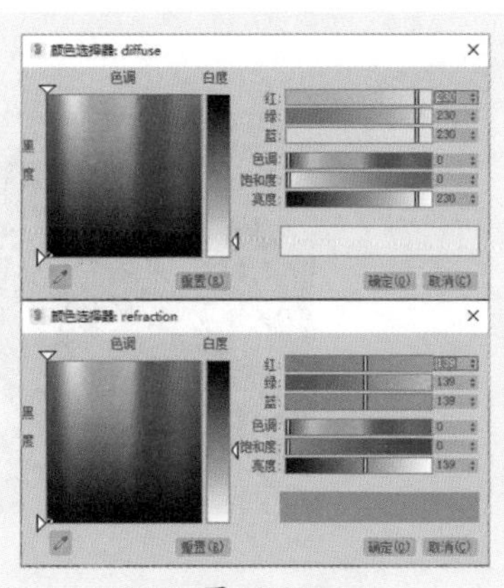

图 10-82

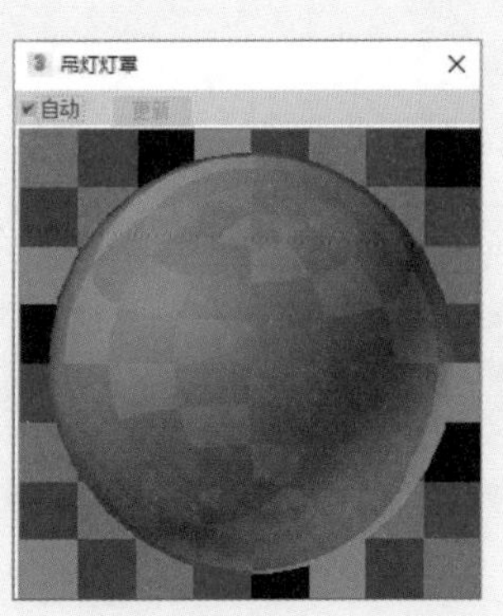

图 10-83

步骤 15 设置台灯灯罩材质。选择一个空白材质球，设置为VRayMtl材质类型，为“漫反射”通道添加位图贴图，再为“折射”通道添加衰减贴图，设置反射参数和折射参数，如图10-84所示。

步骤 16 漫反射通道添加的位图贴图如图10-85所示。

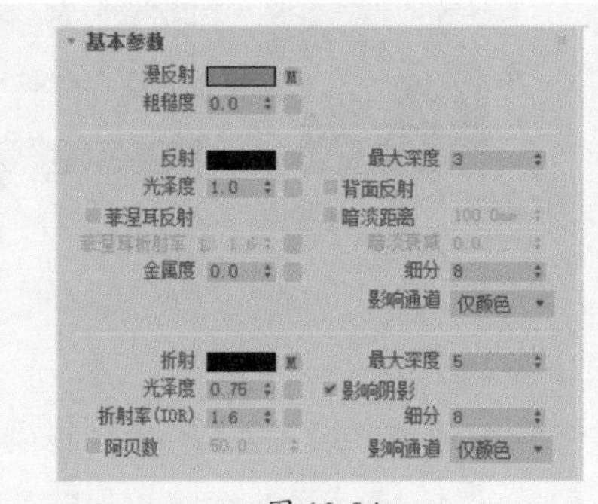

图 10-84

图 10-85

步骤 17 进入折射通道的“衰减参数”卷展栏，设置衰减颜色和衰减类型，如图10-86所示。

步骤 18 衰减“颜色1”和“颜色2”的设置如图10-87所示。

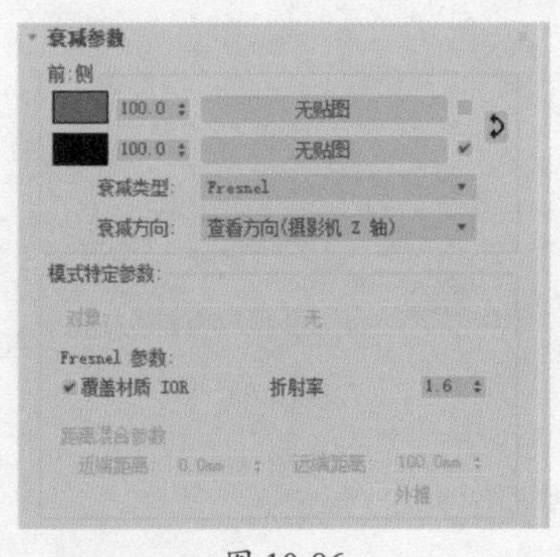

图 10-86

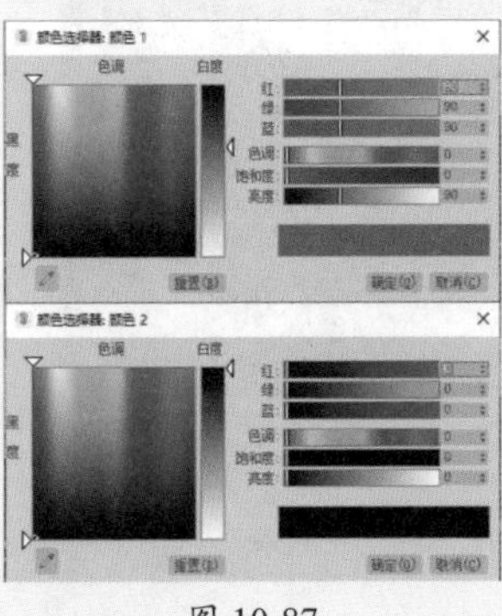

图 10-87

步骤 19 设置好的灯罩材质球预览效果如图10-88所示。

步骤 20 设置水晶材质。选择一个空白材质球，设置为VRayMtl材质类型，设置“漫反射”颜色与“反射”颜色，漫反射颜色为白色，再为折射通道添加衰减贴图，再设置反射参数和折射参数，如图10-89所示。

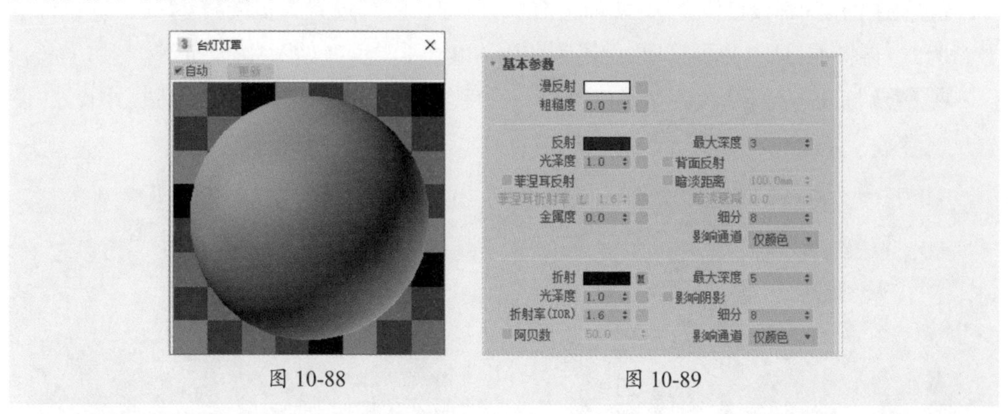

图 10-88　　图 10-89

步骤 21 反射颜色设置如图10-90所示。

步骤 22 进入折射通道的“衰减参数”卷展栏，设置衰减颜色1和颜色2，颜色1为白色，如图10-91所示。

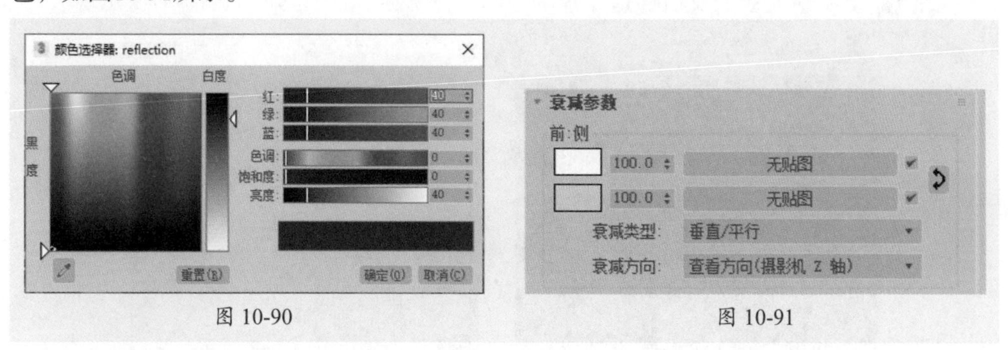

图 10-90　　图 10-91

步骤 23 衰减“颜色2”参数设置如图10-92所示。

步骤 24 设置好的水晶材质球预览效果如图10-93所示。

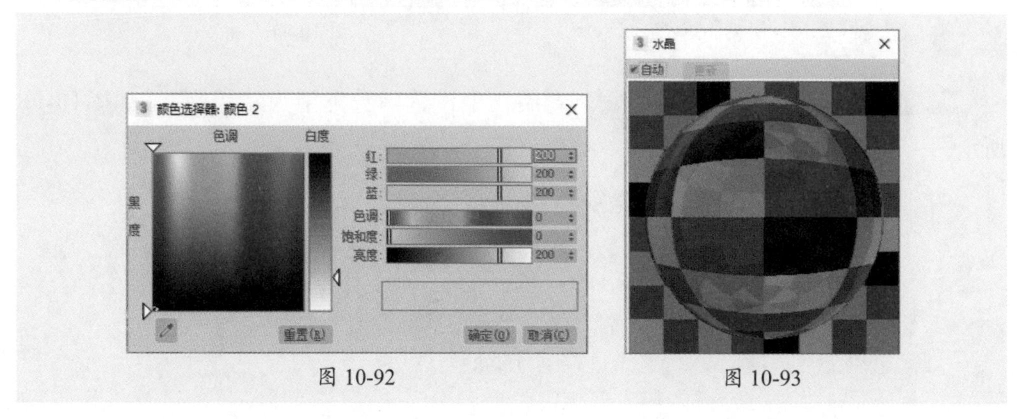

图 10-92　　图 10-93

10.4.3 创建双人床组合材质

本小节主要介绍双人床床品材质，包括各种布料材质以及地毯材质等。下面介绍具体的制作过程。

步骤01 创建布料1材质。选择一个空白材质球，将其设置为多维/子材质，设置材质数量为2，再将子材质1和子材质2设置为VRayMtl材质类型，如图10-94所示。

步骤02 打开子材质1参数面板，分别为漫反射通道和反射通道添加位图贴图，并设置反射参数，如图10-95所示。

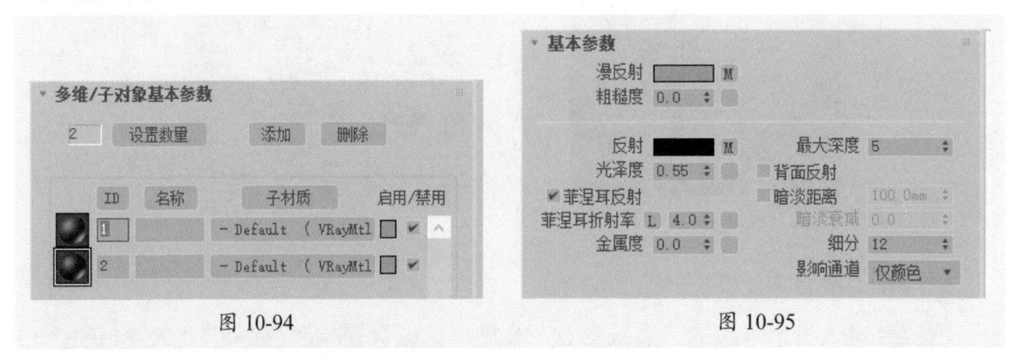

图 10-94　　图 10-95

步骤03 漫反射通道和反射通道添加的位图贴图分别如图10-96和图10-97所示。

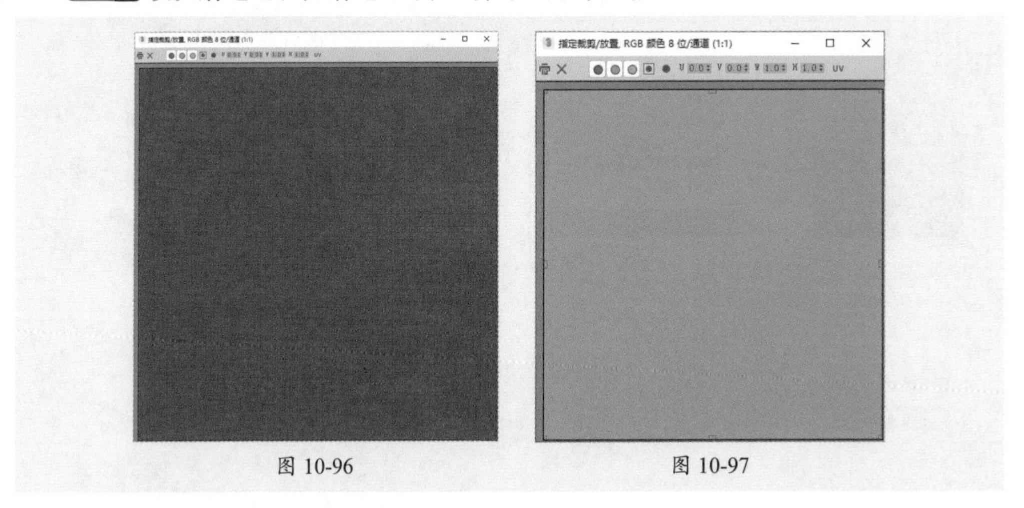

图 10-96　　图 10-97

步骤04 在“双向反射分布函数”卷展栏中设置函数类型为“沃德”，如图10-98所示。

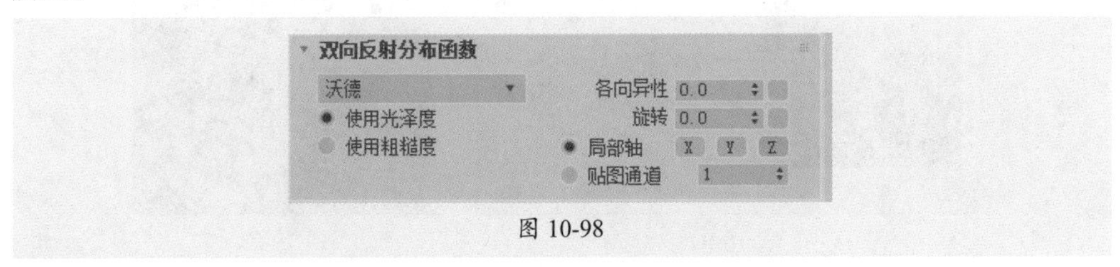

图 10-98

步骤 05 设置好的子材质1材质球预览效果如图10-99所示。

步骤 06 复制子材质1到子材质2通道，更换漫反射通道的贴图，如图10-100所示。

步骤 07 设置好的子材质2材质球预览效果如图10-101所示。

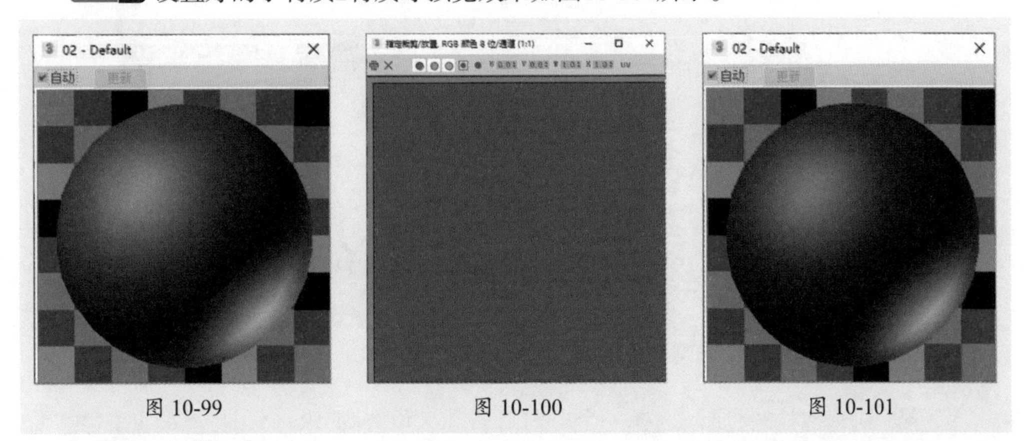

图 10-99　　图 10-100　　图 10-101

步骤 08 创建抱枕2材质。选择一个空白材质球，设置为VRayMtl材质类型，为“漫反射”通道添加衰减贴图，为“凹凸”通道添加位图贴图，并设置凹凸值，如图10-102所示。

步骤 09 打开“衰减参数”卷展栏，为衰减颜色1添加位图贴图，再设置颜色2的颜色，如图10-103所示。

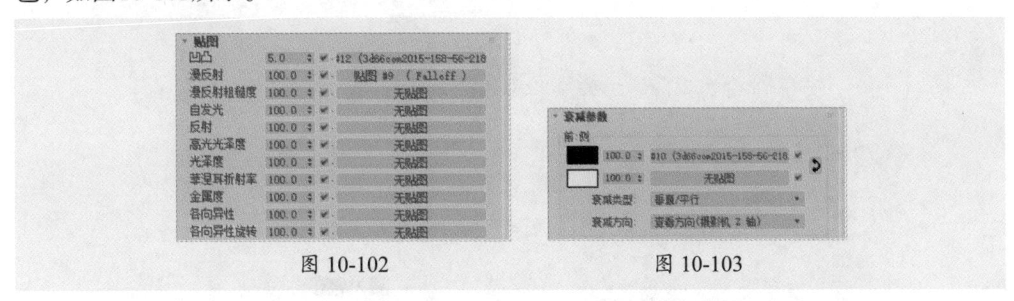

图 10-102　　图 10-103

步骤 10 颜色1通道的位图贴图同凹凸通道的位图贴图，如图10-104 所示。

步骤 11 返回到“基本参数”卷展栏，设置反射颜色及反射参数，如图10-105所示。

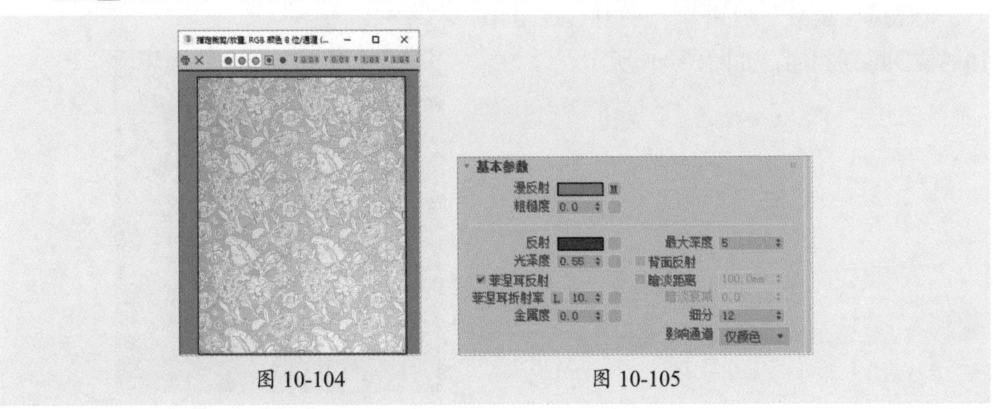

图 10-104　　图 10-105

步骤 12 反射颜色设置参数如图10-106所示。

步骤 13 设置好的抱枕2材质球预览效果如图10-107所示。

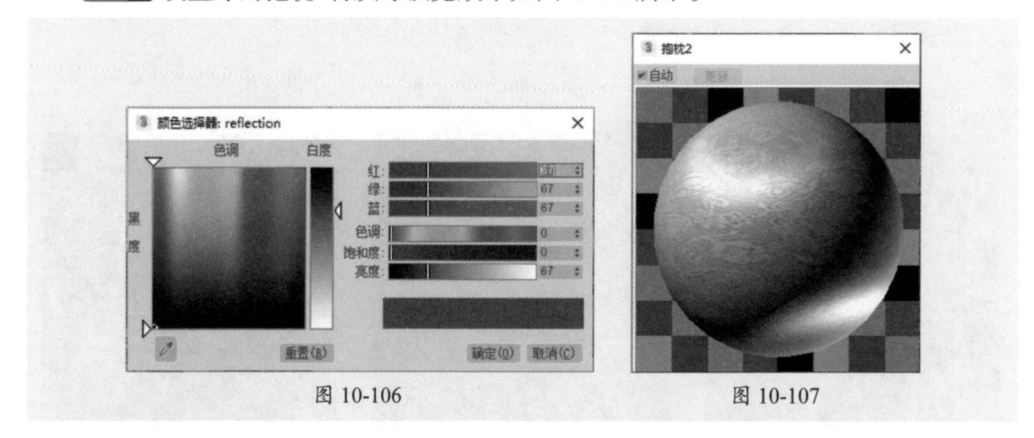

图 10-106　　图 10-107

步骤 14 创建抱枕3材质。选择一个空白材质球，设置为VRayMtl材质类型，在“贴图”卷展栏中为“漫反射”通道添加衰减贴图，为“反射”通道添加位图贴图，如图10-108所示。

步骤 15 进入“衰减参数”卷展栏，为“衰减”通道添加位图贴图，并在“混合曲线”卷展栏中调整曲线，如图10-109所示。

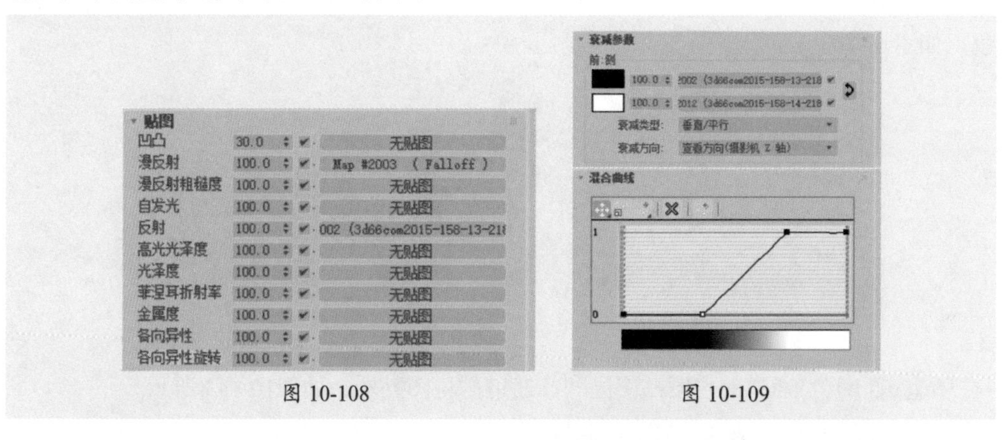

图 10-108　　图 10-109

步骤 16 “衰减”通道和“反射”通道添加的位图贴图相同，如图10-110所示。

图 10-110

步骤17 返回到“基本参数”卷展栏，设置反射参数，如图10-111所示。

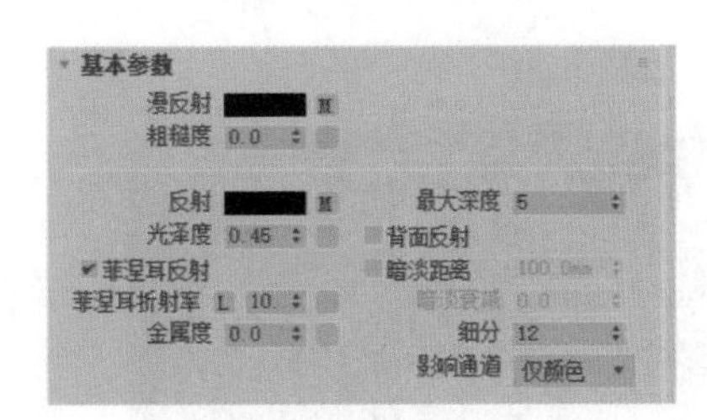

图 10-111

步骤18 创建好的抱枕3材质球预览效果如图10-112所示。

步骤19 创建床品材质。选择一个空白材质球，设置为混合材质类型，设置材质1和材质2都为VRayMtl材质类型，再为遮罩通道添加位图贴图，如图10-113所示。

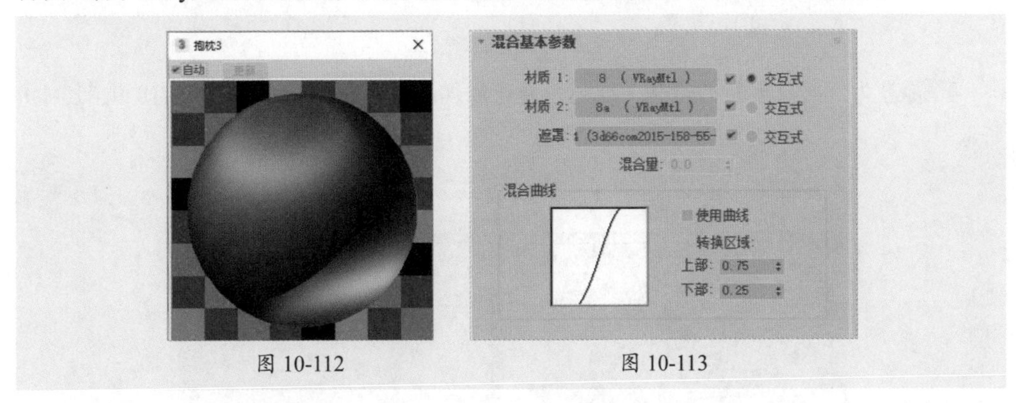

图 10-112　　图 10-113

步骤20 遮罩通道添加的位图贴图如图10-114所示。

步骤21 进入材质1设置面板，为“漫反射”通道添加衰减贴图，进入“衰减参数”卷展栏，为“衰减”通道添加位图贴图，并在“混合曲线”卷展栏中调整曲线，如图10-115所示。

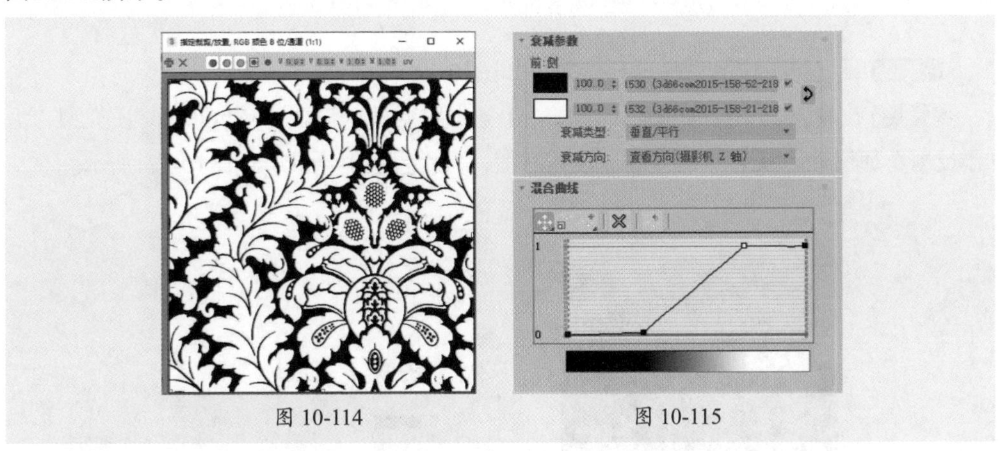

图 10-114　　图 10-115

步骤22 衰减通道中添加的位图贴图如图10-116所示。

步骤23 进入材质2设置面板，为“漫反射”通道和“反射”通道添加位图贴图，并设置反射参数，如图10-117所示。

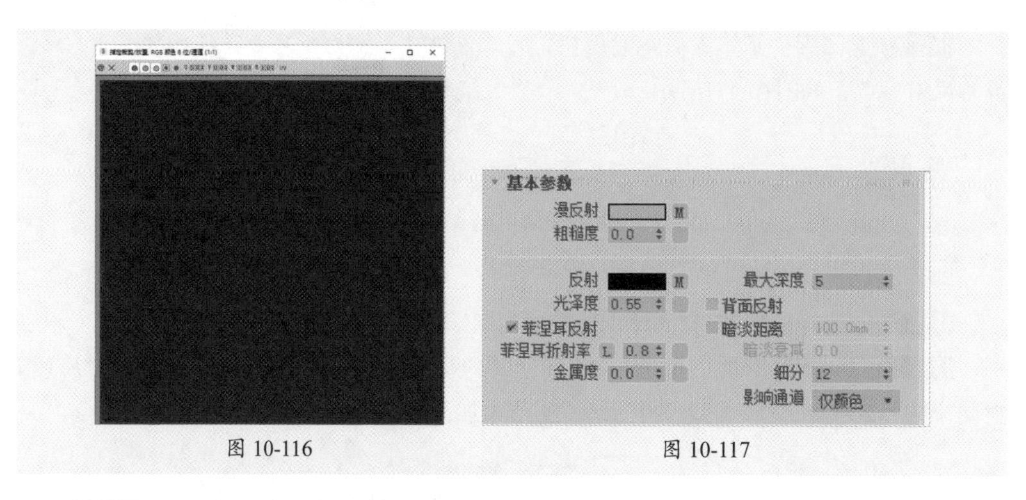

图 10-116　　图 10-117

步骤 24 为“漫反射”通道和“反射”通道添加的位图贴图分别如图10-118和图10-119所示。

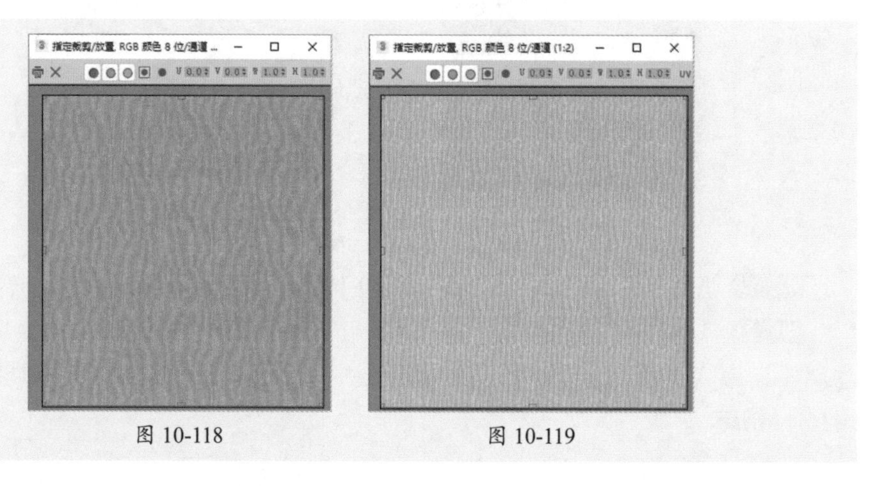

图 10-118　　图 10-119

步骤 25 设置好的床品材质球预览效果如图10-120所示。

步骤 26 设置家具木纹理材质。选择一个空白材质球，设置为VRayMtl材质类型，为“漫反射”通道和“反射”通道添加衰减贴图，再设置反射参数，如图10-121所示。

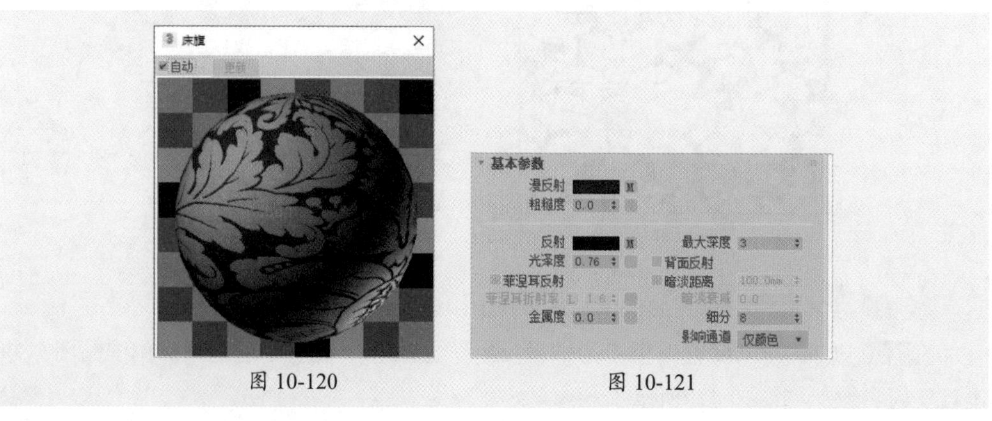

图 10-120　　图 10-121

步骤 27 进入漫反射通道的“衰减参数”卷展栏，为“衰减”通道添加位图贴图，并在“混合曲线”卷展栏中调整曲线，如图10-122所示。

步骤 28 为衰减通道添加的位图贴图如图10-123所示。

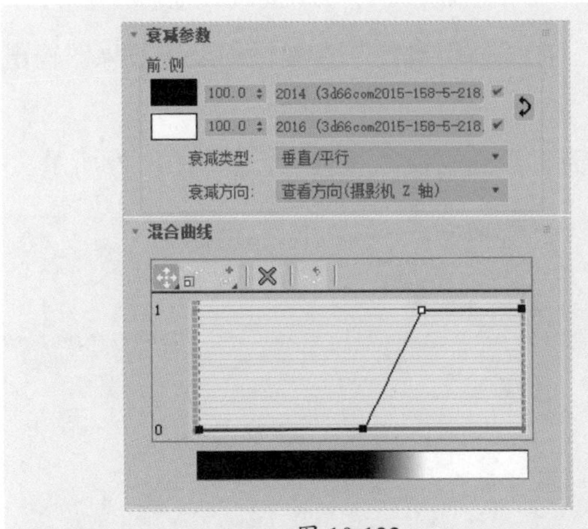

图 10-122

图 10-123

步骤 29 进入反射通道的“衰减参数”卷展栏，设置“衰减类型”，如图10-124所示。

步骤 30 设置好的家具木纹理材质球预览效果如图10-125所示。

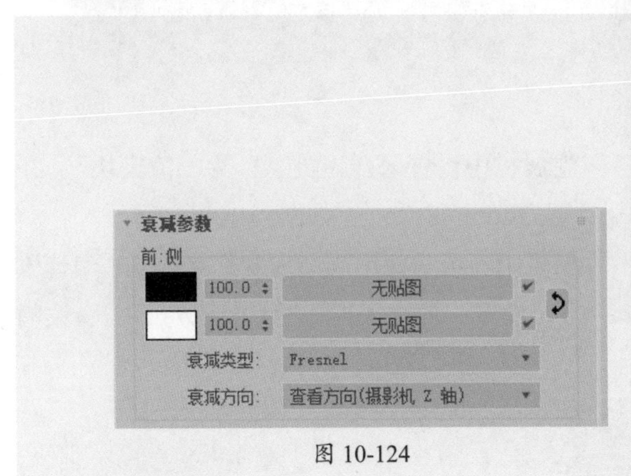

图 10-124

图 10-125

步骤 31 最后为该材质添加VRay材质包裹器，在参数面板设置“生成全局照明”值为0.5，如图10-126所示。

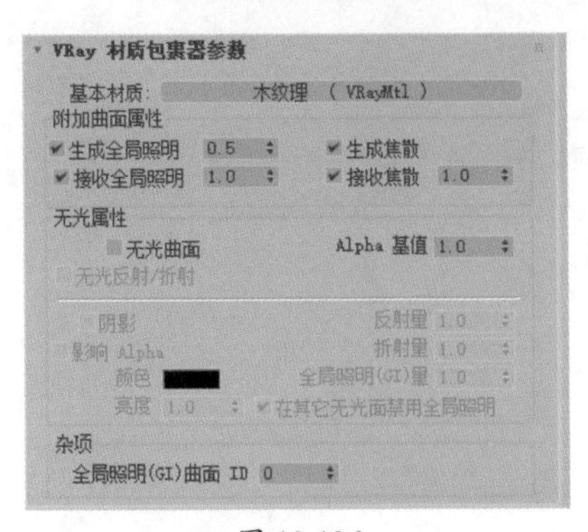

图 10-126

10.5 场景渲染效果

场景中的灯光环境与材质已经全部布置完毕，下面可以进行渲染参数设置，然后进行高品质效果的渲染。操作步骤介绍如下。

步骤 01 按F10键打开“渲染设置”面板，在“公用参数”卷展栏中设置效果图输出尺寸，如图10-127所示。

步骤 02 在“全局开关”卷展栏中取消勾选“覆盖材质”复选框，如图10-128所示。

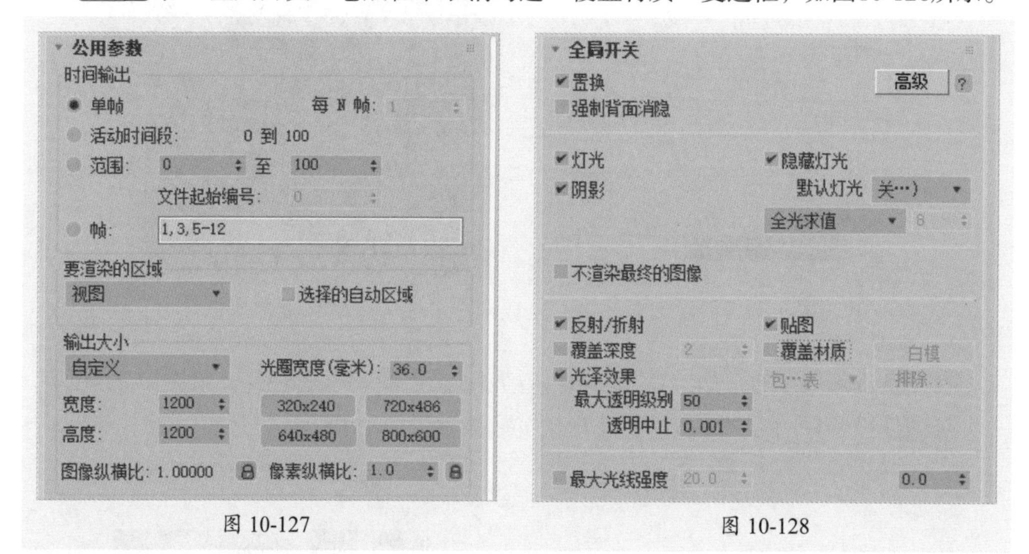

图 10-127　　图 10-128

步骤 03 在“图像采样器（抗锯齿）”卷展栏中设置采样“类型”为“渲染块”，在“图像过滤器”卷展栏中设置“过滤器”类型为Catmull-Row，如图10-129所示。

步骤 04 在“全局确定性蒙特卡洛”卷展栏中勾选“使用局部细分”复选框（勾选该选项后，用户即可重新设置材质细分参数），设置“最小采样”“自适应数量”“噪波阈值”如图10-130所示。

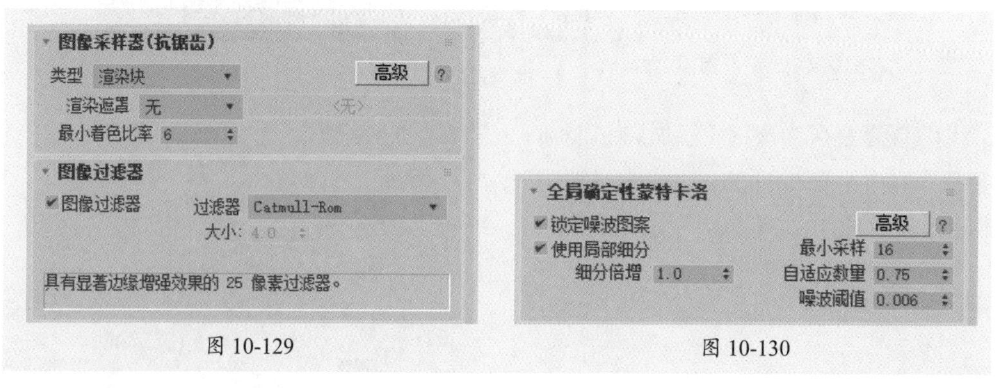

图 10-129　　图 10-130

步骤 05 在“颜色贴图”卷展栏中设置“暗部倍增”和“亮部倍增”，如图10-131所示。

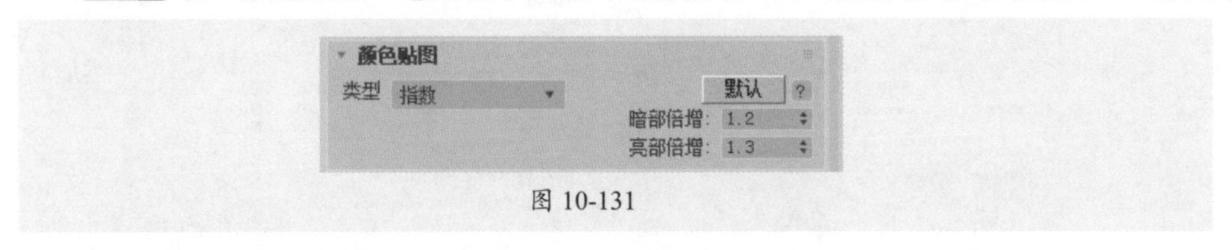

图 10-131

步骤 06 在“发光贴图”卷展栏中设置预设类型为“高”，再设置“细分”和“插值采样”，如图10-132所示。

步骤 07 在“灯光缓存”卷展栏中设置细分值及其他参数，如图10-133所示。

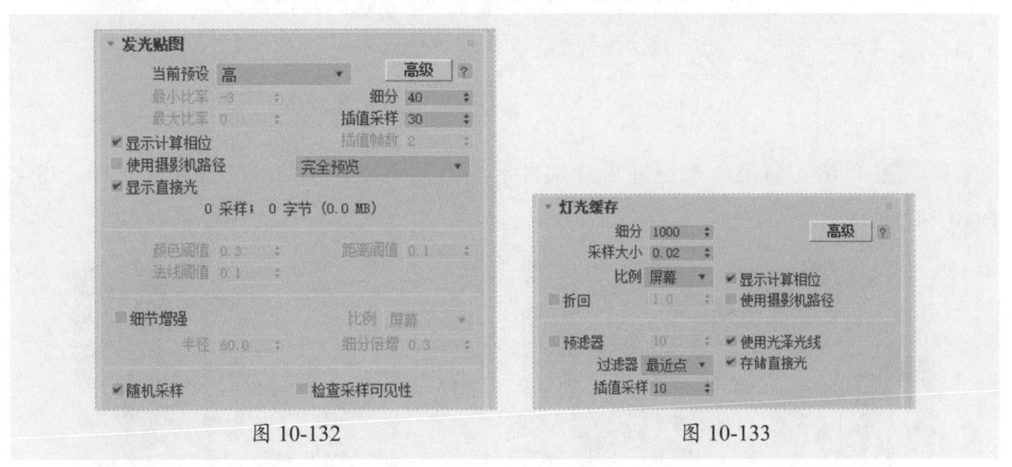

图 10-132　　图 10-133

步骤 08 为场景再创建3个摄影机，分别调整其位置和角度，如图10-134所示。

步骤 09 各摄影机视口效果如图10-135所示。

图 10-134

图 10-135

步骤 10 执行“渲染”|“批处理渲染”命令，打开“批处理渲染”对话框，单击“添加”按钮，即可添加第一个摄影机，在下方“摄影机”列表中选择Camera01，并设置“输出路径”如图10-136所示。

步骤 11 按照此方式分别添加其他几个摄影机，并设置输出路径，如图10-137所示。

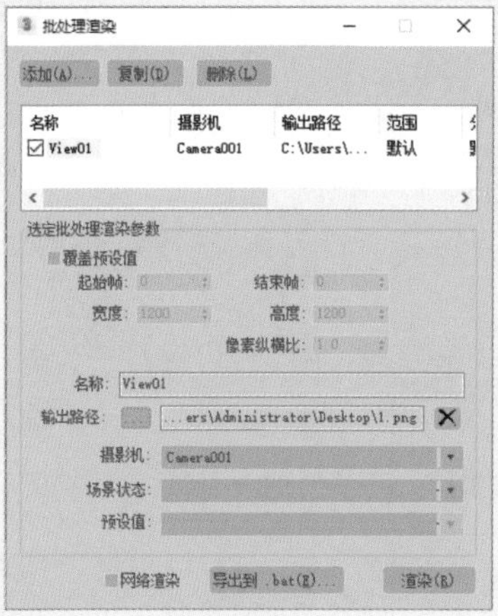

图 10-136

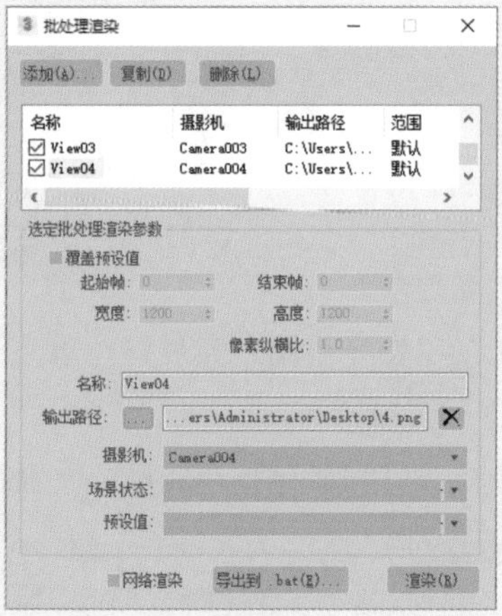

图 10-137

步骤 12 单击“渲染”按钮即可开始批量渲染，最终各个角度的效果如图10-138至图10-141所示。

图 10-138

图 10-139

图 10-140

图 10-141

参 考 文 献

[1] 姜侠，张楠楠．Photoshop CC 图形图像处理标准教程 [M]．北京：人民邮电出版社，2016

[2] 周建国．Photoshop CC 图形图像处理准教程 [M]．北京：人民邮电出版社，2016

[3] 孔翠，杨东宇，朱兆曦．平面设计制作标准教程 Photoshop CC + Illustrator CCM [M]．北京：人民邮电出版社，2016

[4] 沿铭洋，聂清彬．Illustrator CC 平面设计标准教程 [M]．北京：人民邮电出版社，2016

[5] 3ds Max 2013 + VRay 效果图制作自学视频教程 [M]．北京：人民邮电出版社，2015